Fundamente der Mathematik 6

Baden-Württemberg
Gymnasium

Herausgegeben von
Dr. Andreas Pallack

Dieses Schulbuch findest du auch in der App **Cornelsen Lernen**.
Wenn du eines dieser Symbole im Schulbuch siehst, findest du in der App …

Zwischentest — **Zwischentests** zur Selbsteinschätzung,
Hilfe — gestufte **Hilfen** zu ausgewählten Aufgaben,
Erklärvideo — **Erklärvideos** passend zu den Beispielen.

Inhaltsverzeichnis

1 Ganze Zahlen (Wiederholung aus Klasse 5) — 7

	Dein Fundament	8
1.1	Ganze Zahlen und Zahlengerade	10
1.2	Erweiterung des Koordinatensystems	12
1.3	Ganze Zahlen vergleichen und ordnen	14
1.4	Zustandsänderungen	16
1.5	Ganze Zahlen addieren und subtrahieren	19
1.6	Ganze Zahlen multiplizieren und dividieren	25
	Streifzug: Rechenspiele	29
1.7	Rechnen mit allen Grundrechenarten	30
1.8	Ausmultiplizieren und Ausklammern	32
1.9	Vermischte Aufgaben	35
	Prüfe dein neues Fundament	38
	Zusammenfassung	40

2 Brüche und Dezimalzahlen — 41

	Dein Fundament	42
2.1	Brüche als Anteile von einem Ganzen	44
2.2	Brüche erweitern und kürzen	48
2.3	Brüche vergleichen	51
2.4	Brüche als Quotienten	54
2.5	Größenanteile bestimmen	58
2.6	Brüche und Verhältnisse	62
2.7	Brüche am Zahlenstrahl	64
2.8	Dezimalzahlen	66
2.9	Dezimalzahlen vergleichen	70
2.10	Abbrechende und periodische Dezimalzahlen	73
2.11	Dezimalzahlen runden	76
2.12	Prozentschreibweise	78
2.13	Rationale Zahlen	81
2.14	Vermischte Aufgaben	84
	Prüfe dein neues Fundament	86
	Zusammenfassung	88

Jetzt mit barrierefreiem Farbkonzept
Mehr Informationen auf *cornelsen.de/bf*

Das **Niveau** jeder Aufgabe erkennst du an einem Symbol.
◐ = mittel,
● = schwierig

Differenziert vertiefen: **Weiterführende Aufgaben** erhöhen das Niveau und vertiefen dein Verständnis.

Sichern

Bist du sicher? **Prüfe dein neues Fundament** mit den **Testaufgaben**. Vergleiche deine Ergebnisse mit den Lösungen im Anhang und schätze deine Leistung selbstständig ein.

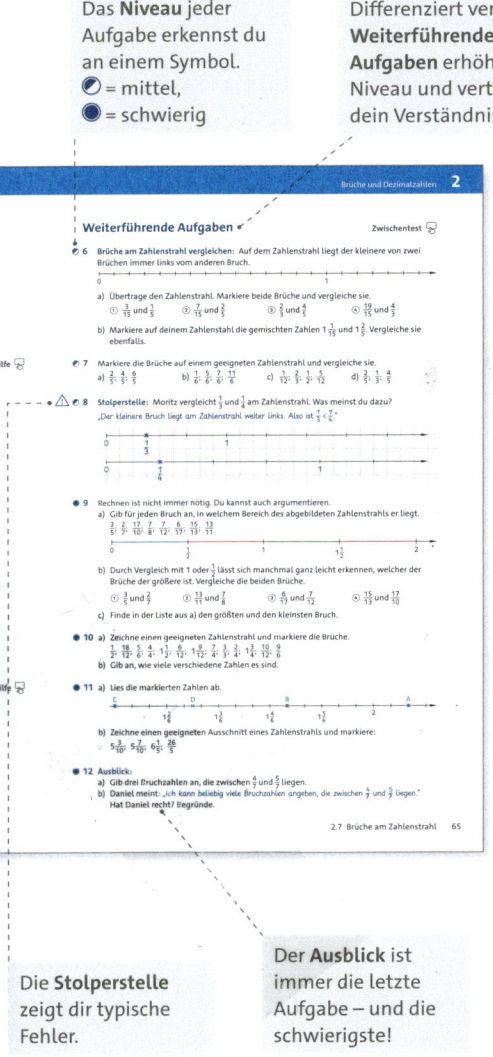

Die **Stolperstelle** zeigt dir typische Fehler.

Der **Ausblick** ist immer die letzte Aufgabe – und die schwierigste!

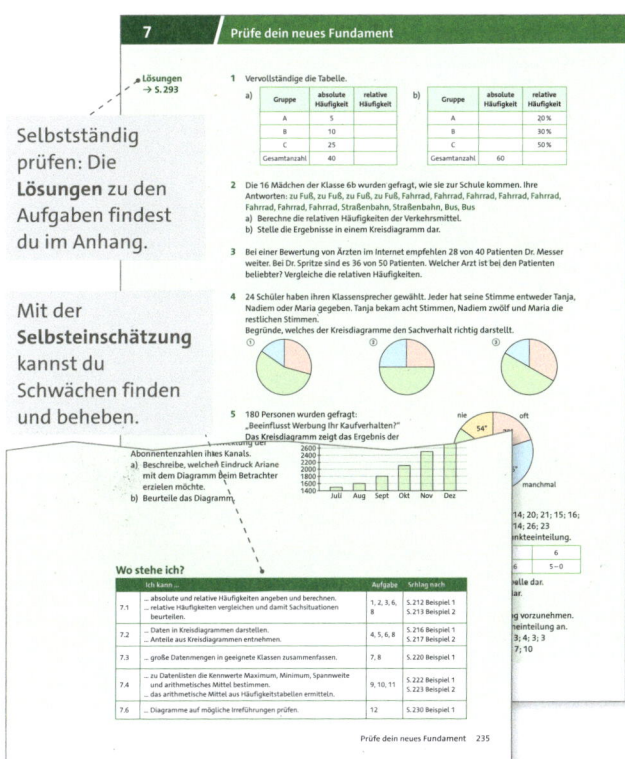

Selbstständig prüfen: Die **Lösungen** zu den Aufgaben findest du im Anhang.

Mit der **Selbsteinschätzung** kannst du Schwächen finden und beheben.

Wissen kompakt

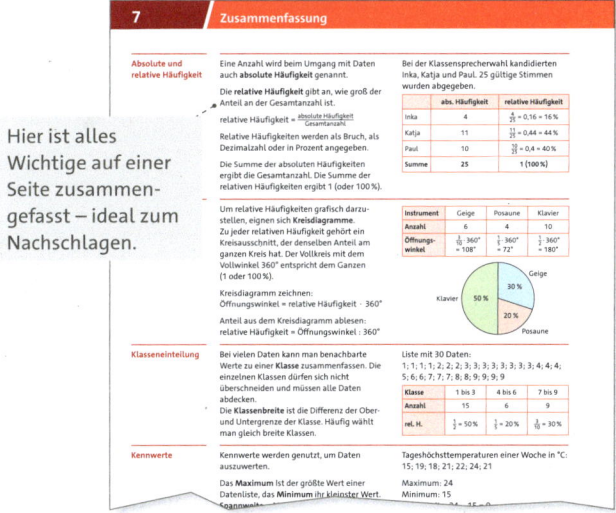

Hier ist alles Wichtige auf einer Seite zusammengefasst – ideal zum Nachschlagen.

Weitere Symbole:

🎬 Medieneinsatz

👥 Partnerarbeit

👥👥 Gruppenarbeit

3	**Brüche und Dezimalzahlen addieren und subtrahieren**	**89**
	Dein Fundament	90
3.1	Gleichnamige Brüche addieren und subtrahieren	92
3.2	Ungleichnamige Brüche addieren und subtrahieren	95
	Streifzug: Größter gemeinsamer Teiler und kleinstes gemeinsames Vielfaches	98
3.3	Dezimalzahlen addieren und subtrahieren	100
3.4	Rationale Zahlen addieren und subtrahieren	103
3.5	Vermischte Aufgaben	105
	Prüfe dein neues Fundament	106
	Zusammenfassung	108

4	**Winkel**	**109**
	Dein Fundament	110
4.1	Kreis	112
4.2	Winkel angeben	115
4.3	Winkel messen	118
4.4	Winkel zeichnen	123
	Mit Medien arbeiten: Dynamische Geometrie-Software	126
	Streifzug: Drehsymmetrie	128
4.5	Vermischte Aufgaben	130
	Prüfe dein neues Fundament	132
	Zusammenfassung	134

5	**Brüche und Dezimalzahlen multiplizieren und dividieren**	**135**
	Dein Fundament	136
5.1	Brüche mit natürlichen Zahlen multiplizieren	138
5.2	Brüche multiplizieren	140
5.3	Brüche durch natürliche Zahlen dividieren	144
5.4	Brüche dividieren	146
5.5	Kommaverschiebung bei Dezimalzahlen	150
5.6	Dezimalzahlen multiplizieren	153
5.7	Dezimalzahlen dividieren	156
5.8	Rationale Zahlen multiplizieren und dividieren	160
5.9	Rechnen mit allen Grundrechenarten	162
5.10	Ausmultiplizieren und Ausklammern	165
	Mathematisch arbeiten: Lösungswege darstellen	167
5.11	Vermischte Aufgaben	169
	Prüfe dein neues Fundament	172
	Zusammenfassung	174

Inhaltsverzeichnis

6	**Berechnungen an Figuren**	**175**
	Dein Fundament	176
6.1	Dreiecke	178
6.2	Flächeninhalt eines Dreiecks	182
6.3	Flächeninhalt eines Parallelogramms	186
6.4	Flächeninhalt eines Trapezes	190
6.5	Umfang eines Kreises	193
6.6	Flächeninhalt eines Kreises	196
	Streifzug: Die Kreiszahl π	199
6.7	Flächeninhalt zusammengesetzter Figuren	200
	Streifzug: Flächeninhalt krummlinig begrenzter Figuren	202
6.8	Vermischte Aufgaben	204
	Prüfe dein neues Fundament	206
	Zusammenfassung	208

7	**Daten**	**209**
	Dein Fundament	210
7.1	Absolute und relative Häufigkeit	212
7.2	Kreisdiagramme	216
7.3	Klasseneinteilung	220
7.4	Kennwerte	222
7.5	Tabellenkalkulation	226
7.6	Wirkung von Diagrammen	230
7.7	Vermischte Aufgaben	232
	Prüfe dein neues Fundament	234
	Zusammenfassung	236

8	**Zuordnungen und Proportionalität**	**237**
	Dein Fundament	238
8.1	Zuordnungen	240
8.2	Grafische Darstellung	243
8.3	Proportionale Zuordnungen	248
8.4	Dreisatz für proportionale Zuordnungen	252
8.5	Antiproportionale Zuordnungen	256
8.6	Dreisatz für antiproportionale Zuordnungen	259
8.7	Vermischte Aufgaben	262
	Prüfe dein neues Fundament	264
	Zusammenfassung	266

| 9 | **Komplexe Aufgaben** | **267** |

Aufgaben 268

| 10 | **Methoden** | **273** |

Methodenkarten 274

| 11 | **Anhang** | **279** |

Lösungen 280
Stichwortverzeichnis 296
Bildquellenverzeichnis 299
Impressum 300

> Das Kapitel 8 „Zuordnungen und Proportionalität" wird auch als erstes Kapitel von Band 7 angeboten.
>
> Je nach Schulcurriculum können die Inhalte in Jahrgang 6 oder in Jahrgang 7 unterrichtet werden.
>
> Auch eine Wiederholung der Inhalte in Jahrgang 7 ist möglich.

1
Ganze Zahlen

Nach diesem Kapitel kannst du
→ ganze Zahlen darstellen, vergleichen und ordnen,
→ Zustände und Veränderungen im Sachzusammenhang mit positiven und negativen Zahlen beschreiben,
→ Punkte im Koordinatensystem mit vier Quadranten eintragen und Koordinaten von Punkten darin ablesen,
→ mit ganzen Zahlen rechnen.

1 Dein Fundament

Lösungen → S. 280

Erklärvideo

Zahlen auf einem Zahlenstrahl ablesen und markieren

1 a) Gib an, welche natürlichen Zahlen durch die Buchstaben markiert sind.

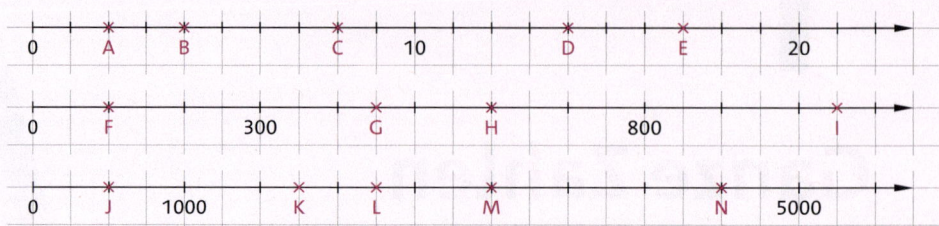

b) Markiere die Zahlen 18, 6 und 11 auf einem geeigneten Zahlenstrahl.

Erklärvideo

Zahlen vergleichen und ordnen

2 Ersetze den Platzhalter durch das richtige Zeichen >, < oder =.
a) 181 ■ 179   b) 1239 ■ 1329   c) 1000 ■ 10^3 d) 523458 ■ 523485

3 Ordne die Zahlen. Beginne mit der größten Zahl.
13; 5; 75; 7; 11; 8462; 8468; 48; 310000; 8050; achttausendundfünf; 597

4 Gib die größte und die kleinste fünfstellige natürliche Zahl an, die man mit den Ziffern 5, 8, 3, 2 und 1 aufschreiben kann. Verwende jede der fünf Ziffern nur einmal.

5 Ersetze den Platzhalter ■ (falls möglich) so durch eine Ziffer, dass eine wahre Aussage entsteht.
a) 9■6 > 986   b) 4■1 < 409   c) 88■ > 898   d) 9■3 < 923

6 Erkläre die Bedeutung der Zahlen.
a) Am Montagmorgen sind es 8 °C, mittags 17 °C und abends 5 °C.
b) Die Temperatur beträgt 10 °C und nimmt um 5 °C zu.

Erklärvideo

Koordinatensystem

7 Übertrage das Koordinatensystem mit den eingezeichneten Punkten A, B und C.
a) Gib die Koordinaten der Punkte A, B und C an.
b) Zeichne einen Punkt D ein, sodass ein Quadrat ABCD entsteht. Gib die Koordinaten von D an.
c) Zeichne die Diagonalen des Quadrats ABCD und beschrifte ihren Schnittpunkt mit S. Gib auch seine Koordinaten an.

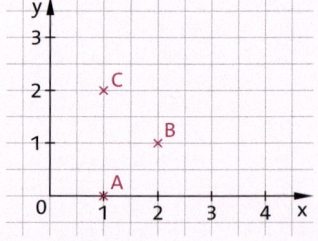

8 Markiere die Punkte A(1|1), B(5|3), C(4|1) und D(2|3) in einem geeigneten Koordinatensystem.
a) Zeichne eine Gerade durch die Punkte A und B. Zeichne eine weitere Gerade durch die Punkte C und D.
b) Gib die Koordinaten des Schnittpunktes P der beiden Geraden an.

9 Beschreibe die Lage aller Punkte im Koordinatensystem mit der Eigenschaft.
a) Sie haben als x-Koordinate eine 3.   b) Sie haben als y-Koordinate eine 2.

Ganze Zahlen

Lösungen
→ S. 280

Erklärvideo

Natürliche Zahlen addieren und subtrahieren

10 Rechne möglichst vorteilhaft im Kopf.
a) 18 + 47
b) 35 − 18
c) 249 + 101
d) 219 − 20
e) 14 + 29 + 16
f) 39 + 12 + 28
g) 139 + 201 − 40
h) 3776 + 220 − 76

11 Ersetze den Platzhalter ■ so durch eine Zahl, dass die Rechnung stimmt.
a) 9 + ■ = 36
b) ■ + 31 = 52
c) 45 − ■ = 39
d) 79 + ■ = 97
e) 34 − ■ = 1
f) ■ − 29 = 100
g) ■ − 159 = 11
h) ■ + 12 = 12

12 Die Zahl im Quadrat ergibt sich aus der Summe der beiden Zahlen an der angrenzenden Seite im Dreieck. Ergänze die fehlenden Zahlen.

a)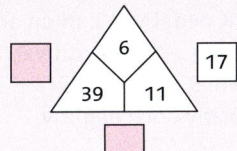
b)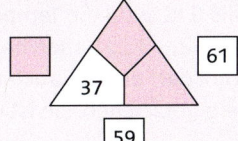
c)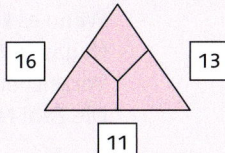

Erklärvideo

Natürliche Zahlen multiplizieren und dividieren

13 Rechne im Kopf.
a) 7 · 9
b) 12 · 8
c) 11 · 13
d) 19 · 5
e) 56 : 8
f) 130 : 13
g) 99 : 3
h) 125 : 5

14 Rechne schriftlich. Führe zuerst eine Überschlagsrechnung durch.
a) 295 · 21
b) 109 · 32
c) 5832 : 9
d) 3650 : 25

15 Welche Ergebnisse sind falsch? Begründe mit einer Überschlagsrechnung.
a) 489 · 4 = 19 956
b) 2074 : 34 = 61
c) 321 · 7 = 4077
d) 2208 : 69 = 2

Rechnen mit allen Grundrechenarten

16 Rechne vorteilhaft im Kopf.
a) 90 · 70
b) 14 · 11
c) 4 · 23 · 25
d) 5 · 0 · 20
e) 2 · 112 · 5
f) 4 + 7 · 8
g) (4 + 7) · 8
h) 6 · 3 + 6 · 7

17 Je drei nebeneinanderliegende Kästchen bilden eine Rechenaufgabe. Das Ergebnis steht im darüberliegenden Kästchen, zum Beispiel rechts unten: 3 − 2 = 1 Übertrage die Abbildung und ergänze die fehlenden Angaben.

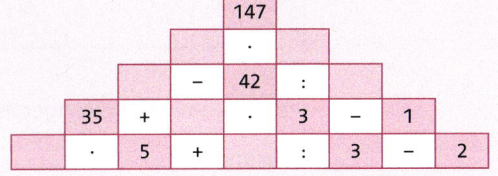

18 Berechne.
a) 23 · 56 : 4 − 2
b) 23 · 56 : (4 − 2)
c) 23 − 56 : 4 − 2
d) 23 + 56 · 4 − 2

19 Schreibe als Rechenausdruck und bestimme das Ergebnis.
a) Subtrahiere sechzehn vom Quotienten der Zahlen 90 und 5.
b) Multipliziere die Summe von 64 und 36 mit der Differenz von siebzig und siebzehn.

Dein Fundament

1

1.1 Ganze Zahlen und Zahlengerade

Das Außenthermometer zeigt alle Zahlen zweimal in verschiedenen Farben an.
Lies die beiden Temperaturangaben ab und erkläre daran die Bedeutung der Farben.

Wenn es kälter ist als 0 °C, wird die Temperatur mit negativen Zahlen angegeben.
Negative Zahlen (−1; −2; −3 ...) haben das **Vorzeichen** „−". Bei positiven Zahlen kann man das Vorzeichen „+" setzen, darf es aber auch weglassen: 3 = +3
Die Zahl Null hat kein Vorzeichen, sie ist weder positiv noch negativ.

> **Wissen**
>
> Die Zahlen −1, −2, −3 ... heißen **negative ganze Zahlen**.
> Die negativen ganzen Zahlen und die natürlichen Zahlen (0, 1, 2, 3 ...) bilden zusammen die **ganzen Zahlen** ... −3, −2, −1, 0, 1, 2, 3 ... (kurz ℤ).

Ganze Zahlen auf der Zahlengerade

Auf dem Zahlenstrahl kann man nur die natürlichen Zahlen darstellen. Um auch die negativen Zahlen darzustellen, muss man den Zahlenstrahl zur Zahlengerade erweitern.

> **Wissen**
>
> Auf der **Zahlengerade** liegen die negativen ganzen Zahlen links von der Null und die positiven ganzen Zahlen rechts von der Null. Der Abstand zwischen zwei benachbarten Zahlen ist immer gleich groß.
>
>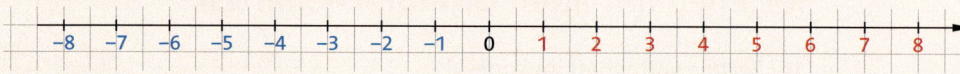

Erklärvideo

> **Beispiel 1**
>
> a) Gib an, welche Zahlen auf der Zahlengerade markiert wurden.
>
>
>
> b) Zeichne die Zahlengerade ab und trage die Zahl −6 darauf ein.
>
> **Lösung:**
> a) Zähle (bei 0 beginnend) die Anzahl der Einteilungen nach links oder nach rechts.
> Die Zahlen links von null sind negativ und die Zahlen rechts von null sind positiv.
>
>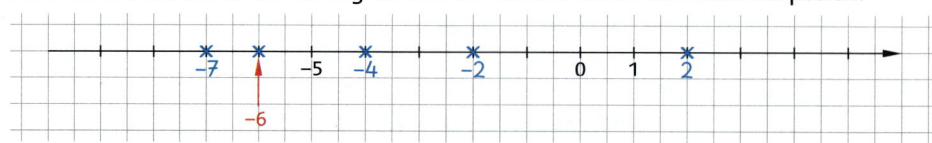
>
> b) Gehe von der Null sechs Einteilungen nach links und markiere dort die Zahl −6.

1 Ganze Zahlen

Basisaufgaben

Lösungen zu 1a–c

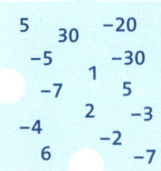

1 Gib an, welche Zahlen durch die Buchstaben markiert sind.

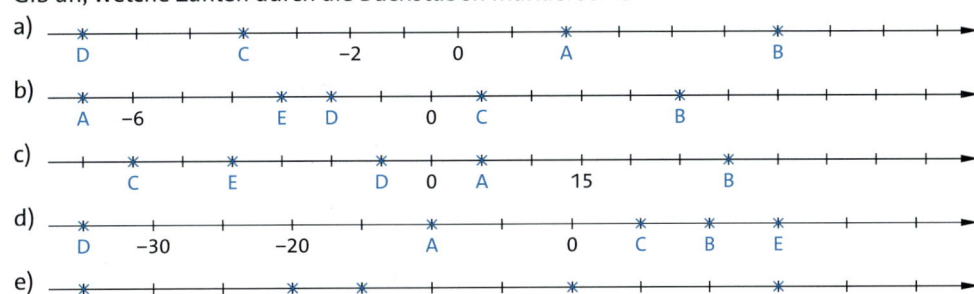

2 Markiere die Zahlen auf einer Zahlengerade. Achte auf eine geeignete Einteilung.
  a) 0; −2; 3; 5; −8; −12   b) 0; 15; −20; −35; 50; −50   c) 25; −75; −50; 0; 125

Weiterführende Aufgaben

Zwischentest

3 Gib an, welche Zahlen markiert sind.

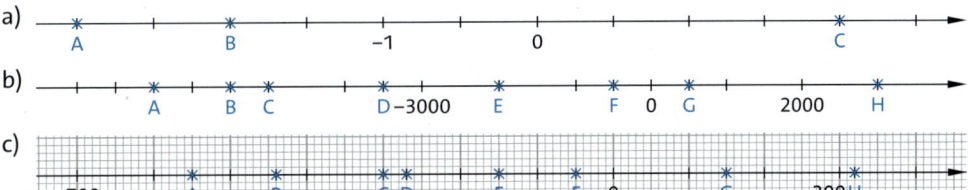

⚠ **4** **Stolperstelle:** Victoria und Gan diskutieren über die Darstellung einer Zahlengerade. Beurteile ihre Aussagen.
Victoria: „Die Null muss immer in der Mitte liegen."
Gan: „Nein, Hauptsache ist, dass man die Null noch sehen kann."

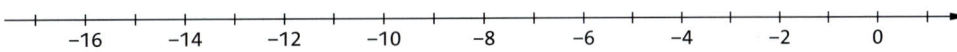

Hilfe

5 Gegeben ist die Zahlengerade.

  a) Neo sagt: „In das blaue Kästchen muss man die Null schreiben." Beurteile diese Aussage.
  b) Übertrage die Zahlengerade, beschrifte sie geeignet und markiere die Zahlen:
   −8; 4; 20; −24; −40; 28

6 **Ausblick:** Vera überlegt: „Wenn es ganze Zahlen gibt, gibt es dann auch „kaputte" Zahlen?"
Ihre Lehrerin erklärt, dass es zwischen ganzen Zahlen weitere Zahlen gibt. Man kann diese Zahlen zum Beispiel an Ziffern hinter dem Komma erkennen.
  a) Entscheide, welche der gegebenen Zahlen keine ganzen Zahlen sind. Gib für jede dieser Zahlen an, zwischen welchen zwei benachbarten ganzen Zahlen sie liegt.

| −3,5 | −7 | 23 348 | 1,49 | 20 | −13 | 12,50 | 0,75 |

  b) Beschreibe Situationen aus deinem Alltag, in denen man mit ganzen Zahlen nicht auskommt.

1.1 Ganze Zahlen und Zahlengerade

1.2 Erweiterung des Koordinatensystems

Die rote Figur soll an der y-Achse gespiegelt werden. Die Koordinaten der Bildpunkte können dabei auch negativ sein.
Gib die Koordinaten der Eckpunkte der Bildfigur an. Erkläre, wie du die Koordinaten bestimmt hast.

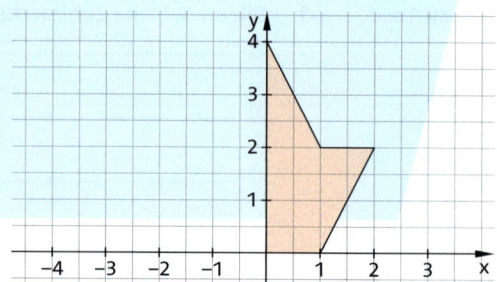

So wie man den Zahlenstrahl zur Zahlengerade erweitert hat, kann man auch mit dem Koordinatensystem verfahren. Verlängert man die x-Achse nach links und die y-Achse nach unten, so erweitert man das bisherige Koordinatensystem.

Merke

Die Quadranten werden mit römischen Zahlen beschriftet.
Quadrant I entspricht dabei dem Koordinatensystem, das du bereits kennst. Die weiteren Quadranten werden von dort aus entgegen dem Uhrzeigersinn nummeriert.

Erklärvideo

Wissen

Die **x-Achse** und die **y-Achse** eines Koordinatensystems teilen die Ebene in vier **Quadranten**. Ein Punkt P(x|y) liegt in ...
... Quadrant I, falls $x > 0$ und $y > 0$,
... Quadrant II, falls $x < 0$ und $y > 0$,
... Quadrant III, falls $x < 0$ und $y < 0$,
... Quadrant IV, falls $x > 0$ und $y < 0$.

Die Achsen bilden die Grenze zwischen den Quadranten.

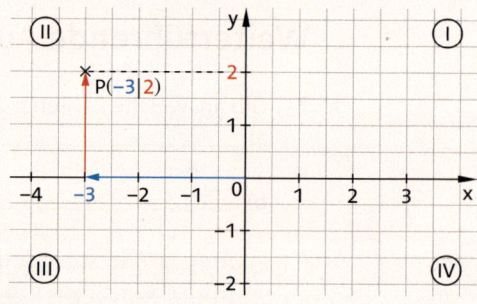

Beispiel 1

Bestimme die Koordinaten der Punkte A bis E. Gib für jeden Punkt an, in welchem Quadranten der Punkt liegt.

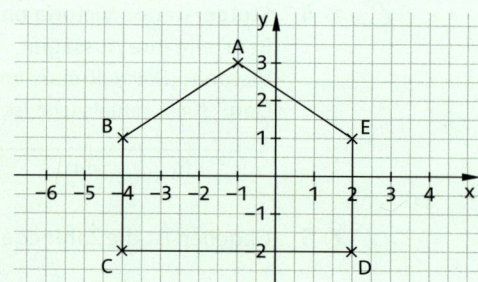

Lösung:
Zum Punkt A gehst du vom Ursprung aus 1 Schritt nach links (negativ) und 3 Schritte nach oben (positiv).
Der Punkt A hat die Koordinaten A(−1|3). Da −1 < 0 und 3 > 0 ist, liegt A im Quadrant II.

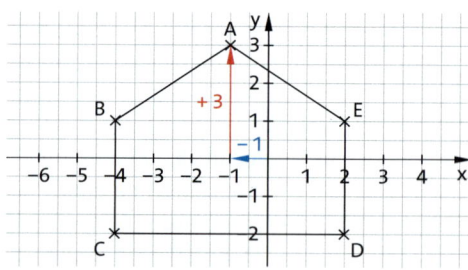

So erhältst du auch die Koordinaten für B, C, D und E:

B(−4|1), Quadrant II
C(−4|−2), Quadrant III
D(2|−2), Quadrant IV
E(2|1), Quadrant I

1 Ganze Zahlen

Basisaufgaben

1 Bestimme die Koordinaten der abgebildeten Punkte A bis K.

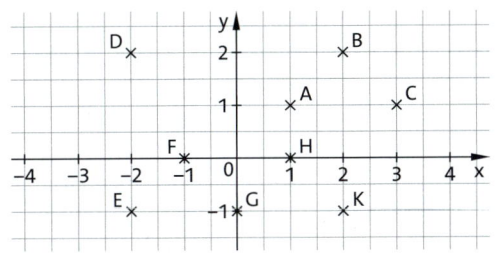

2 Zeichne die Punkte in ein Koordinatensystem. Verbinde sie der Reihe nach.
A(−2|5); B(−4|3); C(−3|3); D(−5|1); E(−3|1); F(−6|−2); G(−3|−2); H(−3|−3); I(−1|−3); K(−1|−2); L(2|−2); M(−1|1); N(1|1); O(−1|3); P(0|3).

Weiterführende Aufgaben   Zwischentest

3 Gib an, in welchem Quadranten eines Koordinatensystems die Punkte liegen.
a) Punkte, deren Koordinaten positive Zahlen sind.
b) Punkte, deren x-Koordinate negativ ist.
c) Punkte, deren beide Koordinaten negative Zahlen sind.
d) Punkte, deren y-Koordinate positiv ist.
e) Punkte, deren x-Koordinate (y-Koordinate) 0 ist.

4 Stolperstelle: Lars hat Punkte in ein Koordinatensystem eingetragen. Bei einigen Punkten sind ihm Fehler unterlaufen. Beschreibe sie.

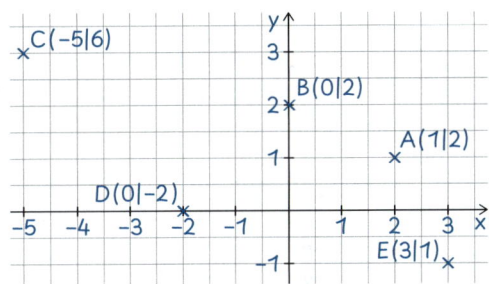

Hilfe

5 Übertrage die Figur.
a) Lege ein Koordinatensystem so darüber, dass die Achsen die Figur in vier Flächen mit gleich großem Flächeninhalt teilen.
b) Beschrifte die Achsen, sodass ein Kästchen eine Einheit ist. Gib die Koordinaten aller Punkte an.

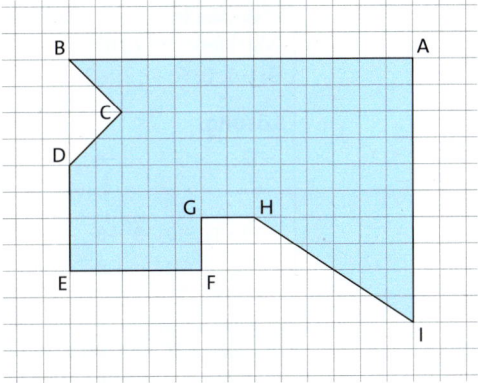

6 Ausblick: Wähle einen Punkt A mit ungleichen Koordinaten.
Punkt B erhält die vertauschten Koordinaten von A.
Punkt C erhält die Koordinaten von A, nachdem die Vorzeichen vertauscht wurden.
Punkt D erhält die vertauschten Koordinaten von C.
a) Zeichne die Punkte in ein Koordinatensystem und verbinde sie in alphabetischer Reihenfolge. Gib an, was für ein Viereck entsteht.
b) Beschreibe, in welchem Fall ein Quadrat entsteht.

1.3 Ganze Zahlen vergleichen und ordnen

Höhen geografischer Orte werden bezogen auf die Höhe der Meeresoberfläche („Meeresspiegel") angegeben. Bekannte Höhen sind zum Beispiel:
– Mount Everest, 8848 m über dem Meeresspiegel
– Totes Meer, 425 m unter dem Meeresspiegel
– Langenberg, 843 m über dem Meeresspiegel
– Neuendorf-Sachsenbande, 3 m unter dem Meeresspiegel
– Marianengraben, 11 034 m unter dem Meeresspiegel
– Death Valley, 86 m unter dem Meeresspiegel
Ordne die Orte nach ihrer Höhe bezogen auf den Meeresspiegel. Beginne mit dem Ort, der am tiefsten liegt.

Um ganze Zahlen miteinander zu vergleichen, betrachtet man ihre Lage auf der Zahlengerade. Dabei werden die Zahlen – wie die natürlichen Zahlen – in Pfeilrichtung immer größer.

Wissen

Je weiter rechts eine Zahl auf der Zahlengerade liegt, desto größer ist sie.

Zwei Zahlen, die sich nur durch ihre Vorzeichen unterscheiden, heißen **Gegenzahlen**. Sie befinden sich auf entgegengesetzten Seiten der Null.

Der Abstand einer Zahl zur Null heißt **Betrag** dieser Zahl. Als Zeichen für den Betrag werden die Betragsstriche | | verwendet. Es gilt: |0| = 0

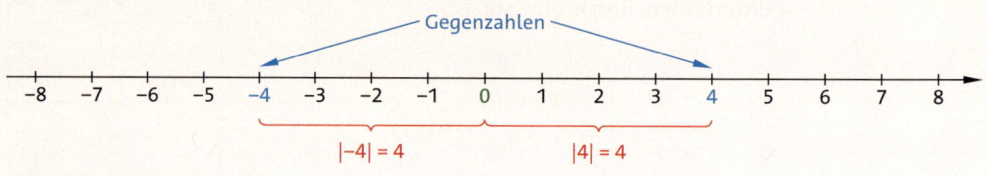

Hinweis
Ein Minus vor einer positiven oder negativen Zahl ergibt die Gegenzahl.
−(+4) = −4
−(−4) = +4

Hinweis
Man spricht: Der Betrag von −4 ist gleich 4.

Erklärvideo

Beispiel 1 — Ganze Zahlen ordnen
Markiere die Zahlen auf einer Zahlengeraden. Ordne sie dann aufsteigend in einer Kette:
9; −4; 0; 6; −12; −2; 7; −8; −6

Lösung:

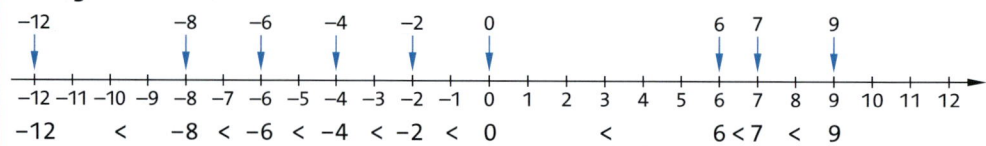

−12 < −8 < −6 < −4 < −2 < 0 < 6 < 7 < 9

Erklärvideo

Beispiel 2 — Betrag und Gegenzahl
Gib den Betrag der Zahl an. Nenne auch die Gegenzahl.
a) 5 b) −3

Lösung:
a) Der Abstand von 5 zu 0 ist 5. |5| = 5
   Daher ist der Betrag von 5 ebenfalls 5.   Gegenzahl: −5

b) Der Abstand von −3 zu 0 ist 3. |−3| = 3
                                        Gegenzahl: +3 = 3

Ganze Zahlen

Basisaufgaben

1 Markiere die Zahlen auf einer Zahlengerade. Ordne sie dann aufsteigend in einer Kette.
  a) −5; 0; 4; −6; −2; −10; −8; 8
  b) 25; −80; −12; 22; −22; 18; −18; 0; −42

2 Zeichne eine Zahlengerade von −15 bis 15 mit der Einheit 1 Kästchen. Markiere dann alle ganzen Zahlen auf der Zahlengerade, die
  a) kleiner sind als −8,
  b) größer sind als −2,
  c) kleiner sind als −3, aber größer als −6.

3 Gib den Betrag der Zahl an. Nenne auch die Gegenzahl.
  a) −8   b) 19   c) −199   d) 0   e) 25   f) −86   g) −5124

4 Begründe die Aussage mithilfe einer Zahlengerade.
  a) Negative ganze Zahlen sind kleiner als positive ganze Zahlen.
  b) Ist eine negative Zahl kleiner als eine andere negative Zahl, so ist ihr Betrag größer.

Hinweis zu 5
Hier kannst du dir durch geschicktes Vorgehen Zeit sparen.

5 Vergleiche die beiden Zahlen, ohne eine Zahlengerade zu zeichnen.
  a) 0 und 5   b) 5 und 0   c) −5 und 0   d) −5 und 3
  e) −5 und 10   f) 5 und 10   g) −5 und −10   h) −5 und −6
  i) −5 und −5   j) −5 und −4   k) −5 und −3   l) −50 und −30
  m) 50 und −30   n) 30 und −50   o) −50 und 30   p) 29 und −49
  q) 299 und −499 r) −299 und −499 s) −2999 und −499 t) −2999 und −4999

Weiterführende Aufgaben

Zwischentest

6 Ersetze den Platzhalter ■ durch eine passende Ziffer, falls möglich.
  a) ■ < 1   b) −2 < −■   c) −3■ > −31   d) −88 > −■8
  e) −4■7 < −417   f) 0 < −■   g) −90 > −■9   h) −■00 < −800

Hilfe

7 a) Ordne die Zahlen absteigend in einer Kette.
  b) Ordne die Beträge der Zahlen absteigend in einer Kette.
  c) Ordne die Gegenzahlen der Zahlen auf den Kärtchen absteigend in einer Kette.
  d) Beschreibe, was dir auffällt.

−55   −15   515
      −51
11   −511   151
            −155

8 Stolperstelle: Paul hat Zahlen miteinander verglichen. Berichtige seine Fehler.
  a) −11 < −111, da 11 < 111
  b) −5 > 4, da 5 > 4

9 Auf den Himmelskörpern herrschen sehr unterschiedliche Durchschnittstemperaturen.
  a) Recherchiere die Durchschnittstemperatur an der Oberfläche der Sonne und auf den acht Planeten unseres Sonnensystems.
  b) Ordne die Himmelskörper nach der Temperatur. Beginne mit der höchsten.
  c) Vergleiche deine Anordnung mit der Anordnung der Planeten um die Sonne.
  d) Suche im Internet nach einer Erklärung für deine Beobachtung aus c) und für den einzigen Planeten, der eine Ausnahme ist.
  e) Erkläre am Beispiel der Erde, warum die Durchschnittstemperatur nur sehr grobe Informationen über einen Planeten liefert.

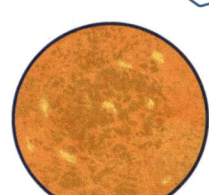

10 Ausblick: Entscheide, ob die Aussage wahr oder falsch ist. Begründe deine Entscheidung.
  a) Der Betrag einer Zahl kann nie kleiner als 0 sein.
  b) Addiert man eine Zahl zu ihrer Gegenzahl, so erhält man 0.

1.3 Ganze Zahlen vergleichen und ordnen

1.4 Zustandsänderungen

Aus einer Wettervorhersage: „Heute sind es noch drei Grad über Null. Aber morgen wird es richtig kalt. Durch den kräftigen Ostwind wird die Temperatur um zehn Grad sinken." Bestimme, wie kalt es am nächsten Tag werden wird.

Mit ganzen Zahlen kann man einen Zustand oder eine Zustandsänderung beschreiben.

Beispiele für einen Zustand:
Etagenangabe im Fahrstuhl, Pegelstand

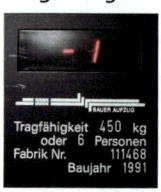 

Beispiele für Zustandsänderungen:
Kursschwankungen, Kontobewegungen

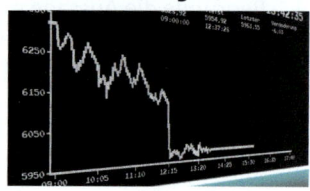 

Wissen

Das Minuszeichen (–) vor einer Zahl kann einen **Zustand** oder eine **Zustandsänderung** anzeigen.

–4 °C als Zustand zeigt eine Temperatur an.
–4 °C als Zustandsänderung zeigt an, dass die Temperatur um 4 °C abnimmt.

Durch Markierungen auf der Zahlengerade kann man Zustände darstellen. Zustandsänderungen werden durch Pfeile angezeigt.

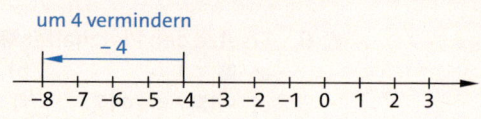

Erklärvideo

Beispiel 1

Mo: 5 °C   Di: 6 °C   Mi: 8 °C   Do: 3 °C   Fr: 1 °C   Sa: –1 °C   So: –2 °C
a) Gib die Temperaturänderungen mit Pfeilen auf einer Zahlengerade an.
b) Gib an, zwischen welchen beiden aufeinanderfolgenden Tagen der Temperaturunterschied am größten war.
c) Ermittle die Temperatur am kommenden Montag, wenn sie von Sonntag um 3 °C fällt.

Lösung:
a) Eine Temperaturerhöhung wird mit einem Pfeil nach rechts gekennzeichnet, eine Temperaturabnahme mit einem Pfeil nach links.

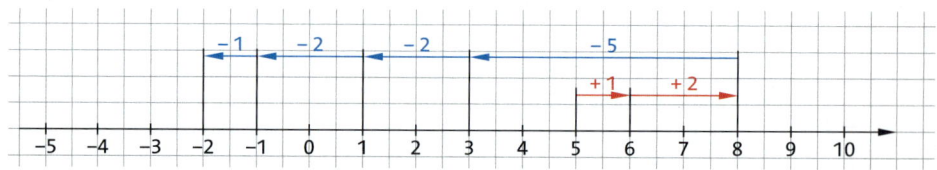

b) Von Mittwoch zu Donnerstag war der Temperaturunterschied mit –5 °C am größten.
c) Am Sonntag sind es –2 °C.
Wenn die Temperatur um 3 °C fällt, dann sind es am Montag –5 °C.

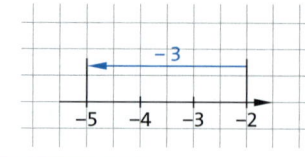

Ganze Zahlen

Basisaufgaben

1

Zeitpunkt	10 Uhr	12 Uhr	14 Uhr	16 Uhr	18 Uhr	20 Uhr	22 Uhr	24 Uhr	2 Uhr
Temperatur	12 °C	14 °C	17 °C	15 °C	12 °C	7 °C	2 °C	0 °C	−5 °C

a) Zeichne eine Zahlengerade von −5 bis 20. Markiere alle Temperaturen auf dieser Zahlengerade.
b) Zeichne jede Zustandsänderung mit einem Pfeil ein und gib die Temperaturänderung an.

2 Ersetze den Platzhalter ■ durch die zugehörige Änderung oder Zahl.

a) $9 \xrightarrow{\blacksquare} 13$ b) $7 \xrightarrow{\blacksquare} 1$ c) $4 \xrightarrow{\blacksquare} -2$ d) $5 \xrightarrow{\blacksquare} -1$ e) $-3 \xrightarrow{\blacksquare} -6$

f) $7 \xrightarrow{+3} \blacksquare$ g) $2 \xrightarrow{-3} \blacksquare$ h) $-1 \xrightarrow{+3} \blacksquare$ i) $\blacksquare \xrightarrow{-1} -2$ j) $\blacksquare \xrightarrow{-2} -2$

3 In einem Einkaufszentrum mit Tiefgarage gibt es einen Fahrstuhl. Gib an, in welche Etage gefahren wird.
Der Fahrstuhl fährt
a) von der 1. Etage 3 Etagen nach unten,
b) von der −5. Etage 7 Etagen nach oben,
c) von der 3. Etage 4 Etagen nach unten,
d) von der −2. Etage 2 Etagen nach unten.

4 Die Thermometer zeigen die Temperaturen in verschiedenen Städten in Grad Celsius.
Bestimme die Temperaturänderung bei einer Reise
a) von Berlin nach Oslo,
b) von London nach Tallinn,
c) von Stockholm nach Madrid,
d) von Madrid nach Tallinn,
e) von London nach Stockholm,
f) von Oslo nach Berlin.
Du kannst dich an Beispiel 1 orientieren.

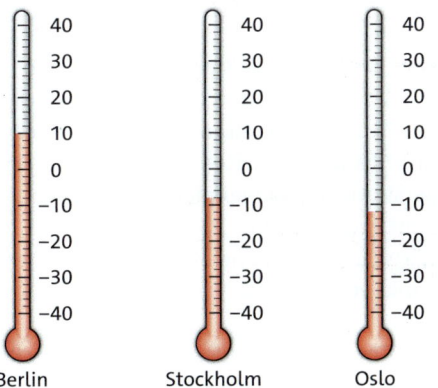
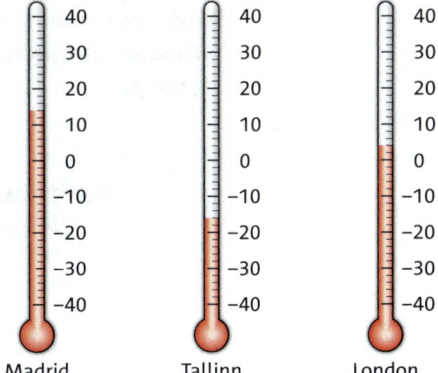

Weiterführende Aufgaben   Zwischentest

5 Der tiefste See der Erde ist der Baikalsee in Sibirien. Seine Wasseroberfläche befindet sich 455 Meter über dem Meeresspiegel. Der Seeboden liegt an seiner tiefsten Stelle 1187 Meter unter dem Meeresspiegel.
Berechne, welche Strecke ein U-Boot zurücklegt, wenn es von der Wasseroberfläche bis zum Grund des Sees taucht.

1.4 Zustandsänderungen

6 Stolperstelle: Lucas berechnet den Kontostand seiner Eltern am Ende des Monats folgendermaßen:
80 – 43 – 74 + 50 – 149 = –136
Erkläre seinen Fehler und berechne den Kontostand korrekt.

Kontoauszug 2			
Datum	Erläuterungen	Wert	Betrag
			150,00+
19.10.	Bareinzahlung	22.10.	80,00+
23.10.	Getränkehandel Peters	24.10.	43,00–
24.10.	Tankstelle Voss	25.10.	74,00–
26.10.	Bareinzahlung	29.10.	50,00+
30.10.	Elektromarkt24	31.10.	149,00–

Hilfe

7 Im Radio wurden während einer Sturmflut die Änderungen des Wasserpegels eines Flusses angeben. Um 12 Uhr betrug der Pegel 255 cm.
a) Ermittle die Pegelstände zu den Uhrzeiten.
b) Veranschauliche die Änderungen des Wasserpegels mit Pfeilen auf einer Zahlengerade.

Zeitpunkt	Pegelstand
13 Uhr	um 35 cm gefallen
14 Uhr	um 18 cm gefallen
15 Uhr	um 15 cm gestiegen
16 Uhr	um 45 cm gestiegen
17 Uhr	um 20 cm gestiegen
18 Uhr	um 18 cm gestiegen

8 a) Gib an, welche Aussagen einen Zustand und welche eine Zustandsänderung beschreiben. Begründe.
b) Entscheide, welche Aussagen nicht eindeutig sind.
c) Amy meint: „Manche dieser Aussagen bedeuten doch das Gleiche." Nimm Stellung.

① Die Temperatur sinkt um 3 °C.
② Die Temperatur beträgt –3 °C.
③ Die Temperatur verändert sich um 3 °C.
④ Die Temperatur verändert sich um +3 °C.
⑤ Die Temperatur erhöht sich um 3 °C.
⑥ Die Temperatur verändert sich um –3 °C.

9 Bestimme, an welcher Stelle der Zahlengerade sich der verschobene Punkt befindet.
a) Der Punkt A wird von 2 um 6 Längeneinheiten nach rechts verschoben.
b) Der Punkt B wird von –2 um 7 Längeneinheiten nach links verschoben.
c) Der Punkt C wird von –2 um 7 Längeneinheiten nach rechts verschoben.
d) Der Punkt D wird von 0 zuerst um 5 Längeneinheiten nach rechts und dann um 12 Längeneinheiten nach links verschoben.
e) Der Punkt E wird von –2 zuerst um 5 Längeneinheiten nach rechts und dann um 12 Längeneinheiten nach links verschoben.

Hilfe

10 Kleopatra die Große wurde 69 v. Chr. als Tochter des ägyptisch-griechischen Herrschers Ptolemaios XII. in Ägypten geboren. Sie verliebte sich mit 21 Jahren in Caesar. Dieser war zu dem Zeitpunkt bereits 52 Jahre alt.
a) Ermittle, in welchem Jahr sich Kleopatra in Caesar verliebte.
b) Gib das Geburtsjahr von Caesar an.
c) Kleopatra starb im Jahr 30 v. Chr. Berechne, wie alt sie war.
d) Berechne, wie alt Caesar zum Zeitpunkt von Kleopatras Tod gewesen wäre.
e) Caesar wurde 14 Jahre vor Kleopatras Tod ermordet. Gib an, in welchem Jahr er starb und wie alt er zu diesem Zeitpunkt war.

11 Ausblick: Marc hat in der ersten halben Stunde bei einem Online-Spiel 140 Punkte erreicht. In der nächsten halben Stunde gewinnt und verliert er immer wieder Punkte:
+40; –88; –14; –16; +4; –12; +16
a) Gib den Punktestand von Marc am Ende dieser Stunde an.
b) Erläutere, wie du das Ergebnis in möglichst kurzer Zeit ermitteln würdest.

1.5 Ganze Zahlen addieren und subtrahieren

Am Wochenende darf Manuel eine halbe Stunde auf der Videospielkonsole zocken. Er hat 20 Punkte auf seinem Spielkonto und möchte für 30 Punkte einen neuen Skin erwerben. Bestimme den Punktestand nach dem Upgrade.
Beschreibe, wie du vorgegangen bist.

Addieren und Subtrahieren einer positiven Zahl

Bei der Veränderung einer Temperatur, eines Kontostands und anderer Größen kommen häufig auch negative Zahlen vor. Solche Zustandsänderungen kann man mittels Addition und Subtraktion von ganzen Zahlen berechnen. Man kann die beiden Rechenarten an einer Zahlengerade veranschaulichen.

Addieren
Die Temperatur beträgt −6 °C (Zustand) und steigt um 4 °C (Zustandsänderung). Da die Temperatur steigt, zeigt der Pfeil an der Zahlengerade nach rechts.

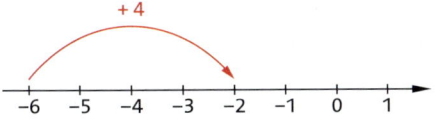

Rechnung: −6 + 4 = −2

Subtrahieren
Die Temperatur beträgt 2 °C (Zustand) und sinkt um 5 °C (Zustandsänderung). Da die Temperatur sinkt, zeigt der Pfeil an der Zahlengerade nach links.

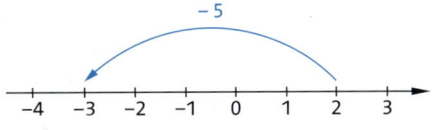

Rechnung: 2 − 5 = −3

> **Wissen**
>
> **Addiert** man eine positive Zahl zu einer ganzen Zahl, so geht man auf der Zahlengerade nach rechts.
> **Subtrahiert** man eine positive Zahl von einer ganzen Zahl, so geht man auf der Zahlengerade nach links.

> **Beispiel 1**
>
> Veranschauliche die Temperaturänderung an einer Zahlengerade und schreibe die passende Rechnung auf.
> a) Die Temperatur betrug morgens −4 °C. Bis zum Mittag stieg sie um 10 °C.
> b) Am Abend betrug die Temperatur 3 °C. In der Nacht sank sie um 7 °C.
>
> **Lösung:**
> a) Die Temperatur steigt um 10 °C. Du gehst also von −4 aus 10 Schritte nach rechts.
>
>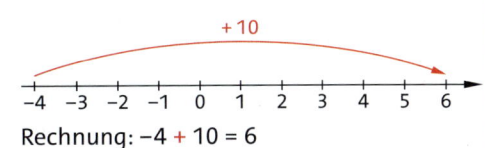
>
> Rechnung: −4 + 10 = 6
>
> b) Die Temperatur sinkt um 7 °C. Du gehst also von 3 aus 7 Schritte nach links.
>
>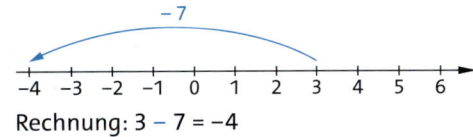
>
> Rechnung: 3 − 7 = −4

Basisaufgaben

1 Ordne jeder Rechnung das passende Pfeilbild zu. Gib auch das Ergebnis an.
a) 1 – 2   b) –1 – 3   c) –2 + 2   d) –1 + 3   e) –4 + 2   f) 5 – 5

① 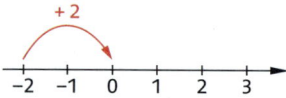   ② 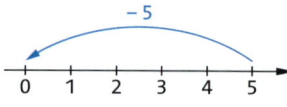   ③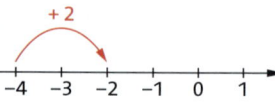

④ 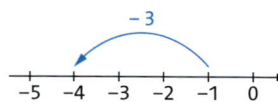   ⑤ 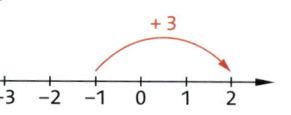   ⑥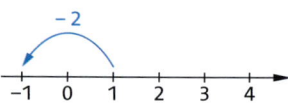

2 Stelle die Rechnung an einer Zahlengerade dar und gib das Ergebnis an.
a) –8 + 5   b) 1 – 7   c) –5 + 7   d) –5 – 11   e) 8 – 9
f) –2 – 7   g) 3 – 10   h) 0 – 3   i) –1 + 6   j) –1 + 1

Hinweis zu 3
Verwende eine geeignete Einteilung der Zahlengerade. Trage auf der Zahlengerade nur die Werte ein, die du brauchst.

3 Berechne. Veranschauliche dir die Rechnung an einer Zahlengerade, falls nötig.
a) –50 + 75   b) –10 – 12   c) 1 – 29   d) 18 – 36   e) 103 – 110
f) –99 + 18   g) –99 – 18   h) –1 – 107   i) –17 + 16   j) 49 – 98
k) –27 + 27   l) –16 – 35   m) 100 – 1000   n) –346 + 345   o) 9999 – 10001

4 Rechne im Kopf.
a) –23 + 19   b) –11 – 9   c) 98 – 13   d) 29 – 86   e) 18 – 33
f) –99 – 15   g) –178 + 113   h) 136 – 270   i) 0 – 162   j) 114 – 98
k) –94 + 61   l) –11 – 48   m) 89 – 90   n) 83 – 85   o) –83 – 85

5 Entscheide, in welche Richtung der Pfeil zeigen muss, und notiere die passende Rechnung.

a) 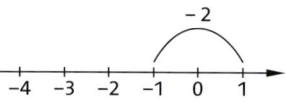   b) 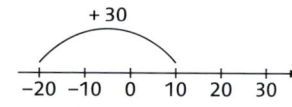   c)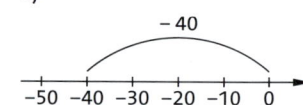

6 Bei negativen Kontoständen entstehen Schulden. Man leiht sich Geld bei der Bank und muss dafür eine Gebühr zahlen. Trotzdem überziehen einige Menschen ihr Kontoguthaben.
a) Frau Meier kauft mit ihrer Kreditkarte ein, ihr Konto weist ein Guthaben von 321 € auf. Frau Meier kauft einen Rasenmäher für 399 €. Berechne den neuen Kontostand.
b) Herr Nowak verkauft sein Auto für 1100,00 €. Der Betrag wird ihm auf sein Bankkonto überwiesen. Anschließend zahlt er 670,00 € Miete. Danach beträgt sein Kontostand 230,00 €. Berechne den Kontostand vor dem Verkauf des Autos.

7 Ordne die Rechnungen den passenden Texten zu.

Die Temperatur betrug 3 °C und sank um 8 °C.

3 + 5 = 8

Die Temperatur stieg um 8 °C und betrug danach 5 °C.

5 – 8 = –3

–3 + 8 = 5

3 – 8 = –5

Die Temperatur betrug –3 °C, nachdem sie um 8 °C gesunken war.

Die Temperatur stieg um 5 °C und betrug vorher 3 °C.

Addieren und Subtrahieren einer negativen Zahl

Um zu erkennen, was beim Addieren oder Subtrahieren einer negativen Zahl passiert, kann man eine Aufgabenserie bilden, in der man die zweite Zahl in jedem Schritt um 1 verkleinert. Um negative Zahlen in einer Rechnung setzt man Klammern. Steht die negative Zahl am Anfang einer Addition oder Subtraktion, so kann man die Klammern auch weglassen.

Hinweis

Vorzeichen sind grün, Rechenzeichen sind rot oder blau.

Addieren

$-2 + 2 = 0$
$-2 + 1 = -1$
$-2 + 0 = -2$
$-2 + (-1) = -3$
$-2 + (-2) = -4$
$-2 + (-3) = -5$

Eine negative Zahl wird addiert, indem ihre Gegenzahl subtrahiert wird. Dabei geht man auf der Zahlengerade nach links.

Subtrahieren

$2 - 2 = 0$
$2 - 1 = 1$
$2 - 0 = 2$
$2 - (-1) = 3$
$2 - (-2) = 4$
$2 - (-3) = 5$

Eine negative Zahl wird subtrahiert, indem die Gegenzahl addiert wird. Dabei geht man auf der Zahlengerade nach rechts.

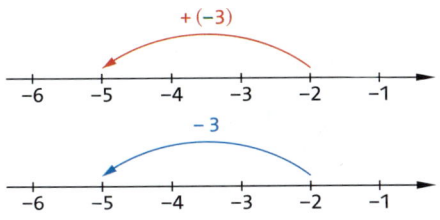

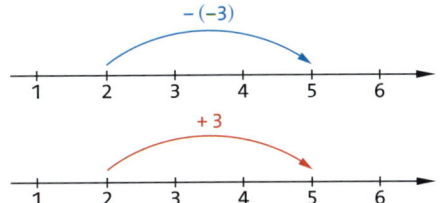

Rechenzeichen und Vorzeichen, die aufeinander folgen, kann man zusammenfassen.

> **Wissen**   **Vereinfachte Schreibweise**
>
> Stehen ein Pluszeichen und ein Minuszeichen hintereinander, so kann man sie durch ein Minuszeichen ersetzen:
>
> $$2 + (-3) = 2 - 3$$
> $$-2 + (-3) = -2 - 3$$
>
> Stehen zwei Minuszeichen hintereinander, so kann man sie durch ein Pluszeichen ersetzen:
>
> $$2 - (-3) = 2 + 3$$
> $$-2 - (-3) = -2 + 3$$

Erklärvideo

> **Beispiel 2**
>
> Gib in vereinfachter Schreibweise an und berechne.
> a) $5 + (-2)$ b) $5 - (-2)$
>
> **Lösung:**
> a) Du kannst das Plus- und das Minuszeichen durch ein Minuszeichen ersetzen.
>   Berechne dann 5 minus 2.
> $\qquad 5 + (-2) = 5 - 2 = 3$
>
> b) Du kannst die beiden Minuszeichen durch ein Pluszeichen ersetzen.
>   Berechne dann 5 plus 2.
> $\qquad 5 - (-2) = 5 + 2 = 7$

Basisaufgaben

8 Setze die Aufgabenreihe um vier Aufgaben fort.

a) 20 + 10 = 30
20 + 5 = 25
20 + 0 = 20
20 + (–5) = 15

b) 10 + 14 = 24
10 + 7 = 17
10 + 0 = 10
10 + (–7) = 3

c) –7 – 6 = –13
–7 – 3 = –10
–7 – 0 = –7
–7 – (–3) = –4

d) –1 + (–12) = –13
–1 + (–9) = –10
–1 + (–6) = –7
–1 + (–3) = –4

e) –9 – 10 = –19
–6 – 10 = –16
–3 – 10 = –13
0 – 10 = –10

f) –6 – (–5) = –1
–4 – (–5) = 1
–2 – (–5) = 3
0 – (–5) = 5

9 Markiere Vorzeichen und Rechenzeichen in verschiedenen Farben. Schreibe in vereinfachter Schreibweise und berechne. Zeichne für a) bis e) das zugehörige Pfeilbild.

a) 4 + (–2)
   4 – (–2)

b) 4 + (–7)
   4 – (–7)

c) –6 + (–2)
   –6 – (–2)

d) –6 + (–9)
   –6 – (–9)

e) –2 + (–3)
   –2 – (–3)

f) –1 + (–2)
   –1 – (–2)

g) –7 + (–5)
   –7 – (–5)

h) 0 + (–3)
   0 – (–3)

i) 14 + (–6)
   14 – (–6)

j) 99 + (–9)
   99 – (–9)

10 Entscheide, ohne zu rechnen, welche Rechnungen das gleiche Ergebnis haben.

746 + (–389)   746 + 389   746 – (–389)   746 – 389   –746 – (–389)   –746 + 389

11 Entscheide, in welche Richtung der Pfeil zeigen muss. Schreibe eine passende Aufgabe auf.

a)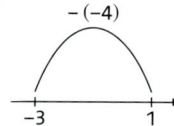
b)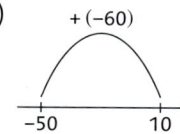
c)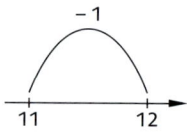
d)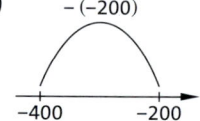

Weiterführende Aufgaben

Zwischentest

 12 Der Wasserstand der Elbe verändert sich im Laufe eines Tages durch Ebbe und Flut. Seine Höhe wird mit der Höhe des Meeresspiegels (Normalnull) verglichen.
Gib an, was eine positive und was eine negative Höhenangabe für den Wasserstand bedeuten. Berechne die Veränderung des Wasserstands. Schreibe dazu eine Rechenaufgabe auf.
Der Wasserstand verändert sich von

a) 1 m um 18 Uhr auf –1 m um 21 Uhr,
b) –1 m um 11 Uhr auf 2 m um 15 Uhr,
c) 2 m um 14 Uhr auf –2 m um 11 Uhr,
d) –2 m um 23 Uhr auf 1 m um 2 Uhr.

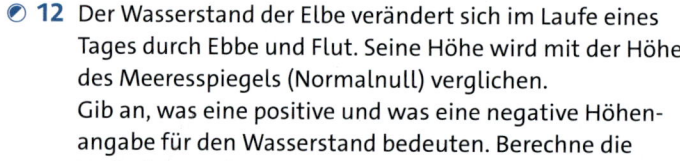

13 Ergänze.

a)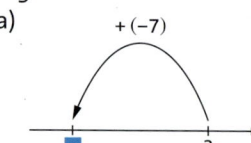
b)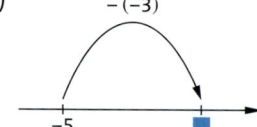
c)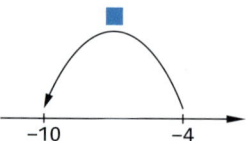

⚠ **14 Stolperstelle:** Elisa behauptet: „Wenn ich minus rechne, ziehe ich etwas von einer Zahl ab. Das Ergebnis muss also immer kleiner sein als diese Zahl." Erkläre, wo Elisas Denkfehler liegt.

Ganze Zahlen

Hinweis zu 15
Hier kannst du dir durch geschicktes Vorgehen Zeit sparen.

15 Berechne.
a) 3 + 0
b) 3 + (–3)
c) 3 + (–4)
d) –4 + 3
e) –5 + 3
f) –15 + 3
g) –15 + 5
h) –15 + 15
i) –15 – 15
j) –15 – 16
k) –15 – 26
l) 15 – 26
m) –26 + 15
n) –26 + 25
o) –26 + 27
p) –26 – (–27)
q) –26 + (–27)
r) –126 + (–127)
s) –1026 + (–1027)
t) –1026 + 1027

16 Differenzen als Summen darstellen: Mit ganzen Zahlen lässt sich jede Differenz als Summe schreiben. Entscheide, ohne zu rechnen, welche Rechenausdrücke gleichwertig sind. Überprüfe dann, indem du das Ergebnis ausrechnest.

| 16 – 36 | –16 + 36 | 16 + (–36) | 36 + (–16) | –36 + 16 | 36 – 16 |

17 Herr Müller hat auf seinem Konto ein Guthaben von 20 €. Er kauft einen Kühlschrank für 250 € und eine Mikrowelle für 69 €. Die Beträge werden von seinem Konto abgebucht. Bestimme den neuen Kontostand nach der Abbuchung.

Hilfe

18 Miriams beste Freundin Emilia versteht nicht, wie man mit negativen Zahlen rechnet. Miriam möchte ihr helfen und hat eine Idee: „Stelle dir positive Zahlen als Guthaben und negative Zahlen als Schulden vor." Sie formulieren zusammen einige Rechenregeln.
a) Denke dir zu jedem Fall eine passende Additionsaufgabe aus.

① Kommen zu Schulden weitere Schulden hinzu, dann addiert man die Schulden.

Kommt zu Schulden ein Guthaben dazu, dann subtrahiert man den kleineren vom größeren Betrag:
② Sind die Schulden größer als das Guthaben, bleiben es Schulden.
③ Ist das Guthaben größer als die Schulden, ergibt sich ein Guthaben.

b) Erkläre die Subtraktionsaufgaben mithilfe von Guthaben und Schulden.
① –100 – (–60) = –40
② –100 – (–100) = 0
③ –100 – (–120) = 20

19 Berechne.
a) 36 – 57
b) 67 + (–123)
c) –35 + 61
d) –133 – 13
e) 67 – 155
f) –855 – 455
g) –48 – (–112)
h) –38 + 177
i) –69 – 24
j) 243 + (–453)
k) 475 – (–604)
l) –981 – (–545)

Hilfe

20 Auf einer Party spielt Martin ein Quiz. Eine Runde besteht aus 8 Fragen. Für jede richtige Antwort gibt es einen Punkt, für eine falsche oder eine fehlende Antwort null Punkte. Zusätzlich kann man neben seine Antwort ein Kreuz setzen. In diesem Fall bringt eine richtige Antwort zwei Punkte ein, eine falsche allerdings zwei Minuspunkte. Rechts siehst du die Auswertung von Martins Antworten. Berechne, wie viele Punkte er erzielt hat.

1	Jupiter	×	falsch
2	–		–
3	Parallelogramm		richtig
4	13		falsch
5	Berlin	×	falsch
6	42,195 km	×	richtig
7	Sonnenfinsternis		richtig
8	Blau, Indigo, Violett	×	richtig

21 Rechnen mit der Null: Berechne. Formuliert Regeln für das Rechnen mit der Zahl Null.
a) 7 + (–7)
b) –7 + 7
c) –7 – (–7)
d) 0 + (–7)
e) –7 – 0

1.5 Ganze Zahlen addieren und subtrahieren

22 Berechne.
a) |8 − 16| b) |8| − |16| c) −|8| − |16| d) −|−8| − |−16| e) −|8 − 16|

Hinweis zu 23
Es gibt kein Jahr 0. Zwischen 1 v. Chr. und 1 n. Chr. ist genau 1 Jahr vergangen.

23 Die Olympischen Spiele der Antike wurden von 776 v. Chr. bis 393 n. Chr. ausgetragen. Die Olympischen Spiele der Neuzeit finden seit 1894 n. Chr. statt.
a) Berechne, über welchen Zeitraum die Olympischen Spiele der Antike stattfanden.
b) Berechne, wie viele Jahre zwischen der ersten und der zweiten Gründung der Olympischen Spiele lagen.
c) Berechne, wie lange es zwischendurch keine Olympischen Spiele gab.

24 Bei einer startenden Rakete werden alle zehn Sekunden die Höhe und die Außentemperatur gemessen. Die Messwerte siehst du in der Tabelle:

Zeit seit dem Start in s	0	10	20
Höhe in m	0	309	1430
Temperatur in °C	15	13	5

Zeit seit dem Start in s	30	40	50
Höhe in m	3890	8650	18250
Temperatur in °C	−12	−39	−57

a) Berechne den Temperaturunterschied in den ersten 50 Sekunden nach dem Start.
b) Berechne, in welchem 10-s-Intervall der Temperaturunterschied am größten war.

Erinnere dich
Jede natürliche Zahl ist auch eine ganze Zahl.

25 Begründe, ob die Aussage für ganze Zahlen oder nur für natürliche Zahlen gilt.
a) Wenn man von einer Zahl dieselbe Zahl subtrahiert, so erhält man null.
b) Wenn man von einer Zahl eine andere Zahl subtrahiert, so ist das Ergebnis immer kleiner als der Minuend.
c) Wenn man zwei Zahlen addiert, so ist der Wert der Summe immer größer als jeder der Summanden.
d) Jede Subtraktionsaufgabe ist lösbar.
e) Jede Additionsaufgabe ist lösbar.
f) Jede Zahl hat einen Nachfolger.
g) Jede Zahl hat einen Vorgänger.

26 Ersetze den Platzhalter ■ durch eine ganze Zahl, sodass die Rechnung stimmt.
a) −12 + ■ = −6
b) −10 + ■ = −15
c) −20 − ■ = −25
d) −21 − ■ = −17
e) ■ − 5 = −13
f) ■ + 46 = −13
g) 13 − ■ = 18
h) 90 − ■ = −27

27 Ausblick: Gegeben sind zehn Rechenausdrücke mit Variablen. Die Variablen a, b, c sind Platzhalter für beliebige ganze Zahlen.

① a + b + c	② a + b − c	③ a − (b − c)	④ a + (−b) + c	⑤ a − (−b − c)
⑥ −a − b − c	⑦ a − b − (−c)	⑧ −a − (b + c)	⑨ a − b − c	⑩ a − b + c

a) Stelle eine Vermutung darüber auf, welche Aufgaben zum gleichen Ergebnis führen. Begründe.
b) Überprüfe deine Vermutung aus a) für a = 1; b = 2 und c = −4.

1.6 Ganze Zahlen multiplizieren und dividieren

Der antike Hafen von Misenum bei Neapel liegt in einem vulkanischen Gebiet. Dort hebt und senkt sich die Erde abwechselnd über lange Zeiträume. In einem Jahr senkte sich die Erde um etwa 3 cm pro Monat. Bestimme, auf welcher Höhe ein Stein liegt, der vor diesem Jahr genau auf Meereshöhe lag. Schreibe eine Rechnung dazu auf.

Multiplizieren einer positiven und einer negativen Zahl

Um zu erkennen, was beim Multiplizieren mit einer negativen Zahl passiert, kann man eine Aufgabenserie bilden, in der man in jedem Schritt einen der Faktoren um 1 verkleinert:

2 · 2 = 4	2 · 2 = 4
2 · 1 = 2	1 · 2 = 2
2 · 0 = 0	0 · 2 = 0
2 · (−1) = −2	(−1) · 2 = −2
2 · (−2) = −4	(−2) · 2 = −4
2 · (−3) = −6	(−3) · 2 = −6

Merke

− mal + = −
+ mal − = −

Wissen

Beim Multiplizieren einer positiven und einer negativen Zahl ist das Ergebnis immer negativ. Zuerst werden die Beträge der Zahlen multipliziert. Dann wird vor das Ergebnis ein Minus geschrieben.

Erklärvideo

Beispiel 1

Berechne.
a) 3 · (−5)
b) (−4) · 7

Lösung:
Multipliziere zunächst die Beträge. Die Faktoren haben unterschiedliche Vorzeichen. Setze deshalb ein Minus vor das Ergebnis.

a) 3 · (−5) = −15

b) (−4) · 7 = −28

Basisaufgaben

1 Setze die Aufgabenreihe um vier Aufgaben fort und beschreibe deine Beobachtung.

a) 2 · 2 = 4
2 · 1 = 2
2 · 0 = 0
2 · (−1) = −2

b) 5 · 1 = 5
5 · 0 = 0
5 · (−1) = −5
5 · (−2) = −10

c) (−3) · 8 = −24
(−3) · 7 = −21
(−3) · 6 = −18
(−3) · 5 = −15

2 Berechne.
a) 10 · (−15)
b) (−7) · 9
c) 18 · (−2)
d) (−3) · 8
e) 12 · (−9)
f) (−11) · 13
g) 2 · (−119)
h) (−256) · 4
i) 45 · (−9)
j) (−21) · 29

1

Multiplizieren zweier negativer Zahlen

Um die Aufgabe (−2)·(−3) zu lösen, beginnt man mit der Aufgabe 2·(−3) und verkleinert den ersten Faktor immer wieder um 1, bis man zur Aufgabe (−2)·(−3) kommt.

Man nimmt in jedem Schritt −3 weniger, sodass sich das Ergebnis immer um −3 verkleinert. Eine Verkleinerung um −3 entspricht einer Erhöhung um 3, da −(−3) = +3 ist. Also gilt:

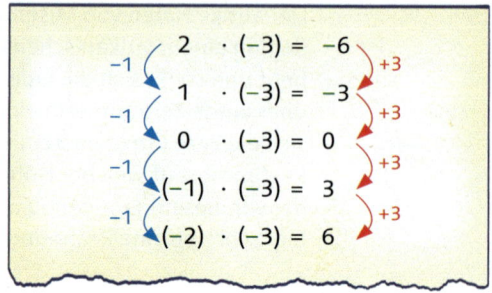

(−1)·(−3) = 3   und   (−2)·(−3) = 6

Merke

− mal − = +

Wissen

Um zwei negative Zahlen zu multiplizieren, werden ihre Beträge multipliziert. Das Ergebnis ist immer positiv.

Erklärvideo

Beispiel 2

Berechne.
a) (−3)·(−7)   b) (−4)·(−19)

Lösung:
Multipliziere die Beträge.
Die beiden Zahlen haben das gleiche Vorzeichen, also ist das Ergebnis positiv.

a) (−3)·(−7) = 3·7 = 21
b) (−4)·(−19) = 4·19 = 76

Basisaufgaben

3 Setze die Aufgabenreihe um vier Aufgaben fort.

a) (−7)·2 = −14
 (−7)·1 = −7
 (−7)·0 = 0
 (−7)·(−1) = 7
 (−7)·(−2) = 14

b) (−10)·10 = −100
 (−10)·0 = 0
 (−10)·(−10) = 100
 (−10)·(−20) = 200
 (−10)·(−30) = 300

c) (−8)·(−10) = 80
 (−8)·(−9) = 72
 (−8)·(−8) = 64
 (−8)·(−7) = 56
 (−8)·(−6) = 48

Hinweis

Wird eine negative Zahl am Anfang multipliziert (oder dividiert), so kann man sie ohne Klammer schreiben.
(−17)·(−2) = −17·(−2)

4 Berechne.

a) (−10)·(−12)   b) (−8)·(−2)   c) −17·(−2)
d) (−11)·(−8)   e) (−7)·(−16)   f) (−18)·(−17)
g) (−22)·(−10)   h) (−216)·(−5)   i) (−14)·(−19)
j) (−13)·(−13)   k) (−21)·(−7)   l) (−222)·(−5)

5 Vervollständige.

a)

·	−3	−4	−5	−8
−9				
−12				
−7				
−1				

b)

·	−7	−9	−13	−5
−11				
−18				
−20				
−12				

c)

·	−1	−15	−6	−20
−9				
−12				
−7				
−2				

Dividieren ganzer Zahlen

Multiplizieren und Dividieren sind Umkehrrechnungen. Deshalb lassen sich die Rechenregeln für die Multiplikation auf die Division übertragen.

Multiplizieren: $(-4) \cdot (-12) = 48$

Dividieren: $48 : (-12) = -4$

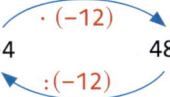

Merke
- durch − = +
- durch + = −
- + durch − = −

Erklärvideo

Wissen

Beim Dividieren ganzer Zahlen werden zunächst ihre **Beträge dividiert**.
Bei Zahlen mit **gleichem Vorzeichen** ist das Ergebnis **positiv**.
Bei Zahlen mit **unterschiedlichen Vorzeichen** ist das Ergebnis **negativ**.

Beispiel 3 Berechne.

a) $36 : (-9)$ b) $(-48) : (-16)$ c) $(-128) : 4$

Lösung:

a) Dividiere zunächst die Beträge. Die beiden Zahlen haben unterschiedliche Vorzeichen. Setze deshalb ein Minus vor das Ergebnis.
$36 : (-9) = -(36 : 9) = -4$

b) Dividiere die Beträge. Die beiden Zahlen haben das gleiche Vorzeichen, also ist das Ergebnis positiv.
$(-48) : (-16) = 48 : 16 = 3$

c) Dividiere zunächst die Beträge. Die beiden Zahlen haben unterschiedliche Vorzeichen. Setze deshalb ein Minus vor das Ergebnis.
$(-128) : 4 = -(128 : 4) = -32$

Basisaufgaben

6 Dividiere.
a) $10 : (-5)$ b) $48 : (-2)$ c) $(-21) : 3$ d) $(-36) : 12$ e) $(-77) : (-11)$
f) $(-52) : (-4)$ g) $420 : (-21)$ h) $(-72) : 3$ i) $(-96) : (-12)$ j) $(-220) : 22$
k) $30 : (-5)$ l) $(-12) : 2$ m) $(-36) : 9$ n) $(-72) : (-8)$ o) $121 : (-11)$

7 Gib drei unterschiedliche Divisionsaufgaben mit dem Ergebnis an.
a) 5   b) −12   c) −1   d) −100   e) −25

Weiterführende Aufgaben   Zwischentest

8 Rechne im Kopf.
a) $(-2) \cdot (-2)$ b) $(-3) \cdot (-1)$ c) $35 \cdot (-2)$ d) $2 : (-2)$
e) $|-5| \cdot (-1)$ f) $(-12) \cdot 3$ g) $-3 \cdot 3$ h) $0 \cdot (-5)$
i) $|-10| \cdot 5$ j) $(-19) \cdot (-1)$ k) $(-81) : 9$ l) $0 : (-3)$
m) $12 \cdot (-4)$ n) $(-243) : 0$ o) $(-2) \cdot (-1) \cdot (-6)$ p) $(-60) : 5 \cdot (-3)$

9 Rechne schriftlich.
a) $25 \cdot (-45)$ b) $-78 \cdot (-34)$ c) $-354 \cdot 56$ d) $-89 \cdot (-89)$
e) $-529 : (-23)$ f) $856 : (-107)$ g) $3198 : (-123)$ h) $-328 : 82$

1

Hinweis zu 10

Hier kannst du dir durch geschicktes Vorgehen Zeit sparen.

10 Berechne.
a) $2 \cdot 19$
b) $1 \cdot 19$
c) $1 \cdot (-19)$
d) $2 \cdot (-19)$
e) $3 \cdot (-19)$
f) $(-19) \cdot 3$
g) $(-3) \cdot 19$
h) $(-3) \cdot (-19)$
i) $(-3) \cdot (-20)$
j) $60 : (-20)$
k) $600 : (-20)$
l) $600 : (-30)$
m) $(-600) : (-30)$
n) $0 : (-30)$
o) $(-30) : 0$
p) $(-30) \cdot 0$
q) $-30 \cdot (-30)$
r) $-33 \cdot (-30)$
s) $-333 \cdot (-30)$
t) $(-3330) : (-30)$

Hilfe

11 Potenzen mit ganzzahligen Basen: Die Basis einer Potenz kann auch eine negative Zahl sein. Berechne die Potenzwerte. Beachte, dass der Exponent sich auch auf das Vorzeichen bezieht, falls die Basis in Klammern steht. Sonst wird das Minus nicht „mitpotenziert".
Beispiel: $(-3)^2 = (-3) \cdot (-3) = 9$ $\qquad -3^2 = -3 \cdot 3 = -9$
a) $(-1)^2$
b) -1^2
c) -2^3
d) $(-3)^3$
e) $(-3)^4$
f) -4^3
g) -15^2
h) $(-13)^2$
i) $(-4)^3$
j) $(-1)^5$
k) $(-1)^{10}$
l) -5^4

⚠ **12 Stolperstelle:**
a) Lenja schreibt: $0 \cdot (-1) = -0$, *denn die Faktoren haben unterschiedliche Vorzeichen. Also ist das Ergebnis negativ.* Nimm Stellung.
b) Ryan schreibt: $2^2 = 4$, *also gilt* $(-2)^2 = -4$. Erkläre, was er falsch gemacht hat.

13 Berechne. Achte auf Rechenzeichen und Vorzeichen.
a) $16 + (-4)$
$16 - (-4)$
$16 \cdot (-4)$
$16 : (-4)$
b) $-130 + (-2)$
$-130 - (-2)$
$(-130) \cdot (-2)$
$(-130) : (-2)$
c) $(-25) : (-5)$
$-25 + (-5)$
$(-25) \cdot (-5)$
$-25 - (-5)$
d) $10\,000 - (-10)$
$10\,000 \cdot (-10)$
$10\,000 : (-10)$
$10\,000 + (-10)$

14 Vervollständige die Sätze auf den Kärtchen, sodass wahre Aussagen entstehen.

- Wird eine positive oder negative ganze Zahl mit −1 multipliziert, so ...
- Wird eine ganze Zahl mit 0 multipliziert, so ...
- Wird 0 durch eine positive oder negative ganze Zahl geteilt, so ...
- Wird eine ganze Zahl mit 1 multipliziert, so ...
- Durch ... darf nicht dividiert werden.
- Wird eine positive oder negative ganze Zahl durch ihre Gegenzahl dividiert, so ...
- Wird eine positive oder negative ganze Zahl durch sich selbst dividiert, so ...

Hilfe

15 Das Dorf Oimjakon in Jakutien im fernöstlichen Sibirien gilt als der kälteste bewohnte Ort der Erde. Die Tabelle zeigt die Temperaturen einer Woche im Januar.

Montag	Dienstag	Mittwoch	Donnerstag	Freitag	Samstag	Sonntag
−44 °C	−40 °C	−51 °C	−52 °C	−55 °C	−56 °C	−59 °C

Berechne die Durchschnittstemperatur dieser Woche.

16 Entscheide, ob die Aussage wahr oder falsch ist, und begründe dies.
a) Der Quotient zweier Zahlen ist keine natürliche Zahl, wenn der Divisor negativ ist.
b) Wenn ein Produkt zweier Zahlen negativ ist, so müssen beide Faktoren negativ sein.
c) Das Produkt zweier ganzer Zahlen kann auch eine natürliche Zahl sein.

17 Ausblick:
a) Berechne $(-2)^2$, $(-2)^3$, $(-2)^4$ und $(-2)^5$.
b) Formuliere eine Regel zum Vorzeichen beim Potenzieren.
c) Gib das Vorzeichen von $(-17)^{411}$ an.

Streifzug

Ganze Zahlen 1

Rechenspiele

 1 Inspiriert von THE MIND: Bildet Gruppen aus 3 bis 4 Kindern. Erstellt gleich große Karten und beschriftet sie mit den Zahlen –25 bis 25. Mischt die Karten und lasst jedes Kind drei Karten ziehen. Haltet die Karten verdeckt. Versucht nun, eure Zahlen in aufsteigender Reihenfolge abzulegen, ohne miteinander zu kommunizieren – überlegt gut, ob ihr schon eure nächste Zahl ablegen solltet oder lieber wartet, bis jemand eine Karte spielt. Ihr gewinnt, wenn ihr es schafft, alle Zahlen in der richtigen Reihenfolge abzulegen.

 2 Hin und Her: Bildet Gruppen aus 3 bis 4 Kindern. Ihr braucht Spielfiguren (zum Beispiel Radiergummis oder Stiftkappen) und kleine Zettel. Auf diese schreibt ihr die Zahlen von –3 bis 3, faltet sie zusammen und mischt sie. Stellt eure Figuren auf die 0 auf dem unteren Spielfeld. Die älteste Person beginnt und zieht einen Zettel. Sie entscheidet, ob sie die Zahl auf dem Zettel zur Zahl, auf der ihre Figur steht, addiert oder subtrahiert. Ihre Figur wird auf das Feld mit dem Ergebnis verschoben und der Zettel zurückgelegt. Dann ist die nächste Person an der Reihe. Gewonnen hat, wer zuerst die 7 oder die –7 erreicht.

Beispiel: Evas Figur steht auf der –2. Sie zieht eine –3 und entscheidet sich die –3 zur –2 zu addieren. Sie rechnet –2 + (–3) = –2 – 3 = –5 und verschiebt ihre Figur auf die –5.

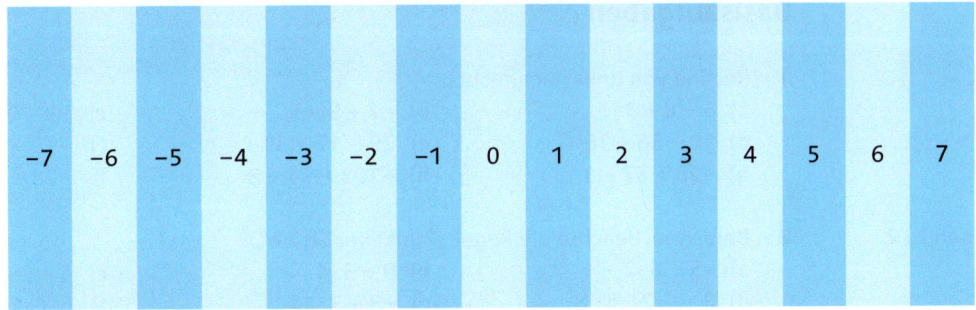

 3 Rechendomino: Domino ist ein Legespiel mit rechteckigen Spielsteinen. Die Steine werden dabei nach bestimmten Regeln aneinandergelegt. Jeder Stein ist in zwei Felder geteilt. Recherchiert, wie man Domino spielen kann.

1. Schneidet 12 Kärtchen (2 cm breit und 6 cm lang) aus. Teilt jedes Kärtchen in zwei Hälften.
2. Nehmt die erste Karte und schreibt auf die linke Hälfte „**START**" und auf die rechte Hälfte eine Rechenaufgabe.
3. Beschriftet die anderen 11 Kärtchen, sodass auf der linken Hälfte eines Kärtchens immer das Ergebnis der vorherigen Aufgabe steht und auf der rechten Hälfte eine neue Rechenaufgabe. Verwendet auch negative ganze Zahlen, Potenzen, Beträge und beliebige Rechenzeichen. Beschriftet die letzte Karte auf der rechten Hälfte mit „**ENDE**".

Tauscht eure Dominosteine untereinander aus und spielt zu zweit.

1.7 Rechnen mit allen Grundrechenarten

Setze Klammern, sodass die Rechnung stimmt.

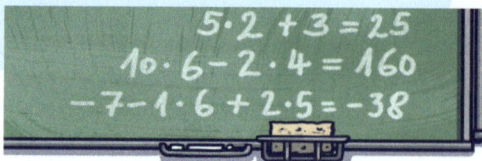

Vorrangregeln

Die bekannten Vorrangregeln gelten auch beim Rechnen mit ganzen Zahlen.

Erinnere dich

„KlaPoPS":
Klammer
 Potenz
  Punktrechnung
   Strichrechnung

Beispiel 1 Berechne.
a) $-28 + (6 + 14)$
b) $-12 + (-2)^3 \cdot 11$
c) $16 - 36 + 40$

Lösung:

a) Ausdrücke in Klammern werden zuerst berechnet.

$-28 + (6 + 14) = -28 + 20 = -8$

b) Wo keine Klammern sind, werden zuerst die Potenzen berechnet. Danach gilt Punkt- vor Strichrechnung.

$-12 + (-2)^3 \cdot 11 = -12 + (-8) \cdot 11$
$= -12 - 8 \cdot 11 = -12 - 88 = -100$

c) In allen anderen Fällen rechnet man von links nach rechts.

$16 - 36 + 40 = -20 + 40 = 20$

Basisaufgaben

1 Rechne von links nach rechts.
a) $6 - 8 + 3$
b) $-7 + 9 - 5$
c) $-3 - 5 - 4$
d) $10 - 36 - 16$
e) $29 - 17 + 31$
f) $-13 + 73 - 11$
g) $-98 + 87 - 3$
h) $-103 - 54 + 8$
i) $-28 + 112 - 99$

Lösungen zu 2

7		46
-3	2	-114
	48	
-64	14	38

2 Berechne. Beachte die Regel „Punkt vor Strich".
a) $-5 + 6 \cdot 2$
b) $9 - 3 \cdot 4$
c) $8 - (-2) \cdot 3$
d) $8 + (-2) \cdot 3$
e) $-3 + 3 \cdot 17$
f) $6 \cdot (-12) + 8$
g) $-8 + 3 \cdot 18$
h) $(-8) \cdot 9 + 6 \cdot (-7)$
i) $-8 + 9 \cdot 6 - 8$

3 Berechne. Beachte die Vorrangregeln.
a) $(-9) \cdot (2 - 7)$
b) $(-2)^2 \cdot 2 - (-6)$
c) $(2 - 7) \cdot (-5 + 6)$
d) $-10^2 \cdot (-36 - (-16))$
e) $3 - 7 \cdot 8 - 5$
f) $-1 - 6 \cdot (-5) : 2$

Kommutativgesetz

Das Kommutativgesetz gilt auch beim Rechnen mit ganzen Zahlen.

Erinnere dich

Kommutativgesetz:
$a + b = b + a$
$a \cdot b = b \cdot a$
für beliebige Zahlen a und b.

Beispiel 2 Berechne geschickt, indem du das Kommutativgesetz anwendest.
a) $13 - 19 + 7$
b) $(-4) \cdot 17 \cdot (-25)$

Lösung:

a) Vertausche geschickt. Nimm dabei das Plus- und Minuszeichen vor jeder Zahl mit.

$13 - 19 + 7 = 13 + 7 - 19$
$= 20 - 19 = 1$

b) Vertausche geschickt. Nimm Klammern und Vorzeichen mit.

$(-4) \cdot 17 \cdot (-25) = (-4) \cdot (-25) \cdot 17$
$= 100 \cdot 17 = 1700$

1 Ganze Zahlen

Basisaufgaben

Erinnere dich

Mit ganzen Zahlen lässt sich jede Differenz als Summe schreiben.
Beispiel:
16 − 36 = 16 + (−36)
= −36 + 16

4 Vertausche geschickt Summanden und berechne im Kopf.
a) 9 + 17 − 9
b) 4 − 60 + 6
c) 177 − 89 − 77 + 189
d) −3 + 18 − 7 + 22
e) 25 + 17 − 35 + 3
f) 45 + 37 − 4 − 41

5 Vertausche geschickt Faktoren und berechne.
a) 5 · 13 · (−2)
b) 2 · (−45) · 5
c) 8 · (−7) · 25
d) −2 · 7 · 5 · (−3)
e) −4 · (−5) · 25 · 3
f) 2 · 25 · 17 · (−4)

Weiterführende Aufgaben

Zwischentest

6 Berechne. Beachte die Vorrangregeln.
a) −5 + (−4) − (9 + 6)
b) (−9 + 6) · (2 − 8 · 9)
c) 3 + (5 − 7) · (6 − 4)
d) (−36) · (−3 − 2 · 3)
e) 2 · (−4) − 5 · (6 − 7)
f) −7 + (−8 + 11) · (−3 + 17)
g) 3 + (−2 · (6 − 8))
h) (11 − 18) − (1 + 2 · 3)
i) −5 + 15 − (−6 + 2 · 3 − 9)
j) 35 − 25 : 5 + 5
k) (0 − 1) · 6 − 19
l) (30 + (−2)³) − (60 + 40)

Hinweis

Hier kannst du dir durch geschicktes Vorgehen Zeit sparen.

7 Berechne.
a) 14 + 15 + 16
b) 14 − 15 + 16
c) 14 − 15 − 16
d) −14 − 15 − 16
e) −14 + 0 − 16
f) −14 + 0 · (−16)
g) −14 + 2 · (−16)
h) −14 − 2 · 16
i) −14 − 2 · (−16)
j) −4 − 2 · (−16)
k) (−4) − 2 · (−1)
l) (−4) · (−2) · (−1)
m) (−8) · (−4) · (−2) · (−1)
n) (−8) · (−4) + (−2) · (−1)
o) (−8) · ((−4) + (−2) · (−1))

8 Bestimme, ohne zu rechnen, ob das Ergebnis positiv oder negativ ist.
a) (−2) · 5 · 3
b) (−2) · 5 · (−3)
c) (−2) · (−5) · (−3)
d) (−3) · (−2) · (−3) · 2
e) 3 · (−2) · 3 · (−2)
f) (−3) · (−2) · (−3) · (−2)
g) 9 · (−1) · (−1001) · 3
h) (−1) · (−1) · (−1) · (−1)
i) (−1) · (−1) · 0

9 Stolperstelle: Erläutere und korrigiere Tanjas Fehler. Berechne dann das Ergebnis.
a) −35 + 10 − 35 = −35 + 35 − 10
b) −2 + 3 · 7 = 1 · 7
c) −25 − 17 + 5 = −25 − 22

10 Begründe, ohne zu rechnen, welche Aufgaben das gleiche Ergebnis haben wie 9 − 6 − 1.

9 − 1 − 6   −1 + 9 − 6   6 − 9 − 1   −6 − 1 + 9   1 − 6 + 9

Hilfe

11 Vervollständige das Zauberquadrat, sodass in jeder Zeile, in jeder Spalte und in jeder der Diagonalen die Summe der Zahlen den gleichen Wert hat.

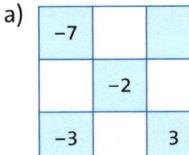

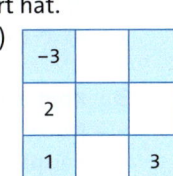

Hinweis zu 12a

Die Zahlen können negativ oder positiv sein. Finde Beispiele für unterschiedliche Kombinationen.

12 Ausblick: Die Kurzregel für die Vorzeichen beim Multiplizieren zweier ganzer Zahlen lautet „minus mal plus ergibt minus" und „minus mal minus ergibt plus".
a) Untersuche, welches Vorzeichen sich ergibt, wenn man drei (vier) Zahlen multipliziert.
b) Stelle eine allgemeine Regel auf, mit der du das Vorzeichen eines Produkts mit beliebig vielen Faktoren bestimmen kannst.

1.8 Ausmultiplizieren und Ausklammern

Lydia und Jan rechnen um die Wette im Kopf. Erkläre beide Ansätze und berechne. Tauscht euch zu zweit aus, welcher Rechenweg vorteilhafter ist. Begründe deine Wahl.

Lydia
$9 \cdot (-345)$
$= -(10 \cdot 345 - 345)$
$= ...$

Jan
$9 \cdot (-345)$
$= -(9 \cdot 300 + 9 \cdot 40 + 9 \cdot 5)$
$= ...$

Distributivgesetz

Erinnere dich

Distributivgesetz:
$a \cdot (b + c) = a \cdot b + a \cdot c$
$(a - b) \cdot c = a \cdot c - b \cdot c$
für beliebige Zahlen a, b, c.

Das Distributivgesetz gilt auch beim Rechnen mit ganzen Zahlen.

Beispiel 1

Wende das Distributivgesetz an und berechne.
a) $(-5) \cdot (100 - 1)$
b) $(-3) \cdot 41 - 3 \cdot 59$

Lösung:

a) Multipliziere −5 mit 100 und mit 1.

Berechne dann −500 − (−5).

$(-5) \cdot (100 - 1)$
$= (-5) \cdot 100 - (-5) \cdot 1$
$= -500 - (-5)$
$= -500 + 5 = -495$

b) Setze Klammern um die hintere (−3).
Ergänze ein Plus als Rechenzeichen.

$(-3) \cdot 41 - 3 \cdot 59$
$= (-3) \cdot 41 + (-3) \cdot 59$

Klammere −3 aus:
Schreibe 41 + 59 in die Klammer und die (−3) vor die Klammer.

$= (-3) \cdot (41 + 59)$

Berechne erst die Klammer und dann $(-3) \cdot 100$.

$= (-3) \cdot 100 = -300$

Basisaufgaben

1 Wende das Distributivgesetz an und berechne.
a) $3 \cdot (12 - 30)$
b) $18 \cdot (1 - 30)$
c) $(-4) \cdot (-25 + 13)$
d) $(-9) \cdot (200 - 5)$
e) $(-1) \cdot (3 - 95)$
f) $(50 - 29) \cdot (-2)$
g) $(-25 + 10) \cdot (-4)$
h) $(100 - 25) \cdot (-2)$

2 Klammere aus und berechne.
a) $(-7) \cdot 8 + (-7) \cdot 2$
b) $(-18) \cdot 4 - (-18) \cdot 2$
c) $3 \cdot (-5) + 18 \cdot (-5)$
d) $17 \cdot (-3) + (-3) \cdot 9$
e) $(-8) \cdot 9 + 6 \cdot (-8)$
f) $(-9) \cdot 5 - 5 \cdot (-9)$
g) $-13 + 13 \cdot 10$
h) $(-4) \cdot 8 + 8 \cdot 10$

3 Kopfrechnen:
Nutze das Distributivgesetz und rechne geschickt im Kopf.
Beispiel: $3 \cdot (-58) = 3 \cdot (-60 + 2) = 3 \cdot (-60) + 3 \cdot 2 = -180 + 6 = -174$
a) $4 \cdot (-19)$
b) $(-3) \cdot 73$
c) $7 \cdot (-101)$
d) $98 \cdot (-6)$
e) $(-5) \cdot 115$
f) $(-4) \cdot (-17)$
g) $12 \cdot (-19)$
h) $(-17) \cdot 11$

4 Berechne. Überlege vorher, ob es sinnvoll ist, auszuklammern oder auszumultiplizieren.
a) $9 \cdot 8 - 9 \cdot 11$
b) $-4 \cdot (62 - 22)$
c) $15 \cdot 4 - 15 \cdot 20$
d) $-28 \cdot 5 - 12 \cdot 5$
e) $(200 + 20) \cdot (-2)$
f) $(62 + 38) \cdot (-7)$
g) $(100 - 1) \cdot (-18)$
h) $-15 \cdot 11 + 25 \cdot 8$

Klammern auflösen

Plusklammern

Eine Klammer, vor der ein Plus oder gar kein Rechenzeichen steht, heißt **Plusklammer**. Steht in der Klammer eine Summe, so kann man darauf das Assoziativgesetz anwenden:

$23 + (9 - 13) = 23 + (9 + (-13))$
$ = 23 + 9 + (-13)$
$ = 23 + 9 - 13$

Minusklammern

Eine Klammer, vor der ein Minus steht, heißt **Minusklammer**. Das Minus kann man als (–1) schreiben. Dann kann man auf die Klammer das Distributivgesetz anwenden:

$3 - (-4 + 7) = 3 + (-1) \cdot (-4 + 7)$
$ = 3 + (-1) \cdot (-4) + (-1) \cdot 7$
$ = 3 + 4 - 7$

Erinnere dich

Mit ganzen Zahlen lässt sich jede Differenz als Summe schreiben.

Wissen

Steht ein Pluszeichen vor einer Klammer, darf die Klammer weggelassen werden.

Beim Auflösen einer **Minusklammer** kehren sich alle Minus- und Pluszeichen in der Klammer um. Die Klammer und das Minus davor fallen weg.

Beispiel 2

Löse die Klammer auf und berechne.
a) –7 + (–13 + 21)   b) 33 – (–67 + 13)   c) 17 – (7 – 18)

Lösung:

a) Vor der Klammer steht ein Pluszeichen. Du kannst die Klammer also weglassen. Vereinfache Rechenzeichen und Vorzeichen, die aufeinander folgen.

$-7 + (-13 + 21)$
$= -7 - 13 + 21 = 1$

b) Vor der Klammer steht ein Minuszeichen. Ändere in der Klammer das Minus zu Plus und das Plus zu Minus. Lasse die Klammer und das Minus davor weg.

$33 - (-67 + 13)$
$= 33 + 67 - 13 = 87$

c) Die 7 in der Minusklammer hat kein Vorzeichen, ist also positiv. Kehre alle Zeichen in der Klammer um, lasse die Klammer und das Minus davor weg.

$17 - (7 - 18)$
$= 17 - 7 + 18 = 28$

Basisaufgaben

5 Löse die Plusklammer auf und berechne.
a) –37 + (–3 + 48)   b) 49 + (11 – 32)   c) 1 + (3 – 7 – 5)   d) (–91 + 5 – 85) + 85

Lösungen zu 6

33 35 –69
4   86
109 51
  1
–113 –1
–22   –12

6 Löse die Minusklammer auf und berechne.
a) –(5 + 7)   b) –(4 – 3)   c) –(–3 + 2)   d) –(–3 – 1)
e) –(–12 – 39)   f) 30 – (–72 + 67)   g) –6 – (34 – 73)   h) –3 – (7 – 20 – 76)
i) –13 – (–33 + 42)   j) 35 – (–33 – 41)   k) –1 – (51 + 17)   l) –4 – (74 + 35)

7 Löse die Klammer auf und berechne. Kontrolliere dein Ergebnis, indem du die Aufgabe mithilfe der Vorrangregeln erneut löst.
a) 12 – (12 – 35)   b) 30 – (–10 + 56)   c) –4 – (–12 – 18)   d) 23 – (13 + 77)
e) 30 + (–10 + 56)   f) –4 + (–12 – 18)   g) 92 – (12 + 20)   h) –(100 – 1)

Weiterführende Aufgaben

Zwischentest

8 Löse die Klammer auf und berechne.
a) −(45 − 23)
b) −(−6 − 4 − 8)
c) −(−6 + 4 − 8)
d) 10 + (−2 − 3 − 4 − 1)
e) 0 − (−3 − 7 − 2 − 3)
f) 10 − (3 − 7 − 2 − 3)
g) (−2) · (10 + 9)
h) 62 − (105 − 42)
i) −3 · (40 − 4)
j) 33 + (67 − 482)
k) 0 + (23 − 68 − 19)
l) (−20 + 1) · (−50)

9 Entscheide, ohne zu rechnen, welche Rechenausdrücke das gleiche Ergebnis haben wie −9 · (40 − 59).

| −9 · (40 − 59) | 59 · 9 − 40 · 9 | (40 − 59) · (−9) | −9 · 40 + 9 · 59 |

| (−9 + 40) · (−9 − 59) | (59 − 40) · 9 | 9 · 59 − 40 · 59 | 9 · 59 − 9 · 40 |

⚠ **10 Stolperstelle:** Mehdi hatte noch Schwierigkeiten mit seinen Mathehausaufgaben. Finde und korrigiere Mehdis Fehler.
a) −3 · (20 − 3) = −3 · 20 − 3 · 3
b) 71 − (−29 − 53) = 71 − 29 + 53

Hilfe

11 Berechne.
a) 18 · (−23) + 2 · (−23)
b) −64 · 21 − 36 · 21
c) 12 · (−37) + 12 · 37
d) −7 · 9 + (−6) · 9
e) 5 − 7 − (−2 − 7 − 1)
f) −(22 − 43) + 22 − 43
g) 12 · 11 + (−12)
h) −3 · 4 + 2 · (−3) − 3 · 6
i) 6 · (−194) − 6²

12 Berechne im Kopf. Zerlege dazu einen der Faktoren in eine Summe oder Differenz.
a) −5 · 31
b) 4 · (−18)
c) −49 · 8
d) −6 · (−52)

13 Hier fehlen Klammern. Übertrage die Rechnung und setze Klammern, sodass sie stimmt.
a) 6 − 2 + 8 = −4
b) 6 · (−2) + 6 · 5 = −30
c) −13 + 2 · 40 − 100 = 660

14 In der Fantasiewelt Spiegelland haben Körper negative Kantenlängen. Das Schachspiel aus dem Spiegelland hat zusammengeklappt die Maße −40 cm, −20 cm und −8 cm.
a) Alice möchte das schöne Holz mit Zauberfarbe besprühen, um es zu schützen. Eine Dose Zauberfarbe reicht für 30 dm² aus. Berechne möglichst geschickt, ob Alice mit einer Dose auskommt. Nutze das Distributivgesetz.
b) Erkläre, warum die Flächeninhalte der Seitenflächen auch im Spiegelland positiv sind.

15 a) Übertrage das Zauberquadrat vom Rand. Ergänze die fehlenden Zahlen so, dass die Summe der Zahlen in allen Zeilen, Spalten und Diagonalen gleich ist.
b) Zeichne ein weiteres Quadrat und multipliziere jede der neun Zahlen aus a) mit −2. Prüfe die Summen in den Zeilen, Spalten und Diagonalen.
c) Erläutere, welcher Zusammenhang zwischen den Summen aus a) und b) besteht. Schreibe dazu eine Rechnung auf.

−4		
	1	
0		6

16 Ausblick: Bilde aus den Zahlen, Rechenzeichen, Vorzeichen und Klammern einen Rechenausdruck. Jedes Zeichen soll genau einmal vorkommen.

−   −   ·   +   (   )   10   5   2

a) Der Wert des Rechenausdrucks soll möglichst groß sein.
b) Der Wert des Rechenausdrucks soll möglichst klein sein.
c) Der Betrag des Wertes des Rechenausdrucks soll möglichst klein sein.

1.9 Vermischte Aufgaben

1 Gib die Zahl an, die auf der Zahlengerade genau in der Mitte zwischen den Zahlen liegt.
a) −5 und 5   b) −7 und −3   c) −7 und 11   d) 16 und −24

2 Eine Temperatur von 5 °C fühlt sich für uns bei Windstille, bei leichtem Wind und bei Sturm unterschiedlich an. Je stärker der Wind ist, desto niedriger erscheint uns die Temperatur. Man spricht vom sogenannten Wind Chill.
Die Tabelle unten zeigt dir, wie sich eine Temperatur von 5 °C bei unterschiedlichen Windgeschwindigkeiten anfühlt.

Windgeschwindigkeit in km/h	0	10	15	20	25	30
Gefühlte Temperatur in °C	5	2	−1	−3	−5	−6

a) Berechne den Unterschied der gefühlten Temperatur zwischen einer Windgeschwindigkeit von 0 km/h und 30 km/h.
b) Die gefühlte Temperatur nimmt unterschiedlich stark ab. Bestimme, zwischen welchen Windgeschwindigkeiten sie am wenigsten abnimmt.

3 Ergänze die fehlenden Zwischenergebnisse in der Rechenschlange, indem du von links nach rechts rechnest.

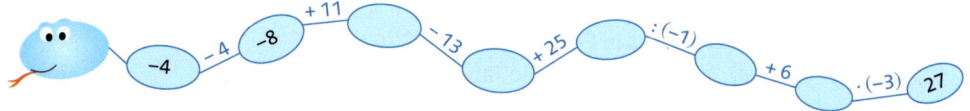

4 Lara meint, dass sie im Rechenausdruck 30 − 50 − 70 − 90 = −40 ein Klammerpaar setzen kann, sodass die Rechnung stimmt. Samira entgegnet, dass es wohl zwei Klammerpaare sein müssen. Nimm Stellung und begründe deine Antwort.

5 Blütenaufgabe: Die Inseln von Hawaii sind die höchsten Gipfel eines Tiefseegebirges. Die Inselgruppe liegt im Pazifik und hat ein tropisches Klima.

Der Mauna Kea ist mit 4205 m der höchste Berg von Hawaii. Bestimme, wie hoch der Gipfel über dem 5600 m tiefen Meeresboden liegt.

In der Umgebung von Hawaii liegen viele weitere Tiefseeberge. Einer von ihnen ist der Tuscaloosa, der 2765 m unter dem Meeresspiegel liegt. Das Meer ist an dieser Stelle 5600 m tief. Berechne, wie hoch der Tuscaloosa vom Meeresboden aus gemessen ist.

Die durchschnittliche Tagestemperatur auf dem 4170 m hohen Mauna Loa beträgt an einem Januartag −5 °C (−2 °C; −3 °C) und am Waikiki Beach 30 °C (22 °C; 24 °C). Berechne den Temperaturunterschied zwischen beiden Orten.

Loihi ist ein submariner Vulkan in der Nähe der Inselkette. Sein Gipfel liegt momentan etwa 3000 m über dem Meeresboden. Das Meer ist an dieser Stelle 3975 m tief. Durch austretende Lava wächst der Loihi 8 mm pro Jahr. Berechne, in wie vielen Jahren er die Wasseroberfläche erreichen könnte.

6 Entscheide, ob die Aussage wahr oder falsch ist. Begründe deine Entscheidung.
a) Der Betrag einer negativen Zahl ist immer größer als 0.
b) Die Gegenzahl einer negativen Zahl ist immer größer als 0.
c) Die Differenz zweier negativer Zahlen ist immer negativ.
d) Jede ganze Zahl ist auch eine natürliche Zahl.
e) Jede natürliche Zahl ist auch eine ganze Zahl.

7 Löse die Aufgabe. Beschreibe dein Vorgehen.
a) $-50 : (-5 \cdot 2)$
b) $-130 - (-66 : 11)$
c) $0 \cdot (-44) - (-6)$
d) $10 - 8 \cdot (-9) + 3$
e) $7 - (-7) + 36 : (-3)$
f) $-2 \cdot (-6^2) - (-2) \cdot 2^4$
g) $0 + ((-3 \cdot 14) : 6) : (-7)$
h) $-7 \cdot 2 - (-8) : 4$
i) $(-7 \cdot 2) - (-8) : 4$
j) $-10 - (-36 - (-16))$
k) $20 : (-2 \cdot (10 : (-5)))$
l) $-32 - (8 + (-20)) : 2 - (-4)$

8 Schreibe die Zeichen auf Kärtchen, lege einige von ihnen nebeneinander und bilde daraus eine richtige Rechenaufgabe. Finde möglichst viele Aufgaben.

| = | + | · | − | − | 1 | 2 | 3 | 4 | (|) |

9 In den USA wird die Temperatur nicht wie bei uns in Grad Celsius (°C), sondern in Grad Fahrenheit (°F) gemessen. Zum Umrechnen der Temperaturen kannst du folgende Formeln verwenden:
Von Fahrenheit in Celsius: °C = (°F − 32) : 9 · 5
Von Celsius in Fahrenheit: °F = °C · 9 : 5 + 32

a) Vervollständige die Tabelle.

°C	−10	−15	−5	0				
°F					−85	−4	5	50

b) Temperaturen können nicht unter −273 °C sinken. Rechne in °F um.
Recherchiere, warum man diese Temperatur absoluter *Null*punkt nennt.

Hinweis zu 9b
Beim Dividieren ergibt sich ein Rest. Runde sinnvoll, bevor du weiterrechnest.

10 Ergänze die fehlenden Zahlen und Rechenanweisungen.

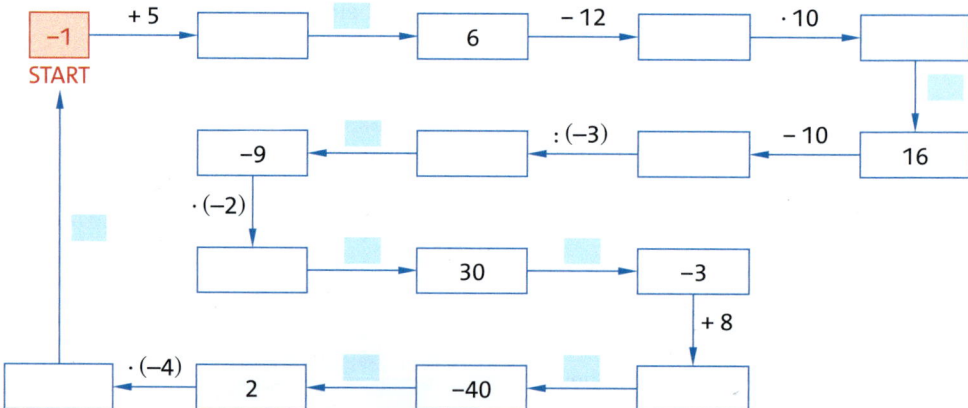

11 Zeichne in ein Koordinatensystem mit vier Quadranten möglichst viele Punkte mit einstelligen Koordinaten ein, sodass die Bedingung erfüllt ist.
Gib die Koordinaten der Punkte an und beschreibe die Lage der Punkte.
a) Die y-Koordinate ist das Doppelte der x-Koordinate.
b) Die Summe von x-Koordinate und y-Koordinate ist 5.
c) Die y-Koordinate ist der Betrag der x-Koordinate.
d) Die y-Koordinate ist 1 bei geraden x-Koordinaten und −1 bei ungeraden x-Koordinaten.

12 Übertrage die Rechenbäume und fülle sie aus. Gib auch die zugehörige Rechenaufgabe an.

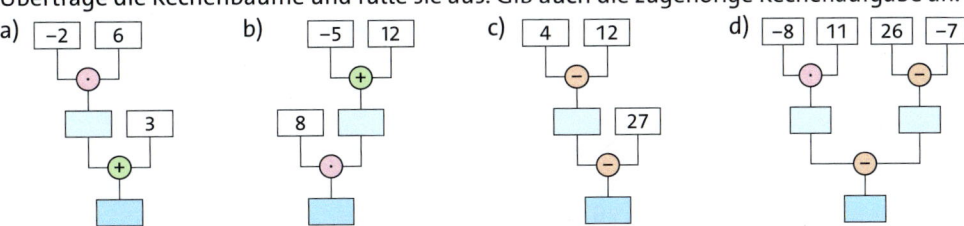

13 Ein Pirat hat vor vielen Jahren einen Goldschatz gefunden und auf einer unbewohnten Insel versteckt. Damit er den Schatz später wiederfindet, hat er sich die Schrittfolge vom großen Baum aus notiert. Dabei bedeutet 2/1, dass er von dem Punkt, an dem er steht, 2 Schritte in x-Richtung und 1 Schritt in y-Richtung geht.
Der große Baum steht bei (−2|−2). Von dort aus läuft der Pirat 2/1, dann 1/−2, 1/4, −3/1 und −2/−4. Dort ist der Schatz vergraben.

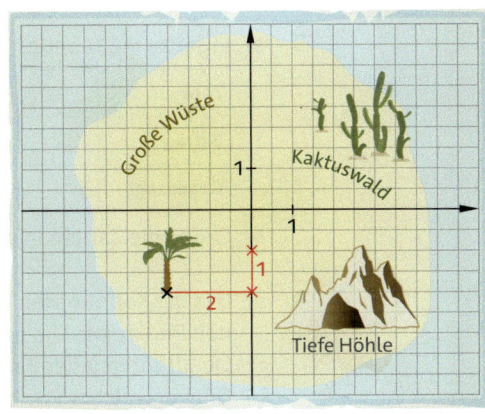

a) Trage den Startpunkt in ein Koordinatensystem ein. Zeichne den Weg ein, den der Pirat läuft. Gib die Koordinaten des Punktes an, an dem der Schatz vergraben ist.
b) Gib eine Schrittanweisung an, mit der der Pirat vom großen Baum direkt zu seinem Schatz kommt.
c) Entwirf eine eigene Schatzkarte und notiere eine Schrittfolge zum Schatz.

14 Negative Zahlen traten erstmals in dem chinesischen Mathematikbuch *Neun Kapitel der Rechenkunst* auf. Im alten China verwendete man negative Zahlen im Handel und beim Berechnen von Steuern. Dabei wurden zur Darstellung **positiver Zahlen** (Einnahmen, Guthaben) **rote Rechenstäbchen** und für **negative Zahlen** (Ausgaben, Schulden) **schwarze Rechenstäbchen** benutzt. Das Zahlensystem dahinter war ein Zehnersystem, wie unseres. Jede Zahl von 1 bis 9 konnte mit maximal fünf Stäbchen gelegt werden.

Damit die Position der Ziffer erkennbar ist, werden Einer waagerecht, Zehner senkrecht, Hunderter waagerecht, Tausender senkrecht und so weiter abwechselnd dargestellt.

senkrechte Anordnung	∣	∥	∥∣	∥∥	∥∥∣	⊤	⊤∣	⊤∥	⊤∥∣
waagerechte Anordnung	—	=	≡	≣	≣̄	⊥	⊥̇	⊥̈	⊥⃛
Zahlenwert	1	2	3	4	5	6	7	8	9

Beispiel: 3179   ∥∣ — ⊤ ⊥̈

Im abgebildeten Kassenbuch entsprechen die nicht belegten Stellen der Null. Schreibe die Einnahmen und die Ausgaben vom Kassenbuch in unserem Zahlensystem und berechne den Kontostand.
Gib den Kontostand mit chinesischen Stäbchen an. Achte dabei auf die richtige Farbe der Stäbchen.

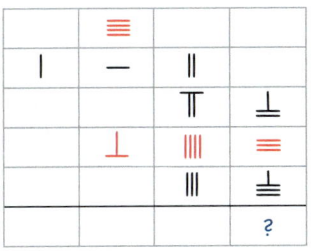

1 Prüfe dein neues Fundament

Lösungen
→ S. 281

1 Gib an, welche Zahlen durch die Buchstaben markiert sind.

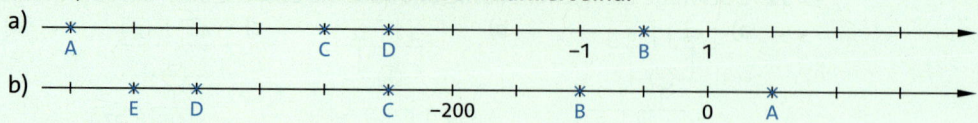

2 Zeichne eine geeignete Zahlengerade und markiere die Zahlen.
 a) 7; 3; –1; –6; –5; 0; 5; –9; 4; 9
 b) 5; 10; –45; 35; –40; 0; –15; –30; 40

3 a) Ergänze die Tabelle.

Zahl	–2	6		–3	33		–6	13		
Betrag									0	
Gegenzahl			5			–10				–333

 b) Ordne die Zahlen in der ersten Zeile der Größe nach. Beginne mit der kleinsten Zahl.

4 a) Lies die Koordinaten der eingetragenen Punkte ab. Gib an, in welchem Quadranten jeder Punkt liegt.
 b) Gib an, welcher Punkt die größte (die kleinste) x-Koordinate hat.
 c) Gib an, welcher Punkt die größte (die kleinste) y-Koordinate hat.

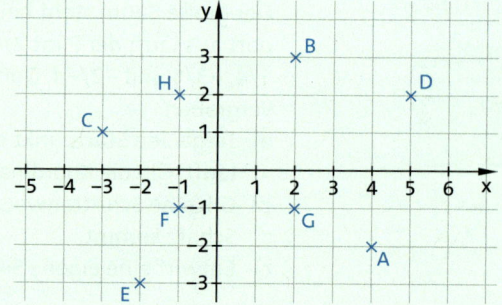

5 a) Zeichne in ein Koordinatensystem die Punkte A(–4|–3), B(4|–3), C(4|3) und D(–4|3).
 b) Gib an, in welchem der vier Quadranten jeder der Punkte A, B C und D liegt.
 c) Gib die Koordinaten der Mittelpunkte der Seiten des Rechtecks ABCD an.
  Gib die Koordinaten des Schnittpunktes der Diagonalen dieses Rechtecks an.

6 Ein U-Boot befindet sich 420 Meter unter der Wasseroberfläche. Es steigt erst 17 Meter nach oben und sinkt dann von dort wieder 25 Meter nach unten. Veranschauliche die Bewegung des U-Boots als Zustandsänderung an einer Zahlengerade und gib an, in welcher Tiefe sich das U-Boot am Ende befindet.

Erinnere dich

Es gibt kein Jahr 0. Zwischen 1 v. Chr. und 1 n. Chr. ist genau 1 Jahr vergangen.

7 Berechne, wie alt die berühmten Persönlichkeiten geworden sind.

Augustus (erster römischer Kaiser)
63 v. Chr. bis 14 n. Chr.

Strabon (griechischer Geograph)
63 v. Chr. bis 23 n. Chr.

Aristoteles (griechischer Philosoph)
384 v. Chr. bis 322 v. Chr.

Varus (römischer Feldherr)
46 v. Chr. bis 9 n. Chr.

Ovid (römischer Dichter)
43 v. Chr. bis 17 n. Chr.

Sophokles (griechischer Dichter)
498 v. Chr. bis 406 v. Chr.

Tiberius (römischer Kaiser)
42 v. Chr. bis 37 n. Chr.

Germanicus (Olympiasieger im Wagenrennen)
15 v. Chr. bis 19 n. Chr.

1 Ganze Zahlen

Lösungen → S. 281

8 Rechne im Kopf.
a) $2 + (-9)$
b) $-8 + 8$
c) $-7 - 13$
d) $0 - 27$
e) $25 \cdot (-40)$
f) $2300 : (-100)$
g) $-3 : (-3)$
h) $77 - 78$
i) $-60 : 30$
j) $(-2)^3 \cdot (-3)^2$
k) $2 \cdot 3 \cdot (-1)$
l) $(-7)^5 : 0$

9 Löse die Klammer auf und berechne.
a) $45 - (45 - 78)$
b) $20 - (-20 + 56)$
c) $-20 - (-34 - 17)$
d) $47 - (32 + 45)$
e) $61 + (-32 + 75)$
f) $-5 + (-41 - 13)$
g) $-61 - (62 + 13)$
h) $34 - (-14 + 13)$

10 Berechne möglichst vorteilhaft.
a) $28 \cdot (-24) + 2 \cdot (-24)$
b) $-74 \cdot 22 - 47 \cdot 22$
c) $23 \cdot (-47) + 23 \cdot 47$
d) $-7 \cdot 8 + (-7) \cdot 8$
e) $5 - 7 - (-2 - 7 - 2)$
f) $-(52 - 44) + 52 - 44$
g) $25 \cdot 22 + (-25)$
h) $-4 \cdot 4 + 2 \cdot (-4) - 4 \cdot 7$
i) $7 \cdot (-284) - 7^2$
j) $30 : (-2) - 30 : (-2)$
k) $((-3)^3 - 10) \cdot 2$
l) $(8 - 18)^2 : (-75 + 50)$

11 Auf der Zugspitze wurden in einer Woche jeweils morgens und abends die Temperaturen gemessen.
a) Berechne für alle Wochentage den Temperaturunterschied zwischen den beiden Messwerten.
b) Gib an, an welchen Wochentagen sich die Temperatur zwischen den Messungen am meisten und am wenigsten verändert hat.

	morgens	abends
Mo	−16 °C	−14 °C
Di	−15 °C	−8 °C
Mi	−7 °C	−4 °C
Do	−4 °C	2 °C
Fr	0 °C	−1 °C
Sa	−3 °C	−7 °C
So	−9 °C	−12 °C

12 Ordne die Zahlen absteigend in einer Kette.

−66   77   −766   767   −677   −67   −76   676

13 Ersetze den Platzhalter ■ durch eine Zahl, sodass die Rechnung stimmt.
a) $-35 \cdot ■ = 350$
b) $■ \cdot 100 = -600$
c) $5 \cdot ■ = -550$
d) $■ \cdot 7 = -21$
e) $-12 : ■ = 12$
f) $■ : 1000 = -272$
g) $-560 : ■ = -80$
h) $■ : (-2) = 0$

Wo stehe ich?

	Ich kann ...	Aufgabe	Schlag nach
1.1	... ganze Zahlen auf einer Zahlengerade ablesen und darstellen.	1, 2	S. 10 Beispiel 1
1.2	... Punkte im Koordinatensystem mit vier Quadranten darstellen.	4, 5	S. 12 Beispiel 1
1.3	... ganze Zahlen vergleichen und ordnen. ... den Betrag und die Gegenzahl ganzer Zahlen angeben.	3, 12	S. 14 Beispiel 1 S. 14 Beispiel 2
1.4	... Zustandsänderungen beschreiben.	6	S. 16 Beispiel 1
1.5	... ganze Zahlen addieren und subtrahieren.	7, 8, 9, 10, 11	S. 19 Beispiel 1 S. 21 Beispiel 2
1.6	... ganze Zahlen multiplizieren und dividieren.	8, 10, 13	S. 25 Beispiel 1 S. 26 Beispiel 2 S. 27 Beispiel 3
1.7	... mit ganzen Zahlen in allen Rechenarten unter Beachtung der Vorrangregeln geschickt rechnen.	8, 9, 10	S. 30 Beispiel 1 S. 30 Beispiel 2
1.8	... das Distributivgesetz beim Rechnen mit ganzen Zahlen anwenden. ... Plus- und Minusklammern auflösen.	9, 10	S. 32 Beispiel 1 S. 33 Beispiel 2

1 Zusammenfassung

Ganze Zahlen und die Zahlengerade	Die natürlichen Zahlen und ihre **Gegenzahlen** bilden zusammen die **ganzen Zahlen** (kurz $\mathbb{Z}$).	Natürliche Zahlen: 0, 1, 2, 3 ... Ganze Zahlen: ... −3, −2, −1, 0, 1, 2, 3 ...
	Auf der **Zahlengerade** gilt: Negative Zahlen liegen links von der Null, positive Zahlen liegen rechts von der Null.	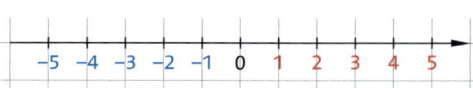
	Von zwei Zahlen ist diejenige größer, die auf der Zahlengerade weiter rechts liegt.	−3 > −5 −3 < −1 < 0 < 2
	Der **Betrag** einer Zahl ist ihr Abstand zur Null.	|4| = 4 |−4| = 4 |0| = 0
Koordinatensystem mit vier Quadranten	Die **x-Achse** und die **y-Achse** eines Koordinatensystems teilen die Ebene in vier **Quadranten**. Ein Punkt P(x|y) liegt im ... ... Quadrant I, falls x > 0 und y > 0, ... Quadrant II, falls x < 0 und y > 0, ... Quadrant III, falls x < 0 und y < 0, ... Quadrant IV, falls x > 0 und y < 0.	
Ganze Zahlen addieren und subtrahieren	Bei der Addition einer Zahl geht man auf der Zahlengerade nach rechts.	−6 + 4 = −2 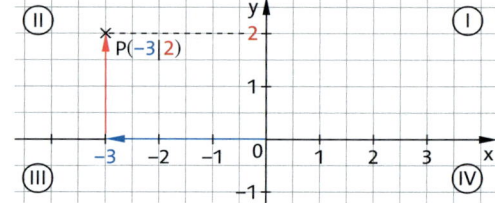
	Bei der Subtraktion einer Zahl geht man auf der Zahlengerade nach links.	2 − 5 = −3 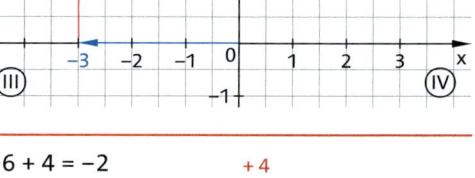
	Beim Addieren und Subtrahieren kann man die Schreibweise vereinfachen: Zwei Minuszeichen hintereinander ergeben Plus. Ein Plus und ein Minus können durch Minus ersetzt werden.	−7 − (−5) = −7 + 5 = −2 2 + (−6) = 2 − 6 = −4

Ganze Zahlen multiplizieren und dividieren	Man multipliziert oder dividiert nur die Beträge der Zahlen.
	Haben die Zahlen dasselbe Vorzeichen, so ist das Ergebnis positiv. Haben sie verschiedene Vorzeichen, so ist das Ergebnis negativ.
	    + mal + = + + mal − = −
	    − mal − = + − mal + = −
		−5 · (−6) = 5 · 6 = 30
		−18 : (−9) = 18 : 9 = 2
		−2 · 8 = −(2 · 8) = −16
		16 : (−4) = −(16 : 4) = −4

Vorrangregeln	Die Merkregel „KlaPoPS" gibt die Reihenfolge auch beim Rechnen mit ganzen Zahlen an: Klammer, Potenz, Punktrechnung, Strichrechnung. Ansonsten rechnet man von links nach rechts.	−28 + (6 + 14) = −28 + 20 = −8 −12 + (−2)³ · 11 = −12 + (−8) · 11 = −12 − 8 · 11 = −12 − 88 = −100 16 − 36 + 40 = −20 + 40 = 20
Klammern bei ganzen Zahlen	Das Distributivgesetz gilt auch beim Rechnen mit ganzen Zahlen.	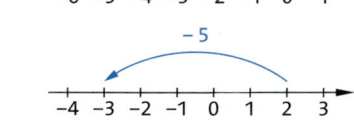 (−5) · (100 − 1) = (−5) · 100 − (−5) · 1 = −495
	Beim Auflösen einer **Minusklammer** kehren sich alle Minus- und Pluszeichen in der Klammer um. Die Klammer und das Minus davor fallen weg.	−(5 − 8) = −5 + 8 7 − (−6 + 5 − 3) = 7 + 6 − 5 + 3 = 11

2 Brüche und Dezimalzahlen

Nach diesem Kapitel kannst du
→ Brüche als Anteile, Quotienten, Zahlen und Verhältnisse deuten,
→ Brüche erweitern und kürzen,
→ Bruch-, Dezimal- und Prozentschreibweise verwenden,
→ Dezimalzahlen runden,
→ rationale Zahlen erkennen, ordnen und vergleichen.

Dein Fundament

Lösungen → S. 282

Erklärvideo

Grundrechenarten

1 Berechne.
a) 32 : 4
b) 70 · 6
c) 43 − 15
d) 650 : 10
e) 68 · 100
f) 52 : 13
g) 810 : 90
h) 114 − 76

2 Dividiere.
a) 100 : 20
b) 225 : 25
c) 60 : 15
d) 48 : 12
e) 420 : 7
f) 390 : 30
g) 320 : 10
h) 285 : 5

3 Überprüfe. Berichtige alle fehlerhaften Ergebnisse.
a) 72 : 9 = 8
b) 56 : 8 = 9
c) 0 · 7 = 1
d) 808 + 8 = 888
e) 7000 − 70 = 6330
f) 100 : 1 = 10
g) 637 : 7 = 91
h) 82 · 8 = 656

4 Ersetze den Platzhalter ■ durch eine Zahl, sodass die Rechnung stimmt.
a) 25 · ■ = 100
b) 5 · ■ = 100
c) 2 · ■ = 100
d) 8 · ■ = 1000
e) 6 · ■ = 72
f) 15 · ■ = 135
g) 24 · ■ = 144
h) 16 · ■ = 192

5 Das Produkt von zwei natürlichen Zahlen soll 24 ergeben. Gib alle Möglichkeiten an.

6 Berechne den Rest der Divisionsaufgabe.
a) 39 : 8
b) 17 : 3
c) 54 : 6
d) 53 : 7
e) 39 : 17
f) 123 : 10
g) 490 : 7
h) 455 : 9

7 Ersetze die Platzhalter ■ durch Zahlen, sodass die Rechnung stimmt.
a) 36 : ■ = 6
b) 88 : ■ = 8
c) 42 : ■ = 14
d) 70 : ■ = 5
e) ■ : ■ = 4
f) ■ : ■ = 7
g) ■ : ■ = 3
h) ■ : ■ = 12

Erklärvideo

Zahlenstrahl und Zahlengerade

8 Gib an, welche Zahlen auf dem Zahlenstrahl markiert sind.
a)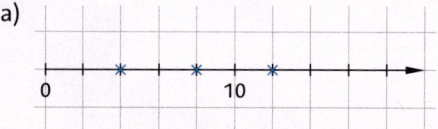
b)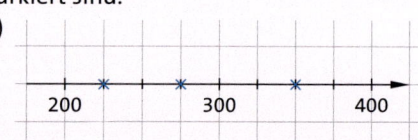

9 Entscheide, ob ein Zahlenstrahl oder eine Zahlengerade gezeichnet werden soll. Wähle dann eine geeignete Einteilung und markiere folgende Zahlen.
a) 3; −5; −11; −7; −8
b) 15; 35; 25; 40; 50
c) 150; 250; 175; 200; 225
d) −10 000; −6500; −4000; −500; 2000

10 Erkläre, was der Abstand zweier Teilstriche bedeutet. Lies die Werte ab.
a)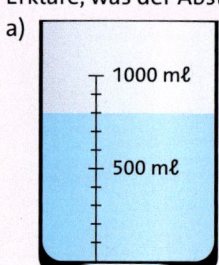
b)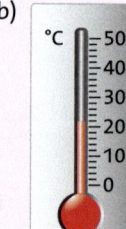
c)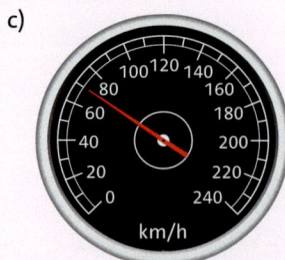

Brüche und Dezimalzahlen

Lösungen
→ S. 282

Gerecht teilen

11 Tobias und Lea bekommen von ihrer Oma 9 Euro. Die 9 Euro sollen sie so teilen, dass jeder von ihnen den gleichen Geldbetrag erhält. Bestimme den Geldbetrag, den Lea bekommt.

12 a) Bestimme die Anzahl der Stücke der Schokoladentafel.
b) Frank und Emre wollen sich die Schokoladentafel gerecht teilen. Gib an, wie viele Stücke Emre bekommt.
c) Bestimme, wie viele Stücke jeder bekommt, wenn sich drei Kinder die Schokolade gerecht teilen.
d) Katja hat zwei Stücke der Schokoladentafel gegessen. Bestimme, wie viele Stücke Schokolade sie noch essen darf, wenn sie sich mit fünf Freundinnen die Tafel gerecht teilen soll.
e) Bestimme, wie viele Kinder sich die Schokoladentafel gerecht geteilt haben, wenn jedes von ihnen genau zwei Stücke bekommt.

Vielfache und Teile von Größen

13 Berechne.
a) das Doppelte von 500 m
b) das Fünffache von 20 cm
c) die Hälfte von 1 km
d) die Hälfte von 90 min
e) das Vierfache von 15 min
f) die Hälfte von 2,50 €

14 Gib an,
a) wie viele Minuten eine Viertelstunde sind,
b) wie viele Minuten eineinhalb Stunden sind,
c) wie viele halbe Liter ein Liter sind,
d) wie viele halbe Meter eineinhalb Meter sind.

Teiler und Vielfache

15 Gib alle Teiler der Zahl an.
a) 12   b) 18   c) 7   d) 30
e) 24   f) 8   g) 32   h) 75

16 Gib alle Zahlen an, durch die beide Zahlen teilbar sind.
a) 6 und 9   b) 14 und 18   c) 20 und 24   d) 12 und 36
e) 36 und 12   f) 17 und 34   g) 17 und 50   h) 4 und 25

17 Bestimme die kleinste Zahl, die ein Vielfaches der gegebenen Zahlen ist.
a) 3 und 9   b) 25 und 3   c) 10 und 14   d) 20 und 50
e) 2, 4 und 8   f) 4, 8 und 12   g) 10, 100 und 125   h) 8, 10, 4, 2 und 5

Erklärvideo

Runden

18 Runde auf Zehner (auf Hunderter; auf Tausender).
a) 6713   b) 4449   c) 6850   d) 5994   e) 11953   f) 12359

Dein Fundament

2

2.1 Brüche als Anteile von einem Ganzen

Julia hat Geburtstag. Mit ihrer Mutter hat sie ein Blech Kuchen für ihre Klasse und die Lehrerin gebacken. Erkläre, wie Julia den Kuchen aufschneiden soll, um ihn gerecht unter 20 Personen aufzuteilen.

Zerlegt man ein Ganzes gleichmäßig in 2, 3, 4 oder 5 **gleich große Teile**, so erhält man

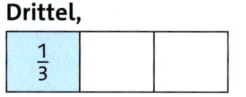 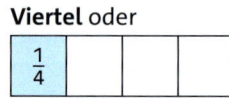 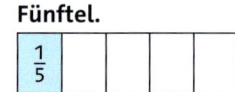

Hinweis

Viertel ist die Kurzform von „vierter Teil". Ein Viertel ist ein Teil von vier gleichen Teilen.

> **Wissen**
>
> Anteile von einem Ganzen können mit **Brüchen** beschrieben werden.
>
> Der **Nenner** eines Bruchs gibt an, in wie viele gleich große Teile das Ganze geteilt wurde.
> Der **Zähler** gibt die Anzahl der Teile an.
>
> 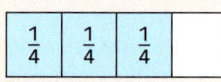   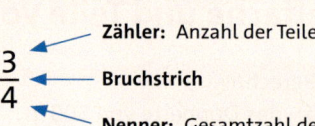
>
> **Zähler:** Anzahl der Teile
> **Bruchstrich**
> **Nenner:** Gesamtzahl der gleich großen Teile, in die das Ganze aufgeteilt wurde.

Brüche angeben

Erklärvideo

> **Beispiel 1**
>
> Gib den blau gefärbten Anteil als Bruch an.
>
> a)   b)   c)   d)
>
>   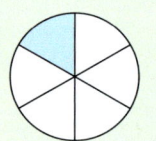   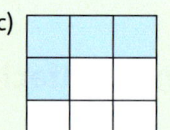   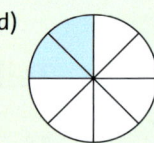
>
> **Lösung:**
> a) Es sind 5 gleich große Teile. 1 Teil ist blau. Also ist $\frac{1}{5}$ des Rechtecks blau.
> b) Es sind 6 gleich große Teile. 1 Teil ist blau. Also ist $\frac{1}{6}$ des Kreises blau.
> c) Es sind 9 gleich große Teile. 4 Teile sind blau. Also sind $\frac{4}{9}$ des Quadrats blau.
> d) Es sind 8 gleich große Teile. 2 Teile sind blau. Also sind $\frac{2}{8}$ des Kreises blau.

Basisaufgaben

1 Gib den blau gefärbten Anteil als Bruch an.

a) 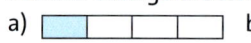   b) 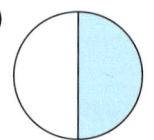   c) 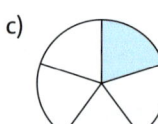   d)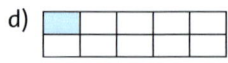

2 Brüche und Dezimalzahlen

Lösungen zu 2

$\frac{2}{3}$ $\frac{3}{4}$
$\frac{6}{10}$
$\frac{3}{6}$ $\frac{4}{16}$

2 Gib den blau gefärbten Anteil als Bruch an.

a) 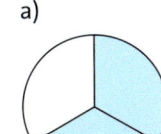 b) 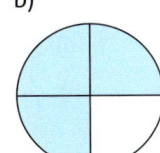 c) 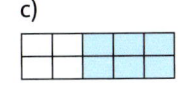 d) 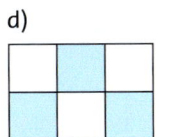 e)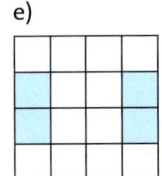

3 Gib zum gefärbten Anteil einen Bruch an. Bestimme auch den ungefärbten Anteil.

a)   b)  c)  d) 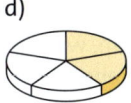 e)

Brüche zeichnerisch darstellen

Erklärvideo

Beispiel 2

a) Zeichne die Figur ab. Färbe $\frac{1}{4}$ davon.

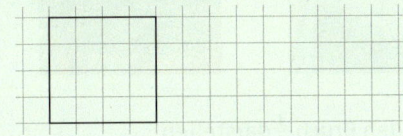

b) Zeichne die Figur ab. Färbe $\frac{3}{5}$ davon.

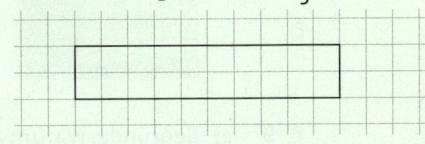

Lösung:

a) Der Nenner 4 von $\frac{1}{4}$ gibt an, dass das Quadrat zuerst in 4 gleich große Teile zerlegt wird. Färbe dann 1 Teil davon.

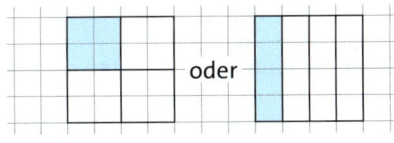

oder

b) Der Nenner 5 von $\frac{3}{5}$ gibt an, dass das Rechteck zuerst in 5 gleich große Teile zerlegt wird. Färbe dann 3 Teile davon.

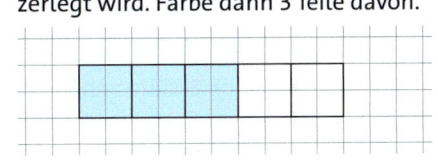

Basisaufgaben

4 Zeichne das Rechteck ab und färbe den Anteil.

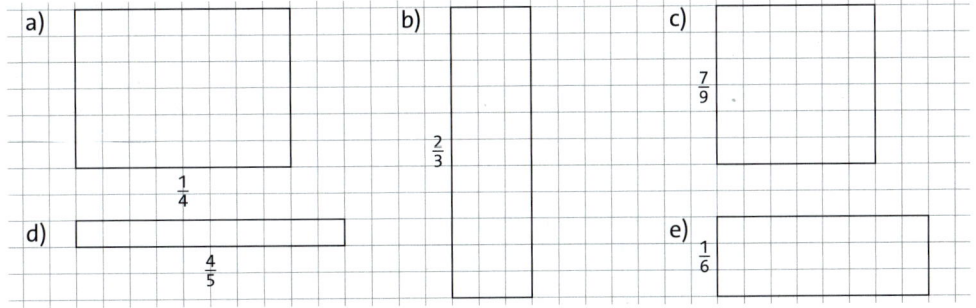

5 Zeichne ein Rechteck mit 12 Kästchen Länge und 5 Kästchen Breite.
Teile es in gleich große Teile auf und färbe dann den Anteil.

a) $\frac{1}{2}$ b) $\frac{1}{3}$ c) $\frac{1}{6}$ d) $\frac{1}{5}$ e) $\frac{1}{12}$

2.1 Brüche als Anteile von einem Ganzen

6 Zeichne ein Rechteck wie im Bild. Färbe dann den Anteil.

a) $\frac{3}{4}$ b) $\frac{3}{6}$ c) $\frac{1}{4}$ d) $\frac{5}{6}$

e) $\frac{2}{3}$ f) $\frac{3}{8}$ g) $\frac{5}{12}$ h) $\frac{7}{24}$

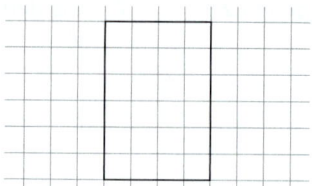

Weiterführende Aufgaben

Zwischentest

7 Gib an, wie viele Teile ein Ganzes ergeben.

a) Zehntel b) Achtel c) Siebtel d) Halbe e) Drittel

8 Bestimme den Anteil, der auf dem Bild zu sehen ist. Erkläre, was der Anteil angibt.

a)  b)  c) 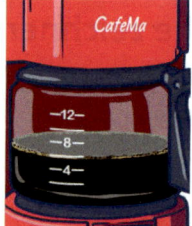 d)

9 a) Begründe, warum alle Bilder den Bruch $\frac{3}{4}$ darstellen.

① 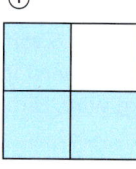 ② 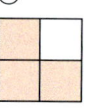 ③ 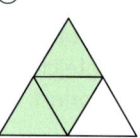 ④ ⑤

b) Erkläre anhand der Figuren ① und ②, dass es bei Anteilen nicht auf die Größe des Ganzen ankommt.

c) Finde weitere Möglichkeiten, um $\frac{3}{4}$ darzustellen, und zeichne diese.

10 Stolperstelle: Erkläre, was an der Darstellung des Anteils oder der Beschriftung nicht stimmt. Zeichne jeweils eine richtige Lösung.

a) $\frac{1}{4}$ 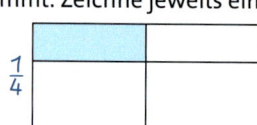   b) $\frac{2}{3}$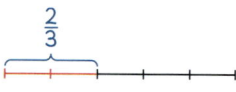

c) $\frac{5}{2}$ 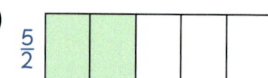   d) $\frac{3}{4}$

11 Gib den gefärbten Anteil an.

a) 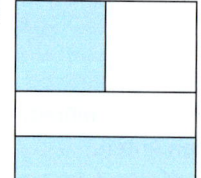 b) 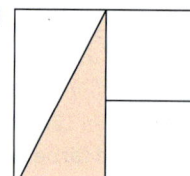 c) 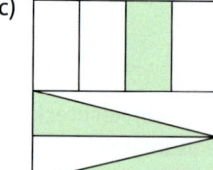 d)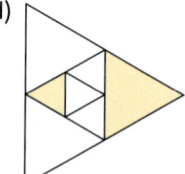

12 Miriam, Petra und Nina teilen sich einen Schokoriegel. Petra sagt: „Nina hat doppelt so viel bekommen wie Miriam und doppelt so viel wie ich." Bestimme Miriams Anteil.

13 Zeichne ein Quadrat mit der Seitenlänge a = 8 cm. Färbe $\frac{1}{8}$ des Quadrats rot. Finde dafür mindestens drei verschiedene Möglichkeiten.

14 Ein Foto soll so vergrößert werden, dass es 3-mal so breit und 3-mal so hoch ist wie ursprünglich.
a) Fertige eine Skizze an.
b) Bestimme den Anteil der Fläche des ursprünglichen Fotos an der Fläche des vergrößerten Fotos. Erkläre, was dir auffällt.

15 Anteile einer Menge: 3 von 16 Gummibärchen sind weiß. Der Anteil an weißen Gummibärchen beträgt dann $\frac{3}{16}$.
a) Gib jeweils den Anteil an roten, gelben, grünen und orangen Gummibärchen an.
b) Gib die Anteile an, wenn man von jeder Farbe ein Bärchen wegnimmt.

16 Welcher Anteil ist größer? Begründe mithilfe einer Zeichnung.
a) $\frac{4}{6}$ oder $\frac{5}{6}$ b) $\frac{3}{5}$ oder $\frac{7}{10}$ c) $\frac{1}{4}$ oder $\frac{1}{3}$ d) $\frac{1}{2}$ oder $\frac{2}{3}$

17 Gib Anteile an, mit denen du die Situation beschreiben kannst.
a) In einer Lostrommel sind 100 Lose. Es gibt zwei Hauptgewinne und 20 Trostpreise. Der Rest sind Nieten.
b) In einer Klasse sind 10 Mädchen und 14 Jungen.
c) Köln hat 14 Spiele gewonnen, 6 verloren und 14-mal unentschieden gespielt.

18 Die Fläche stellt $\frac{1}{3}$ einer Figur dar. Zeichne sie ab und ergänze sie so, dass ein Ganzes dargestellt wird.

a) 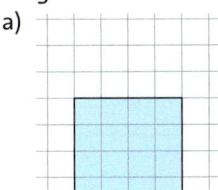   b) 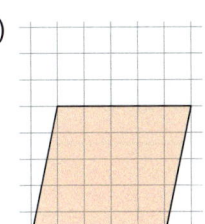   c) 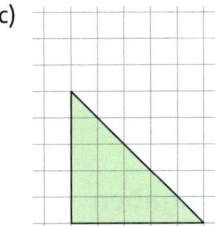   d)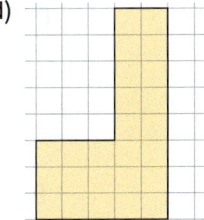

19 Gib den Anteil an, der bis zu einem Ganzen fehlt. Eine Zeichnung kann dir helfen.
a) $\frac{2}{3}$ b) $\frac{6}{8}$ c) $\frac{1}{2}$ d) $\frac{1}{9}$ e) $\frac{11}{15}$

20 Ausblick: Ein Grundriss ist eine maßstabsgetreue Darstellung einer Wohnung.
a) Gib für jedes Zimmer den ungefähren Anteil an der Gesamtfläche der Wohnung an.
b) Zeichne einen Grundriss, in dem die Zimmer folgende Anteile an der Gesamtfläche der Wohnung haben.

Wohnzimmer: $\frac{1}{3}$ Schlafzimmer: $\frac{1}{4}$

Küche: $\frac{1}{6}$ Badezimmer: $\frac{1}{8}$ Flur: $\frac{1}{8}$

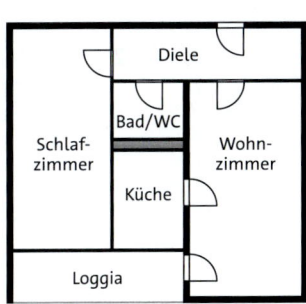

2.1 Brüche als Anteile von einem Ganzen

2.2 Brüche erweitern und kürzen

Jette sagt: „Von beiden Kuchen ist noch gleich viel übrig."
Begründe, dass sie recht hat.

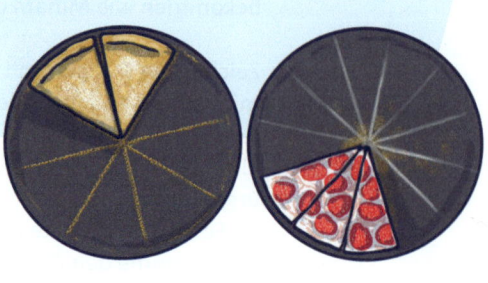

Ein Anteil kann durch verschiedene Brüche beschrieben werden. Durch Verfeinern oder Vergröbern der Einteilung lassen sich zu gleichen Anteilen verschiedene Brüche angeben.

Erweitern mit 2 (Verfeinern): $\frac{3}{4} = \frac{3 \cdot 2}{4 \cdot 2} = \frac{6}{8}$

$\frac{3}{4}$ $\frac{6}{8}$

Kürzen mit 2 (Vergröbern): $\frac{6}{8} = \frac{6 : 2}{8 : 2} = \frac{3}{4}$

Hinweis

Zu jedem Bruch lassen sich durch Erweitern beliebig viele gleichwertige Brüche angeben.

Wissen

Brüche werden **erweitert**, indem Zähler und Nenner mit derselben Zahl (der Erweiterungszahl) multipliziert werden.

Brüche werden **gekürzt**, indem Zähler und Nenner durch dieselbe Zahl (die Kürzungszahl) dividiert werden.

Der Wert des Bruchs ändert sich durch Erweitern oder Kürzen nicht.

Brüche erweitern

Erklärvideo

Beispiel 1 Erweitere den Bruch $\frac{3}{5}$ mit 4.

Lösung:
Multipliziere Zähler und Nenner mit 4. $\frac{3}{5} = \frac{3 \cdot 4}{5 \cdot 4} = \frac{12}{20}$

Basisaufgaben

Lösungen zu 1

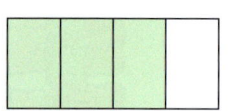

1 Erweitere den Bruch mit der angegebenen Zahl.

a) $\frac{1}{2}$ (mit 6)   b) $\frac{2}{3}$ (mit 4)   c) $\frac{4}{5}$ (mit 3)   d) $\frac{3}{7}$ (mit 4)

e) $\frac{5}{9}$ (mit 4)   f) $\frac{3}{11}$ (mit 7)   g) $\frac{9}{14}$ (mit 4)   h) $\frac{12}{25}$ (mit 8)

2 Erweitere jeden Bruch mit der in der Kopfzeile angegebenen Zahl.

	2	3	5	10
$\frac{1}{2}$				
$\frac{3}{4}$				
$\frac{2}{5}$				
$\frac{7}{12}$				

3 Schreibe Brüche, die zur Darstellung passen.

a) 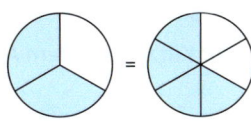 b) 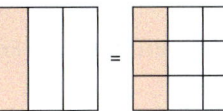 c)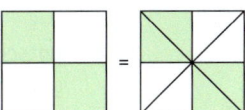

Brüche kürzen

Beispiel 2 a) Kürze $\frac{24}{30}$ mit 6. b) Kürze $\frac{42}{63}$ so weit wie möglich.

Lösung:

a) Dividiere Zähler und Nenner durch 6. $\quad \frac{24}{30} = \frac{24:6}{30:6} = \frac{4}{5}$

b) Suche Schritt für Schritt einen gemeinsamen Teiler von Zähler und Nenner. Du kannst den Bruch zuerst mit 7 kürzen und dann mit 3.
Am Ende stehen im Zähler und Nenner zwei Zahlen, die außer 1 keinen gemeinsamen Teiler haben.

$\frac{42}{63} = \frac{42:7}{63:7} = \frac{6}{9} = \frac{6:3}{9:3} = \frac{2}{3}$

Erklärvideo

Hinweis

Ein **gemeinsamer Teiler** zweier natürlicher Zahlen ist eine Zahl, die gleichzeitig beide Zahlen teilt.

Basisaufgaben

4 Kürze mit der angegebenen Zahl.

a) mit 2: $\frac{4}{6}$; $\frac{8}{10}$; $\frac{12}{14}$; $\frac{24}{36}$; $\frac{84}{100}$

b) mit 3: $\frac{3}{9}$; $\frac{12}{18}$; $\frac{9}{15}$; $\frac{42}{45}$; $\frac{18}{27}$

c) mit 5: $\frac{15}{25}$; $\frac{45}{60}$; $\frac{15}{40}$; $\frac{10}{60}$; $\frac{15}{35}$

d) mit 8: $\frac{8}{16}$; $\frac{24}{56}$; $\frac{16}{64}$; $\frac{32}{48}$; $\frac{16}{40}$

e) mit 6: $\frac{6}{12}$; $\frac{18}{24}$; $\frac{6}{30}$; $\frac{12}{60}$; $\frac{6}{18}$

f) mit 9: $\frac{18}{27}$; $\frac{54}{90}$; $\frac{36}{45}$; $\frac{27}{54}$; $\frac{72}{81}$

5 Kürze so weit wie möglich.

a) $\frac{16}{20}$ b) $\frac{6}{28}$ c) $\frac{24}{36}$ d) $\frac{48}{64}$ e) $\frac{9}{24}$ f) $\frac{40}{100}$

g) $\frac{36}{54}$ h) $\frac{96}{120}$ i) $\frac{120}{124}$ j) $\frac{36}{144}$ k) $\frac{63}{105}$ l) $\frac{180}{360}$

6 Kürze jeden Bruch mit der in der Kopfzeile angegebenen Zahl, falls möglich.

	2	3	4	5
$\frac{60}{84}$				
$\frac{40}{120}$				
$\frac{48}{88}$				
$\frac{50}{55}$				

7 Schreibe Brüche, die zur Darstellung passen.

a) 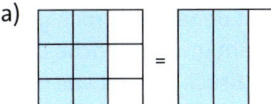 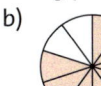 b) 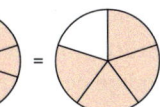  c)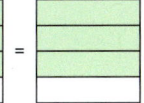

Weiterführende Aufgaben

Zwischentest

8 Entscheide, welche Brüche durch Erweitern oder Kürzen aus dem Ausgangsbruch hervorgegangen sind.
   a) Ausgangsbruch: $\frac{2}{5}$
   b) Ausgangsbruch: $\frac{60}{100}$
   c) Ausgangsbruch: $\frac{6}{14}$

$\frac{3}{7}$ $\frac{12}{20}$ $\frac{20}{50}$ $\frac{9}{21}$ $\frac{3}{5}$

$\frac{8}{20}$ $\frac{80}{200}$ $\frac{28}{70}$ $\frac{36}{60}$ $\frac{10}{25}$

9 a) Erkläre folgende Rechnungen. Formuliere eine allgemeine Regel.
   ① $\frac{12}{18} = \frac{6}{9} = \frac{2}{3}$ ② $\frac{12}{18} = \frac{4}{6} = \frac{2}{3}$
   b) Bestimme, wie oft man den Bruch $\frac{16}{64}$ mit der Kürzungszahl 2 kürzen kann.

10 Erweitere den Bruch so, dass der Nenner 24 ist. Gib die Erweiterungszahl an.
   a) $\frac{1}{2}$ b) $\frac{2}{3}$ c) $\frac{1}{4}$ d) $\frac{5}{6}$ e) $\frac{3}{8}$ f) $\frac{7}{12}$

11 Kürze den Bruch so, dass der Nenner 3 ist. Gib die Kürzungszahl an.
   a) $\frac{4}{6}$ b) $\frac{6}{9}$ c) $\frac{18}{27}$ d) $\frac{22}{33}$ e) $\frac{27}{81}$ f) $\frac{24}{72}$

12 Ergänze die fehlende Zahl. Gib die Erweiterungszahl oder die Kürzungszahl an.
   a) $\frac{3}{4} = \frac{\blacksquare}{12}$ b) $\frac{36}{\blacksquare} = \frac{9}{10}$ c) $\frac{\blacksquare}{28} = \frac{1}{4}$ d) $\frac{15}{25} = \frac{\blacksquare}{5}$
   e) $\frac{\blacksquare}{56} = \frac{3}{8}$ f) $\frac{2}{3} = \frac{16}{\blacksquare}$ g) $\frac{5}{6} = \frac{15}{\blacksquare}$ h) $\frac{18}{45} = \frac{\blacksquare}{5}$
   i) $\frac{12}{\blacksquare} = \frac{3}{7}$ j) $\frac{24}{\blacksquare} = \frac{2}{3}$ k) $\frac{5}{8} = \frac{35}{\blacksquare}$ l) $\frac{12}{13} = \frac{\blacksquare}{156}$

13 Stolperstelle: Timo hat so weit wie möglich gekürzt, aber Fehler gemacht. Kontrolliere und korrigiere gegebenenfalls.
   a) $\frac{18}{27} = \frac{2}{3}$ b) $\frac{30}{44} = \frac{10}{11}$ c) $\frac{4}{12} = \frac{1}{4}$ d) $\frac{15}{42} = \frac{5}{14}$
   e) $\frac{25}{45} = \frac{5}{45}$ f) $\frac{35}{56} = \frac{5}{7}$ g) $\frac{21}{126} = \frac{7}{42}$ h) $\frac{28}{200} = \frac{7}{25}$

14 Begründe mit einer Zeichnung, warum $\frac{3}{4}$, $\frac{6}{8}$ und $\frac{12}{16}$ den gleichen Anteil darstellen.

15 Gib einen gleichwertigen Bruch mit dem Nenner 100 an.
   a) $\frac{1}{10}$ b) $\frac{2}{4}$ c) $\frac{15}{25}$ d) $\frac{36}{300}$ e) $\frac{36}{48}$ f) $\frac{21}{150}$

16 Prüfe durch Erweitern oder Kürzen, ob die beiden Brüche den gleichen Wert haben.
   a) $\frac{2}{12}$ und $\frac{8}{48}$ b) $\frac{3}{12}$ und $\frac{1}{3}$ c) $\frac{36}{54}$ und $\frac{49}{63}$ d) $\frac{40}{50}$ und $\frac{72}{96}$

17 Ausblick:
   a) Kürze die Brüche so weit wie möglich:
      ① $\frac{54}{81}$ ② $\frac{42}{66}$ ③ $\frac{36}{108}$
   b) Schreibe für jeden Bruch die Teiler des Zählers und die Teiler des Nenners auf.
   c) Schreibe für jeden Bruch alle Zahlen auf, mit denen der Bruch gekürzt werden kann.
   d) Kürze die Brüche mit der größtmöglichen Zahl und vergleiche die Ergebnisse mit a).
   e) Vervollständige den Satz: „Man kann einen Bruch so weit wie möglich kürzen, indem man …" Verwende den Begriff Teiler.

2.3 Brüche vergleichen

Kaia und Victoria untersuchen, welcher der Brüche $\frac{4}{5}$ und $\frac{2}{3}$ größer ist.

Victoria:

> $\frac{2}{3}$ ist um $\frac{1}{3}$ kleiner als 1;
>
> $\frac{4}{5}$ ist dagegen nur um $\frac{1}{5}$ kleiner als 1.
>
> Also gilt: $\frac{4}{5} > \frac{2}{3}$

Kaia:

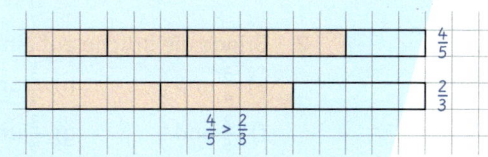

a) Erkläre jeweils, wie die Schülerin verglichen hat.
b) Finde weitere Möglichkeiten, die beiden Brüche zu vergleichen.

Zwei Brüche mit **gleichem Nenner** heißen **gleichnamig**. Sie lassen sich besonders leicht vergleichen.

Man muss meist erweitern oder kürzen, um Brüche gleichnamig zu machen.

Die Brüche $\frac{3}{5}$ und $\frac{1}{2}$ werden durch Erweitern auf den gemeinsamen Nenner 10 gebracht:

$\frac{3}{5} = \frac{6}{10}$ und $\frac{1}{2} = \frac{5}{10}$

Jetzt kann man die Brüche vergleichen:

$\frac{6}{10} > \frac{5}{10}$, denn 6 > 5, also ist $\frac{3}{5} > \frac{1}{2}$.

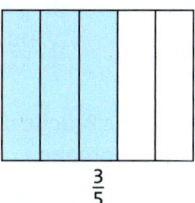
$\frac{3}{5}$

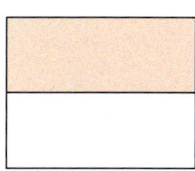
$\frac{1}{2}$

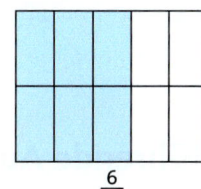
$\frac{6}{10}$

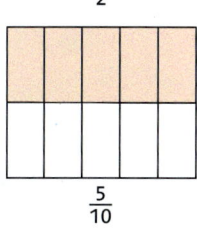
$\frac{5}{10}$

Wissen

Bei Brüchen mit dem gleichen Nenner ist derjenige Bruch größer, der den größeren Zähler hat.

Brüche mit unterschiedlichen Nennern werden zuerst durch Erweitern oder Kürzen **gleichnamig gemacht** und dann verglichen.

Beispiel 1

Bringe die Brüche auf einen gemeinsamen Nenner und vergleiche sie.

a) $\frac{2}{3}$ und $\frac{7}{9}$ b) $\frac{4}{5}$ und $\frac{7}{8}$

Lösung:

a) Hier kann 9 als gemeinsamer Nenner gewählt werden. Erweitere $\frac{2}{3}$ mit 3. Vergleiche dann die Zähler.

$\frac{2}{3} = \frac{2 \cdot 3}{3 \cdot 3} = \frac{6}{9}$

$\frac{6}{9} < \frac{7}{9}$, denn 6 < 7, also ist $\frac{2}{3} < \frac{7}{9}$.

b) Erweitere die Brüche jeweils mit dem Nenner des anderen Bruchs. Erweitere also $\frac{4}{5}$ mit 8 und $\frac{7}{8}$ mit 5. Der gemeinsame Nenner ist 40. Vergleiche dann die Zähler.

$\frac{4}{5} = \frac{4 \cdot 8}{5 \cdot 8} = \frac{32}{40}$

$\frac{7}{8} = \frac{7 \cdot 5}{8 \cdot 5} = \frac{35}{40}$

$\frac{32}{40} < \frac{35}{40}$, denn 32 < 35, also ist $\frac{4}{5} < \frac{7}{8}$.

Man kann wie in b) immer auf das Produkt der Nenner erweitern. Wenn man wie in a) einen kleineren gemeinsamen Nenner findet, sind die Rechnungen einfacher.

Basisaufgaben

1 Vergleiche die gleichnamigen Brüche.
a) $\frac{2}{5}$ und $\frac{3}{5}$
b) $\frac{7}{9}$ und $\frac{4}{9}$
c) $\frac{5}{12}$ und $\frac{10}{12}$
d) $\frac{6}{8}$ und $\frac{7}{8}$
e) $\frac{34}{100}$ und $\frac{43}{100}$

2 Bringe die Brüche auf einen gemeinsamen Nenner und vergleiche sie.
a) $\frac{3}{4}$ und $\frac{4}{5}$
b) $\frac{3}{4}$ und $\frac{2}{3}$
c) $\frac{3}{4}$ und $\frac{7}{12}$
d) $\frac{2}{3}$ und $\frac{3}{5}$
e) $\frac{7}{8}$ und $\frac{3}{4}$
f) $\frac{2}{5}$ und $\frac{2}{7}$
g) $\frac{3}{8}$ und $\frac{3}{5}$
h) $\frac{2}{11}$ und $\frac{9}{44}$
i) $\frac{3}{10}$ und $\frac{3}{5}$
j) $\frac{10}{100}$ und $\frac{5}{10}$

3 Ersetze den Platzhalter ■ durch das richtige Zeichen <, > oder =.
a) $\frac{3}{4}$ ■ $\frac{4}{8}$
b) $\frac{1}{8}$ ■ $\frac{5}{24}$
c) $\frac{3}{10}$ ■ $\frac{1}{2}$
d) $\frac{14}{18}$ ■ $\frac{7}{9}$
e) $\frac{15}{21}$ ■ $\frac{8}{14}$
f) $\frac{6}{7}$ ■ $\frac{3}{4}$
g) $\frac{3}{8}$ ■ $\frac{4}{7}$
h) $\frac{3}{4}$ ■ $\frac{5}{8}$
i) $\frac{11}{18}$ ■ $\frac{4}{6}$
j) $\frac{7}{8}$ ■ $\frac{9}{10}$
k) $\frac{2}{3}$ ■ $\frac{4}{7}$
l) $\frac{10}{12}$ ■ $\frac{40}{48}$
m) $\frac{3}{8}$ ■ $\frac{2}{7}$
n) $\frac{1}{32}$ ■ $\frac{1}{64}$
o) $\frac{13}{20}$ ■ $\frac{31}{50}$

4 Gib an, welche Brüche dargestellt sind. Vergleiche die dargestellten Anteile miteinander. Erkläre dein Vorgehen.
a)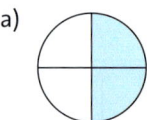
b)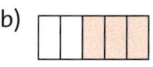
c)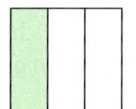

Weiterführende Aufgaben

Zwischentest

Hinweis zu 5
Schreibe die Brüche als Ordnungskette:
$\frac{1}{5} < \frac{3}{5} < \frac{4}{5}$

5 Bringe die Brüche auf einen gemeinsamen Nenner und ordne sie aufsteigend.
a) $\frac{2}{3}$; $\frac{4}{9}$; $\frac{1}{3}$
b) $\frac{5}{8}$; $\frac{1}{2}$; $\frac{3}{4}$; $\frac{7}{8}$
c) $\frac{4}{8}$; $\frac{7}{10}$; $\frac{1}{4}$; $\frac{1}{2}$; $\frac{4}{5}$
d) $\frac{3}{4}$; $\frac{3}{6}$; $\frac{3}{7}$; $\frac{3}{5}$
e) $\frac{3}{7}$; $\frac{1}{7}$; $\frac{2}{3}$; $\frac{6}{7}$; $\frac{1}{3}$
f) $\frac{5}{12}$; $\frac{3}{4}$; $\frac{3}{8}$; $\frac{7}{24}$

6 Gib die dargestellten Brüche an und ordne sie der Größe nach.
a)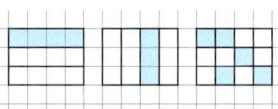
b)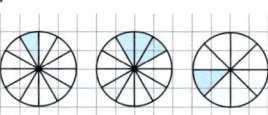
c)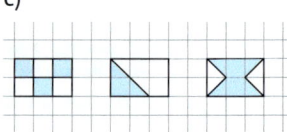

7 a) Gib alle Brüche mit dem Nenner 5 an, die größer als $\frac{3}{5}$ und kleiner als 1 sind.

b) Gib alle Brüche mit dem Nenner 12 an, die größer als $\frac{1}{4}$ und kleiner als $\frac{2}{3}$ sind.

8 Setze für den Platzhalter ■ einen Bruch mit dem Nenner 12 so ein, dass eine wahre Aussage entsteht.
a) $\frac{5}{12} <$ ■ $< \frac{7}{12}$
b) $0 <$ ■ $< \frac{1}{6}$
c) $\frac{2}{3} <$ ■ $< \frac{11}{12}$
d) $\frac{5}{6} <$ ■ < 1

9 **Stolperstelle:** Was stimmt nicht an dem Vergleich von Anton und Jasper? Begründe.

Anton: *Am gefärbten Anteil sieht man* $\frac{1}{3} < \frac{1}{4}$.

Jasper: $\frac{1}{3} < \frac{1}{4}$, *da 3 < 4.*

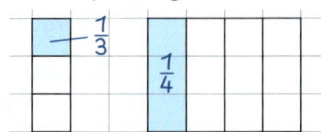

10 Brüche mit gleichem Zähler vergleichen: „Haben zwei Brüche den gleichen Zähler, dann ist der Bruch mit dem größeren Nenner der kleinere der beiden Brüche."
Ist die Aussage immer richtig? Begründe mithilfe von Zeichnungen und Beispielen.

11 Gib ein Beispiel an und erkläre deine Lösung.
a) Zwei Brüche, bei denen man nur den Zähler betrachten muss, um sie zu vergleichen.
b) Drei Brüche, von denen einer kleiner als $\frac{1}{2}$, einer gleich $\frac{1}{2}$ und einer größer als $\frac{1}{2}$ ist.
c) Zwei Brüche, die man ohne Rechnung vergleichen kann.
d) Zwei Brüche, die man gut mithilfe einer Zeichnung vergleichen kann.

12 Vergleiche die Brüche geschickt, ohne den gemeinsamen Nenner zu berechnen. Oft hilft es, wenn du dir die Anteile vorstellst oder sogar eine Skizze machst.
Überlege bei jeder Teilaufgabe, bevor du sie löst, was sich im Vergleich zur vorherigen Teilaufgabe geändert hat und wie sich die Änderung auf das Ergebnis auswirkt.

a) $\frac{2}{5} \square \frac{1}{5}$ b) $\frac{2}{5} \square \frac{4}{5}$ c) $\frac{2}{5} \square \frac{2}{7}$ d) $\frac{2}{5} \square \frac{2}{3}$
e) $\frac{2}{5} \square \frac{2}{13}$ f) $\frac{2}{5} \square \frac{2}{33}$ g) $\frac{2}{5} \square \frac{2}{2}$ h) $\frac{2}{5} \square \frac{1}{2}$
i) $\frac{2}{5} \square \frac{3}{4}$ j) $\frac{2}{5} \square \frac{5}{6}$ k) $\frac{2}{5} \square \frac{6}{7}$ l) $\frac{2}{5} \square \frac{5}{7}$
m) $\frac{5}{7} \square \frac{2}{5}$ n) $\frac{2}{5} \square \frac{4}{7}$ o) $\frac{2}{5} \square \frac{3}{7}$ p) $\frac{2}{5} \square \frac{3}{8}$

13 Landwirt Huber behauptet: „Auf $\frac{3}{4}$ meines Ackers baue ich Roggen an und du nicht mal auf der Hälfte deines Ackers. Ich baue also mehr Roggen an als du."
Landwirt Staller entgegnet: „Das kann ja gar nicht sein. Mein Roggenfeld ist viel größer als dein gesamter Acker."
Wer hat recht? Begründe.

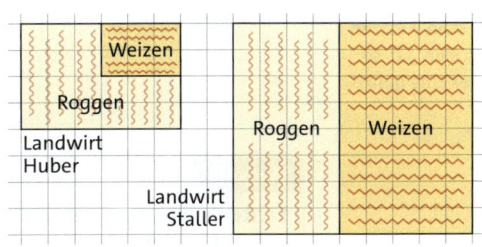

14 Bestimme, welche Schule den größten Anteil an Lernenden hat, die regelmäßig ein Musikinstrument spielen oder in einem Chor singen.

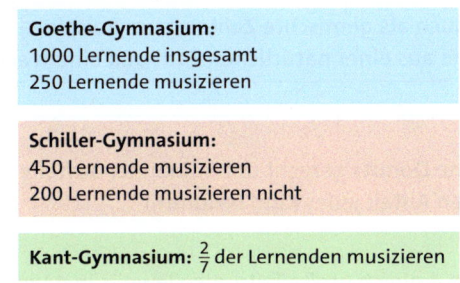

Goethe-Gymnasium:
1000 Lernende insgesamt
250 Lernende musizieren

Schiller-Gymnasium:
450 Lernende musizieren
200 Lernende musizieren nicht

Kant-Gymnasium: $\frac{2}{7}$ der Lernenden musizieren

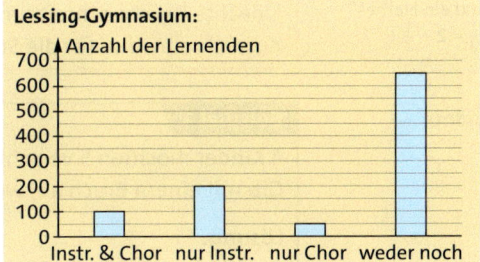

15 Ausblick: Drei Prinzen halten um die Hand einer Prinzessin an. Jeder von ihnen hat eine prall mit Goldmünzen gefüllte Truhe mitgebracht.
Der erste Prinz sagt: „In meiner Truhe sind 527 Münzen. Davon will ich dir 321 schenken."
Der zweite Prinz sagt: „Ich habe 628 Goldstücke in meiner Truhe. Du sollst 287 davon bekommen."
Der dritte Prinz sagt: „Von meinen 467 Goldmünzen möchte ich dir 305 geben."
Die Prinzessin möchte den großzügigsten der Prinzen zum Mann nehmen, den geizigsten aber aus dem Land vertreiben.
Bestimme den Bräutigam und den Verstoßenen, indem du abschätzt, welcher Prinz der Prinzessin den größten Anteil seines Goldes verspricht und welcher Prinz den kleinsten.

2.4 Brüche als Quotienten

Zwei Piraten teilen ihre erbeuteten 5 Goldbarren. Sie halbieren alle Goldbarren. Jeder bekommt dann gleich viele Hälften. Bestimme, wie viele Goldbarren jeder bekommt.
Findest du die Methode sinnvoll? Erläutere, wie die beiden noch teilen könnten.

Merke

Beispiel:
$7 : 15 = \frac{7}{15}$

Beim gerechten Verteilen auf mehrere Personen kann man dividieren. Das Ergebnis ist ein Bruch, denn jede Division lässt sich auch als Bruch darstellen und umgekehrt. Dabei können zwei Situationen entstehen:

① Der Bruch ist **kleiner als 1**.
Bei 2 Pizzen für 3 Personen rechnet man:
2 Pizzen : 3 = zwei Drittel einer Pizza für jeden
$2 : 3 = \frac{2}{3}$

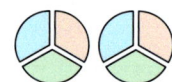

② Der Bruch ist **größer oder gleich 1**.
Bei 3 Pizzen für 2 Personen rechnet man:
3 Pizzen : 2 = eine ganze und eine halbe Pizza für jeden
$3 : 2 = \frac{3}{2} = 1\frac{1}{2}$

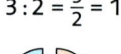

Hinweis

Das Ergebnis kann auch eine natürliche Zahl sein: Teilt man 3 Pizzen auf 3 Personen auf, so erhält jeder eine ganze Pizza.

> **Wissen**
>
> **Echte Brüche** sind kleiner als ein Ganzes, zum Beispiel $\frac{1}{5}$ oder $\frac{2}{3}$.
> Der Zähler ist kleiner als der Nenner.
>
> **Unechte Brüche** sind größer als ein Ganzes oder genauso groß, zum Beispiel $\frac{5}{2}$ oder $\frac{4}{4} = 1$.
> Der Zähler ist größer als der Nenner oder genauso groß.
>
> Unechte Brüche schreibt man auch als **gemischte Zahlen**, zum Beispiel $\frac{5}{2} = 2\frac{1}{2}$. Dies ist eine Kurzschreibweise für die Summe aus einer natürlichen Zahl und einem echten Bruch.

Hinweis

Du kannst $2\frac{1}{2}$ als „zwei Ganze und ein Halbes" lesen: $2\frac{1}{2} = 2 + \frac{1}{2}$

Erklärvideo

> **Beispiel 1**
>
> 4 Kinder möchten 5 verschiedene Donuts gerecht untereinander aufteilen.
> Gib mit einem Bruch an, welchen Anteil jedes Kind bekommt.
>
> **Lösung:**
> Die Kinder teilen jeden Donut in 4 gleich große Teile, also jeweils in 4 Viertel. Anschließend nimmt sich jedes Kind von jeder Sorte ein Viertel.
>
> Insgesamt bekommt jedes Kind 5 Viertel. $\quad 5 : 4 = \frac{5}{4}$

Basisaufgaben

1. Gib den Anteil, den jede Person bekommt, als Bruch an.
   a) Vier Kinder wollen sich fünf Lakritzstangen gerecht teilen.
   b) 7 Sportler bekommen drei große Melonen. Sie wollen gerecht teilen.
   c) 30 Kinder teilen 7 Tafeln Schokolade gerecht auf.

Brüche und Dezimalzahlen

Erinnere dich

Der Bruchstrich steht für die Division.

2 Gib an, wie viele Ganze der unechte Bruch darstellt.
a) $\frac{4}{2}$ b) $\frac{12}{3}$ c) $\frac{4}{4}$ d) $\frac{25}{5}$ e) $\frac{30}{10}$
f) $\frac{15}{5}$ g) $\frac{68}{4}$ h) $\frac{25}{25}$ i) $\frac{3}{1}$ j) $\frac{78}{6}$

3 Gib an, wie viele Kuchen hier auf wie viele Personen verteilt wurden.
Gib auch als Bruch an, welchen Anteil jede Person bekommt.

a) 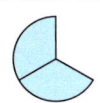 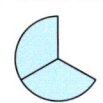 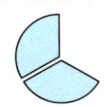   b)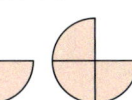

Unechte Brüche in gemischte Zahlen umwandeln

Beispiel 2 Schreibe den Bruch $\frac{8}{3}$ als gemischte Zahl.

Lösung:
Berechne 8 : 3. $8 : 3 = 2$ Rest 2

Schreibe den Rest in den Zähler des Bruchteils. Der Nenner bleibt erhalten. $\frac{8}{3} = 2\frac{2}{3}$

Basisaufgaben

Hinweis

Brüche, bei denen Zähler und Nenner gleich sind, ergeben immer 1:
$\frac{6}{6} = 6 : 6 = 1$

Brüche, bei denen der Nenner 1 ist, stellen immer Ganze dar:
$\frac{6}{1} = 6 : 1 = 6$

4 Schreibe den Bruch als gemischte Zahl.
a) $\frac{5}{2}$ b) $\frac{11}{2}$ c) $\frac{15}{4}$ d) $\frac{4}{3}$ e) $\frac{11}{3}$
f) $\frac{23}{10}$ g) $\frac{15}{7}$ h) $\frac{29}{14}$ i) $\frac{101}{100}$ j) $\frac{211}{100}$

5 Gib die Division als unechten Bruch an und wandle in eine gemischte Zahl um.
a) 5 : 3 b) 12 : 7 c) 36 : 8 d) 112 : 3 e) 450 : 40

Gemischte Zahlen in unechte Brüche umwandeln

Hinweis

Du kannst die Aufgabe auch mit einer Zeichnung lösen.

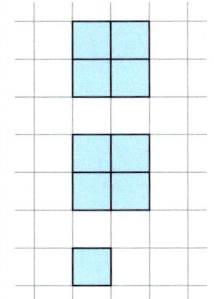

Beispiel 3 Schreibe die gemischte Zahl $2\frac{1}{4}$ als unechten Bruch.

Lösung:
Schreibe 2 Ganze als Bruch und erweitere auf den Nenner 4. $2 = \frac{2}{1} = \frac{8}{4}$
Gib an, wie viele Viertel es insgesamt sind.   Insgesamt sind es $8 + 1 = 9$ Viertel,
Schreibe als unechten Bruch.   also $2\frac{1}{4} = \frac{9}{4}$.

Basisaufgaben

6 Schreibe die gemischte Zahl als unechten Bruch.
a) $2\frac{1}{2}$ b) $3\frac{1}{4}$ c) $3\frac{3}{4}$ d) $1\frac{2}{3}$ e) $3\frac{1}{3}$
f) $4\frac{5}{6}$ g) $2\frac{3}{5}$ h) $3\frac{1}{5}$ i) $4\frac{9}{10}$ j) $1\frac{3}{7}$
k) $2\frac{5}{7}$ l) $4\frac{3}{14}$ m) $1\frac{3}{100}$ n) $5\frac{21}{100}$ o) $3\frac{57}{100}$

2.4 Brüche als Quotienten

7 Sarah soll $2\frac{1}{6}$ in einen unechten Bruch umwandeln. Sie sagt: „Ich rechne 2 · 6 + 1 = 13. 13 ist der Zähler des Bruchs. Den Nenner 6 lasse ich unverändert. $2\frac{1}{6}$ ist gleich $\frac{13}{6}$."
Prüfe Sarahs Rechenweg mit den gemischten Zahlen aus Aufgabe 6 a) – e).

8 Schreibe den dargestellten Bruch als gemischte Zahl und als unechten Bruch.

a) 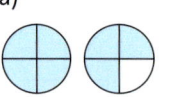 b) 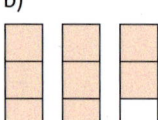 c) 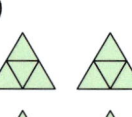 d)  e)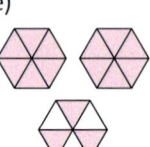

9 Stelle die gemischte Zahl grafisch dar und schreibe sie anschließend als unechten Bruch.
Beispiel: $2\frac{3}{4} = \frac{11}{4}$

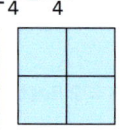

a) $1\frac{1}{4}$ b) $2\frac{1}{3}$ c) $4\frac{1}{2}$ d) $3\frac{6}{10}$ e) $4\frac{4}{5}$

Weiterführende Aufgaben

Zwischentest

10 Finde eine Situation, in der etwas geteilt wird und die zu dem Bruch passt.
a) $\frac{3}{5}$ b) $\frac{5}{3}$ c) $\frac{8}{6}$ d) $\frac{17}{7}$

11 Vier Kinder wollen fünf Tafeln Schokolade gerecht aufteilen.
a) Moritz teilt jede Tafel in vier gleich große Teile. Fertige eine Skizze an. Gib als Bruch und als gemischte Zahl an, welchen Anteil jedes Kind erhält.
b) Lisa sagt: „Du musst nicht alle Tafeln Schokolade zerteilen." Erkläre, was sie meint.

 12 Stolperstelle: Nimm Stellung zu folgender Darstellung der Zahlen $2\frac{1}{2}$ und $3\frac{1}{3}$.

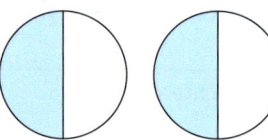 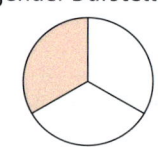 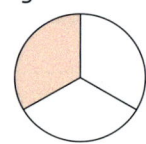 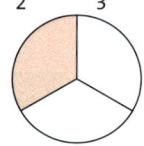

Hinweis zu 13

Überlege, wie du zeichnen könntest, um das Ergebnis zu ermitteln. Wandle die unechten Brüche in gemischte Zahlen um.

13 Gib an, wie viel bis zum nächstgrößeren Ganzen fehlt.
a) $1\frac{1}{2}$ b) $2\frac{3}{4}$ c) $4\frac{1}{3}$ d) $\frac{9}{2}$ e) $\frac{24}{7}$ f) $\frac{59}{10}$

14 Die beiden Wiesen sollen in insgesamt fünf gleich große Grundstücke aufgeteilt werden.
a) Übertrage die Zeichnung und zeichne eine mögliche Aufteilung ein. Jedes Grundstück soll aus einer zusammenhängenden Fläche bestehen.
b) Gib den Anteil an, den die Grundstücke an einer der Wiesen haben.
c) Kann man so aufteilen, dass alle Grundstücke rechteckig sind? Erkläre.

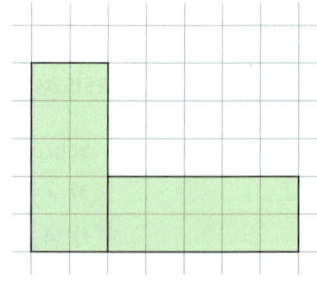

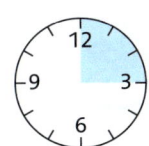

15 Bei einer mündlichen Prüfung werden neun Personen geprüft. Jede Prüfung dauert eine Viertelstunde.
Bestimme, wie viele Stunden alle Prüfungen zusammen dauern, wenn keine Pausen gemacht werden. Gib das Ergebnis als unechten Bruch und als gemischte Zahl an.

16 Bestimme, welche der Brüche und gemischten Zahlen
  a) weniger als ein Ganzes,
  b) mehr als ein Ganzes und weniger als zwei Ganze,
  c) mehr als zwei Ganze sind.

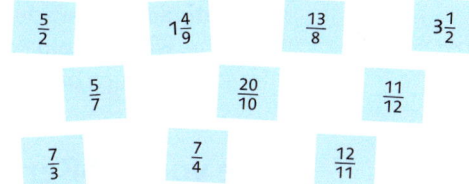

17 Gemischte Zahlen vergleichen: Thea möchte $2\frac{1}{6}$ und $2\frac{2}{5}$ vergleichen. Sie meint:
„Da die Ganzen gleich sind, muss ich nur die echten Brüche vergleichen."
  a) Erkläre, was Thea meint, und führe den Vergleich durch.
  b) Ersetze den Platzhalter ■ durch das richtige Zeichen < oder >.
    ① $3\frac{7}{10}$ ■ $3\frac{1}{2}$ ② $9\frac{3}{7}$ ■ $9\frac{2}{5}$ ③ $8\frac{2}{7}$ ■ $3\frac{3}{5}$ ④ $1\frac{9}{13}$ ■ $6\frac{1}{12}$
  c) Schreibe eine Anleitung, wie man zwei gemischte Zahlen vergleichen kann. Erläutere dein Vorgehen anhand von Beispielen.

18 a) Vergleiche die unechten Brüche, indem du sie durch Erweitern oder Kürzen auf den gleichen Nenner bringst.
    ① $\frac{5}{3}$ und $\frac{7}{2}$ ② $\frac{23}{7}$ und $\frac{12}{5}$ ③ $\frac{35}{3}$ und $\frac{71}{6}$ ④ $\frac{21}{4}$ und $\frac{63}{12}$
  b) Vergleiche die unechten Brüche, indem du sie als gemischte Zahlen schreibst.
  c) Welches Verfahren ist einfacher? Begründe deine Meinung.

19 Ersetze den Platzhalter ■ durch das richtige Zeichen <, > oder =. Begründe.
  a) $\frac{2}{7}$ ■ $\frac{5}{7}$ b) $\frac{3}{3}$ ■ 1 c) $2\frac{1}{3}$ ■ $\frac{6}{3}$ d) $\frac{4}{7}$ ■ $\frac{4}{3}$ e) $\frac{5}{2}$ ■ $\frac{7}{4}$

20 a) Vier Freunde haben zwei Pizzen bestellt und teilen sie gleich untereinander auf. Gib an, wie viel jeder bekommt.
  b) Es kommt ein fünfter Freund dazu. Ermittle, wie viel jeder der Freunde nun bekommt.
  c) Bestimme, wie viel jeder der fünf Freunde bekommt, wenn sie eine weitere Pizza bestellen.
  d) Erkläre, wie sich der Anteil aus c) für jeden Einzelnen ändert, wenn 1, 2, 3 … weitere Freunde dazukommen.
  e) Erkläre, wie sich der Anteil aus c) für jeden Einzelnen ändert, wenn sie 1, 2, 3 … weitere Pizzen bestellen.
  f) Erkläre, wie sich der Anteil aus c) für jeden Einzelnen ändert, wenn jede weitere Person eine Pizza mitbringt.

21 Ausblick: Beim sogenannten Urban Knitting werden Bäume oder Gebäude mit Wolle verziert oder eingestrickt. Stell dir vor, der Hauptsitz der Europäischen Zentralbank – der sogenannte Skytower – soll vollständig eingestrickt werden. Er hat eine Fassade mit einer Fläche von etwa 34 000 m². Für jeden Quadratmeter werden etwa $\frac{7}{10}$ kg Wolle benötigt.

  a) Berechne, wie viel Wolle man braucht, um den gesamten Skytower zu bestricken.
  b) Ein Schaf liefert etwa $3\frac{1}{2}$ kg Wolle. Bestimme, wie viele Schafe man scheren müsste, um genug Wolle für den Skytower zu erhalten.

2.5 Größenanteile bestimmen

Robin hat auf dem Flohmarkt altes Spielzeug verkauft. Er hat 63 Euro eingenommen. Zwei Drittel des Geldes hat sein altes Kinderfahrrad eingebracht.
Bestimme, wie viel Geld Robin für das Fahrrad bekommen hat.

Teile von Größen berechnen

Beispiel 1 a) Berechne $\frac{3}{4}$ von 8 kg.   b) Berechne $\frac{3}{8}$ von 1 kg.

Lösung:

a) Drei Viertel von ... bedeutet:
Teile etwas in **vier** gleich große Teile und nimm **drei** davon.

Das heißt:
Teile 8 kg durch 4.
Multipliziere anschließend das Ergebnis mit 3.

8 kg →:4→ 2 kg →·3→ 6 kg

$\frac{3}{4}$ von 8 kg sind 6 kg.

b) Da man 1 kg nicht direkt in acht gleich große Teile teilen kann, wandle 1 kg zunächst in eine kleinere Maßeinheit um.
$\frac{3}{8}$ von 1000 g bedeutet: Teile 1000 g durch 8 und multipliziere anschließend mit 3.

1 kg = 1000 g

1000 g →:8→ 125 g →·3→ 375 g

$\frac{3}{8}$ von 1 kg sind 375 g.

Erklärvideo

Basisaufgaben

1 Berechne.
a) $\frac{1}{2}$ von 8 t   b) $\frac{1}{3}$ von 24 h   c) $\frac{2}{5}$ von 20 cm   d) $\frac{3}{8}$ von 56 €
e) $\frac{2}{3}$ von 63 cm   f) $\frac{7}{10}$ von 500 g   g) $\frac{7}{9}$ von 27 ℓ   h) $\frac{3}{8}$ von 200 km

2 Berechne.
a) $\frac{1}{5}$ von 1 cm   b) $\frac{1}{10}$ von 1 kg   c) $\frac{1}{4}$ von 2 km   d) $\frac{9}{10}$ von 1 g
e) $\frac{4}{5}$ von 1 min   f) $\frac{2}{5}$ von 3 €   g) $\frac{2}{3}$ von 5 h   h) $\frac{3}{20}$ von 5 m

3 Zeichne eine 6 cm lange Strecke. Färbe dann den Anteil an der Strecke.
Gib die Länge der gefärbten Strecke in cm an.
a) $\frac{1}{3}$ von 6 cm   b) $\frac{2}{3}$ von 6 cm   c) $\frac{1}{6}$ von 6 cm   d) $\frac{4}{6}$ von 6 cm

2 Brüche und Dezimalzahlen

Lösungen zu 4

150 72 28 12 24 45 320 1400 4900

4 Berechne die Anteile.
a) $\frac{3}{4}$ von 200 kg; 16 ℓ; 1 h
b) $\frac{2}{5}$ von 60 kg; 3 min; 8 m
c) $\frac{7}{10}$ von 7 t; 2 ℓ; 40 min

5 Ordne passend zu.

a) $\frac{3}{5}$ $\frac{3}{4}$ $\frac{2}{3}$ $\frac{3}{10}$ $\frac{2}{5}$ von 6 € sind   1,80 € 2,40 € 3,60 € 4 € 4,50 €

b) $\frac{15}{20}$ $\frac{4}{10}$ $\frac{2}{6}$ $\frac{1}{3}$ $\frac{3}{4}$ von 3 Stunden sind   135 min 72 min 60 min

6 Berechne die Anteile.

	1 t	2 dm	40 min	2,50 €
$\frac{1}{10}$ von				
$\frac{5}{8}$ von	4 kg	64 km	2 h	3,20 €
$\frac{4}{5}$ von	2 kg	120 m	1 h	1 €

7 Familie Brenner fährt mit dem Auto in den Urlaub nach Italien. Die Strecke ist 1197 km lang. Herr Brenner fährt $\frac{7}{9}$ der Strecke, Frau Brenner $\frac{2}{9}$. Berechne, wie viele km jeder von beiden gefahren ist.

Anteile bestimmen

Erklärvideo

Beispiel 2 Gib den Anteil 6 cm von 8 cm als Bruch an.

Lösung:
Zeichne zur Verdeutlichung eine 8 cm lange Strecke. Teile diese Strecke in 1 cm lange Abschnitte und markiere davon 6.

6 cm von 8 cm sind $\frac{6}{8} = \frac{3}{4}$.

Basisaufgaben

8 Zeichne wie in Beispiel 2. Gib den Anteil dann als Bruch an.
a) 7 cm von 9 cm
b) 4 cm von 6 cm
c) 3 cm von 12 cm

9 Gib zu dem Anteil zwei passende Brüche an.
a) 3 € von 9 €
b) 8 € von 12 €
c) 12 € von 15 €

d) 6 € von 8 €
e) 4 € von 10 €
f) 5 € von 20 €

2.5 Größenanteile bestimmen 59

10 Gib den Anteil als vollständig gekürzten Bruch an.
   a) 10 min von 20 min
   b) 6 h von 10 h
   c) 3 s von 24 s

11 Gib den Anteil als Bruch an. Rechne zunächst in die gleiche Einheit um.

Beispiel: 750 g von 1 kg sind 750 g von 1000 g. Der Anteil ist $\frac{750}{1000} = \frac{3}{4}$.

   a) 6 mm von 1 cm
   b) 15 min von 1 h
   c) 700 g von 1 kg
   d) 500 m von 3 km
   e) 80 s von 2 min
   f) 75 Cent von 2 €

Weiterführende Aufgaben

Zwischentest

12 Brüche als Maßzahlen: Gib in der nächstkleineren Einheit an.

Beispiel: $\frac{2}{5}$ kg sind $\frac{2}{5}$ von 1 kg.   1 kg = 1000 g   200 g   400 g.   Also sind $\frac{2}{5}$ kg = 400 g
:5   ·2

   a) $\frac{1}{4}$ km
   b) $\frac{1}{6}$ h
   c) $\frac{1}{5}$ m
   d) $\frac{3}{100}$ g
   e) $\frac{2}{5}$ ℓ
   f) $\frac{5}{6}$ min
   g) $\frac{7}{10}$ t
   h) $\frac{4}{5}$ dm

13 Ordne die Größenangaben im linken Kasten den Größenangaben im rechten Kasten richtig zu.

a) 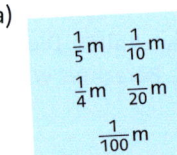   5 cm   10 cm   20 cm   25 cm   1 cm

b) 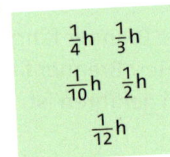   5 min   6 min   15 min   20 min   30 min

14 a) Ersetze den Platzhalter ■ durch das richtige Zeichen < oder >.
   ① $\frac{3}{4}$ kg ■ $\frac{1}{2}$ kg
   ② $\frac{1}{4}$ km ■ $\frac{1}{5}$ km
   ③ $\frac{4}{5}$ m ■ $\frac{7}{10}$ m
   ④ $\frac{2}{5}$ min ■ $\frac{1}{3}$ min
   ⑤ $\frac{11}{20}$ h ■ $\frac{7}{12}$ h
   ⑥ $2\frac{4}{5}$ ℓ ■ $2\frac{3}{4}$ ℓ

b) Kontrolliere deine Ergebnisse aus a), indem du die Größenangaben in eine kleinere Einheit umrechnest.

15 Ersetze die Platzhalter ■ durch passende Zahlen oder Größenangaben.
   a) $\frac{1}{4}$ von 80 g sind ■.
   b) $\frac{■}{■}$ von 11 m sind 5 m.
   c) $\frac{1}{10}$ kg = ■ g
   d) $\frac{1}{5}$ von 1 h sind ■.
   e) $\frac{■}{7}$ von 140 t sind 80 t.
   f) $\frac{5}{8}$ ℓ = ■ mℓ
   g) $\frac{7}{16}$ von 8 km sind ■.
   h) $\frac{■}{18}$ von 3 h sind 50 min.
   i) $\frac{9}{50}$ m = ■ cm

Hinweis zu 16

Die Figuren beim Schach:
 Turm
 Springer
Läufer
 Dame
König
Bauer

16 Gib die Anteile der Felder an, die von den einzelnen Figurentypen auf einem Schachbrett belegt werden. Unterscheide auch Farben.
Bilde Sätze wie:

$\frac{1}{4}$ der hellen Felder sind mit Bauern belegt.

... aller Felder sind mit schwarzen Figuren belegt.

$\frac{1}{16}$ aller dunklen Felder sind mit ... belegt.

17 Antonia geht einkaufen. Sie kauft eine Hose für 30 €, ein T-Shirt für 15 € und eine kleine Pizza für 5 €. Gib die Anteile an der Gesamtsumme an.

18 Gib den Anteil mit einem möglichst einfachen Bruch an.
a) Von 22 Flaschen Saft sind noch 11 voll.
b) Von einem 36 m² großen Hausgiebel sind 24 m² verglast.
c) Von 20 Litern Milch wurden 15 Liter verkauft.
d) Von 28 Kindern kommen 12 mit dem Bus zur Schule.
e) Ein Mensch schläft täglich etwa 8 Stunden.
f) Laura hat im Training 30-mal aufs Tor geworfen. Sie hat 15-mal ins Tor getroffen und zweimal daneben geworfen. 13-mal hat die Torhüterin gehalten.

19 Stolperstelle:
a) Beschreibe und korrigiere Annikas Fehler.
① $\frac{2}{3}$ von 18 kg sind 27 kg.
② $\frac{1}{1000}$ g = 1 kg
③ 2 mm von 10 cm sind der Anteil $\frac{1}{5}$.
④ $\frac{2}{5}$ m = 4 cm
b) Ein Sportreporter berichtet im Radio: „In der Basketball-Bundesliga trennten sich Alba Berlin und Bayern München 60 zu 90. Damit erzielte Berlin zwei Drittel aller Punkte."
Beschreibe, welchen Fehler der Reporter gemacht hat. Formuliere die Nachricht richtig.

Merke
Teile durch den Zähler. Multipliziere mit dem Nenner.

20 Vom Anteil zum Ganzen: Berechne das Ganze.
Beispiel: $\frac{3}{4}$ einer Strecke sind 21 km.
Dann sind $\frac{1}{4}$ der Strecke 21 km : 3 = 7 km. Die Strecke ist 7 km · 4 = 28 km lang.
a) $\frac{2}{5}$ einer Strecke sind 100 km.
b) $\frac{45}{100}$ einer Flüssigkeit entsprechen 900 mℓ.
c) $\frac{1}{8}$ eines Films dauern 14 min.
d) $\frac{6}{5}$ eines Geldbetrags sind 240 €.
e) $\frac{9}{15}$ einer Lkw-Ladung wiegen 2700 kg.
f) $2\frac{1}{2}$ Kürbisse wiegen 10 kg.

21 Zu ihrer Geburtstagsfeier mit neun Gästen möchte Lara selbst gemachtes Eis servieren. Sie hat ein Rezept für vier Personen gefunden. Berechne die Menge an Zutaten, die Lara für zehn Portionen Eis benötigt.

Hilfe

22 a) Bei einer Wanderung sagt Ingos Vater nach 5 km: „$\frac{1}{3}$ der Strecke haben wir schon geschafft." Berechne, wie viele Kilometer die beiden noch gehen müssen.
b) Heinz gibt jeden Monat ein Viertel seines Einkommens für die Miete seiner Wohnung aus. Danach bleiben ihm noch 1500 €. Berechne, wie viel Heinz im Monat verdient.
c) Ein Gärtner hat ein Drittel seines Gartens mit Gemüsebeeten bepflanzt. Vom Rest sind $\frac{3}{4}$ Rasenfläche und 15 m² Blumenbeete. Bestimme die Größe des ganzen Gartens.

23 Ausblick: Bei einer Umfrage wurden 3600 Kinder nach ihrem Lieblingssport befragt. Das Ergebnis wurde in einem Kreisdiagramm dargestellt.
Bestimme, wie viele Kinder jeweils welche Sportart genannt haben.

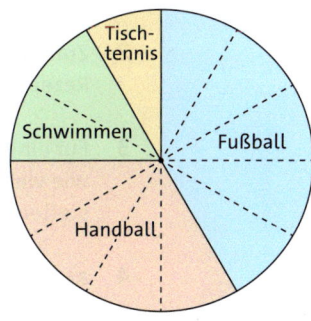

2.6 Brüche und Verhältnisse

Karin hat zu ihrem Geburtstag Sirup zur Mischung eines Kaltgetränks besorgt. Auf der Rückseite der Flasche findet sie eine Anleitung. Erkläre, wie man das Getränk herstellt.

Ein **Verhältnis** beschreibt die Beziehung zwischen zwei Größen oder Zahlen. Dabei werden unterschiedliche Schreibweisen verwendet.

Hinweis
1 : 95 000 000 spricht man 1 zu 95 Millionen.

Im täglichen Leben verwendet man häufig einen Doppelpunkt.

> Die Gewinnchance beträgt 1 : 95 000 000.

Auch Brüche kann man verwenden. Mit ihnen stellt man Anteile dar.

> Etwa die Hälfte aller Hunde (also $\frac{1}{2}$) sind weiblich.

Bei Mischungen wird oft angegeben, wie viele Teile der Zutaten benötigt werden. Dabei müssen die Teile gleich groß sein.

> Man nehme für die Farbe Rosa drei Teile weißer Farbe und einen Teil roter Farbe.

Beispiel 1 Ina und Leo haben abgefragt, wie viele Kinder der 6. Klassen lieber in den Zoo oder in den Kletterpark möchten. Von den 90 Kindern wollen 60 in den Zoo und 30 in den Kletterpark. Gib unterschiedliche Möglichkeiten an, das Ergebnis anzugeben.

Lösung:
Man kann das Ergebnis als Text angeben.   60 von 90 Kindern wollen in den Zoo.

Der jeweilige Anteil an der Gesamtzahl kann als Bruch darstellt werden.

$\frac{60}{90} = \frac{2}{3}$ $\frac{30}{90} = \frac{1}{3}$

Zwei Drittel der Kinder wollen in den Zoo, ein Drittel will in den Kletterpark.

Hinweis
Verhältnisse werden mit möglichst kleinen Zahlen angegeben.

Man kann das Verhältnis der Stimmen für Zoo zu Kletterpark angeben.

$60 : 30 = 2 : 1$ $2 + 1$

Also wollen 2 von 3 Kindern in den Zoo.

Das Verhältnis der Stimmen kann als Bruch angegeben werden.

$\frac{60}{30} = \frac{2}{1} = 2$ oder $\frac{30}{60} = \frac{1}{2}$

Es wollen doppelt so viele Kinder in den Zoo wie in den Kletterpark.

Basisaufgaben

1 Bei einer Umfrage unter Passanten mögen 50 Vanilleeis und 25 Schokoladeneis am liebsten. Stelle das Ergebnis der Umfrage auf unterschiedliche Weisen dar.

2 Zum Brotbacken mischt Ralf 1000 g Weizenmehl mit 500 g Roggenmehl. Er möchte das Rezept für seinen Freund notieren. Gib dafür verschiedene Möglichkeiten an.

3 Für einen „KiBa" wird Kirschsaft mit Bananensaft im Verhältnis 2 : 1 gemischt. Berechne, wie viel Kirschsaft und wie viel Bananensaft man braucht, um 3 Liter des Getränks herzustellen.

4 a) Stelle die Verhältnisse als Brüche dar.   b) Stelle die Brüche als Verhältnisse dar.

1 : 2   3 zu 5 $\frac{1}{5}$ und $\frac{4}{5}$ $\frac{3}{10}$ und $\frac{7}{10}$

Brüche und Dezimalzahlen 2

5 Luise bastelt Schmuck aus Perlen. Eine Halskette besteht aus insgesamt 60 Perlen. Die Grundfarbe soll weiß sein und zusätzlich möchte Luise, dass $\frac{1}{5}$ der Perlen rot sind.
  a) Bestimme, wie viele rote und wie viele weiße Perlen Luise benötigt.
  b) Wie könnten die Perlen gleichmäßig auf der Kette verteilt werden? Zeichne alle Möglichkeiten.
  c) Gib das Verhältnis von roten zu weißen Perlen an.

Weiterführende Aufgaben   Zwischentest

6 Ein Doppelpunkt kann unterschiedliche Bedeutungen haben. Beschreibe, was gemeint ist.
  a) FC Köln gegen Borussia Dortmund – 2 : 3   b) Inhalt: 1 Liter
  c) 36 : 12 = 3   d) Bildformat 4 : 3

7 Aus Sirup und Wasser werden Limonaden hergestellt. Gib das Mischungsverhältnis an, wenn man den Behälter bis zum obersten Strich mit Wasser auffüllt.

a) 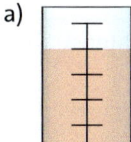   b) 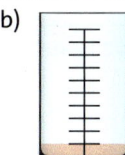   c) 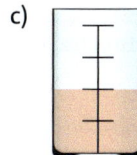   d) 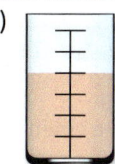   e)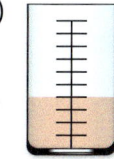

8 **Stolperstelle:** Beurteile die Aussage. Erkläre den Denkfehler.
  a) Leider ist ein Tablett mit Gläsern umgefallen.
     Tamina sagt: „Von den 10 Gläsern sind 4 kaputt, also 4 : 10."
  b) Mark meint: „Verhältnisse soll man stets mit möglichst kleinen Zahlen angeben. Also kann ein Fußballspiel mit dem Ergebnis 4 : 2 auch als 2 : 1 dargestellt werden."

Hilfe

9 **Längenverhältnisse:**
  a) Zeichne eine Strecke von 6 cm und teile sie im Verhältnis 1 : 2.
  b) Zeichne eine Strecke von 10 cm und teile sie im Verhältnis 3 : 2.

10 **Massenverhältnisse:** Teile die Masse im angegebenen Verhältnis auf.
  a) 4 kg im Verhältnis 3 zu 1   b) 1000 g im Verhältnis 2 : 3   c) 8 kg im Verhältnis 3 : 5

11 **Maßstab:** Eine sogenannte H0-Modellok hat eine Länge von 22 cm. Sie wurde im Maßstab 1 : 87 angefertigt. Berechne die Länge der Lok, die als Vorbild für das Modell diente.

12 Eine 20 cm große Katze springt bis zu 1,20 m hoch.
  a) Bestimme das Verhältnis von Körperhöhe zu Sprunghöhe.
  b) Recherchiere, ob eine Wiesenschaumzikade, ein Floh oder ein Klippspringer im Verhältnis höher springen als eine Katze.
  c) Berechne, wie hoch du mit der gleichen Sprungkraft wie eine Katze, eine Wiesenschaumzikade, ein Floh oder ein Klippspringer springen könntest.

13 **Ausblick:** Chancen kann man auch als Verhältnisse darstellen. Beim Glücksrad ist die Chance, ein blaues Feld zu erdrehen, 1 : 5. Für Rot beträgt die Chance 2 : 4 = 1 : 2. Beim Würfeln mit einem Spielwürfel gibt es sechs mögliche Ergebnisse. Gib die Chance als Verhältnis an.
  a) Eine Sechs wird gewürfelt.
  b) Keine Sechs wird gewürfelt.
  c) Eine gerade Zahl wird gewürfelt.

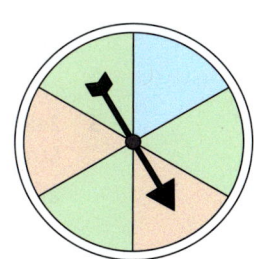

2.6 Brüche und Verhältnisse

2.7 Brüche am Zahlenstrahl

Eine Tankanzeige gibt an, wie viel Kraftstoff im Tank ist. Gib an, zu welchem Anteil der Tank noch gefüllt ist. Erkläre, für welchen Anteil ein Kästchen steht.

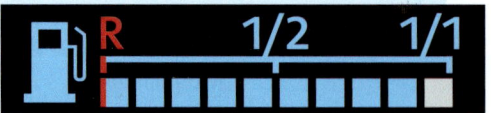

Jedem Bruch lässt sich genau ein Punkt auf dem Zahlenstrahl zuordnen.

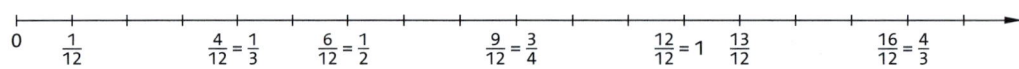

> **Wissen**
> Brüche, die durch Erweitern und Kürzen auseinander hervorgehen, gehören zu demselben Punkt auf dem Zahlenstrahl. Sie bezeichnen dieselbe Zahl.

Erklärvideo

Beispiel 1 Zeichne die Brüche $\frac{2}{3}$ und $\frac{3}{5}$ jeweils auf einem Zahlenstrahl ein.

Lösung:
Zeichne einen Zahlenstrahl. Teile die Strecke von 0 bis 1 in drei gleich große Teile. Markiere dann $\frac{2}{3}$.

Zeichne einen Zahlenstrahl. Teile die Strecke von 0 bis 1 in fünf gleich große Teile. Markiere dann $\frac{3}{5}$.

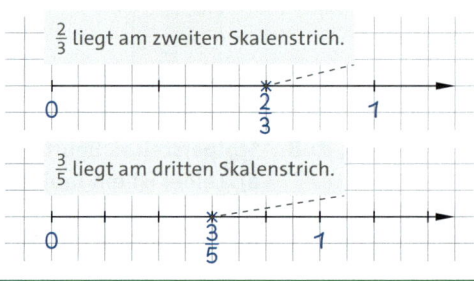

Hinweis
Die Anzahl der Kästchen zwischen 0 und 1 sollte ein Vielfaches des Nenners sein.

Basisaufgaben

1 Gib die markierten Brüche an.

a)    b)

2 Zähle zuerst, in wie viele Teile die Strecke von 0 bis 1 auf dem Zahlenstrahl unterteilt ist. Gib dann für jeden Buchstaben zwei Brüche an.

a) 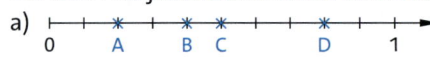   b)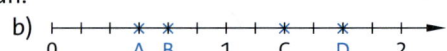

Erinnere dich
Gemischte Zahlen bestehen aus einer natürlichen Zahl und einem echten Bruch.

3 Gib für jeden Buchstaben einen Bruch und – falls möglich – eine gemischte Zahl an.

4 Zeichne einen Zahlenstrahl. Die Strecke von 0 bis 1 soll 10 Kästchen lang sein. Markiere auf dem Zahlenstrahl die Brüche.

a) $\frac{3}{10}$; $\frac{4}{10}$; $\frac{9}{10}$ b) $\frac{2}{5}$; $\frac{8}{20}$; $\frac{40}{100}$ c) $\frac{1}{5}$; $\frac{1}{2}$; $\frac{9}{15}$

5 Zeichne einen Zahlenstrahl und markiere die Brüche. Überlege gut, wie viele Kästchen die Strecke von 0 bis 1 haben soll.

a) $\frac{1}{3}$; $\frac{2}{3}$; $\frac{5}{6}$ b) $\frac{3}{8}$; $\frac{1}{4}$; $\frac{7}{16}$ c) $\frac{2}{7}$; $\frac{3}{4}$; $\frac{12}{14}$

Weiterführende Aufgaben Zwischentest

6 Brüche am Zahlenstrahl vergleichen: Auf dem Zahlenstrahl liegt der kleinere von zwei Brüchen immer links vom anderen Bruch.

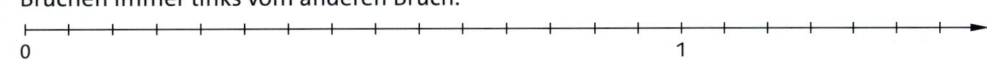

a) Übertrage den Zahlenstrahl. Markiere beide Brüche und vergleiche sie.

① $\frac{3}{15}$ und $\frac{1}{5}$ ② $\frac{7}{15}$ und $\frac{2}{5}$ ③ $\frac{2}{3}$ und $\frac{4}{5}$ ④ $\frac{19}{15}$ und $\frac{4}{3}$

b) Markiere auf deinem Zahlenstrahl die gemischten Zahlen $1\frac{1}{15}$ und $1\frac{2}{5}$. Vergleiche sie ebenfalls.

Hilfe

7 Markiere die Brüche auf einem geeigneten Zahlenstrahl und vergleiche sie.

a) $\frac{2}{5}$; $\frac{4}{5}$; $\frac{6}{5}$ b) $\frac{1}{6}$; $\frac{5}{6}$; $\frac{7}{6}$; $\frac{11}{6}$ c) $\frac{1}{12}$; $\frac{2}{3}$; $\frac{1}{2}$; $\frac{5}{12}$ d) $\frac{2}{5}$; $\frac{1}{3}$; $\frac{4}{5}$

⚠ 8 Stolperstelle: Moritz vergleicht $\frac{1}{3}$ und $\frac{1}{4}$ am Zahlenstrahl. Was meinst du dazu?

„Der kleinere Bruch liegt am Zahlenstrahl weiter links. Also ist $\frac{1}{3} < \frac{1}{4}$."

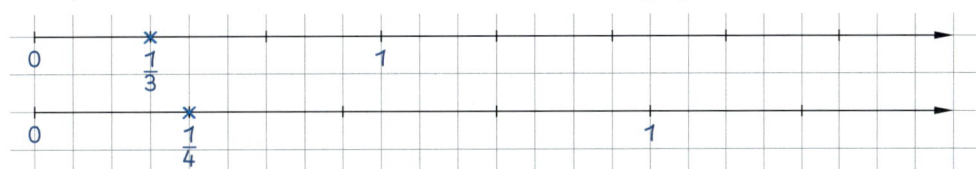

9 Rechnen ist nicht immer nötig. Du kannst auch argumentieren.

a) Gib für jeden Bruch an, in welchem Bereich des abgebildeten Zahlenstrahls er liegt.

$\frac{3}{5}$; $\frac{2}{7}$; $\frac{17}{10}$; $\frac{7}{8}$; $\frac{7}{12}$; $\frac{6}{17}$; $\frac{15}{13}$; $\frac{13}{11}$

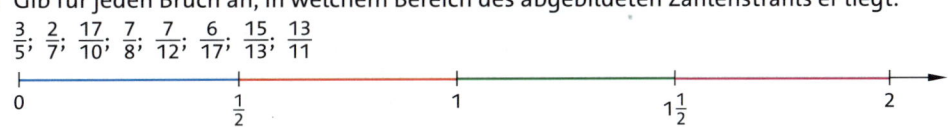

b) Durch Vergleich mit 1 oder $\frac{1}{2}$ lässt sich manchmal ganz leicht erkennen, welcher der Brüche der größere ist. Vergleiche die beiden Brüche.

① $\frac{3}{5}$ und $\frac{2}{7}$ ② $\frac{13}{11}$ und $\frac{7}{8}$ ③ $\frac{6}{17}$ und $\frac{7}{12}$ ④ $\frac{15}{13}$ und $\frac{17}{10}$

c) Finde in der Liste aus a) den größten und den kleinsten Bruch.

10 a) Zeichne einen geeigneten Zahlenstrahl und markiere die Brüche.

$\frac{1}{2}$; $\frac{18}{12}$; $\frac{5}{6}$; $\frac{4}{4}$; $1\frac{1}{2}$; $\frac{6}{12}$; $1\frac{9}{12}$; $\frac{7}{4}$; $\frac{3}{3}$; $\frac{2}{4}$; $1\frac{3}{4}$; $\frac{10}{12}$; $\frac{9}{6}$

b) Gib an, wie viele verschiedene Zahlen es sind.

Hilfe

11 a) Lies die markierten Zahlen ab.

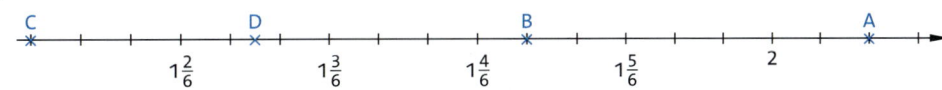

b) Zeichne einen geeigneten Ausschnitt eines Zahlenstrahls und markiere:

$5\frac{3}{10}$; $5\frac{7}{10}$; $6\frac{1}{5}$; $\frac{26}{5}$

12 Ausblick:

a) Gib drei Bruchzahlen an, die zwischen $\frac{4}{7}$ und $\frac{5}{7}$ liegen.

b) Daniel meint: „Ich kann beliebig viele Bruchzahlen angeben, die zwischen $\frac{4}{7}$ und $\frac{5}{7}$ liegen." Hat Daniel recht? Begründe.

2

2.8 Dezimalzahlen

Tims Bestzeit beim 80-m-Sprint liegt bei rund elfeinhalb Sekunden. Erkläre, welche Ergebnisse von ihm sein könnten.
11,25 s; 10,88 s; 10,50 s; 11,52 s;
11,77 s; 10,99 s; 11,91 s; 11,60 s

Dezimalzahlen sind aus dem Alltag bekannt. Statt „$1\frac{1}{4}$ ℓ Milch" sagt man auch „1,25 ℓ Milch". Der Bruch $1\frac{1}{4}$ und die Dezimalzahl 1,25 sind unterschiedliche Schreibweisen für dieselbe Zahl.

Für Dezimalzahlen wird die Stellenwerttafel für die Stellen nach dem Komma erweitert. Zu den bekannten Stellenwerten Einer (E), Zehner (Z), Hunderter (H) kommen neue Stellenwerte hinzu: Zehntel (z), Hundertstel (h), Tausendstel (t), Zehntausendstel (zt) und so weiter.

Dann kann man schreiben: 1,25 = 1 Einer, 2 Zehntel $\left(\frac{2}{10}\right)$ und 5 Hundertstel $\left(\frac{5}{100}\right)$

Eine andere Möglichkeit ist: 1,25 = 1 Einer und 25 Hundertstel $\left(\frac{25}{100}\right)$

Info
In manchen Ländern und digitalen Anwendungen wird statt des Kommas ein Punkt verwendet.

Wissen
Zahlen mit einem Komma heißen **Dezimalzahlen**.
Die Stellen links vom Komma sind die Ganzen.
Die Ziffern nach dem Komma werden **Dezimalstellen** genannt.

1,25 → Ganze | Dezimalstellen

H	Z	E	z	h	t	Dezimalzahl	
		1,	2			1,2 = 1 Einer und $\frac{2}{10}$	
	1	5,	9	8		15,98 = 1 Zehner, 5 Einer, $\frac{9}{10}$ und $\frac{8}{100}$	oder: 1 Zehner, 5 Einer und $\frac{98}{100}$
		0,	1	3	5	0,135 = 0 Einer, $\frac{1}{10}$, $\frac{3}{100}$ und $\frac{5}{1000}$	oder: 0 Einer und $\frac{135}{1000}$

(:10 jeweils zwischen H→Z→E→z→h→t)
Stellenwerte: 100, 10, 1, $\frac{1}{10}$, $\frac{1}{100}$, $\frac{1}{1000}$

Hinweis
Lies die Stellen nach dem Komma ziffernweise.
15,98: fünfzehn Komma neun acht

Dezimalzahlen in Brüche oder gemischte Zahlen umwandeln

Info
„Dezimal" kommt vom lateinischen Wort „decem", was zehn bedeutet.

Jede Dezimalzahl kann als Bruch mit einer Zehnerpotenz im Nenner dargestellt werden (10, 100, 1000 ...). Daher nennt man Dezimalzahlen auch **Dezimalbrüche**.

Beispiel 1
Schreibe als Bruch oder als gemischte Zahl. Kürze so weit wie möglich.
a) 0,4   b) 4,26   c) 0,015

Lösung:
Trage die Zahlen in eine Stellenwerttafel ein. Fasse beim Ablesen die Stellen nach dem Komma zusammen.

	E	z	h	t
a)	0,	4		
b)	4,	2	6	
c)	0,	0	1	5

$0,4 = \frac{4}{10} = \frac{2}{5}$

$4,26 = 4\frac{26}{100} = 4\frac{13}{50}$

$0,015 = \frac{15}{1000} = \frac{3}{200}$

Brüche und Dezimalzahlen

Basisaufgaben

1 Schreibe als Bruch.
a) 0,1   b) 0,3   c) 0,7   d) 0,03   e) 0,101   f) 0,023

2 Schreibe als gemischte Zahl.
a) 2,1   b) 1,33   c) 1,73   d) 5,03   e) 10,17   f) 5,051

3 Schreibe als Bruch oder als gemischte Zahl. Kürze, wenn möglich.
a) 0,2   b) 2,5   c) 3,7   d) 0,12   e) 5,18   f) 6,15
g) 0,98   h) 10,025   i) 2,88   j) 0,125   k) 4,258   l) 9,089

4 Schreibe die Zahl in der Stellenwerttafel als Dezimalzahl, als Bruch und – wenn möglich – als gemischte Zahl.

	T	H	Z	E	z	h	t	zt
a)			2	1,	0	3	2	
b)	1	0	3	2,	2	1		
c)				4,	6	0	0	1
d)				0,	0	1	0	3

Brüche und gemischte Zahlen in Dezimalzahlen umwandeln

Hinweis
Nenner 10: $\frac{1}{10} = 0{,}1$
Nenner 100: $\frac{1}{100} = 0{,}01$
Nenner 1000: $\frac{1}{1000} = 0{,}001$

Brüche mit den Nennern 10, 100, 1000 … heißen **Zehnerbrüche**. Bei der Umwandlung in eine Dezimalzahl bestimmt die Zehnerpotenz im Nenner die Anzahl der Nachkommastellen.

Beispiel 2 Schreibe als Dezimalzahl.
a) $\frac{8}{25}$ b) $4\frac{7}{200}$ c) $\frac{18}{300}$ d) $1\frac{3}{15}$

Lösung:

a) und b) **Erweitern**
Erweitere den Bruch, sodass der Nenner 10, 100, 1000 … ist. Lies an der Zehnerpotenz die Anzahl der Nachkommastellen ab.

$\frac{8}{25} = \frac{8 \cdot 4}{25 \cdot 4} = \frac{32}{100} = 0{,}32$

$4\frac{7}{200} = 4\frac{7 \cdot 5}{200 \cdot 5} = 4\frac{35}{1000} = 4{,}035$

$1000 = 10^3$, also 3 Nachkommastellen

c) **Kürzen**
$\frac{18}{300}$ kannst du durch Kürzen auf einen Zehnerbruch bringen.

$\frac{18}{300} = \frac{18 : 3}{300 : 3} = \frac{6}{100} = 0{,}06$

d) **Kürzen und Erweitern**
Manchmal musst du einen Bruch erst kürzen, bevor du ihn auf einen Zehnerbruch erweitern kannst.

$1\frac{3}{15} = 1\frac{3:3}{15:3} = 1\frac{1}{5} = 1\frac{1 \cdot 2}{5 \cdot 2} = 1\frac{2}{10} = 1{,}2$

Basisaufgaben

5 Schreibe als Dezimalzahl.
a) $\frac{3}{10}$ b) $\frac{8}{10}$ c) $\frac{7}{100}$ d) $\frac{36}{100}$ e) $\frac{772}{1000}$ f) $\frac{1}{10\,000}$
g) $4\frac{1}{10}$ h) $3\frac{9}{10}$ i) $2\frac{76}{100}$ j) $5\frac{8}{100}$ k) $6\frac{125}{1000}$ l) $1\frac{73}{1000}$

Lösungen zu 6

125 25
75 0,6 4,25
0,18 6
0,75
0,125
18

6 Ersetze die Platzhalter ■ durch passende Zahlen und Dezimalzahlen.
a) $\frac{3}{5} = \frac{\blacksquare}{10} = \blacksquare$ b) $\frac{3}{4} = \frac{\blacksquare}{100} = \blacksquare$ c) $\frac{9}{50} = \frac{\blacksquare}{100} = \blacksquare$ d) $4\frac{5}{20} = 4\frac{\blacksquare}{100} = \blacksquare$ e) $\frac{1}{8} = \frac{\blacksquare}{1000} = \blacksquare$

7 Die Brüche werden zunächst gekürzt und dann als Dezimalzahl geschrieben. Ordne passend zu und begründe.

| $\frac{9}{30}$ $\frac{105}{500}$ $\frac{150}{600}$ $\frac{28}{140}$ | = | $\frac{3}{10}$ $\frac{21}{100}$ $\frac{2}{10}$ $\frac{25}{100}$ | = | 0,25 0,2 0,21 0,3 |

8 Schreibe als Dezimalzahl. Erweitere oder kürze geschickt.
a) $\frac{1}{4}$ b) $6\frac{1}{2}$ c) $\frac{21}{70}$ d) $2\frac{124}{200}$ e) $\frac{7}{8}$ f) $1\frac{40}{500}$

9 Schreibe als Dezimalzahl. Kürze zuerst und erweitere dann.
a) $\frac{9}{15}$ b) $3\frac{3}{6}$ c) $\frac{14}{35}$ d) $1\frac{3}{150}$ e) $\frac{12}{75}$ f) $\frac{55}{88}$

Weiterführende Aufgaben

Zwischentest

10 Ordne passend zu und begründe.

a)
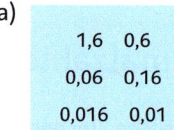

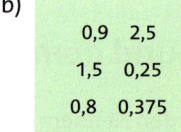

b)
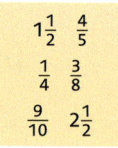

11 Gib den farbigen Anteil in Bruch- und in Dezimalschreibweise an.

a) b)

c) d) e) f)

12 Dezimalzahlen und unechte Brüche:
a) Schreibe erst als gemischte Zahl und dann als unechten Bruch.
① 1,3 ② 10,7 ③ 1,23 ④ 9,5 ⑤ 4,44 ⑥ 13,129
b) Schreibe erst als gemischte Zahl und dann als Dezimalzahl.
① $\frac{19}{10}$ ② $\frac{135}{10}$ ③ $\frac{276}{100}$ ④ $\frac{5125}{1000}$ ⑤ $\frac{14}{5}$ ⑥ $\frac{81}{20}$
c) Beschreibe allgemein, wie man beim Umwandeln von Dezimalzahlen in unechte Brüche und umgekehrt vorgeht.

13 Gib an, welche Zahlen gleich sind.

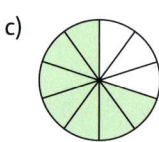 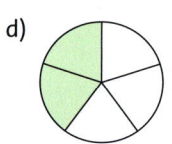 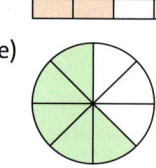 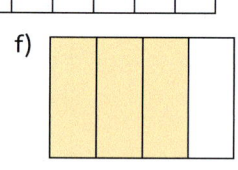

14 ① „Gestern kam ich $\frac{1}{4}$ Stunde früher." ② „Gestern kam ich 0,25 Stunden früher."
Welche der beiden Aussagen würdest du im Alltag verwenden? Begründe.
Finde eigene Beispiele, in denen man eher einen Bruch verwendet, und Beispiele, in denen man eher eine Dezimalzahl verwendet. Versuche zu begründen, warum das so ist.

15 Stolperstelle: Erkläre Katharinas Fehler.

a) $\frac{47}{10} = 0{,}47$ b) $\frac{7}{5} = 7{,}5$ c) $0{,}80 = \frac{8}{100}$ d) $3\frac{2}{5} = 3{,}25$

16 Übersetzt die fünf Zahlen der Zahlenfolge mündlich in Dezimalzahlen. Wie lauten die nächsten beiden Dezimalzahlen? Arbeitet zu zweit.

a) $\frac{1}{2}; \frac{2}{2}; \frac{3}{2}; \frac{4}{2}; \frac{5}{2}; \ldots$ b) $\frac{1}{10}; \frac{2}{10}; \frac{3}{10}; \frac{4}{10}; \frac{5}{10}; \ldots$ c) $\frac{1}{5}; \frac{2}{5}; \frac{3}{5}; \frac{4}{5}; \frac{5}{5}; \ldots$

d) $\frac{1}{4}; \frac{2}{4}; \frac{3}{4}; \frac{4}{4}; \frac{5}{4}; \ldots$ e) $\frac{1}{25}; \frac{2}{25}; \frac{3}{25}; \frac{4}{25}; \frac{5}{25}; \ldots$ f) $\frac{1}{50}; \frac{2}{50}; \frac{3}{50}; \frac{4}{50}; \frac{5}{50}; \ldots$

17 Vervollständige die Tabelle. Beschreibe dein Vorgehen.

Gekürzter Bruch	$\frac{9}{50}$			$1\frac{5}{8}$	
Zehnerbruch		$\frac{124}{1000}$			$3\frac{84}{100}$
Dezimalzahl			0,33	2,4	

 Hilfe

18 a) Welche Nullen kannst du weglassen und welche nicht? Schreibe die Größenangaben mit möglichst wenig Nullen.
① 1,50 m ② 3,10 km ③ 0,008 mg
④ 100,0700 kg ⑤ 4,0 s ⑥ 20,00 cm

b) Formuliere eine Regel, welche Nullen man bei Dezimalzahlen weglassen kann.

Erinnere dich

$\frac{3}{5}$ kg sind $\frac{3}{5}$ von 1000 g.
Also sind $\frac{3}{5}$ kg = 600 g.

19 a) Für einen Kuchen benötigt Sam $\frac{1}{4}$ kg Mehl, $\frac{1}{10}$ kg Butter, $\frac{1}{8}$ ℓ Milch und 3 Eier.
Gib die Größen mithilfe von Dezimalzahlen an.

b) Wandle die Größenangaben in die nächstkleinere Einheit um.

20 Die deutsche 4 × 100-m-Staffel der Frauen hat bei der Leichtathletik-Weltmeisterschaft 2013 die Bronze-Medaille knapp verpasst:
1. Jamaika: 41,29 s
2. USA: 42,75 s
3. Großbritannien: 42,87 s
4. Deutschland: 42,90 s

a) Ludwig meint: „Die deutsche Staffel hat 42 Sekunden und 9 Zehntelsekunden gebraucht."
Mara meint: „Es waren 42 Sekunden und 90 Hundertstelsekunden."
Wer hat recht? Nimm Stellung.

b) Berechne, um wie viele Sekunden die deutsche Staffel Bronze verpasst hat.

c) Gib die Zeit der USA-Staffel als gemischte Zahl an.

 Hilfe

21 Schreibe die Einwohnerzahl ohne Komma.
Beispiel: Berlin: 3,7 Mio. = 3 Millionen 7 Hunderttausend = 3 700 000
a) Estland: 1,3 Mio. b) Island: 0,35 Mio.
c) Luxemburg: 0,59 Mio. d) Andorra: 0,085 Mio.

22 Ausblick: Nicht jeder Bruch lässt sich auf einen Zehnerbruch bringen.
Beispiel: $\frac{1}{3}$ lässt sich nur auf $\frac{3}{9}, \frac{33}{99}, \frac{333}{999} \ldots$ erweitern.
Untersuche, ob sich der Bruch in einen Zehnerbruch und anschließend in eine Dezimalzahl umformen lässt. Gib für den Fall, dass es nicht möglich ist, eine Begründung dafür an.

a) $\frac{9}{30}$ b) $\frac{20}{30}$ c) $\frac{10}{45}$ d) $\frac{54}{45}$ e) $\frac{1}{6}$ f) $\frac{50}{11}$

2.9 Dezimalzahlen vergleichen

Julia nahm an einem 200-m-Lauf teil. Ihre Zeit betrug 27,15 s.
Die Zeiten der anderen Läuferinnen betrugen: 26,98 s; 27,51 s; 27,05 s; 27,18 s; 27,79 s; 28,05 s; 27,76 s
Gib die schnellste gelaufene Zeit an.
Gib die langsamste Zeit an.
Bestimme, welchen Platz Julia belegt hat.

Dezimalzahlen stellenweise vergleichen

Wissen
Dezimalzahlen werden **stellenweise von links nach rechts verglichen**. Die Zahl mit dem größeren Stellenwert an der ersten unterschiedlichen Stelle ist größer als die andere Zahl.

Erklärvideo

Beispiel 1
Ersetze den Platzhalter ■ durch das richtige Zeichen < oder >.
a) 2,45 ■ 3,41   b) 4,3 ■ 4,14   c) 0,125 ■ 0,12

Lösung:
a) 2,45 < 3,41, denn
2 Einer < 3 Einer.

b) 4,3 > 4,14, denn
3 Zehntel > 1 Zehntel.

c) 0,125 > 0,120 = 0,12, denn
5 Tausendstel >
0 Tausendstel.

Basisaufgaben

1 Ersetze den Platzhalter ■ durch das richtige Zeichen < oder >.
a) 1,35 ■ 3,15   b) 1,2 ■ 1,1   c) 3,4 ■ 3,7   d) 0,79 ■ 0,97
e) 3,83 ■ 3,84   f) 3,8 ■ 3,74   g) 1,245 ■ 1,241   h) 1,24 ■ 1,245

2 Gib die kleinste und die größte Zahl an. Begründe deine Wahl.
a) 0,9; 1,1; 0,7   b) 0,98; 1,01; 0,89   c) 3,02; 2,9; 3,021
d) 14,1; 13,6; 15,7   e) 4; 4,13; 4,1   f) 7,6; 6,7; 7,06

3 Gib die beiden Nachbarzahlen mit einer Nachkommastelle an, zwischen denen die angegebene Zahl liegt. Beispiel: 4,5 = 4,50 < 4,56 < 4,60 = 4,6
a) 3,73   b) 4,82   c) 0,33   d) 1,05   e) 7,94   f) 6,325

4 Ordne die Zahlen der Größe nach. Beginne mit der kleinsten.
a) 8,3; 8,1; 8,7; 7,8
b) 0,91; 0,19; 0,37; 0,73
c) 0,42; 0,49; 0,43; 0,48
d) 1,67; 1,7; 1,6; 1,62
e) 4,39; 4,3; 4,387; 4,388
f) 15,01; 14,98; 14,899; 15,001

5 Ordne die Zahlen aus der Stellenwerttafel der Größe nach.

Z	E	z	h	t
	4,	3	7	8
	0,	5	7	
	4,	9		
	4,	3	8	

Dezimalzahlen am Zahlenstrahl darstellen

Bei der Darstellung von Dezimalzahlen teilt man die Strecke für ein Ganzes (ein Zehntel, ein Hundertstel) in 10 gleich große Teile.

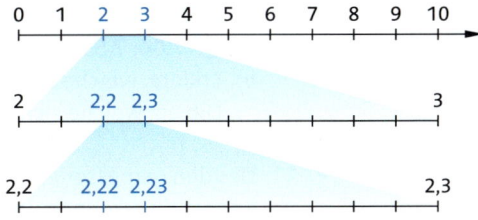

> **Wissen**
>
> Auf dem Zahlenstrahl liegt die größere von zwei Dezimalzahlen rechts von der anderen Dezimalzahl.

Erklärvideo

> **Beispiel 2** Markiere die Zahlen auf einem Zahlenstrahl.
> a) 0,3 und 0,5   b) 0,7 und 1,6   c) 0,82 und 0,83
>
> **Lösung:**
> a) Teile die Strecke von 0 bis 1 in zehn gleich große Teile ein. Die Striche markieren Zehntel.
>
>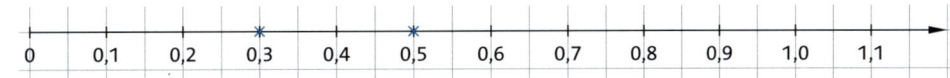
>
> b) Zeichne einen Zahlenstrahl von 0 bis 2. Teile jedes Ganze in zehn Teile, also Zehntel.
>
>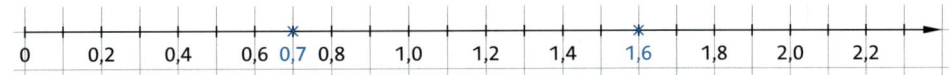
>
> c) Zeichne einen Ausschnitt von 0,8 bis 0,9. Teile das Zehntel von 0,8 bis 0,9 in zehn gleich große Teile, also Hundertstel.
>
>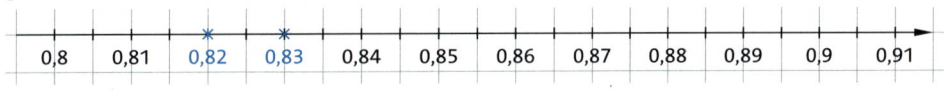

Basisaufgaben

6 Lies die markierten Zahlen ab.

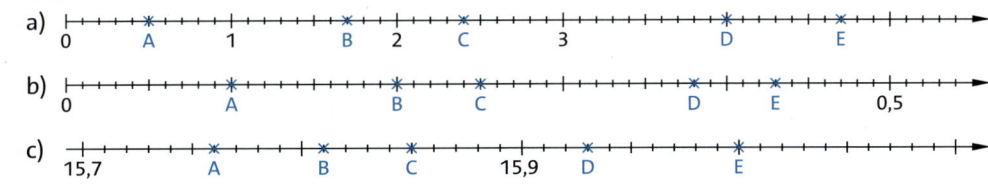

7 Zeichne auf Karopapier einen Zahlenstrahl von 0 bis 2. Wähle für ein Zehntel ein Kästchen. Markiere auf dem Zahlenstrahl: 0,2; 0,5; 0,6; 1,1; 1,8

8 Zeichne auf einem Zahlenstrahl die angegebenen Zahlen ein. Wähle die Einteilung sinnvoll.
a) 15,6; 15,8; 16,2; 17   b) 112,1; 111,9; 109,6; 110,2   c) 4,17; 4,21; 4,1; 4,25

9 Gib je zwei Zahlen an, die zwischen A und B (B und C; C und D; D und E) liegen.

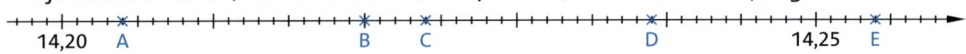

Weiterführende Aufgaben

Zwischentest

10 a) Ordne die Zahlen der Größe nach.
① 7,04; 7,59; 7,02   ② 3,05; 3,6; 3,19   ③ 72,34; 72,39; 73,3   ④ 45,3; 45,5; 45,1
b) Erkläre, welche der Zahlen aus a) du leicht am Zahlenstrahl darstellen kannst.
Gib an, welche sich nur schwer markieren lassen. Begründe.

11 Lies den gemessenen Blutzuckerwert, die Spannung und den Luftdruck ab.
Kannst du erkennen, in welchen Maßeinheiten die Messgeräte die Größen angeben?

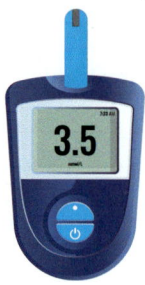  

Erinnere dich

Mio. = Millionen

12 a) Ordne die Länder nach ihrer Einwohnerzahl.

Kroatien	4,23 Mio.	Albanien	3,16 Mio.	Montenegro	0,62 Mio.
Irland	4,76 Mio.	Malta	0,42 Mio.	Norwegen	5,23 Mio.
Lettland	2,03 Mio.	Slowenien	2,06 Mio.	Liechtenstein	0,04 Mio.

b) Finde Aussagen der Art: „… hat ungefähr …-mal so viele Einwohner wie …"

13 Stolperstelle: Begründe, ob die Aussage richtig oder falsch ist.
a) „3,13 ist größer als 3,1, weil 13 größer als 1 ist."
b) „0,40 und 0,04 und 0,4 sind gleich groß. Die Null nach dem Komma kann man weglassen."
c) „Zum Ordnen von Dezimalzahlen müssen die Ziffern rechts vom Komma stellenweise verglichen werden."

14 a) Finde drei Dezimalzahlen, die zwischen den beiden angegebenen Zahlen liegen.
① 8,3 und 8,8   ② 0,15 und 0,19   ③ 0,003 und 0,014   ④ 0,03 und 0,031
b) Gib für ① bis ④ diejenige Dezimalzahl an, die genau in der Mitte beider Zahlen liegt.

15 Gib für jeden markierten Punkt auf dem Zahlenstrahl eine Dezimalzahl und einen gekürzten Bruch an.

Hilfe

16 Ersetze den Platzhalter ■ durch das richtige Zeichen <, > oder =.
a) $\frac{3}{4}$ ■ 0,7   b) 0,0001 ■ $\frac{1}{1000}$ c) $\frac{6}{10}$ ■ 0,60   d) $\frac{1}{3}$ ■ 0,3
e) 7,65 km ■ $\frac{765}{100}$ km   f) 1,98 m ■ $2\frac{9}{25}$ m   g) 3,5 mg ■ $\frac{25}{6}$ mg   h) $4\frac{2}{5}$ cm ■ 4,25 cm

17 Setze ein Komma so, dass die Zahl kleiner als 5000 wird. Finde alle Möglichkeiten.
a) 645 091   b) 1 987 612   c) 55 555 555   d) 499 482 705

18 Ordne die Volumenangaben der Größe nach: 0,33 ℓ; 250 mℓ; $\frac{3}{4}$ ℓ; 0,2 ℓ; 0,7 ℓ; $\frac{1}{2}$ ℓ; 100 mℓ

19 Ausblick: Finde mindestens zwei verschiedene Dezimalzahlen, die
a) größer als $\frac{1}{5}$ und kleiner als $\frac{1}{4}$ sind,   b) größer als $\frac{1}{9}$ und kleiner als $\frac{1}{7}$ sind.

2.10 Abbrechende und periodische Dezimalzahlen

1 mg Pulver eines Medikaments soll gleichmäßig auf mehrere Kapseln verteilt werden. Berechne, wie viel Milligramm Pulver in eine Kapsel kommen, wenn das Pulver auf 10 Kapseln (auf 3 Kapseln) verteilt werden soll.

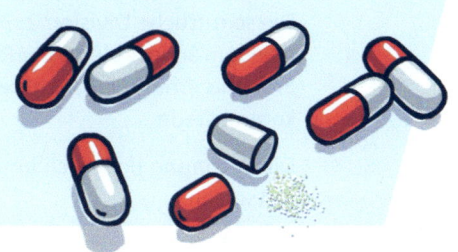

Den Bruch $\frac{1}{4}$ kann man auch als Division $1:4$ schreiben. Das Ergebnis dieser Division ist eine Dezimalzahl.

> **Wissen**
>
> Man kann einen **Bruch in eine Dezimalzahl umwandeln**, indem man den Zähler durch den Nenner dividiert.

Abbrechende Dezimalzahlen

Beispiel 1

Wandle in eine Dezimalzahl um, indem du eine schriftliche Division durchführst.

a) $\frac{1}{4}$ \qquad b) $\frac{6}{16}$

Hinweis

Die ergänzten Nullen kommen von der Zehntel-, Hundertstel-, Tausendstelstelle, denn:
$1 : 4 = 1{,}000\ldots : 4$
$3 : 8 = 3{,}000\ldots : 8$

Lösung:

a) Rechne nach dem Verfahren der schriftlichen Division. Wenn keine Ziffer heruntergezogen werden kann, ergänzt man einfach eine Null.
Wenn du die 1. Null ergänzt, dann setzt du im Ergebnis ein Komma.

b) Kürze zuerst den Bruch mit 2:
$\frac{6}{16} = \frac{3}{8}$
Rechne dann $3 : 8$ statt $6 : 16$.

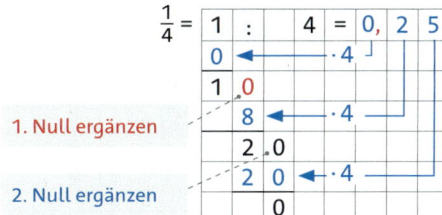

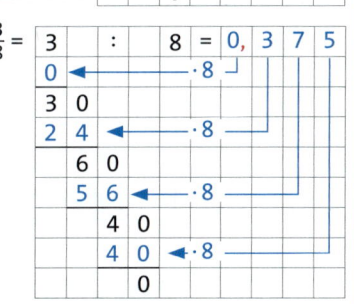

Basisaufgaben

1 Wandle in eine Dezimalzahl um, indem du eine schriftliche Division durchführst.

a) $\frac{1}{5}$ \qquad b) $\frac{1}{8}$ \qquad c) $\frac{5}{8}$ \qquad d) $\frac{6}{25}$ \qquad e) $\frac{7}{16}$ \qquad f) $\frac{9}{40}$

2 Kürze und wandle dann in eine Dezimalzahl um.

a) $\frac{18}{24}$ \qquad b) $\frac{14}{16}$ \qquad c) $\frac{21}{60}$ \qquad d) $\frac{27}{48}$ \qquad e) $\frac{51}{75}$ \qquad f) $\frac{30}{96}$

2

Periodische Dezimalzahlen

Die schriftliche Division 2 : 3 geht nicht auf. In jedem Schritt bleibt der Rest 2 und das Ergebnis erhält eine weitere 6 als Nachkommastelle.

Die Rechnung ließe sich immer weiter fortsetzen.

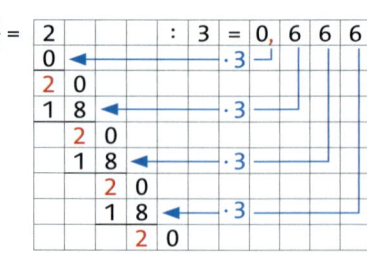

Die Ziffer 6, die sich unendlich oft wiederholt, nennt man **Periode**. Man kennzeichnet sie durch einen Strich.

$\frac{2}{3} = 0{,}666\ldots = 0{,}\overline{6}$

Das Ergebnis 0,$\overline{6}$ liest man „null Komma Periode 6".

Info

„Periodos" ist griechisch und bedeutet Kreislauf, Herumgehen oder regelmäßige Wiederkehr.

> **Wissen**
>
> Jeder Bruch lässt sich entweder als **abbrechende Dezimalzahl** oder als **periodische Dezimalzahl** schreiben.
>
> Bei periodischen Dezimalzahlen wiederholen sich eine oder mehrere Ziffern nach dem Komma unendlich oft. Diese sich wiederholenden Ziffern nennt man **Periode**.
>
> $\frac{5}{6} = 0{,}83333\ldots = 0{,}8\overline{3}$
>
> „null Komma 8 Periode 3"

> **Beispiel 2**
>
> Wandle in eine periodische Dezimalzahl um.
>
> a) $\frac{7}{6}$ b) $\frac{4}{11}$
>
> **Lösung:**
>
> a)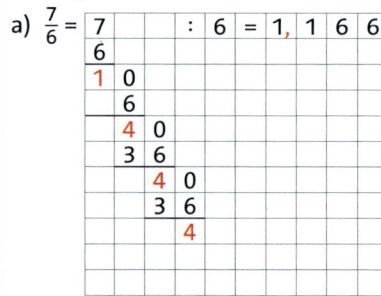
>
> $\frac{7}{6} = 1{,}166\ldots = 1{,}1\overline{6}$
>
> „eins Komma eins Periode sechs"
>
> b)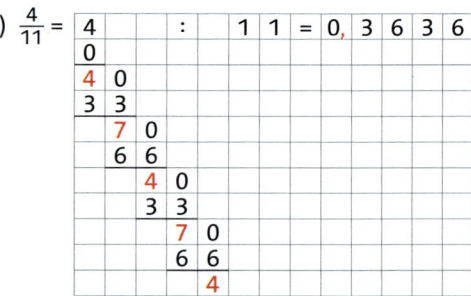
>
> $\frac{4}{11} = 0{,}3636\ldots = 0{,}\overline{36}$
>
> „null Komma Periode drei sechs"

Basisaufgaben

3   Schreibe die Zahl mit Periodenstrich.
     a) 0,2222…   b) 0,13333…   c) 0,82828282…   d) 0,2502020202…

4   Wandle in eine periodische Dezimalzahl um.
     a) $\frac{1}{3}$ b) $\frac{5}{9}$ c) $\frac{6}{11}$ d) $\frac{11}{6}$ e) $\frac{25}{9}$ f) $\frac{8}{15}$

5   Kürze, wenn möglich, und wandle dann in eine periodische Dezimalzahl um.
     a) $\frac{21}{9}$ b) $\frac{16}{60}$ c) $\frac{7}{18}$ d) $\frac{26}{12}$ e) $\frac{35}{110}$ f) $\frac{77}{90}$

Weiterführende Aufgaben

Zwischentest

6 Finde die zusammengehörenden Paare von Brüchen und Dezimalzahlen.

$\frac{20}{25}$ 1,75   0,24 $\frac{14}{8}$ 0,8 $\frac{10}{16}$ $\frac{36}{150}$ 0,625

7 Ada und Henry wandeln $\frac{3}{20}$ unterschiedlich in eine Dezimalzahl um.

Ada rechnet: $3 : 20 = 0{,}15$ Henry rechnet: $\frac{3}{20} = \frac{15}{100} = 0{,}15$

a) Überprüfe, ob Ada und Henry richtig gerechnet haben.
b) Wandle $\frac{5}{8}$ und $\frac{43}{50}$ in Dezimalzahlen um. Begründe in beiden Fällen, ob der Rechenweg von Ada oder von Henry einfacher ist.
c) Schreibe als Dezimalzahl. Entscheide vorher, ob du wie Ada oder wie Henry rechnest.
① $\frac{18}{20}$ ② $\frac{28}{50}$ ③ $\frac{18}{30}$ ④ $\frac{13}{5}$ ⑤ $\frac{15}{12}$ ⑥ $\frac{336}{300}$

8 Finde die zusammengehörenden Paare von Brüchen und periodischen Dezimalzahlen.

$1{,}\overline{1}$ $\frac{1}{11}$ $\frac{70}{63}$ $\frac{29}{24}$ $0{,}1\overline{36}$ $0{,}\overline{09}$ $\frac{3}{22}$ $1{,}208\overline{3}$

Lösungen zu 9

0,3 $0{,}\overline{2}$
$0{,}\overline{21}$ 3,25
$0{,}7\overline{6}$ $0{,}\overline{370}$

9 Wandle in eine abbrechende oder periodische Dezimalzahl um.

a) $\frac{15}{50}$ b) $\frac{22}{99}$ c) $\frac{69}{90}$ d) $\frac{26}{8}$ e) $\frac{7}{33}$ f) $\frac{10}{27}$

10 Wandle in Dezimalzahlen um. Formuliere dann eine Regel.

a) $\frac{1}{5}$; $\frac{1}{50}$; $\frac{1}{500}$ b) $\frac{1}{3}$; $\frac{1}{30}$; $\frac{1}{300}$ c) $\frac{7}{200}$; $\frac{70}{200}$; $\frac{700}{200}$

11 a) Wandle die folgenden Brüche in Dezimalzahlen um: $\frac{1}{6}$; $\frac{16}{99}$; $\frac{4}{25}$
Erkläre, worin sich die drei Dezimalzahlen unterscheiden.
b) Erkläre, wie du anhand der Umwandlung eines Bruchs in eine Dezimalzahl erkennen kannst, ob die Dezimalzahl abbrechend oder periodisch ist.
c) Erkläre, wie du anhand der schriftlichen Division beim Umwandeln von Brüchen in Dezimalzahlen erkennen kannst, an welcher Stelle nach dem Komma die Periode beginnt und welche Länge sie hat.

Hinweis
Die **Länge der Periode** ist die Anzahl der sich wiederholenden Ziffern.

⚠ 12 Stolperstelle: Richtig oder falsch? Korrigiere, wenn ein Fehler vorliegt.

a) $0{,}121212\ldots = 0{,}\overline{121}$ b) $\frac{1}{12}$ und $\frac{2}{12}$ sind periodisch, $\frac{3}{12}$ nicht.
c) $\frac{222}{1000} = 0{,}222 = 0{,}\overline{2}$ d) $\frac{4}{9} = 0{,}444$

13 Ersetze den Platzhalter ■ durch das richtige Zeichen < oder >.

a) $0{,}6$ ■ $0{,}\overline{6}$ b) $1{,}\overline{3}$ ■ $1{,}34$ c) $3{,}\overline{36}$ ■ $3{,}3\overline{6}$ d) $5{,}\overline{7}$ ■ $5{,}71$

Hilfe

14 Ordne die Zahlen von klein nach groß.

a) $10{,}1$; $10{,}01$; $\frac{102}{10}$; $\frac{102}{100}$; $\frac{1002}{10}$ b) $\frac{6}{5}$; $1\frac{2}{9}$; $1{,}22$; $\frac{51}{50}$; $0{,}12$
c) $2{,}34$; $\frac{69}{30}$; $\frac{14}{6}$; $2{,}\overline{34}$; $2\frac{66}{200}$ d) $3{,}46$; $3\frac{45}{99}$; $3{,}455$; $3\frac{45}{100}$; $\frac{42}{12}$

15 Ausblick: Aus Beispiel 2 ist bereits bekannt, dass $\frac{4}{11} = 0{,}\overline{36}$ ist.
a) Wandle $\frac{1}{11}$ und $\frac{2}{11}$ in Dezimalzahlen um.
b) Stelle eine Vermutung auf, welche Dezimalzahlen zu $\frac{3}{11}$ und $\frac{5}{11}$ gehören. Überprüfe durch eine Rechnung.
c) Jana meint: „$\frac{10}{11}$ und $\frac{12}{11}$ haben die gleiche Periode." Was meinst du dazu? Nimm Stellung.

2.10 Abbrechende und periodische Dezimalzahlen

2.11 Dezimalzahlen runden

Lina liest im Internet: „Bei einer bestimmten Mondstellung braucht ein Lichtstrahl vom Mond bis zur Erde 1,28222234 Sekunden."
Lina stöhnt: „Diese Zahl kann ich mir nicht merken, sie ist viel zu lang!"
Gib eine Zahl an, die sich Lina stattdessen merken könnte, und erkläre, warum das sinnvoll ist.

Dezimalzahlen können beliebig viele Nachkommastellen haben. Häufig ist aber die Angabe vieler Nachkommastellen gar nicht nötig oder sinnvoll, sondern es reicht ein gerundeter Wert aus.

Dezimalzahlen kann man auf Zehntel, Hundertstel, Tausendstel ... runden. Dabei streicht man die Ziffern, die hinter der Rundungsstelle stehen. Es gelten dieselben Rundungsregeln wie bei natürlichen Zahlen.

> **Wissen**
> Beim **Runden** wird zuerst die Rundungsstelle gewählt.
> **Abrunden:** Folgt nach der Rundungsstelle eine **0, 1, 2, 3 oder 4,** so wird abgerundet.
> **Aufrunden:** Folgt nach der Rundungsstelle eine **5, 6, 7, 8 oder 9,** so wird aufgerundet.

Erklärvideo

> **Beispiel 1** Runde.
> a) 4,82 auf Zehntel
> b) 2,51 auf Ganze
> c) 0,496 auf Hundertstel
>
> **Lösung:**
> a) Die Rundungsstelle ist die 8. Die Ziffer rechts neben der 8 ist die 2, also wird auf 8 Zehntel abgerundet.   4,82 ≈ 4,8
>
> b) Die Rundungsstelle ist die 2. Die Ziffer rechts neben der 2 ist die 5, also werden die 2 Einer aufgerundet auf 3 Einer.   2,51 ≈ 3
>
> c) Die Rundungsstelle ist die 9. Die Ziffer rechts neben der 9 ist die 6, also werden die 9 Hundertstel aufgerundet auf 10 Hundertstel. 10 Hundertstel sind 1 Zehntel. Zusammen mit 4 Zehnteln ergeben sie 5 Zehntel, das sind 50 Hundertstel.   0,496 ≈ 0,50

Die Anzahl der Nachkommastellen gibt an, auf welche Stelle gerundet wurde.

Basisaufgaben

Erinnere dich
Periode: $1,\overline{1} = 1,11111...$

1 Runde.
a) 2,54 auf Zehntel
b) 1,725 auf Hundertstel
c) 34,81 auf Ganze
d) 7,312 auf zwei Nachkommastellen
e) 0,469 auf Zehntel
f) $1,\overline{1}$ auf Hundertstel
g) 1,295 auf Hundertstel
h) 1,99 auf Zehntel

2 Runde die Zahl auf Zehntel, auf Hundertstel und auf Ganze.
a) 70,914
b) 5,063
c) 9,625
d) 23,851
e) 4,2356
f) $0,\overline{3}$

3 Runde die Zahlen auf die vorgegebene Rundungsstelle.

a) auf Zehntel	b) auf Hundertstel	c) auf Tausendstel	d) auf Ganze
2,61	0,045	1,7346	8,6
3,382	8,381	2,2991	0,457
0,066	0,095	0,09049	299,5
0,99	1,2473	3,12345	12,0

4 a) Runde auf m: 17,1 m; 1,27 m; 109,8 m   b) Runde auf kg: 7,2 kg; 1,46 kg; 49,5 kg
c) Runde auf €: 13,20 €; 9,95 €; 58,00 €   d) Runde auf s: 5,622 s; 99,7 s; 0,087 s

5 a) Runde auf eine Nachkommastelle: 7,34; 0,07; 11,257 g; 8,69 ℓ; 99,961 km
b) Runde auf zwei Nachkommastellen: 1,249; 0,0041; 15,315 m²; 0,3081 t; 0,9999 s

6 Begründe, ob es sinnvoll ist zu runden. Runde gegebenenfalls auf eine geeignete Stelle.
a) Ein Fußballspiel dauert 1,5 Stunden – ohne Pause.
b) Das Handgepäck wiegt 7,608 kg.
c) Die Durchschnittsgeschwindigkeit eines Reisebusses beträgt 78,914 km/h.
d) Der Weltrekord im Hochsprung liegt bei 2,45 m.
e) München hat etwa 1,5 Millionen Einwohner.
f) Im Jahr 2022 lag die Geburtenrate in Deutschland bei 1,46 Kindern pro Frau.

Weiterführende Aufgaben

Zwischentest

Hinweis zu 7
Beachte, was die Nullen am Ende einer Zahl über die Rundungsstelle aussagen.

7 Gib drei mögliche Ausgangszahlen an, die gerundet die angegebene Zahl ergeben.
Beispiel: 4,2   Mögliche Ausgangszahlen: 4,24; 4,15; 4,213
a) 0,6   b) 9,9   c) 7   d) 1,15   e) 0,60   f) 0,600

8 a) Runde 79,925 auf Zehntel, Hundertstel und Ganze.
b) Runde 25,2096 auf eine, auf zwei und auf drei Nachkommastellen.
c) Runde 12 073 m auf km.
d) Eine Zahl wurde auf Zehntel gerundet. Die gerundete Zahl ist 2,0.
Gib drei mögliche Ausgangszahlen an, die größer als 2 sind, und zwei Ausgangszahlen, die kleiner als 2 sind.

9 **Stolperstelle:** Beschreibe und korrigiere Daniels Fehler.
a) *41,452 auf Zehntel gerundet: 41,45*   b) *912,995 auf Hundertstel gerundet: 912,90*
c) *49,33 auf Ganze gerundet: 50*   d) *3,02 auf Zehntel gerundet: 3*

Hilfe

10 Stelle die Einwohnerzahlen der Großstädte in einem Säulendiagramm dar.
Runde die Zahlen dazu vorher geeignet.
London: 8,866 Mio.   New York City: 8,804 Mio.   Rio de Janeiro: 6,730 Mio.
Berlin: 3,782 Mio.   Madrid: 3,281 Mio.   Rom: 2,749 Mio.
Paris: 2,133 Mio.   Hamburg: 1,910 Mio.   München: 1,510 Mio.

11 Ausblick:
a) Gib die kleinste Zahl an, die beim Runden die angegebene Zahl ergibt.
① 6   ② 44,1   ③ 0,078   ④ 0,020   ⑤ 100,0
b) Bilal behauptet: „7,84 ist die größte Zahl, die auf Zehntel gerundet 7,8 ergibt."
Begründe, warum Bilal nicht recht hat.
c) Eine Zahl ergibt beim Runden 6. Erkläre, warum es keine größte Ausgangszahl geben kann.

2.12 Prozentschreibweise

Lies die Zeitungsmeldung. Stelle eine Vermutung auf, wie viele Kinder in deiner Klasse Linkshänder sein müssten.

> Eine aktuelle Umfrage hat festgestellt, dass der Anteil der Linkshänder unter deutschen Kindern etwa 10 % beträgt.

Anteile können unterschiedlich dargestellt werden.

Als Brüche: 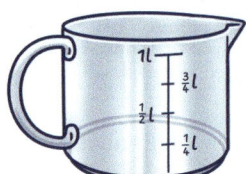 Als Dezimalzahlen: 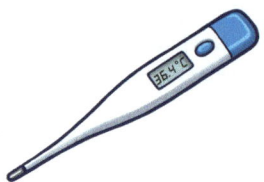 Als Prozente: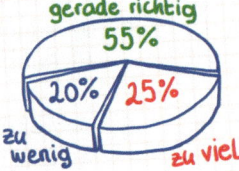

Info

Das Wort Prozent kommt aus dem Lateinischen: „pro centum" heißt „für hundert", also Hundertstel-Anteil.

Wissen

Prozente sind eine andere Schreibweise für Brüche mit dem Nenner 100 und für Dezimalzahlen.

Prozent	1 %	10 %	25 %	50 %	75 %	100 %	150 %
Bruch mit Nenner 100	$\frac{1}{100}$	$\frac{10}{100}$	$\frac{25}{100}$	$\frac{50}{100}$	$\frac{75}{100}$	$\frac{100}{100}$	$\frac{150}{100}$
gekürzter Bruch	$\frac{1}{100}$	$\frac{1}{10}$	$\frac{1}{4}$	$\frac{1}{2}$	$\frac{3}{4}$	$\frac{1}{1}$	$\frac{3}{2}$
Dezimalzahl	0,01	0,10 = 0,1	0,25	0,50 = 0,5	0,75	1,00 = 1	1,50 = 1,5

Prozente in Brüche und Dezimalzahlen umwandeln

Erklärvideo

Beispiel 1 Schreibe 44 % als Bruch und als Dezimalzahl.

Lösung:
Schreibe 44 % als Bruch mit dem Nenner 100 und kürze so weit wie möglich.
Lies am Bruch $\frac{44}{100}$ die Dezimalzahl 0,44 ab.

$44\% = \frac{44}{100} = \frac{11}{25}$

$\frac{44}{100} = 0{,}44$

Basisaufgaben

Lösungen zu 1

Hier findest du die Brüche.

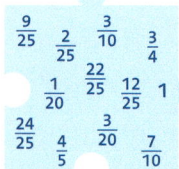

1 Schreibe als Bruch und als Dezimalzahl. Kürze den Bruch so weit wie möglich.
a) 5 % b) 30 % c) 80 % d) 15 % e) 75 % f) 70 %
g) 8 % h) 48 % i) 36 % j) 88 % k) 96 % l) 100 %

2 a) Schreibe die Prozente 10 %, 25 %, 60 % und 90 % als Bruch. Kürze so weit wie möglich.
b) Übertrage das Rechteck und färbe die Anteile 10 %, 25 %, 60 % und 90 % in verschiedenen Farben ein.

3 Formuliere eine Regel, wie man Prozente direkt in Dezimalzahlen umwandeln kann. Schreibe als Dezimalzahl.
a) 35 % b) 67 % c) 11 % d) 1 % e) 12,5 % f) 0,5 %

Brüche und Dezimalzahlen

Dezimalzahlen und Brüche in Prozent umwandeln

Erklärvideo

Beispiel 2 — **Dezimalzahlen in Prozent umwandeln**
Schreibe 0,3 in Prozent.

Lösung:
Wandle die Dezimalzahl in einen Bruch mit Nenner 100 um. Schreibe dann in Prozent.

$0,3 = 0,30 = \frac{30}{100} = 30\%$

Erklärvideo

Beispiel 3 — **Brüche in Prozent umwandeln**
Schreibe den Bruch in Prozent.
a) $\frac{2}{25}$ b) $\frac{6}{40}$

Lösung:
Es gibt zwei Lösungswege:

a) **Erweitern oder Kürzen**
Erweitere mit 4 auf den Nenner 100. Du erhältst den Hundertstel-Anteil. Schreibe die Hundertstel in Prozent.

$\frac{2}{25} = \frac{8}{100} = 8\%$

b) **Schriftliche Division**
Dividiere schriftlich, um den Bruch in eine Dezimalzahl umzuwandeln. Verschiebe dann das Komma um zwei Stellen nach rechts und schreibe in Prozent.

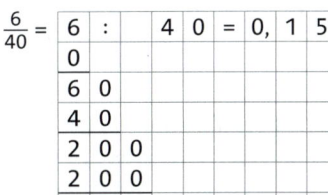

$\frac{6}{40} = 0,15 = 15\%$

Basisaufgaben

4 Schreibe die Dezimalzahl in Prozent.
a) 0,25   b) 0,17   c) 0,02   d) 0,5   e) 0,93   f) 1,25

5 Schreibe den Bruch in Prozent.
a) $\frac{3}{100}$ b) $\frac{33}{100}$ c) $\frac{50}{100}$ d) $\frac{75}{100}$ e) $\frac{13}{100}$ f) $\frac{97}{100}$

6 Wandle den Bruch in Prozent um.
a) Erweitere oder kürze: $\frac{1}{4}$; $\frac{1}{5}$; $\frac{11}{25}$; $\frac{14}{20}$; $\frac{8}{32}$
b) Dividiere: $\frac{1}{4}$; $\frac{1}{5}$; $\frac{11}{25}$; $\frac{14}{20}$; $\frac{8}{32}$
c) Entscheide dich für einen Rechenweg: $\frac{2}{5}$; $\frac{3}{4}$; $\frac{12}{40}$; $\frac{40}{75}$; $\frac{112}{200}$; $\frac{820}{1000}$; $\frac{2}{8}$; $\frac{3}{6}$; $\frac{2}{15}$

7 Welcher Anteil ist gefärbt? Gib als Bruch und in Prozent an.

a) 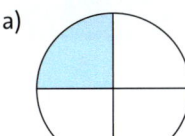   b) 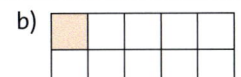   c)    d)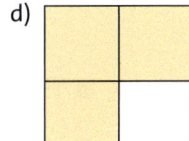

Weiterführende Aufgaben

Zwischentest

8 Schreibe in Prozent.
Beispiel: 0,365 = 36,5 %
a) 0,125 b) 0,091 c) 0,4512 d) 1,4 e) 1,0002 f) $0,\overline{02}$

9 Gib den gefärbten Anteil der Figur in Prozent und als Dezimalzahl an.

a) 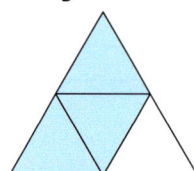 b)  c) 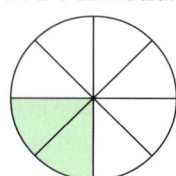 d)

Hilfe

10 Wie viele Tortenstücke müssen gefärbt werden, um den angegebenen Prozentanteil darzustellen? Beschreibe dein Vorgehen.

a) 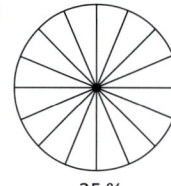 b) 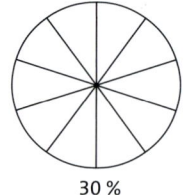 c) 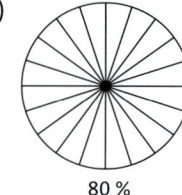 d)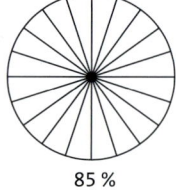
25 %   30 %   80 %   85 %

⚠ **11 Stolperstelle:** „Die Anzahl der gefährlichen Radunfälle hat an dieser Straße abgenommen. Nur bei jedem fünften Unfall gab es Verletzte. Aber auch 5 % sind noch zu viel."
Bei dieser Meldung ist etwas falsch. Korrigiere die Prozentangabe.

12 Ordne die Zahlen im linken Kasten den Zahlen im rechten Kasten passend zu und begründe.

a) $\frac{4}{200}$ $\frac{3}{75}$ 4 %   5 %
    $\frac{3}{50}$ $\frac{2}{40}$ 2 %   6 %

b) $\frac{2}{5}$ $\frac{63}{150}$ 40 %   45 %
    $\frac{18}{40}$ $\frac{33}{75}$ 44 %   42 %

13 Wandle in eine gemischte Zahl und in eine Dezimalzahl um.
Beispiel: $118\% = \frac{118}{100} = 1\frac{18}{100} = 1\frac{9}{50}$

$118\% = \frac{118}{100} = 1{,}18$

a) 150 % b) 110 % c) 124 % d) 200 % e) 240 % f) 222 %

14 Thore hat beim Elfmeterschießen eine Trefferquote von 80 %.
Kamil hat in dieser Spielzeit bislang 17 von 20 Elfmetern verwandelt.
Hat Kamil eine bessere Trefferquote als Thore? Begründe.

15 Ausblick: Die Lehrerin der 25 Kinder in der 6c ist sehr stolz: Sie hat ausgerechnet, dass 16 % der Kinder im Test die Note 1 bekommen haben. Schreibe die Prozentangabe als Bruch und bestimme, wie viele Kinder die Note 1 bekommen haben.

2.13 Rationale Zahlen

Tyler überlegt: „Ich weiß, dass in der Mitte zwischen 0 und 1 der Bruch $\frac{1}{2}$ liegt. Dann muss es doch zwischen 0 und −1 auch einen Bruch geben, nämlich ..."
Erkläre Tylers Überlegung. Vervollständige dann seine Aussage.

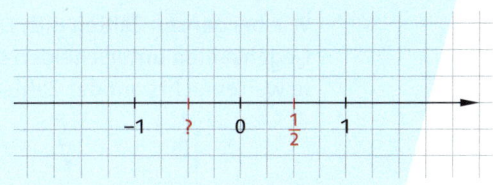

Erweiterung des Zahlbereichs

Jede positive ganze Zahl hat eine Gegenzahl, die negativ ist. Diese Idee lässt sich auf die Brüche übertragen. Setzt man vor einen Bruch ein Minuszeichen, so erhält man seine Gegenzahl: einen negativen Bruch. Die positiven und negativen Brüche bilden zusammen mit den ganzen Zahlen einen neuen Zahlbereich (man spricht auch von Zahlenmengen).

Merke

Q wie Quotient

> **Wissen**
>
> Nimmt man zu den ganzen Zahlen und den positiven Brüchen und Dezimalzahlen auch die negativen Brüche und Dezimalzahlen hinzu, so erhält man die **rationalen Zahlen** ℚ.
> Jede rationale Zahl lässt sich als Bruch darstellen.

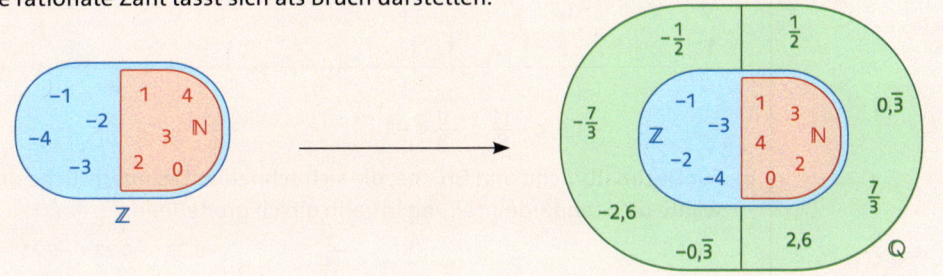

Basisaufgaben

Hinweis

Eine Zahl kann zu mehreren Zahlenmengen gehören.
Beispiel: −5 gehört zu ℤ und zu ℚ.

1 Ordne die Zahlen den Zahlbereichen ℕ, ℤ und ℚ zu. Beschreibe, was dir auffällt.
 a) 3; −2; $-\frac{1}{2}$; 2,6
 b) 4; $-\frac{7}{3}$; −10; 1,76; $-0,\overline{6}$
 c) 6,05; $-\frac{4}{3}$; 991; −0,009; $8\frac{2}{5}$
 d) 1000; $5,\overline{7}$; −35; $\frac{8}{7}$

2 Entscheide, ob die Aussage wahr oder falsch ist. Begründe deine Entscheidung.
 a) Alle Zahlen, die zu ℕ gehören, gehören auch zu ℚ.
 b) Alle Zahlen, die zu ℚ gehören, gehören auch zu ℕ.
 c) Es gibt Zahlen, die zu ℤ gehören, aber nicht zu ℚ.
 d) Es gibt Zahlen, die zu ℕ, ℤ und ℚ gehören.
 e) Jede ganze Zahl ist auch eine rationale Zahl.

3 Gib drei Zahlen an,
 a) die zu ℚ gehören,
 b) die zu ℚ gehören, aber nicht zu ℕ,
 c) die zu ℤ gehören, aber nicht zu ℕ,
 d) die zu ℚ gehören, aber nicht zu ℤ,
 e) die zu ℤ und ℕ gehören,
 f) die zu ℚ und ℕ gehören.

4 Zeige, dass die gegebene Zahl eine rationale Zahl ist, indem du sie als Bruch schreibst.
 a) 5   b) −8   c) 1 000 415   d) −7,003   e) 36,6   f) 1   g) 0   h) $0,\overline{3}$

Rationale Zahlen auf der Zahlengerade

Wie bei ganzen Zahlen gilt: Der Betrag einer rationalen Zahl ist ihr Abstand zur Null. Gegenzahlen unterscheiden sich nur durch ihr Vorzeichen und haben den gleichen Betrag. Je weiter rechts auf der Zahlengerade eine rationale Zahl liegt, desto größer ist sie.

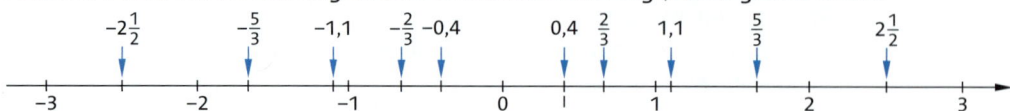

Wissen

Zwischen zwei rationalen Zahlen liegen stets beliebig viele weitere rationale Zahlen.

Beispiel 1 Markiere die Zahlen auf einer geeigneten Zahlengerade. Ordne sie dann aufsteigend in einer Kette.

a) $-1; -2; -\frac{3}{8}; -\frac{9}{8}; \frac{1}{2}; -1{,}5; -\frac{11}{8}; \frac{3}{4}$

b) $-0{,}23; -\frac{1}{4}; -0{,}21; -0{,}3; -\frac{1}{5}; -0{,}22$

Lösung:

a) Überlege, welche Einteilung für die gegebenen Zahlen sinnvoll ist. In diesem Fall ist die 8 ein Vielfaches aller Nenner. Teile eine Einheit in acht gleich große Teile.

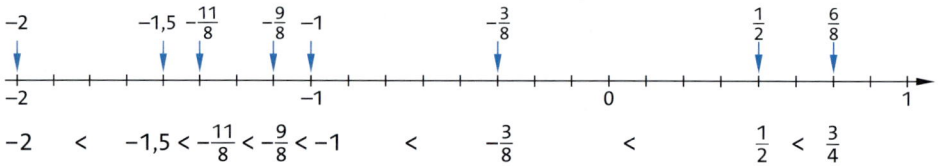

$-2 < -1{,}5 < -\frac{11}{8} < -\frac{9}{8} < -1 < -\frac{3}{8} < \frac{1}{2} < \frac{3}{4}$

b) Für Dezimalbrüche und Brüche, die sich schnell in Dezimalbrüche umwandeln lassen, wähle die Standardeinteilung in zehn gleich große Teile.

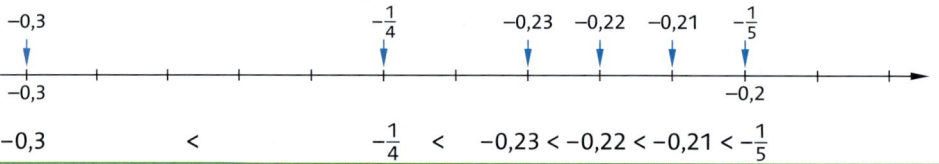

$-0{,}3 < -\frac{1}{4} < -0{,}23 < -0{,}22 < -0{,}21 < -\frac{1}{5}$

Basisaufgaben

Lösungen zu 5

$-1{,}5 \quad -1\frac{1}{10}$
$-1\frac{1}{2} \quad -1\frac{1}{3}$
$-\frac{5}{6} \quad -\frac{1}{6}$
$-0{,}15$
$0{,}8 \quad -0{,}7 \quad \frac{2}{3}$
$1\frac{5}{6} \quad 1{,}35$

5 Gib an, welche Zahlen auf der Zahlengerade durch die Buchstaben markiert sind.

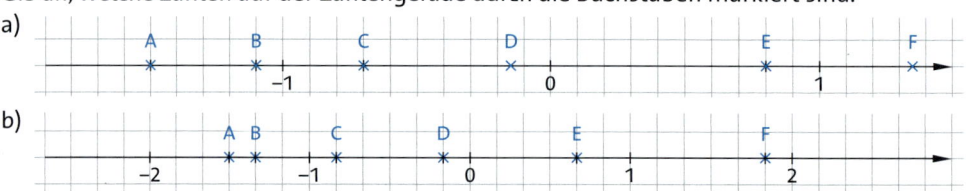

6 Markiere die Zahlen auf einer geeigneten Zahlengerade. Ordne sie dann aufsteigend in einer Kette.

a) $2; -3; 0{,}5; -1{,}5; 1{,}8; -0{,}4; -2{,}6; 0{,}9$

b) $3; \frac{1}{4}; -2; -\frac{3}{4}; 1\frac{3}{4}; -1\frac{1}{2}; 2\frac{1}{2}; -\frac{1}{2}$

c) $-2; 1; -\frac{1}{2}; -\frac{5}{6}; -\frac{8}{6}; \frac{2}{3}; -\frac{11}{6}; \frac{1}{6}$

d) $-2; 2; -1{,}8; -\frac{5}{4}; 0{,}9; -\frac{1}{4}; 1\frac{1}{2}; -2{,}75$

7 Gib den Betrag der Zahl an. Nenne auch ihre Gegenzahl.

a) $1{,}5$
b) $-\frac{5}{13}$
c) $\frac{11}{12}$
d) $-4{,}72$

8 Ersetze den Platzhalter ■ durch das richtige Zeichen < oder >.
a) −2 ■ 3,5
b) −2,7 ■ −3
c) 0,5 ■ −0,2
d) −3,45 ■ −3,54
e) $-\frac{3}{7}$ ■ −2
f) $-\frac{2}{5}$ ■ $-\frac{3}{10}$
g) 3 ■ $-3\frac{1}{4}$
h) $-\frac{4}{5}$ ■ $-1\frac{1}{4}$
i) −0,6 ■ $-\frac{3}{4}$
j) $-\frac{4}{3}$ ■ −1,2
k) $-\frac{3}{4}$ ■ −0,8
l) $-\frac{8}{7}$ ■ $-\frac{9}{8}$

Weiterführende Aufgaben
Zwischentest

9 Gib an, ob die Zahlen alle zu ℕ, ℤ und ℚ gehören.
a) alle Brüche
b) alle Primzahlen
c) alle positiven Dezimalzahlen mit einer Dezimalstelle
d) alle negativen geraden Zahlen
e) alle periodischen Dezimalzahlen
f) alle Zahlen, deren Betrag eine natürliche Zahl ist

10 Entscheide, welche der Aussagen auf die Zahl zutrifft.

① Die Zahl gehört zu ℚ, aber nicht zu ℤ.
② Die Zahl gehört zu ℤ, aber nicht zu ℕ.
③ Die Zahl gehört zu ℕ.

a) $-\frac{7}{9}$
b) 12
c) −3
d) $\frac{8}{4}$

11 Stolperstelle: Freya behauptet: „Je weiter rechts eine Zahl auf der Zahlengerade liegt, umso größer ist ihr Betrag." Nimm Stellung zu Freyas Aussage.

Hilfe

12 a) Markiere die Zahlen auf einer Zahlengerade. Überlege vorher, welchen Ausschnitt der Zahlengerade du benötigst.
① −5; −3; 7; 11; −1; −10
② −5; 0; −9; −7; −2; −3
③ −2,5; −0,1; 0; $\frac{14}{2}$; −1,5; 2,3
④ 15,5; −2,2; 4,3; $-2\frac{1}{2}$; 8,8; −5,1

b) Beschreibe, wie du den Ausschnitt der Zahlengerade ermittelt hast.
c) Markiere auf einer Zahlengerade zehn verschiedene Zahlen zwischen −1 und 1.

13 Ordne die Zahlen der Größe nach. Beginne mit der größten.

| 0,1 | −0,111 | 0,13 | −0,311 | 0,31 | 0,11 | −0,11 | −0,3 | −0,1 |

Erinnere dich

Die x-Achse und die y-Achse eines Koordinatensystems teilen die Ebene in vier Quadranten:

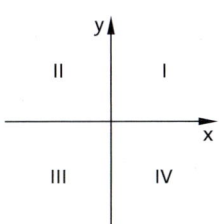

14 Trage die Punkte A$\left(\frac{1}{2}\Big|-\frac{1}{4}\right)$, B$\left(-\frac{3}{8}\Big|-\frac{1}{2}\right)$, C$\left(-0,75\Big|\frac{1}{8}\right)$, D$\left(\frac{5}{8}\Big|0,5\right)$ in ein geeignetes Koordinatensystem ein. Gib jeweils an, in welchem Quadranten der Punkt liegt.

15 Ersetze den Platzhalter ■ so durch eine rationale (ganze; natürliche) Zahl, dass eine Ordnungskette entsteht. Begründe, falls es keine Lösung gibt.
a) 3 < ■ < 5
b) −5 < ■ < −2
c) −2,9 < ■ < 1
d) $-\frac{6}{5}$ < ■ < $-\frac{1}{2}$

16 Ausblick:
a) Gib drei rationale Zahlen an, die zwischen −1 und 0 liegen.
b) Luna meint: „Ich kann beliebig viele Zahlen zwischen −1 und 0 finden." Begründe, dass Luna recht hat. Beschreibe dazu, wie du eine Folge von Zahlen zwischen −1 und 0 erzeugen kannst.
c) Erkläre, wie du zwischen zwei beliebigen rationalen Zahlen stets beliebig viele weitere rationale Zahlen finden kannst.

2.14 Vermischte Aufgaben

1 Bestimme sowohl den farbigen als auch den weißen Anteil. Kürze, wenn möglich.

a)   b)   c)   d)

2 Stelle mithilfe von Flächen dar.
a) $\frac{5}{8}$ b) $2\frac{1}{2}$ c) $\frac{9}{4}$ d) 30 %

3 Welche Kärtchen gehören zusammen? Ordne zu.

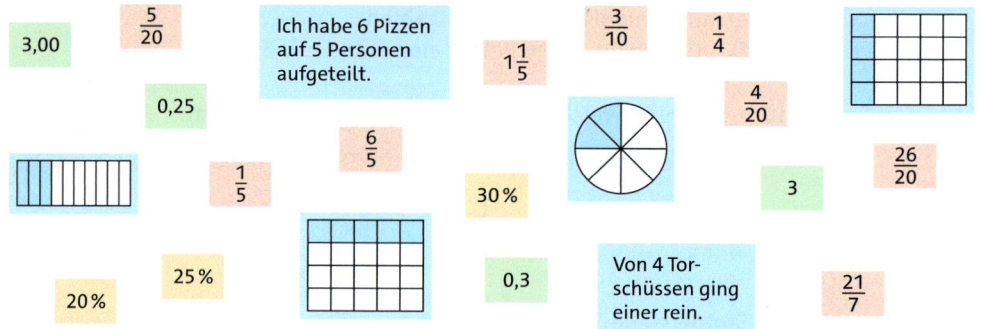

4 Vergleiche und ersetze ■ so durch =, < oder >, dass eine wahre Aussage entsteht.
a) $\frac{3}{4}$ von 4 m ■ $\frac{1}{2}$ von 4 m   b) $\frac{2}{6}$ von 30 kg ■ $\frac{1}{3}$ von 30 kg
c) $\frac{3}{5}$ von 10 € ■ $\frac{4}{5}$ von 10 €   d) $\frac{3}{5}$ von 20 € ■ $\frac{4}{5}$ von 15 €

5 Peter sagt: „Ich bin $1\frac{3}{5}$ m groß." Paula entgegnet: „Dann bist du 8 cm größer als ich."
Gib Paulas Größe in cm an.

6 Setze das Komma so, dass die Ziffer 2 den angegebenen Stellenwert hat.
a) 3 549 021 (Zehntel)   b) 453 092 351 (Tausendstel)   c) 2 671 511 (Hunderter)

7 Finde alle acht Nullen, die weggelassen werden können. Begründe.
① 0,2030   ② 0203,4300   ③ 00,00201   ④ 0100,0030010   ⑤ 500,0050

8 Man kann dieselbe Größe in verschiedenen Schreibweisen angeben. Du kannst hier Brüche, gemischte Zahlen oder Dezimalzahlen und andere Einheiten nutzen. Finde für jede angegebene Größe mindestens vier weitere Schreibweisen.
a) $\frac{3}{2}$ km   b) $\frac{5}{2}$ h   c) $1\frac{2}{5}$ m²   d) $\frac{14}{20}$ km   e) 1,25 m

9 Finde mindestens
a) vier Dezimalzahlen, die zwischen $\frac{1}{4}$ und $\frac{2}{5}$ liegen, und beschreibe, wie du vorgehst,
b) vier Brüche, die zwischen 0,5 und 0,8 liegen, und beschreibe, wie du vorgehst.

10 Wandle in eine abbrechende oder periodische Dezimalzahl um.
a) $\frac{8}{9}$ b) $5\frac{9}{12}$ c) $1\frac{5}{12}$ d) $\frac{1}{7}$ e) 37,5 %

11 Runde auf die angegebene Einheit.
Beispiel: 2195,5 cm auf m: 2195,5 cm ≈ 22 m
a) 41,2 mm auf cm   b) 783,02 cm auf m   c) 38146,33 g auf kg   d) 945,7 m auf km

12 In Sachsen-Anhalt leben knapp 2,2 Millionen Menschen, davon etwa 240 000 in der Landeshauptstadt Magdeburg.
a) Stelle den Anteil der Bevölkerung, der in Magdeburg wohnt, durch einen Bruch dar. Kürze so weit wie möglich.
b) Gib an, wie viel Prozent der Bevölkerung Sachsen-Anhalts in Magdeburg leben. Runde die Prozentangabe sinnvoll.
c) Deutschland hat etwa 84 Millionen Einwohner, von denen rund 3,7 Millionen in Berlin leben. In der isländischen Hauptstadt Reykjavík leben rund 140 000 Menschen. Insgesamt hat Island etwa 390 000 Einwohner. Von rund 215 Millionen Brasilianern leben knapp 3 Millionen in der Hauptstadt Brasilia.
Gib den Anteil der Hauptstadtbevölkerung der drei Länder als Bruch und in Prozent an. Vergleiche mit Sachsen-Anhalt.

13 $\frac{1}{10}$ der Landfläche von Südafrika ist mit Feldern bedeckt. 70 % des Landes sind Weideflächen und 15 % Wüste. Die übrigen Flächen sind mit Wald bedeckt.
a) Zeichne ein geeignetes Viereck und stelle die Anteile farbig dar.
b) Bestimme den Anteil an der Gesamtfläche, der aus Wald besteht. Gib das Ergebnis als Bruch, als Dezimalzahl und als Verhältnis zur restlichen Fläche an.

14 Gib die Zahl an, die auf der Zahlengerade genau in der Mitte zwischen den Zahlen liegt.
a) −1,8 und 1,2   b) −4,5 und −1,5   c) $-\frac{3}{8}$ und $\frac{1}{4}$ d) 1,4 und −1,4

Hinweis zu 15
Gib die Anteile zunächst als Bruch an. So bedeutet „jeder Sechste": einer von sechs, also $\frac{1}{6}$.

15 Gib den Anteil in Prozent an.
a) Jedes vierte Kind einer Schule besitzt ein Smartphone.
b) Eines von fünf Kindern braucht eine Brille.
c) Jedes zweite Kind besitzt ein Haustier.
d) Von 25 Kindern hat mindestens ein Kind mehr als zwei Geschwister.

16 Blütenaufgabe: Ein gesundes Frühstück ist der beste Start in den Tag. Eine Portion Müsli (30 g) enthält wichtige Nährstoffe, die der Körper braucht. Sie besteht zu je etwa 2 g aus Fetten und Eiweißen und zu etwa 18 g aus Kohlenhydraten. Ein Mensch besteht durchschnittlich zu $\frac{3}{5}$ aus Wasser.

Berechne den Wassergehalt eines Jugendlichen, der 50 kg wiegt, in kg.

Anika behauptet: „Bei einer Portion Müsli liegt der Fettanteil zwischen 6 % und 7 %." Hat sie recht? Begründe.

Bestimme bei einer Portion Frühstücksmüsli den Anteil an Fett, Eiweiß und Kohlenhydraten.

Marie hat zwei Portionen Müsli mit Milch gefrühstückt. Sie hat nachgelesen, dass sie damit gut $\frac{1}{5}$ des gesamten Tagesbedarfs gegessen hat. Gib an, wie viele Portionen Müsli Marie theoretisch über den Tag verteilt essen müsste, um den Tagesbedarf zu decken.

Eine durchschnittlich große Kiwi ist 80 g schwer und enthält etwa 64 g Wasser. Bestimme den Anteil des Wassers in Prozent.

2 Prüfe dein neues Fundament

Lösungen
→ S. 283

1 Gib den gefärbten Anteil als Bruch an.

a) 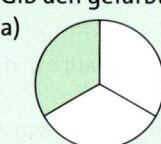 b) 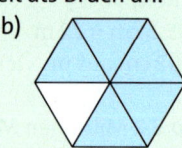 c) 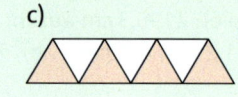 d)

2 Zeichne zu jeder Aufgabe ein Rechteck wie im Bild.
Färbe dann den angegebenen Anteil.

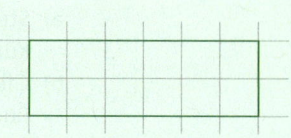

a) $\frac{1}{6}$ b) $\frac{7}{12}$ c) $\frac{2}{3}$

3 Schreibe als unechten Bruch.

a) $6\frac{1}{2}$ b) $1\frac{1}{5}$ c) $2\frac{2}{3}$ d) $7\frac{3}{10}$ e) $2\frac{1}{17}$ f) $5\frac{3}{11}$

4 Schreibe als gemischte Zahl.

a) $\frac{4}{3}$ b) $\frac{6}{5}$ c) $\frac{19}{2}$ d) $\frac{17}{4}$ e) $\frac{29}{10}$ f) $\frac{44}{7}$

5 a) Erweitere $\frac{3}{5}$ mit 2 (5; 8).   b) Kürze $\frac{36}{48}$ mit 12 (4; 3; 2).

6 Kürze so weit wie möglich.

a) $\frac{6}{21}$ b) $\frac{25}{50}$ c) $\frac{30}{24}$ d) $\frac{100}{60}$ e) $\frac{18}{160}$ f) $\frac{108}{144}$

7 Ersetze den Platzhalter ■ durch das richtige Zeichen < oder >.

a) $\frac{6}{16}$ ■ $\frac{5}{16}$ b) $\frac{3}{4}$ ■ $\frac{4}{5}$ c) $\frac{7}{12}$ ■ $\frac{11}{16}$ d) $3\frac{7}{10}$ ■ $3\frac{1}{2}$

8 Berechne, wie viel jeder erhält, wenn gerecht geteilt wird.
a) 4 Kinder teilen sich 9 Pfannkuchen.
b) 11 Donuts sind noch übrig. 2 Kinder möchten die Donuts mitnehmen.
c) Gülsüm und ihre fünf Freunde bestellen zwei Pizzen.

9 Berechne den Anteil.

a) $\frac{1}{3}$ von 63 €   b) $\frac{7}{20}$ von 400 g   c) $\frac{1}{6}$ von 5 min   d) $\frac{3}{10}$ von 2 cm

10 Schreibe in der nächstkleineren Einheit.

a) $\frac{1}{10}$ kg   b) $\frac{1}{2}$ g   c) $\frac{2}{5}$ dm   d) $\frac{3}{8}$ ℓ   e) $5\frac{1}{2}$ km   f) $2\frac{3}{4}$ h

11 Peter und Marie schießen auf eine Torwand. Peter trifft bei 1 von 10 Schüssen, Marie bei 1 von 5 Schüssen. Erläutere, wer die höhere Trefferquote hat, also einen höheren Anteil von Schüssen, die zum Tor führen. Gib die Trefferquoten auch als Verhältnis an.

12 Schreibe als Bruch oder gemischte Zahl. Kürze so weit wie möglich.

a) 0,9   b) 0,06   c) 1,1   d) 20,5   e) 5,23   f) 0,175

13 Schreibe als Dezimalzahl.

a) $\frac{39}{100}$ b) $\frac{1}{500}$ c) $\frac{613}{10}$ d) $4\frac{1}{4}$ e) $2\frac{24}{300}$ f) $\frac{33}{55}$

14 Runde.
a) 2,378 auf Zehntel
b) 1,125 auf Hundertstel
c) 1,324 auf zwei Nachkommastellen
d) 1,3799 auf drei Nachkommastellen

Lösungen
→ S. 283

15 Ersetze den Platzhalter ■ durch das richtige Zeichen < oder >.
   a) 2,7 ■ 2,3   b) 1,77 ■ 0,79   c) 0,081 ■ 0,18   d) 0,15 ■ $\frac{1}{5}$

16 Wandle in eine abbrechende oder eine periodische Dezimalzahl um.
   a) $\frac{7}{8}$ b) $\frac{1}{9}$ c) $\frac{34}{20}$ d) $\frac{14}{22}$ e) $\frac{4}{60}$ f) $\frac{160}{12}$

17 Gib in Prozent an.
   a) 0,76   b) 0,3   c) 0,001   d) $\frac{19}{100}$ e) $\frac{11}{20}$ f) $\frac{7}{35}$

18 Bestimme den Anteil.
   a) 20 % von 60 €   b) 75 % von 120 g   c) 30 % von 1 cm

19 In den Klassen 6a und 6b sind jeweils 25 Kinder. In der 6a sind davon drei Fünftel Mädchen. In der 6b beträgt der Anteil der Mädchen 44 %.
   a) Berechne, wie viele Mädchen in jede Klasse gehen.
   b) Gib für jede Klasse den Anteil der Jungen in Prozent an.

20 Ordne alle Zahlen den Zahlbereichen ℕ, ℤ und ℚ zu. Gib an, welche der Zahlen die gleichen Beträge haben. Ordne dann die Zahlen aufsteigend in einer Kette.
$\frac{1}{4}$; 3; –0,25; $-\frac{3}{5}$; –2,9; 0,6; $2\frac{2}{3}$; $-\frac{3}{8}$; 0,4; 56; $-\frac{1}{4}$; $-\frac{2}{5}$; 1

21 Markiere die Zahlen auf einer Zahlengerade: 0,3; $\frac{1}{2}$; $-\frac{1}{4}$; –0,5; $\frac{9}{10}$; 1,2; 0,6; $\frac{2}{5}$; –0,75

Wo stehe ich?

	Ich kann ...	Aufgabe	Schlag nach
2.1	... Anteile als Bruch angeben und grafisch darstellen.	1, 2, 8	S. 44 Beispiel 1 S. 45 Beispiel 2
2.2	... Brüche erweitern und kürzen.	5, 6	S. 48 Beispiel 1 S. 49 Beispiel 2
2.3	... Brüche vergleichen.	7	S. 51 Beispiel 1
2.4	... unechte Brüche in gemischte Zahlen umwandeln und umgekehrt.	3, 4	S. 55 Beispiel 2 S. 55 Beispiel 3
2.5	... Teile von Größen berechnen und Anteile bestimmen.	9, 10	S. 58 Beispiel 1 S. 59 Beispiel 2
2.6	... Anteile als Verhältnisse angeben.	11	S. 62 Beispiel 1
2.7	... Brüche auf einem Zahlenstrahl einzeichnen.	22	S. 64 Beispiel 1
2.8	... Dezimalzahlen in Brüche und gemischte Zahlen umwandeln und umgekehrt.	12, 13, 16	S. 66 Beispiel 1 S. 67 Beispiel 2
2.9	... Dezimalzahlen vergleichen und am Zahlenstrahl darstellen.	15, 21	S. 70 Beispiel 1 S. 71 Beispiel 2
2.10	... durch schriftliche Division Brüche als abbrechende oder periodische Dezimalzahlen schreiben.	16	S. 73 Beispiel 1 S. 74 Beispiel 2
2.11	... Dezimalzahlen geeignet runden.	14	S. 76 Beispiel 1
2.12	... Prozente in Brüche und Dezimalzahlen umwandeln und umgekehrt.	17, 18, 19	S. 78 Beispiel 1 S. 79 Beispiel 2 S. 79 Beispiel 3
2.13	... natürliche, ganze und rationale Zahlen erkennen. ... rationale Zahlen auf einer Zahlengerade darstellen.	20, 21	S. 82 Beispiel 1

2 Zusammenfassung

Brüche	Anteile von einem Ganzen können mit **Brüchen** beschrieben werden. Der **Nenner** eines Bruchs gibt an, in wie viele gleiche Teile das Ganze geteilt ist. Der **Zähler** gibt die Anzahl der Teile an.	Zähler — $\frac{4}{5}$ — Bruchstrich — Nenner 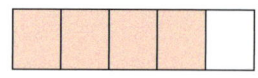 Beachte: Der Nenner darf nie 0 sein.
	Bei **echten Brüchen** ist der Zähler kleiner als der Nenner.	Echte Brüche: $\frac{1}{2}$; $\frac{3}{4}$; $\frac{5}{7}$
	Bei **unechten Brüchen** ist der Zähler größer als der Nenner oder genauso groß. Unechte Brüche kann man auch als **gemischte Zahlen** schreiben.	Unechte Brüche: $\frac{3}{2}$; $\frac{7}{4}$; $\frac{15}{7}$ Gemischte Zahlen: $\frac{3}{2} = 1\frac{1}{2}$; $\frac{7}{4} = 1\frac{3}{4}$; $\frac{15}{7} = 2\frac{1}{7}$
	Brüche können **Anteile von Größen** angeben.	$\frac{3}{4}$ h = 45 min; $2\frac{1}{2}$ kg = 2500 g; $\frac{3}{8}$ ℓ = 0,375 ℓ
Kürzen und Erweitern von Brüchen	Beim **Erweitern** werden Zähler und Nenner mit der gleichen Zahl multipliziert.	$\frac{2}{3} = \frac{2 \cdot 4}{3 \cdot 4} = \frac{8}{12}$
	Beim **Kürzen** werden Zähler und Nenner durch die gleiche Zahl dividiert.	$\frac{8}{12} = \frac{8:4}{12:4} = \frac{2}{3}$ 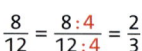
Dezimalzahlen	Zahlen mit Komma heißen **Dezimalzahlen**. Dezimalzahlen lassen sich als Bruch mit dem Nenner 10, 100, 1000 … (**Zehnerbrüche**) darstellen und in Brüche überführen	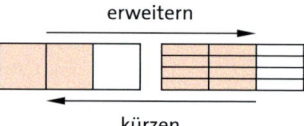 $0{,}5 = \frac{5}{10} = \frac{1}{2}$; $0{,}77 = \frac{77}{100}$; $1{,}25 = \frac{125}{100} = \frac{5}{4} = 1\frac{1}{4}$
Brüche und Dezimalzahlen vergleichen	Von zwei **gleichnamigen Brüchen** ist der Bruch mit dem größeren Zähler der größere.	$\frac{3}{7} < \frac{4}{7}$, denn 3 < 4.
	Ungleichnamige Brüche werden zuerst gleichnamig gemacht und dann verglichen.	$\frac{2}{3} < \frac{3}{4}$, denn $\frac{2}{3} = \frac{8}{12} < \frac{9}{12} = \frac{3}{4}$.
	Dezimalzahlen kann man stellenweise von links nach rechts vergleichen.	2,6735 < 2,681, denn 7 Hundertstel < 8 Hundertstel.
Umwandeln eines Bruchs in eine Dezimalzahl	Man kann einen Bruch in eine Dezimalzahl umwandeln, indem man – ihn auf einen Zehnerbruch erweitert oder kürzt und in eine Dezimalzahl überführt, – Zähler durch Nenner dividiert.	$\frac{1}{4} = \frac{1 \cdot 25}{4 \cdot 25} = \frac{25}{100} = 0{,}25$ $\frac{1}{4} = 1:4 = 0{,}25$ abbrechende Dezimalzahl $\frac{2}{3} = 2:3 = 0{,}666… = 0{,}\overline{6}$ periodische Dezimalzahl
Dezimalzahlen runden	**Runde auf**, wenn die nachfolgende Stelle 5 oder größer ist. **Runde ab**, wenn die nachfolgende Stelle kleiner als 5 ist.	7,875 gerundet auf Zehntel: 7,9 7,875 gerundet auf Hundertstel: 7,88 19,643 gerundet auf Zehntel: 19,6 19,643 gerundet auf Hundertstel: 19,64
Prozente	**Prozente** sind eine andere Schreibweise für Brüche mit dem Nenner 100 und für Dezimalzahlen.	<table><tr><td>Bruch</td><td>$\frac{1}{100}$</td><td>$\frac{1}{4} = \frac{25}{100}$</td><td>$\frac{1}{2} = \frac{50}{100}$</td></tr><tr><td>Prozent</td><td>1%</td><td>25%</td><td>50%</td></tr></table>
Rationale Zahlen	Alle positiven und negativen Brüche oder Dezimalzahlen bilden zusammen mit der Null die **rationale Zahlen** (ℚ). Gleichwertige Brüche sowie die entsprechenden Dezimalzahlen gehören zu demselben Punkt auf der Zahlengerade.	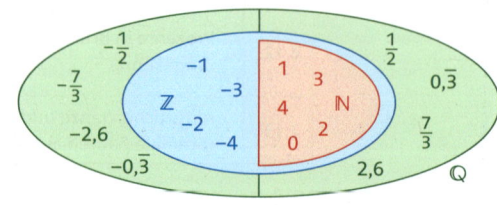

3 Brüche und Dezimalzahlen addieren und subtrahieren

Nach diesem Kapitel kannst du
→ Brüche addieren und subtrahieren,
→ Dezimalzahlen addieren und subtrahieren,
→ rationale Zahlen addieren und subtrahieren.

3 Dein Fundament

Lösungen
→ S. 283/284

Erklärvideo

Addieren und Subtrahieren

1 Rechne im Kopf.
a) 19 + 22 b) 53 − 34 c) 44 + 65 d) 24 + 47 e) 34 − 26
f) −16 + 13 g) −34 − 43 h) 79 + (−34) i) 0 − 101 j) 33 − (−19)

2 Ersetze den Platzhalter ■ durch eine Zahl, sodass die Rechnung stimmt.
a) 14 + ■ = 23 b) ■ + 17 = 29 c) 37 − ■ = 26 d) ■ − 39 = 13
e) 74 + ■ = 60 f) 139 − ■ = 140 g) ■ − 26 = 25 h) 0 + ■ = −5

3 Löse die Klammer auf und berechne.
a) 8 + (−9 + 3) b) 5 − (−2 − 3)
c) 5 − (3 − (2 − 1)) d) −7 + 4 + (−5 + 13) − (6 − 20 + 3)

4 Rechne vorteilhaft.
a) 14 + 29 + 16 b) 123 + 78 + 27 − 28 c) −47 + 184 + 17

5 Rechne schriftlich. Führe zuerst einen Überschlag durch.
a) 31 946 + 57 615 b) 5543 + 34 785 c) 30 805 − 18 286 d) 800 000 − 298 671

Erklärvideo

Multiplizieren natürlicher Zahlen

6 Rechne im Kopf.
a) 7 · 9 b) 6 · 8 c) 5 · 9 d) 8 · 9 e) 7 · 6 f) 9 · 3
g) 4 · 8 h) 9 · 6 i) 8 · 8 j) 4 · 9 k) 9 · 9 l) 8 · 0

7 Ersetze den Platzhalter ■ durch eine Zahl, sodass die Rechnung stimmt.
a) 9 · ■ = 81 b) ■ · 8 = 56 c) 11 · ■ = 33 d) 4 · ■ = 12 e) 8 · ■ = 72
f) ■ · 9 = 54 g) 7 · ■ = 49 h) 6 · ■ = 42 i) ■ · 8 = 48 j) ■ · ■ = 64

8 Das Produkt von zwei natürlichen Zahlen soll 36 ergeben. Finde alle Möglichkeiten.

9 Rechne vorteilhaft.
a) 5 · 17 · 2 b) 20 · 39 · 5 c) 2 · 39 · 50 d) 5 · 17 · 20 e) 4 · 9 · 5
f) 25 · 19 · 4 g) 5 · 15 · 40 h) 4 · 45 · 50 i) 2 · 19 · 50 j) 5 · 4 · 37 · 25 · 2

Teiler und Vielfache

10 Gib an, welche Ziffern du für ■ einsetzen kannst, damit die Zahl 67 800 21■
a) durch 2 teilbar ist, b) durch 3 teilbar ist,
c) durch 5 teilbar ist, d) durch 6 teilbar ist,
e) durch 9 teilbar ist, f) durch 3, aber nicht durch 9 teilbar ist.

11 Gib alle Zahlen an, durch die beide Zahlen teilbar sind.
a) 8 und 12 b) 28 und 42 c) 15 und 33 d) 32 und 63 e) 16 und 27
f) 8 und 30 g) 54 und 81 h) 50 und 75 i) 50, 75 und 90 j) 12, 48 und 144

12 Bestimme die kleinste Zahl, die ein Vielfaches der gegebenen Zahlen ist.
a) 8 und 12 b) 4 und 16 c) 30 und 40 d) 6 und 13 e) 4 und 6
f) 9 und 15 g) 24 und 32 h) 36 und 144 i) 4, 5 und 10 j) 7, 21 und 42

Brüche und Dezimalzahlen addieren und subtrahieren

Lösungen
→ S. 284/285

Erklärvideo

Anteile

13 Gib den farbigen Anteil der Figur als Bruch, als Dezimalzahl und in Prozentschreibweise an.

a) 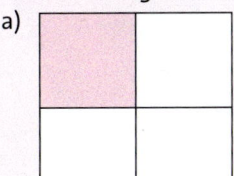 b) 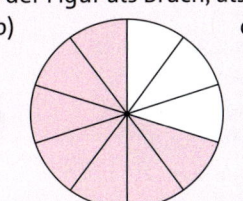 c) 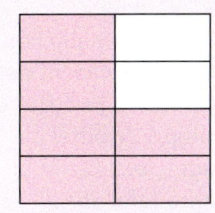 d)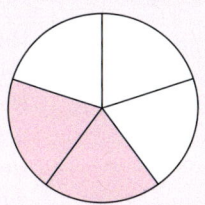

14 In der Klasse 6b mit 24 Kindern haben einige Kinder ein Haustier. 6 Kinder haben einen Hund, 4 eine Katze, 3 ein Meerschweinchen und 2 einen Hamster. Gib die Anteile als Brüche an.

15 Wandle den Bruch in eine Dezimalzahl oder die Dezimalzahl in einen Bruch um.
a) $\frac{3}{4}$ b) $\frac{2}{5}$ c) $\frac{7}{10}$ d) $\frac{5}{8}$ e) $\frac{4}{20}$ f) $\frac{333}{300}$
g) 0,12 h) 0,35 i) 0,8 j) 0,24 k) 0,875 l) 1,3

Erklärvideo

Kürzen und Erweitern von Brüchen

16 Kürze den Bruch so weit wie möglich.
a) $\frac{6}{12}$ b) $\frac{12}{30}$ c) $\frac{72}{108}$ d) $\frac{88}{144}$ e) $\frac{18}{42}$ f) $\frac{15}{12}$

17 Erweitere den Bruch mit 2 (mit 3; mit 7).
a) $\frac{2}{3}$ b) $\frac{5}{7}$ c) $\frac{3}{8}$ d) $\frac{7}{4}$ e) $\frac{1}{5}$ f) $\frac{0}{3}$

18 Erweitere den Bruch so, dass sein Nenner 60 ist.
a) $\frac{1}{6}$ b) $\frac{5}{12}$ c) $\frac{3}{2}$ d) $\frac{3}{4}$ e) $\frac{7}{30}$ f) $\frac{1}{3}$

19 Erweitere oder kürze so, dass beide Brüche einen gemeinsamen Nenner haben.
a) $\frac{1}{3}$ und $\frac{1}{4}$ b) $\frac{3}{5}$ und $\frac{4}{6}$ c) $\frac{3}{6}$ und $\frac{8}{12}$ d) $\frac{3}{5}$ und $\frac{2}{10}$ e) $\frac{2}{3}$ und $\frac{4}{5}$ f) $\frac{3}{7}$ und $\frac{1}{4}$

20 Ersetze den Platzhalter ■ durch eine Zahl, sodass die Rechnung stimmt.
a) $\frac{2}{3} = \frac{■}{12}$ b) $\frac{4}{7} = \frac{20}{■}$ c) $\frac{■}{5} = \frac{4}{10}$ d) $\frac{3}{■} = \frac{21}{28}$ e) $\frac{■}{5} = \frac{9}{15}$ f) $\frac{9}{12} = \frac{3}{■}$

Erklärvideo

Vermischtes

21 Runde auf die vorgegebene Rundungsstelle.
  a) auf Zehner: 4449; 6713; 12 359; 193,12
  b) auf Zehntel: 5,92; 0,4894; 314,381; 12,57
  c) auf zwei Nachkommastellen: 4,458; 27,098; 335,0261; 0,7439625
  d) auf Ganze: 1,6; 13,198; 37,5444; 802,3022

22 Stelle die Zahl in einer Stellenwerttafel dar.
  a) 378 009 b) fünfhundertachtzehn c) 2H 1Z 3E 2z 3h 5t
  d) 234,45 e) null Komma neun sieben f) 34 579,89

Dein Fundament

3

3.1 Gleichnamige Brüche addieren und subtrahieren

Nele, Enes und Phillip haben jeweils einen Teil ihrer Schokoladentafel aufgegessen. Nele hat noch 3 Zwölftel, Enes 4 Zwölftel und Phillip 5 Zwölftel der Tafel übrig. Nele sagt: „Jetzt bleibt uns gemeinsam noch eine ganze Tafel übrig."
Nimm dazu Stellung.

Den Rechenausdruck $\frac{1}{4} + \frac{2}{4}$ kann man veranschaulichen, indem man ein Ganzes in 4 Teile teilt und erst 1 Teil und dann weitere 2 Teile färbt.

Insgesamt sind 3 von 4 Teilen gefärbt, also gilt: $\frac{1}{4} + \frac{2}{4} = \frac{3}{4}$

Erinnere dich

Gleichnamige Brüche haben den gleichen Nenner.

Wissen

Man **addiert** oder **subtrahiert gleichnamige Brüche**, indem man die Zähler addiert oder subtrahiert und den gemeinsamen Nenner beibehält.

$$\frac{1}{5} + \frac{2}{5} = \frac{1+2}{5} = \frac{3}{5} \qquad \frac{5}{8} - \frac{2}{8} = \frac{5-2}{8} = \frac{3}{8}$$

Das Ergebnis wird üblicherweise als ein vollständig gekürzter Bruch angegeben.

Auf die gleiche Weise kann man auch gemischte Zahlen addieren oder subtrahieren, wenn man sie vorher in unechte Brüche umwandelt.

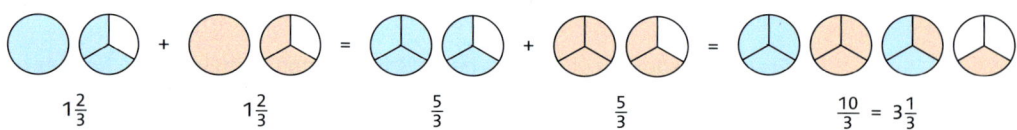

Erklärvideo

Beispiel 1

Berechne. Kürze, falls möglich.

a) $\frac{3}{9} + \frac{4}{9}$ 　　　　 b) $\frac{5}{8} - \frac{3}{8}$ 　　　　 c) $4\frac{3}{5} - 2\frac{4}{5}$

Lösung:

a) Addiere die Zähler, behalte den Nenner 9 bei.

$$\frac{3}{9} + \frac{4}{9} = \frac{3+4}{9} = \frac{7}{9}$$
Zähler plus Zähler

b) Subtrahiere die Zähler, behalte den Nenner 8 bei.
Kürze das Ergebnis mit 2.

$$\frac{5}{8} - \frac{3}{8} = \frac{5-3}{8} = \frac{2}{8} = \frac{1\cancel{2}}{4\cancel{8}} = \frac{1}{4}$$
Zähler minus Zähler

2 : 2 = 1 und 8 : 2 = 4

c) Wandle die gemischten Zahlen in Brüche um.

$$4\frac{3}{5} - 2\frac{4}{5} = \frac{23}{5} - \frac{14}{5} = \frac{23-14}{5} = \frac{9}{5} = 1\frac{4}{5}$$

Basisaufgaben

1 Schreibe die Rechnung mit Brüchen auf.

a) 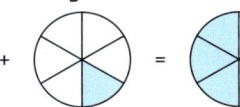   b)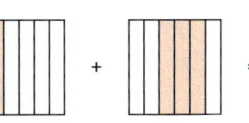

c) 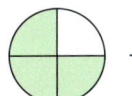   d)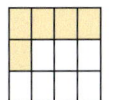

2 Veranschauliche die Rechnung mit Rechtecken wie in Aufgabe 1.
Gib auch das Ergebnis an.

a) $\frac{2}{6} + \frac{3}{6}$ b) $\frac{7}{8} - \frac{2}{8}$ c) $\frac{3}{10} + \frac{4}{10}$ d) $\frac{1}{2} - \frac{1}{2}$ e) $\frac{5}{16} + \frac{7}{16}$

3 Berechne.

a) $\frac{1}{9} + \frac{4}{9}$ b) $\frac{3}{8} + \frac{2}{8}$ c) $\frac{10}{17} + \frac{5}{17}$ d) $\frac{3}{5} + \frac{4}{5}$ e) $\frac{19}{7} + \frac{5}{7}$

f) $\frac{4}{5} - \frac{2}{5}$ g) $\frac{4}{100} - \frac{3}{100}$ h) $\frac{10}{7} - \frac{4}{7}$ i) $\frac{13}{2} - \frac{6}{2}$ j) $\frac{26}{6} - \frac{7}{6}$

4 Berechne. Kürze das Ergebnis.

a) $\frac{7}{12} + \frac{1}{12}$ b) $\frac{9}{10} + \frac{7}{10}$ c) $\frac{1}{4} + \frac{3}{4}$ d) $\frac{21}{8} + \frac{7}{8}$ e) $\frac{2}{3} + \frac{4}{3}$

f) $\frac{8}{9} - \frac{2}{9}$ g) $\frac{6}{25} - \frac{1}{25}$ h) $\frac{7}{10} - \frac{3}{10}$ i) $\frac{9}{5} - \frac{4}{5}$ j) $\frac{17}{4} - \frac{11}{4}$

5 Wandle in Brüche um und berechne.

a) $2\frac{1}{5} + 1\frac{2}{5}$ b) $\frac{1}{4} + 1\frac{2}{4}$ c) $2\frac{3}{10} + 1\frac{7}{10}$ d) $2\frac{5}{6} + 3\frac{4}{6}$ e) $5\frac{5}{9} + \frac{7}{9}$

f) $1\frac{4}{9} - \frac{3}{9}$ g) $2\frac{1}{3} - 1\frac{2}{3}$ h) $1\frac{7}{12} - 1\frac{5}{12}$ i) $2 - \frac{3}{4}$ j) $3\frac{2}{25} - \frac{8}{25}$

Weiterführende Aufgaben   Zwischentest

6 Gib die Anteile der blauen und der roten Fläche als Brüche an und addiere sie. Schreibe die vollständige Rechnung auf und kürze so weit wie möglich.

a) 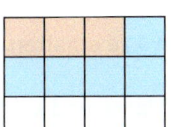   b) 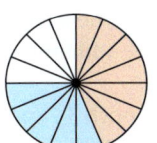   c) 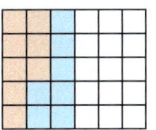   d)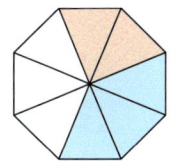

7 Schreibe eine passende Subtraktion mit Brüchen auf.
Gib auch das Ergebnis an.

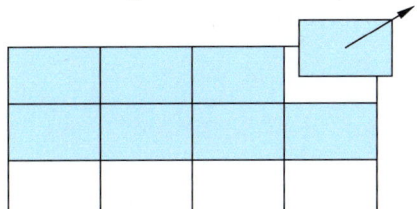

8 Oft kann man gemischte Zahlen einfacher addieren oder subtrahieren, wenn man sie vor der Rechnung nicht in Brüche umwandelt.
   a) Erläutere, wie Alex und Tarik rechnen. Prüfe ihre Ergebnisse.
   b) Berechne, ohne die gemischten Zahlen in Brüche umzuwandeln.
      ① $1\frac{3}{8} + 2\frac{3}{8}$ ② $4 + 3\frac{3}{4}$ ③ $2\frac{5}{6} + 1\frac{5}{6}$
      ④ $7\frac{2}{6} - 2\frac{1}{6}$ ⑤ $9\frac{1}{2} - 8$ ⑥ $3\frac{1}{5} - 1\frac{3}{5}$
   c) Überprüfe deine Ergebnisse aus b), indem du die gemischten Zahlen zuerst in Brüche umwandelst.

Alex
$2\frac{6}{7} + 4\frac{3}{7}$
$2 + 4 = 6$ und $\frac{6}{7} + \frac{3}{7} = \frac{9}{7} = 1\frac{2}{7}$
Also: $2\frac{6}{7} + 4\frac{3}{7} = 6 + 1\frac{2}{7} = 7\frac{2}{7}$

Tarik
$8\frac{7}{9} - 5\frac{2}{9}$
$8 - 5 = 3$ und $\frac{7}{9} - \frac{2}{9} = \frac{5}{9}$
Also: $8\frac{7}{9} - 5\frac{2}{9} = 3 + \frac{5}{9} = 3\frac{5}{9}$

9 Stolperstelle: Erläutere Leas Fehler und korrigiere sie.
   a) $\frac{4}{10} + \frac{5}{10} = \frac{9}{20}$
   b) $5 - 2\frac{1}{2} = 3\frac{1}{2}$
   c) $1 + \frac{1}{7} = \frac{2}{7}$

10 Kürze zuerst und berechne anschließend.
Beispiel: $\frac{8}{20} + \frac{3}{10} = \frac{\cancel{8}^{4}}{\cancel{20}_{10}} + \frac{3}{10} = \frac{4}{10} + \frac{3}{10} = \frac{7}{10}$
   a) $\frac{2}{6} + \frac{1}{3}$
   b) $\frac{3}{2} - \frac{5}{10}$
   c) $\frac{9}{300} + \frac{4}{400}$
   d) $\frac{14}{21} - \frac{10}{15}$

Lösungen zu 11

$\frac{9}{10}$ $\frac{5}{2}$ $\frac{4}{3}$
$\frac{1}{2}$ $1\frac{3}{4}$
1 $\frac{2}{9}$ $9\frac{1}{3}$

11 Berechne. Kürze, falls möglich.
   a) $\frac{1}{10} + \frac{5}{10} + \frac{3}{10}$
   b) $\frac{13}{6} - \frac{1}{6} - \frac{4}{6}$
   c) $\frac{7}{2} - \frac{5}{2} + \frac{3}{2}$
   d) $\frac{20}{4} - \frac{7}{4} + \frac{1}{4} - \frac{12}{4}$
   e) $\frac{8}{3} + 6 + \frac{2}{3}$
   f) $3 - 2\frac{4}{9} - \frac{3}{9}$
   g) $\frac{11}{8} - \frac{6}{8} + 1\frac{1}{8}$
   h) $4\frac{2}{5} - \frac{1}{5} + \frac{3}{5} - 3\frac{4}{5}$

12 Ersetze die Platzhalter ■ so durch Zahlen, dass die Rechnung stimmt.
   a) $\frac{13}{29} + \frac{■}{29} = \frac{20}{29}$
   b) $\frac{9}{11} - \frac{7}{■} = \frac{2}{■}$
   c) $\frac{■}{■} + \frac{7}{12} = \frac{3}{2}$
   d) $\frac{3}{10} - \frac{■}{■} = \frac{1}{5}$
   e) $\frac{1}{■} + \frac{1}{8} = \frac{■}{4}$
   f) $6 - \frac{■}{■} = 1\frac{2}{3}$
   g) $3\frac{1}{5} + 5\frac{■}{5} = 8\frac{3}{5}$
   h) $2\frac{5}{8} + \frac{■}{8} = 8\frac{1}{2}$

Hilfe

13 a) Gib die Zahl an, von der man $\frac{7}{2}$ abziehen muss, um $\frac{5}{2}$ zu erhalten.
   b) Gib zwei Brüche mit dem Nenner 10 an, deren Differenz 2 ist.
   c) Gib zwei Brüche an, deren Summe 1 ist.
   d) Gib vier Brüche an, deren Summe 3 ist.
   e) Gib die Zahl an, die man zu $\frac{2}{3}$ addieren muss, um 4 zu erhalten.

14 Maxim backt Plätzchen. Er hat noch $1\frac{3}{4}$ kg Mehl zu Hause und kauft weitere $2\frac{1}{4}$ kg Mehl ein. Für ein Rezept benötigt er $1\frac{2}{4}$ kg Mehl, für das zweite $\frac{5}{4}$ kg Mehl und für das dritte $1\frac{1}{4}$ kg Mehl. Diskutiert, ob das Mehl für die Plätzchen reichen wird.

15 Fülle das magische Quadrat aus. In jeder Zeile, Spalte und Diagonale soll die Summe der drei Zahlen 6 ergeben.

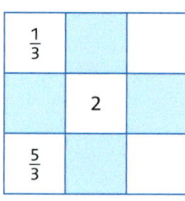

16 Ausblick:
   a) Berechne $\frac{2}{3} + \frac{2}{3} + \frac{2}{3} + \frac{2}{3}$.
   b) Gib das Ergebnis der Aufgabe $4 \cdot \frac{2}{3}$ an. Nutze dazu Aufgabe a).
   c) Berechne $3 \cdot \frac{5}{7}$ und $5 \cdot \frac{6}{13}$. Stelle eine allgemeine Regel auf.

3.2 Ungleichnamige Brüche addieren und subtrahieren

Moritz möchte auf seiner Geburtstagsfeier Cocktails mixen. Er findet ein Rezept im Internet. Entscheide, ob alles in ein $\frac{2}{5}$-ℓ-Glas passt.

„Zubereitung des Caribbean:
$\frac{1}{5}$ ℓ Maracujasaft, $\frac{1}{8}$ ℓ Ananassaft, $\frac{1}{10}$ ℓ Mangosirup und $\frac{1}{10}$ ℓ Sahne im Cocktailshaker kurz schütteln. Den Inhalt in ein Glas füllen, Limette über dem Drink auspressen und mit einem Blatt frischer Minze servieren."

Man kann sich $\frac{1}{3}$ und $\frac{1}{2}$ jeweils als Anteil eines Rechtecks vorstellen.
Die Brüche können aber so nicht addiert werden, da eine gemeinsame Einteilung fehlt.

Erst durch Verfeinern der Einteilung lassen sich beide Brüche addieren.

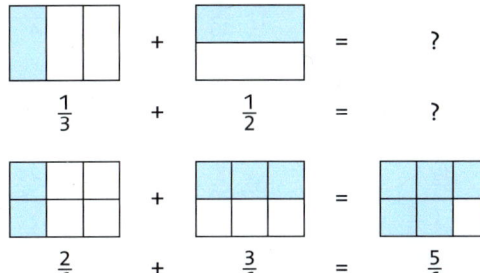

Wissen

Man **addiert** oder **subtrahiert ungleichnamige Brüche**, indem man sie durch Erweitern oder Kürzen zunächst auf einen gemeinsamen Nenner bringt.
Anschließend addiert oder subtrahiert man die gleichnamigen Brüche.

$$\frac{1}{5} + \frac{2}{3} = \frac{1 \cdot 3}{5 \cdot 3} + \frac{2 \cdot 5}{3 \cdot 5} = \frac{3}{15} + \frac{10}{15} = \frac{3 + 10}{15} = \frac{13}{15} \qquad \frac{3}{4} - \frac{1}{2} = \frac{3}{4} - \frac{1 \cdot 2}{2 \cdot 2} = \frac{3}{4} - \frac{2}{4} = \frac{3 - 2}{4} = \frac{1}{4}$$

Erklärvideo

Beispiel 1

Berechne. Kürze das Ergebnis, falls möglich.

a) $\frac{7}{8} + \frac{1}{4}$ b) $\frac{3}{4} - \frac{2}{5}$ c) $\frac{5}{12} + \frac{8}{15}$

Hinweis

Du kannst ein beliebiges gemeinsames Vielfaches der Nenner verwenden. Es ist aber oft günstig, einen möglichst kleinen gemeinsamen Nenner zu finden.

Lösung:

a) Da 8 ein Vielfaches von 4 ist, ist 8 ein gemeinsamer Nenner. Erweitere den zweiten Bruch auf den Nenner 8.

$$\frac{7}{8} + \frac{1}{4} = \frac{7}{8} + \frac{1 \cdot 2}{4 \cdot 2} = \frac{7}{8} + \frac{2}{8} = \frac{7 + 2}{8} = \frac{9}{8}$$

b) Das Produkt der Nenner ergibt immer einen gemeinsamen Nenner der Brüche. Erweitere dafür jeden Bruch mit dem Nenner des jeweils anderen Bruchs.

$$\frac{3}{4} - \frac{2}{5} = \frac{3 \cdot 5}{4 \cdot 5} - \frac{2 \cdot 4}{5 \cdot 4} = \frac{15}{20} - \frac{8}{20} = \frac{15 - 8}{20} = \frac{7}{20}$$

Erweitere auf das Produkt der Nenner 4 · 5 = 20.

c) 60 ist die kleinste Zahl, die gleichzeitig ein Vielfaches der beiden Nenner ist. Erweitere beide Brüche auf den gemeinsamen Nenner 60.
Kürze das Ergebnis mit 3.

$$\frac{5}{12} + \frac{8}{15} = \frac{5 \cdot 5}{12 \cdot 5} + \frac{8 \cdot 4}{15 \cdot 4} = \frac{25}{60} + \frac{32}{60} = \frac{25 + 32}{60}$$

$$= \frac{\overset{19}{\cancel{57}}}{\underset{20}{\cancel{60}}} = \frac{19}{20}$$

57 : 3 = 19 und 60 : 3 = 20

3

Basisaufgaben

1 Erweitere einen der Brüche und berechne. Kürze das Ergebnis, falls möglich.
a) $\frac{1}{2} + \frac{1}{6}$
b) $\frac{3}{4} + \frac{1}{20}$
c) $\frac{3}{10} + \frac{3}{100}$
d) $\frac{2}{5} + \frac{9}{10}$
e) $\frac{19}{56} + \frac{3}{7}$
f) $\frac{2}{3} - \frac{1}{6}$
g) $\frac{9}{10} - \frac{1}{2}$
h) $\frac{2}{5} - \frac{4}{25}$
i) $\frac{7}{2} - \frac{2}{14}$
j) $\frac{1}{3} - \frac{8}{33}$

2 Berechne.
a) $\frac{2}{7} + \frac{1}{4}$
b) $\frac{1}{5} + \frac{2}{3}$
c) $\frac{6}{7} + \frac{1}{2}$
d) $\frac{5}{4} + \frac{4}{5}$
e) $\frac{3}{10} + \frac{2}{11}$
f) $\frac{2}{3} - \frac{1}{4}$
g) $\frac{5}{2} - \frac{7}{9}$
h) $\frac{7}{12} - \frac{2}{5}$
i) $\frac{13}{2} - \frac{6}{2}$
j) $\frac{7}{12} - \frac{1}{13}$

3 Erweitere die Brüche auf einen möglichst kleinen gemeinsamen Nenner und berechne das Ergebnis.
a) $\frac{3}{4} + \frac{1}{6}$
b) $\frac{7}{9} + \frac{5}{6}$
c) $\frac{7}{8} + \frac{17}{12}$
d) $\frac{1}{20} + \frac{1}{50}$
e) $\frac{7}{15} + \frac{3}{25}$
f) $\frac{1}{10} - \frac{1}{15}$
g) $\frac{5}{4} - \frac{1}{16}$
h) $\frac{11}{30} - \frac{3}{20}$
i) $\frac{9}{20} - \frac{1}{15}$
j) $\frac{3}{40} - \frac{3}{100}$

Lösungen zu 4

$\frac{21}{20}$ $\frac{13}{18}$ 2 $\frac{15}{8}$ $\frac{2}{9}$ $\frac{8}{5}$ $\frac{1}{9}$ $\frac{49}{30}$ $\frac{7}{20}$ $\frac{1}{5}$

4 Kürze zuerst und berechne anschließend.
Beispiel: $\frac{12}{18} + \frac{7}{21} = \frac{2}{3} + \frac{1}{3} = \frac{3}{3} = 1$
a) $\frac{8}{20} + \frac{42}{35}$
b) $\frac{24}{36} + \frac{24}{18}$
c) $\frac{17}{18} - \frac{10}{12}$
d) $\frac{15}{25} - \frac{20}{50}$
e) $\frac{64}{36} - \frac{14}{9}$
f) $\frac{15}{100} + \frac{36}{40}$
g) $\frac{22}{99} + \frac{13}{26}$
h) $\frac{110}{40} - \frac{49}{56}$
i) $\frac{28}{35} + \frac{40}{48}$
j) $\frac{60}{144} - \frac{5}{75}$

5 Schreibe die Rechnung mit Brüchen auf.

 + 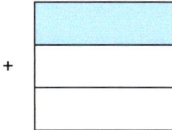 = 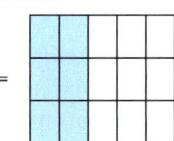 + 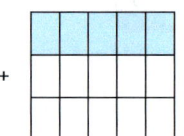 =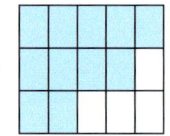

6 Stelle die Rechnung wie in Aufgabe 5 mit Rechtecken dar und berechne das Ergebnis.
a) $\frac{1}{5} + \frac{1}{2}$
b) $\frac{2}{3} + \frac{1}{4}$
c) $\frac{3}{5} - \frac{1}{2}$
d) $\frac{3}{4} - \frac{1}{3}$

Weiterführende Aufgaben

Zwischentest

7 Stolperstelle: Die Kinder der Klasse 6d berechnen $\frac{5}{6} + \frac{4}{9}$. Beschreibe die Fehler und schreibe die korrekte Rechnung auf.
Peter: $\frac{5}{6} + \frac{4}{9} = \frac{9}{15} = \frac{3}{5}$
Mara: $\frac{5}{6} + \frac{4}{9} = \frac{5}{54} + \frac{4}{54} = \frac{9}{54} = \frac{1}{6}$
Murat: $\frac{5}{6} + \frac{4}{9} = \frac{5+4}{9} = \frac{9}{9} = 1$

Erinnere dich

Addition und Subtraktion sind Umkehroperationen:

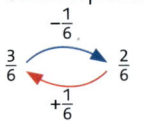

8 Berechne und überprüfe dein Ergebnis mit der Umkehraufgabe.
Beispiel: $\frac{1}{2} - \frac{1}{6} = \frac{3}{6} - \frac{1}{6} = \frac{2}{6} = \frac{1}{3}$ Umkehraufgabe: $\frac{1}{3} + \frac{1}{6} = \frac{2}{6} + \frac{1}{6} = \frac{3}{6} = \frac{1}{2}$
a) $\frac{1}{5} - \frac{1}{7}$
b) $\frac{3}{5} - \frac{19}{40}$
c) $\frac{5}{8} - \frac{3}{10}$
d) $\frac{1}{2} + \frac{1}{3}$
e) $\frac{23}{45} + \frac{2}{9}$

9 Ersetze den Platzhalter durch einen vollständig gekürzten Bruch, sodass die Rechnung stimmt.
a) $\frac{4}{15} + \blacksquare = \frac{7}{15}$
b) $\frac{5}{8} + \blacksquare = \frac{23}{24}$
c) $\blacksquare - \frac{1}{3} = \frac{1}{6}$
d) $\blacksquare + \frac{1}{4} = \frac{1}{3}$
e) $\blacksquare - \frac{1}{10} = \frac{1}{100}$
f) $\blacksquare - \frac{2}{5} = \frac{21}{60}$
g) $\frac{3}{10} + \blacksquare = \frac{11}{20}$
h) $\frac{2}{3} - \blacksquare = \frac{5}{9}$

3 Brüche und Dezimalzahlen addieren und subtrahieren

Hilfe

10 a) Erkläre die Begriffe.

gleichnamig   Zähler   erweitern
kürzen   Nenner   ungleichnamig   gemeinsamer Nenner

b) Berechne und erläutere dein Vorgehen. Verwende dabei die Begriffe aus a).
① $\frac{1}{5} + \frac{1}{3}$ ② $\frac{7}{24} + \frac{5}{6}$ ③ $\frac{11}{10} + \frac{4}{25}$ ④ $\frac{1}{2} - \frac{7}{20}$ ⑤ $\frac{7}{6} - \frac{4}{5}$

11 Berechne. Überlege bei jeder Teilaufgabe, bevor du sie löst, was sich im Vergleich zur vorherigen Teilaufgabe geändert hat.

a) $\frac{1}{5} + \frac{1}{15}$ b) $\frac{2}{5} + \frac{2}{15}$ c) $\frac{5}{2} + \frac{15}{2}$ d) $\frac{2}{5} + \frac{15}{2}$ e) $\frac{2}{5} + \frac{1}{2}$
f) $\frac{1}{2} + \frac{2}{5}$ g) $\frac{1}{2} - \frac{2}{5}$ h) $1\frac{1}{2} - \frac{2}{5}$ i) $3\frac{1}{2} - 2\frac{2}{5}$ j) $5\frac{1}{2} - 2\frac{2}{5}$
k) $5\frac{1}{2} - 2\frac{2}{4}$ l) $\frac{1}{2} - \frac{2}{4}$ m) $\frac{1}{2} - \frac{1}{4}$ n) $\frac{1}{4} - \frac{1}{8}$ o) $4 - \frac{1}{8}$

12 Patrick möchte Tennisprofi werden. Vormittags trainiert er drei Stunden auf dem Platz, eine Viertelstunde davon macht er Pause. Am Nachmittag absolviert er $1\frac{1}{2}$ h Krafttraining. Später spielt er noch eine Dreiviertelstunde gegen seinen Trainer. Berechne, wie viele Stunden Patrick insgesamt trainiert hat.

13 Berechne. Überlege bei jeder Teilaufgabe, was sich im Vergleich zur vorherigen Teilaufgabe geändert hat und wie sich diese Änderung auf das Ergebnis auswirkt.

a) $\frac{1}{9} - \frac{1}{27} + \frac{1}{3}$ b) $\frac{1}{3} + \frac{1}{9} - \frac{1}{27}$ c) $\frac{1}{3} - \frac{1}{9} + \frac{1}{27}$
d) $\frac{1}{3} + \frac{1}{9} + \frac{1}{27}$ e) $\frac{1}{3} + \frac{1}{9} + \frac{1}{27} + \frac{1}{81}$ f) $\frac{1}{3} + \frac{1}{9} + \frac{1}{27} + \frac{1}{81} + \frac{1}{243}$
g) $\frac{1}{10} + \frac{1}{100} + \frac{1}{1000}$ h) $\frac{1}{10} + \frac{1}{100} + \frac{1}{1000} + \frac{1}{10000}$ i) $\frac{1}{10} - \frac{1}{100} + \frac{1}{1000} - \frac{1}{10000}$

Hilfe

14 Stammbrüche: Brüche mit dem Zähler 1 heißen **Stammbrüche**. Die alten Ägypter schrieben alle Brüche als Summe von Stammbrüchen, zum Beispiel: $\frac{3}{4} = \frac{1}{2} + \frac{1}{4}$
Zerlege die Brüche $\frac{2}{5}, \frac{2}{7}, \frac{2}{11}, \frac{3}{5}, \frac{9}{16}$ in eine Summe aus zwei verschiedenen Stammbrüchen.

15 Vervollständige das magische Quadrat. In jeder Zeile, Spalte und Diagonale soll die Summe denselben Wert haben.

a)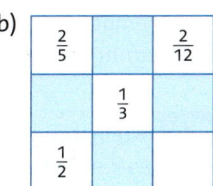

b)

16 Ausblick: Geometrische Reihe
a) Gib die Anteile A_1, A_2, A_3, A_4 und A_5 als Brüche an.
b) Berechne die Summe.
① $A_1 + A_2$
② $A_1 + A_2 + A_3$
③ $A_1 + A_2 + A_3 + A_4$
④ $A_1 + A_2 + A_3 + A_4 + A_5$
c) Felix behauptet: „Wenn man die Rechnung $A_1 + A_2 + A_3 + A_4 + A_5 + \ldots$ immer weiter fortsetzt, kommt 1 heraus." Nimm Stellung zu dieser Aussage.

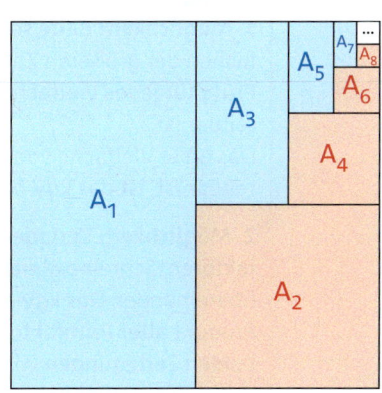

3 Streifzug

Größter gemeinsamer Teiler und kleinstes gemeinsames Vielfaches

Michael löst die nebenstehende Aufgabe. Er weiß, dass das Produkt der Nenner stets einen gemeinsamen Nenner ergibt. Beurteile sein Vorgehen. Untersuche, ob es einen kleineren gemeinsamen Nenner gibt.

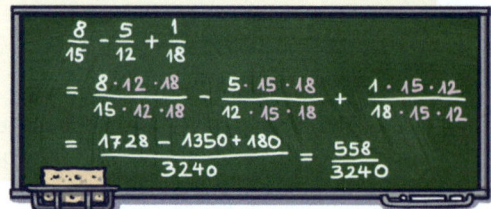

Wissen

Das **kleinste gemeinsame Vielfache (kgV)** zweier natürlicher Zahlen ist die kleinste Zahl, die gleichzeitig ein Vielfaches jeder der beiden Zahlen ist.

Der **größte gemeinsame Teiler (ggT)** zweier natürlicher Zahlen ist die größte Zahl, die gleichzeitig beide Zahlen teilt.
Ist der größte gemeinsame Teiler zweier Zahlen 1, so heißen die Zahlen **teilerfremd**.

Beispiel 1 — Größter gemeinsamer Teiler

Bestimme den größten gemeinsamen Teiler von 18 und 60.

Lösung:

1. Möglichkeit: Bestimme alle Teiler der kleineren der beiden Zahlen, also von 18.

Teiler von 18: 1; 2; 3; 6; 9; 18

Prüfe schrittweise, ob die Teiler von 18 auch Teiler von 60 sind. Beginne mit dem größten Teiler. Der erste Teiler von 18, der auch 60 teilt, ist ihr ggT.

18∤60, also kein gemeinsamer Teiler.
9∤60, also kein gemeinsamer Teiler.
6∣60, also ist 6 der ggT von 18 und 60.

2. Möglichkeit: Zerlege 18 und 60 in Primfaktoren. Schreibe gleiche Primfaktoren übereinander. Der ggT ergibt sich aus dem Produkt derjenigen Primfaktoren, die in **beiden** Zerlegungen vorkommen.

$$18 = 2 \cdot 3 \cdot 3$$
$$60 = 2 \cdot 2 \cdot 3 \cdot 5$$
$$ggT(18; 60) = 2 \cdot 3 = 6$$

Erinnere dich

Eine Primzahl ist nur durch sich selbst und 1 teilbar.
Jede natürliche Zahl, die keine Primzahl ist, lässt sich als Produkt von Primzahlen schreiben.

Beispiel 2 — Kleinstes gemeinsames Vielfaches

Bestimme das kleinste gemeinsame Vielfache von 27 und 36.

Lösung:

1. Möglichkeit: Bilde schrittweise die Vielfachen der größeren Zahl, also von 36. Prüfe für jedes Vielfache, ob es durch 27 teilbar ist.
Das erste Vielfache von 36, das durch 27 teilbar ist, ist das kgV beider Zahlen.

1 · 36 = 36, aber 27∤36
2 · 36 = 72, aber 27∤72
3 · 36 = 108 und 27∣108,
 denn 4 · 27 = 108
Also ist 108 das kgV von 27 und 36.

2. Möglichkeit: Zerlege 27 und 36 in Primfaktoren. Schreibe gleiche Primfaktoren übereinander. Das kgV ergibt sich aus dem Produkt **aller** Primfaktoren. Faktoren, die in beiden Zerlegungen vorkommen, werden dabei nur einmal berücksichtigt.

$$27 = 3 \cdot 3 \cdot 3$$
$$36 = 2 \cdot 2 \cdot 3 \cdot 3$$
$$kgV(27; 36) = 2 \cdot 2 \cdot 3 \cdot 3 \cdot 3 = 108$$

3 Brüche und Dezimalzahlen addieren und subtrahieren

Aufgaben

1 Gib alle gemeinsamen Teiler der Zahlen an.
a) 4 und 8
b) 18 und 27
c) 12 und 35
d) 48 und 120

2 Gib die ersten vier gemeinsamen Vielfachen der Zahlen an.
a) 7 und 14
b) 18 und 27
c) 3 und 5
d) 40 und 50

3 Bestimme den größten gemeinsamen Teiler und das kleinste gemeinsame Vielfache der Zahlen. Beschreibe dein Vorgehen.
a) 2 und 10
b) 9 und 16
c) 14 und 15
d) 36 und 51
e) 87 und 132
f) 14, 20 und 36
g) 48, 92 und 69
h) 50 und 65

Hinweis
Wenn man den Hauptnenner findet, sind die Zahlen kleiner. Die Rechnungen sind dann meist einfacher und weniger fehleranfällig.

4 Hauptnenner: Der Hauptnenner von Brüchen ist das kleinste gemeinsame Vielfache ihrer Nenner, also der kleinste mögliche gemeinsame Nenner.
Bringe die Brüche auf den Hauptnenner und berechne das Ergebnis.
a) $\frac{7}{16} + \frac{1}{4}$
b) $\frac{1}{2} - \frac{9}{30}$
c) $\frac{5}{6} + \frac{4}{9}$
d) $\frac{3}{10} + \frac{5}{8}$
e) $\frac{1}{2} + \frac{2}{3} + \frac{3}{4}$
f) $\frac{11}{15} - \frac{3}{25} + \frac{29}{75}$
g) $\frac{19}{18} + \frac{2}{3} - \frac{7}{27}$
h) $\frac{10}{14} - \frac{13}{70} - \frac{9}{20}$

5 An der Haltestelle neben Valeries Schule halten drei verschiedene Busse. Die Buslinie A fährt alle 12 Minuten, die Buslinie B alle 15 Minuten und die Buslinie C alle 20 Minuten. Um 7:50 kommen alle drei Buslinien. Bestimme die nächsten fünf Uhrzeiten, bei denen die drei Buslinien wieder gleichzeitig abfahren.

6 Rabia hat morgen Geburtstag und packt für ihre Klasse kleine Tütchen mit Leckereien. Damit jeder in der Klasse ein Tütchen mit gleichem Inhalt bekommt, haben Rabias Eltern vorsorglich 69 Lollis, 115 Schokoriegel und 46 Mandarinen gekauft. Berechne, wie viele Mitschüler und Mitschülerinnen Rabia hat und wie viele Lollis, Schokoriegel und Mandarinen jedes Tütchen jeweils enthält.

7 a) Gib zwei Zahlen an, die man für ■ einsetzen kann, sodass die Aussage wahr wird.
① ggT(16; ■) = 4
② ggT(■; 24) = 2
③ kgV(4; ■) = 36
④ kgV(■; 12) = 60
b) Erkläre, warum es keine Lösung für ggT(7; ■) = 2 gibt.

8 Erläutere, in welchem Fall die Aussage gilt. Finde dafür zunächst geeignete Beispiele.
a) Der größte gemeinsame Teiler von zwei Zahlen ist die kleinere der beiden Zahlen.
b) Das kleinste gemeinsame Vielfache von zwei Zahlen ist die größere der beiden Zahlen.
c) Der größte gemeinsame Teiler von zwei Zahlen ist gleich 1.
d) Das kleinste gemeinsame Vielfache von zwei Zahlen ist das Produkt der beiden Zahlen.

9 Forschungsauftrag:
a) Bestimme den größten gemeinsamen Teiler und das kleinste gemeinsame Vielfache.
① 3 und 4
② 7 und 21
③ 12 und 16
④ 36 und 60
⑤ 80 und 140
b) Zwischen dem ggT und dem kgV zweier Zahlen a und b gilt der Zusammenhang:
kgV(a; b) = a · b : ggT(a; b)
Setze die Zahlen und deine Ergebnisse für den ggT aus a) in die Formel ein und überprüfe damit deine Ergebnisse für das kgV.
c) Erläutere für a = 4 und b = 14, warum die Formel in b) gilt. Schreibe dazu die Primfaktorzerlegungen der beiden Zahlen auf.

Streifzug

3

3.3 Dezimalzahlen addieren und subtrahieren

Nach dem ersten Lauf beim Ski-Slalom 2024 in Wengen gab es dieses Zwischenergebnis:

1	McGrath	NOR	53,67	
2	Kristoffersen	NOR	54,03	+ 0,36
3	Feller	AUT	54,19	+ 0,52
4	Vinatzer	ITA	54,40	+ 0,73
5	Sala	ITA	54,48	+ 0,81

Erkläre, was die Zahlen bedeuten.
Schreibe dazu passende Rechnungen auf.

Hinweis
Dezimalzahlen stehen stellengerecht untereinander, wenn Komma unter Komma steht.

Wissen
Man **addiert** oder **subtrahiert Dezimalzahlen**, indem man sie stellengerecht untereinander schreibt und dann wie mit natürlichen Zahlen rechnet. Im Ergebnis setzt man das Komma an die gleiche Stelle.

Beispiel 1 Berechne schriftlich.
a) 34,92 + 0,34   b) 54,97 − 3,208

Lösung:

a) Schreibe die Zahlen stellengerecht untereinander und addiere dann:

Hundertstel (h): 4 + 2 = 6
Zehntel (z):   3 + 9 = 12
(2 Zehntel, 1 Einer im Übertrag)
Einer (E):   1 + 0 + 4 = 5
Zehner (Z):   0 + 3 = 3

	Z	E	z	h	
	3	4,	9	2	
+		0,	3	4	
			1		
	3	5,	2	6	

Das Komma gehört unter das Komma.

Setze im Ergebnis das Komma an die gleiche Stelle.

b) Subtrahiere stellenweise:

Tausendstel (t):   2, denn 8 + 2 = 10
(2 Tausendstel, 1 Hundertstel im Übertrag)
Hundertstel (h):   6, denn 1 + 0 + 6 = 7
Zehntel (z):   7, denn 2 + 7 = 9
Einer (E):   1, denn 3 + 1 = 4
Zehner (Z):   5, denn 0 + 5 = 5

	Z	E	z	h	t
	5	4,	9	7	0
−		3,	2	0	8
				1	
	5	1,	7	6	2

Ergänze eine 0 am Ende, damit beide Zahlen gleich viele Nachkommastellen haben.

Basisaufgaben

1 Berechne schriftlich.
a) 21,37 + 35,12   b) 34,7 + 123,5   c) 41,7 + 3,92   d) 0,027 + 1,08
e) 34,79 − 21,35   f) 83,58 − 8,45   g) 56,94 − 7,9   h) 11,8 − 0,707

2 Berechne im Kopf.
a) 1,4 + 3,2   b) 0,5 + 7,6   c) 8 + 1,23   d) 2,75 + 3,25
e) 7,9 − 2,1   f) 24,8 − 4,4   g) 9 − 1,8   h) 1,32 − 0,05
i) 1,99 + 3,99   j) 0,48 + 0,63   k) 42,37 − 0,9 l) 98,531 − 0,03

3 Addiere. Kontrolliere dein Ergebnis durch eine Überschlagsrechnung.
Beispiel: 6,218 + 0,497   Exaktes Ergebnis: 6,715   Überschlag: 6,2 + 0,5 = 6,7
a) 0,712 + 0,859   b) 5,89 + 0,483   c) 10,45 + 6,231   d) 36,67 + 15,8
e) 14,35 + 0,089   f) 0,0323 + 0,0798   g) 2,7875 + 1,086   h) 0,058 + 0,5858

4 Subtrahiere. Kontrolliere dein Ergebnis durch eine Überschlagsrechnung.
Beispiel: 0,583 − 0,376   Exaktes Ergebnis: 0,207   Überschlag: 0,6 − 0,4 = 0,2
a) 0,802 − 0,505   b) 7,34 − 0,905   c) 12 − 8,85   d) 106,32 − 23,43
e) 45,346 − 1,23   f) 2,11 − 1,534   g) 0,0306 − 0,0097   h) 0,6767 − 0,067

5 Ordne der Aufgabe das passende Ergebnis auf den Karten zu. Entscheide mithilfe einer Überschlagsrechnung.
a) 3,193 + 0,612   b) 0,66 − 0,045
c) 2,385 + 2,45   d) 2,015 − 1,19
e) 0,0137 + 0,0513   f) 8,205 − 4,08
g) 0,963 + 0,612   h) 11,12 − 9,055

4,835   0,065   4,125   0,825
1,575   3,805   0,615   2,065

6 Katja glaubt, dass ihre Katze Bone Übergewicht hat, und möchte sie deshalb wiegen. Da Bone aber immer wieder von der Waage springt, wiegt sich Katja zuerst alleine und anschließend noch einmal mit Bone auf dem Arm. Katja wiegt 44,3 kg, beide zusammen wiegen 50,1 kg. Berechne Bones Gewicht.

Weiterführende Aufgaben

Zwischentest

Lösungen zu 7

17,18
101,8553
0,1872
12,08
237,731
8,889

7 Überschlage zuerst und berechne anschließend.
a) 1,23 + 6,79 + 4,06   b) 11,03 + 0,978 + 5,172
c) 0,033 + 0,0472 + 0,107   d) 1,9 + 2,99 + 3,999
e) 84,5731 + 7,342 + 9,9402   f) 121,93 + 32,87 + 82,931

8 Berechne. Entscheide, ob du im Kopf oder schriftlich rechnest. Führe zuerst eine Überschlagsrechnung durch.
a) 56,8 + 4,3   b) 12 − 7,6   c) 56,943 − 2,941
d) 0,5 + 3,2 + 1,01   e) 0,0978 + 3,075   f) 7,704 − 6,12
g) 75,97 − 45,731   h) 9,54 + 4,8 + 0,72   i) 12,97 − 3,64 − 2,19

9 Stolperstelle: Erläutere und korrigiere den Fehler in der Rechnung.

a)
	2,	1	9
−	1,	5	6
	1,	6	3

b)
			8
+	0,	7	9
		1	
	0,	8	7

c) 12,45 + 4,7 = 16,52
d) 4,3 cm − 3 mm = 1,3 cm

Hinweis zu 10

Betrachte die Differenz zweier aufeinanderfolgender Zahlen.

10 Beschreibe das Muster der Zahlenfolge. Ergänze die nächsten sechs Dezimalzahlen.
a) 0,25; 0,5; 0,75; 1; 1,25; …   b) 14,1; 13,2; 12,3; 11,4; 10,5; …
c) 2,05; 2,062; 2,074; 2,086; 2,098; …   d) 7,75; 7; 6,25; 5,5; 4,75; …
e) 4; 4,125; 4,25; 4,375; 4,5; …   f) 8,4; 8,05; 7,7; 7,35; 7; …

11 Berechne, wie viel Wechselgeld du bekommst, wenn du den Geldbetrag mit einem 5-€-Schein (einem 20-€-Schein) bezahlst.
a) 4,50 €   b) 1,80 €   c) 3,19 €   d) 0,72 €
e) 4,22 €   f) 5 Cent   g) 1,95 € + 1,50 €   h) 1,99 € + 2,98 €

12 Sarah fliegt in den Urlaub. Ihr leerer Koffer wiegt 2,8 kg.
a) Sarah möchte 10,3 kg Kleidung, 2,4 kg Bücher, 0,9 kg Kosmetikartikel und 1,8 kg Spiele mitnehmen. Berechne, wie schwer Sarahs gepackter Koffer sein wird.
b) Im Flugzeug darf ein Koffer maximal 23 kg wiegen. Sarah freut sich: „Dann kann ich noch mehr als 4,5 kg Souvenirs mitbringen!" Prüfe, ob das stimmt.

13 Berechne im Kopf. Überlege bei jeder Teilaufgabe, was sich im Vergleich zur vorherigen Teilaufgabe geändert hat und wie sich diese Änderung auf das Ergebnis auswirkt.
a) 0,9 + 1   b) 0,9 + 0,1   c) 1,9 + 0,1   d) 0,1 + 1,9
e) 0,01 + 0,9   f) 0,01 + 0,19   g) 0,001 + 0,019   h) 0,001 + 0,0019
i) 0,1 + 0,0019   j) 0,1 + 0,019   k) 0,1 + 0   l) 0,1 + 0,01

14 a) Berechne und erläutere dein Vorgehen.
① 0,1 + 0,01 + 0,001 + 0,0001   ② 0,1 + 0,11 + 0,111 + 0,1111
③ 0,1 + 0,12 + 0,113 + 0,1114   ④ 0,2 + 0,24 + 0,226 + 0,2228
b) Gib Aufgaben mit den Ergebnissen 0,123456789 und 0,88888888 an.

15 Die Klasse 6a hat in ihrer Klassenkasse 149,46 € und kauft für eine Weihnachtsfeier ein. Für Getränke gibt sie 87,89 €, für Knabbereien 32,19 € und für Teller, Becher und Dekoration 21,39 € aus. Wie viel Euro kostet die Feier insgesamt und wie viel Geld bleibt übrig? Überschlage zunächst und berechne dann.

Hilfe

16 In der Tabelle stehen die Ergebnisse des Formel-1-Qualifyings.
a) Berechne jeweils die Zeitabstände zwischen zwei benachbarten Plätzen.
b) Gib an, auf welchen Fahrer sich die Aussagen des Reporters beziehen.
① „Heute haben die Tausendstel entschieden."
② „Eine Zehntelsekunde schneller und er wäre zwei Plätze besser."
③ „Der Rückstand zum Vordermann beträgt eine halbe Sekunde."
④ „Drei Zehntel trennen ihn von vom ersten Platz."

1. Max Verstappen	1 min 27,866 s
2. Lando Norris	1 min 28,160 s
3. Charles Leclerc	1 min 28,190 s
4. Carlos Sainz jr.	1 min 28,256 s
5. Sergio Pérez	1 min 28,752 s
6. George Russell	1 min 28,757 s
7. Oscar Piastri	1 min 28,893 s

17 Ergänze die fehlenden Ziffern, sodass die Rechnung stimmt.

a)
	1	2	,		3
+		3	,	5	
	4	5	,	8	2

b)
	7	2	2	,		3	5
−			8	,	5		3
		6	9	,	7	2	2

c)
			,	2	3
+		3	,		3	9
	4	0	,	8	1	

Hinweis zu 18

Es gilt:
$\frac{1}{6} = 0{,}1\overline{6}$ und $\frac{1}{9} = 0{,}\overline{1}$

18 Ausblick: Rechnen mit periodischen Dezimalzahlen
a) Stelle eine Vermutung auf, was das Ergebnis der Aufgabe $0{,}1\overline{6} + 0{,}\overline{1}$ sein könnte.
b) Berechne $\frac{1}{6} + \frac{1}{9}$. Wandle das Ergebnis in eine Dezimalzahl um. Vergleiche mit a).
c) Löse die Aufgabe $\frac{1}{3} + \frac{2}{3}$ einmal durch Rechnung mit Brüchen und einmal durch Rechnung mit Dezimalzahlen. Formuliere deine Beobachtung.

3.4 Rationale Zahlen addieren und subtrahieren

Bestimme den Abstand, den die beiden Zahlen auf der Zahlengerade haben. Erkläre, wie du dabei vorgegangen bist.

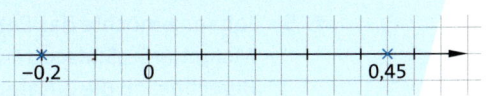

Rationale Zahlen werden nach denselben Regeln addiert und subtrahiert wie ganze Zahlen. Beim Berechnen kann die Darstellung an der Zahlengerade hilfreich sein.

Beispiel 1

Berechne.
a) $0{,}5 + (-0{,}7)$ b) $-\frac{2}{5} - \frac{4}{5}$ c) $0{,}5 - (-0{,}7)$ d) $-\frac{1}{3} + \frac{3}{5}$

Lösung:

a) Vereinfache die Schreibweise. Ein Pluszeichen und ein Minuszeichen ergeben ein Minuszeichen.

$0{,}5 + (-0{,}7)$
$= 0{,}5 - 0{,}7$
$= -0{,}2$

b) Die Brüche sind gleichnamig. Subtrahiere die Zähler. Achte auf das Vorzeichen.

$-\frac{2}{5} - \frac{4}{5}$
$= \frac{-2-4}{5} = -\frac{6}{5}$

c) Stehen zwei Minuszeichen hintereinander, so ergibt sich ein Pluszeichen.

$0{,}5 - (-0{,}7)$
$= 0{,}5 + 0{,}7$
$= 1{,}2$

d) Die Brüche sind ungleichnamig. Bringe die Brüche auf den gleichen Nenner. Erweitere dafür $-\frac{1}{3}$ mit 5 und $\frac{3}{5}$ mit 3. Addiere dann die Zähler.

$-\frac{1}{3} + \frac{3}{5} = -\frac{5}{15} + \frac{9}{15}$
$= \frac{-5+9}{15} = \frac{4}{15}$

Basisaufgaben

Lösungen zu 1

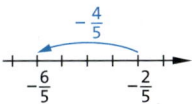

$-4{,}9 \quad -15{,}7 \quad \frac{2}{9}$
$-\frac{9}{14} \quad \frac{1}{4} \quad 5{,}3$
$-1{,}5 \quad -\frac{1}{4} \quad -1$
$-\frac{11}{4} \quad 0 \quad \frac{7}{10}$

1 Gib in vereinfachter Schreibweise an und berechne.

a) $-6 + (+1{,}1)$ b) $1{,}3 - (-4)$ c) $\frac{1}{6} - \left(+\frac{7}{6}\right)$ d) $+\frac{1}{7} + \left(-\frac{1}{7}\right)$

e) $(-0{,}7) + (-15)$ f) $1{,}0 + (-2{,}5)$ g) $-\frac{5}{9} - \left(-\frac{7}{9}\right)$ h) $\frac{3}{8} + \left(-\frac{5}{8}\right)$

i) $-\frac{1}{2} + \frac{3}{4}$ j) $-\frac{3}{7} + \left(-\frac{3}{14}\right)$ k) $-\frac{5}{4} + \left(-1\frac{1}{2}\right)$ l) $3\frac{1}{5} + \left(-2\frac{1}{2}\right)$

2 Subtrahiere.

a) $0{,}4 - 0{,}7$ b) $-0{,}3 - (-0{,}5)$ c) $1{,}25 - (-0{,}6)$ d) $-2{,}3 - 0{,}4$

e) $\frac{1}{8} - \frac{3}{8}$ f) $-\frac{2}{3} - \left(-\frac{5}{6}\right)$ g) $\frac{3}{4} - \left(-\frac{3}{8}\right)$ h) $-4\frac{1}{5} - \frac{7}{4}$

3 Berechne.

a) $-0{,}5 + 0{,}3$ b) $\frac{1}{2} - \frac{1}{4}$ c) $-\frac{1}{3} - \frac{1}{4}$ d) $\frac{1}{5} + 2\frac{1}{10}$

e) $0{,}75 - 0{,}04$ f) $-2{,}6 - 0{,}375$ g) $\frac{1}{6} - \frac{2}{5}$ h) $\frac{2}{7} - \frac{1}{4}$

4 Ordne die Rechenausdrücke absteigend nach ihrem Wert, ohne diesen genau zu berechnen. Begründe deine Reihenfolge.

| $-2{,}71 - 0{,}04$ | $-0{,}008 + 0{,}4$ | $0{,}04 + 0{,}008$ | $0{,}04 - 2{,}71$ |

Weiterführende Aufgaben

Zwischentest

5 Johanna möchte das Rezept für das Mixgetränk „Südseetraum" ausprobieren. Berechne, ob die Zutaten in eine Karaffe passen, die $1\frac{3}{4}$ ℓ fasst.

Südseetraum
$\frac{1}{2}$ ℓ Orangensaft   0,3 ℓ Maracujasaft
$\frac{2}{5}$ ℓ Ananassaft $\frac{1}{8}$ ℓ Zitronensaft
0,35 ℓ Mineralwasser   0,1 ℓ Grenadinesirup

Erinnere dich
Beim Auflösen einer Minusklammer kehren sich alle Minus- und Pluszeichen in der Klammer um.

6 Löse die Klammer auf und berechne.
a) $\frac{3}{7} - \left(\frac{3}{7} + \frac{3}{8}\right)$
b) $4\frac{1}{2} - \left(\frac{1}{2} - \frac{3}{5}\right)$
c) $1{,}2 - (0{,}2 - 7{,}9)$
c) $0{,}2 - (0{,}8 + 0{,}01)$
d) $0{,}2 - 1{,}2 - (0{,}5 + 0{,}35)$
e) $-\left(\frac{2}{3} - \frac{1}{4}\right) + \left(\frac{7}{4} + \frac{2}{3}\right)$

7 Stolperstelle: Mira und Oskar haben Aufgaben gelöst. Begründe, dass es sich um dieselbe Aufgabe in zwei verschiedenen Darstellungen handelt.
Oskar behauptet, dass Mira falsch gerechnet haben muss, da $-\frac{9}{8} = -1{,}125$ ist. Überprüfe, ob er recht hat, und erkläre den Fehler.
Mira: $-1{,}5 - 0{,}375 = -1{,}875$
Oskar: $-\frac{3}{2} - \frac{3}{8} = -\frac{12}{8} - \frac{3}{8} = -\frac{12-3}{8} = -\frac{9}{8}$

8 Berechne. Überlege bei jeder Teilaufgabe, was sich im Vergleich zur vorherigen Teilaufgabe geändert hat und wie sich diese Änderung auf das Ergebnis auswirkt.
a) $\frac{1}{2} + 0$
b) $\frac{1}{2} + \frac{1}{2}$
c) $\frac{1}{2} + 0{,}5$
d) $\frac{1}{4} + \frac{1}{2}$
e) $-\frac{1}{4} + \frac{1}{2}$
f) $-\frac{1}{4} - \left(-\frac{1}{2}\right)$
g) $\frac{1}{4} - \frac{1}{2}$
h) $\frac{1}{2} - \frac{1}{4}$
i) $0{,}5 - 0{,}25$
j) $0{,}5 - 0{,}25 - 0{,}125$
k) $\frac{1}{2} - \frac{1}{4} - \frac{1}{8}$
l) $\frac{1}{2} - \frac{1}{4} - \frac{1}{8} - \frac{1}{16}$
m) $-\frac{1}{2} - \frac{1}{4}$
n) $-\frac{1}{2} - \frac{1}{4} - \frac{1}{8}$
o) $-\frac{1}{2} - \frac{1}{4} - \frac{1}{8} - \frac{1}{16}$

9 Tamara ist mit ihren Eltern im Skiurlaub. An der Skihütte zeigt das Thermometer –2,7 °C. Sie fahren mit dem Lift zunächst weiter hoch bis zur Mittelstation, wo die Temperatur 2,8 Grad kälter ist. Bis sie ganz oben auf dem Berg sind, sinkt die Temperatur noch einmal um 1,9 Grad. Im Verlauf der Abfahrt bis ganz hinunter ins Tal steigt die Temperatur um 7,6 Grad an. Berechne die Temperatur an der Mittelstation, auf dem Berg und unten im Tal.

Hilfe

10 Berechne die fehlende Zahl.
a) $-\frac{5}{6} - \blacksquare = -1\frac{1}{6}$
b) $\frac{7}{8} + \blacksquare = \frac{3}{4}$
c) $\blacksquare - 0{,}52 = -0{,}37$
d) $-0{,}3 + \blacksquare = -0{,}72$
e) $-\frac{3}{5} - \blacksquare = -\frac{3}{8}$
f) $\blacksquare + 2{,}4 = 1{,}5$
g) $1\frac{1}{6} - \blacksquare = \frac{1}{5}$
h) $-1\frac{3}{8} + \frac{5}{8} - \blacksquare = -3$

11 Ausblick:
a) Berechne $1 + \left(-\frac{1}{2}\right) + \frac{1}{3} + \left(-\frac{1}{4}\right)$.
b) Berechne $1 + \left(-\frac{1}{2}\right) + \frac{1}{3} + \left(-\frac{1}{4}\right) + \frac{1}{5}$.
c) Berechne $1 + \left(-\frac{1}{2}\right) + \frac{1}{3} + \left(-\frac{1}{4}\right) + \frac{1}{5} + \left(-\frac{1}{6}\right)$.
d) Man kann diese Aufgabe mit beliebig vielen Brüchen fortsetzen. Entscheide, ob das Ergebnis immer positiv oder immer negativ ist. Begründe.
e) Prüfe, ob der Betrag des Ergebnisses kleiner als $\frac{1}{2}$ werden kann, wenn man die Aufgabe immer weiter fortsetzt. Begründe.

3.5 Vermischte Aufgaben

1 Ersetze die Platzhalter ■ und ▼ durch vollständig gekürzte Brüche, die zu der Rechnung passen.
Beispiel: ■ + ▼ = $\frac{4}{8}$ + $\frac{2}{8}$ = $\frac{6}{8}$, ■ = $\frac{1}{2}$, ▼ = $\frac{1}{4}$

a) ■ + ▼ = $\frac{16}{48}$ + $\frac{30}{48}$ = $\frac{46}{48}$

b) ■ − ▼ = $\frac{36}{60}$ − $\frac{15}{60}$ = $\frac{21}{60}$

c) ■ + ▼ = $\frac{12}{54}$ + $\frac{18}{54}$ = $\frac{30}{54}$

d) ■ − ▼ = $4\frac{14}{56} - 2\frac{32}{56} = \frac{238}{56} - \frac{144}{56} = \frac{94}{56} = 1\frac{38}{56}$

2 Erfinde zu jedem Ergebnis zwei Aufgaben. Verwende hierbei rationale Zahlen. Arbeitet dann zu zweit. Tauscht eure Aufgaben gegenseitig und kontrolliert eure Rechnungen.

a) $\frac{1}{4}$ b) $\frac{4}{10}$ c) 2,5 d) 0,01 e) $\frac{3}{5}$ f) $\frac{7}{8}$ g) 5

3 Die Klasse 6b ist auf Klassenfahrt im Schwarzwald. Nach dem Frühstück machen sie sich auf den Weg zu einer Rundwanderung. Während des Vormittags schaffen sie $\frac{5}{12}$ der Strecke. Nach der Mittagspause setzen sie ihre Wanderung fort und schaffen noch $\frac{1}{4}$ des Wanderwegs, bevor sie erneut eine Pause machen. Berechne, welcher Anteil des Wanderwegs noch verbleibt.

4 Berechne. Gib das Ergebnis als Bruch und als Dezimalzahl an.

a) $\frac{7}{4}$ + 0,8

b) 0,4 + $\frac{19}{20}$

c) $\frac{3}{8}$ + 0,7

d) $\frac{9}{5}$ − 1,75

e) 1,3 − $\frac{12}{25}$

f) $0,\overline{6}$ − $\frac{1}{6}$

g) $\frac{1}{2}$ + 0,75 − $\frac{7}{8}$

h) $\frac{4}{5}$ + 0,5 − 0,125

i) −0,6 + $\frac{3}{4}$

j) 0,3 − $\frac{7}{4}$ + $\left(-\frac{1}{5}\right)$

k) $\frac{5}{6}$ − $\left(\frac{2}{5} + \frac{1}{3}\right)$

l) 0,01 − (0,1 − 1)

Hinweis zu 5
Setze zunächst Zahlen ein und formuliere dann eine allgemeine Beobachtung.

5 Untersuche, wie sich der Wert der Summe $\frac{a}{b} + \frac{c}{d}$ (b ≠ 0; d ≠ 0) ändert, wenn
a) c und d verdreifacht werden, a und b gleich bleiben.
b) b und d größer werden, a und c gleich bleiben.

6 Blütenaufgabe: Rechnen mit Noten
Auch in der Musik wird mit Brüchen gerechnet. Welchem Wert eine Note entspricht, kannst du der Blütenmitte entnehmen.
Die Summe der Notenwerte in einem Takt entspricht (gegebenenfalls gekürzt) der Taktart, zum Beispiel:

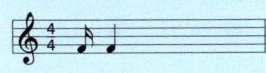

$\frac{4}{4}$ (-Takt) = $\frac{1}{8}$ + $\frac{1}{8}$ + $\frac{1}{8}$ + $\frac{1}{8}$ + $\frac{1}{4}$ + $\frac{1}{4}$ = $\frac{1}{2}$ + $\frac{1}{4}$ + $\frac{1}{4}$ = $\frac{1}{16}$ + $\frac{1}{2}$ + $\frac{1}{4}$ + $\frac{1}{16}$ + $\frac{1}{8}$

Vervollständige den $\frac{4}{4}$-Takt in drei verschiedenen Varianten.

Gegeben sind drei Sechzehntel-, zwei Achtel-, drei Viertel- und eine halbe Note.
Streiche Noten, um einen $\frac{4}{4}$-Takt zu erhalten.

Gib drei verschiedene Möglichkeiten für einen $\frac{3}{4}$-Takt an.

Gegeben ist eine Sechzehntelnote. Füge Noten hinzu, um einen $\frac{3}{8}$-Takt zu erhalten.

3 Prüfe dein neues Fundament

Lösungen → S. 285

1 Notiere eine passende Aufgabe.

a) 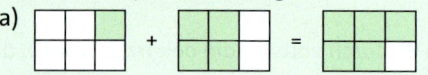 b)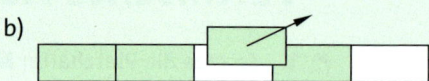

2 Berechne.
a) $\frac{8}{9} - \frac{4}{9}$
b) $\frac{4}{7} + \frac{5}{7}$
c) $\frac{1}{10} + \frac{3}{5}$
d) $\frac{2}{3} + \frac{3}{4}$
e) $\frac{3}{16} - \frac{11}{12}$

3 Berechne. Kürze so weit wie möglich.
a) $\frac{9}{10} + \frac{6}{10}$
b) $\frac{6}{12} - \frac{2}{5}$
c) $\frac{3}{9} + \frac{2}{12}$
d) $\frac{5}{6} - \frac{14}{36}$
e) $-\frac{19}{20} + \frac{10}{25}$

4 Berechne. Gib das Ergebnis als natürliche oder gemischte Zahl an.
a) $3\frac{2}{3} + 5\frac{1}{3}$
b) $1\frac{3}{4} - \frac{1}{7}$
c) $2\frac{3}{5} + 2\frac{9}{10}$
d) $12 - 6\frac{1}{2}$
e) $3\frac{2}{3} - 4\frac{8}{9}$

5 a) Gib drei gleichnamige Brüche an, deren Summe 2 ist.
b) Gib zwei ungleichnamige Brüche an, deren Differenz $\frac{3}{8}$ ist.
c) Erläutere, welche Zahl du von $\frac{1}{2}$ subtrahieren musst, um $\frac{1}{10}$ zu erhalten.

6 Mache einen Überschlag und berechne anschließend.
a) $1{,}1 + 0{,}83$
b) $7 - 5{,}45$
c) $34{,}851 - 16{,}234$
d) $-1{,}9682 - 3{,}18$

7 Berechne.
a) $\frac{17}{21} + \frac{2}{21} - \frac{5}{21}$
b) $1\frac{2}{5} + \frac{1}{2} + \frac{2}{3}$
c) $7{,}6 - 0{,}8 - 5$
d) $0{,}85 - 2{,}904 + 0{,}067$
e) $-\frac{5}{3} + \frac{5}{6} + \frac{10}{9}$
f) $3{,}6 - 0{,}8 - 3{,}75$
g) $1 - \left(\frac{2}{15} + \frac{13}{35}\right)$
h) $7{,}4 - (2 - 2{,}6)$

8 Vervollständige das magische Quadrat. In jeder Zeile, Spalte und Diagonale soll die Summe denselben Wert haben.

a) 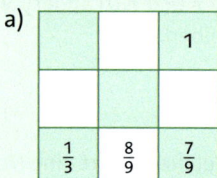 b)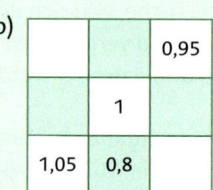

9 Welche Ziffer fehlt hier? Berechne.
a) $0{,}6 - 0{,}\blacksquare 6 = 0{,}34$
b) $-1{,}28 - 0{,}\blacksquare 4 = -2{,}22$
c) $-\frac{\blacksquare}{7} + \frac{3}{4} = -\frac{3}{28}$
d) $\frac{1}{\blacksquare} - \frac{2}{5} = -\frac{7}{30}$
e) $0{,}25 - 0{,}\blacksquare 5 = -0{,}3$
f) $2\frac{1}{4} - \blacksquare = -\frac{3}{4}$

10 Ersetze die Platzhalter ■ durch passende Vorzeichen.
a) $(\blacksquare 4{,}3) + (\blacksquare 2{,}4) = -6{,}7$
b) $(\blacksquare 5{,}1) - (\blacksquare 8{,}3) = 3{,}2$
c) $\left(\blacksquare \frac{3}{4}\right) + \left(\blacksquare \frac{7}{8}\right) = \frac{1}{8}$
d) $\left(\blacksquare \frac{3}{5}\right) + \left(\blacksquare \frac{3}{4}\right) = \frac{3}{20}$
e) $\left(\blacksquare 2\frac{2}{3}\right) - \left(\blacksquare \frac{11}{6}\right) = 4\frac{1}{2}$
f) $(\blacksquare 1{,}75) - (\blacksquare 0{,}3) + (-0{,}2) = -2{,}25$

11 Welche Aufgaben haben jeweils dasselbe Ergebnis? Berechne.

① $\frac{2}{5} + \left(-\frac{1}{5}\right)$
② $\frac{1}{4} - \frac{1}{2}$
③ $-0{,}6 - 0{,}65$
④ $-0{,}1 - 0{,}15$
⑤ $-0{,}2 + 1{,}1$
⑥ $-\frac{3}{2} + \frac{1}{4}$
⑦ $7{,}1 - 6{,}2$
⑧ $-\frac{3}{10} + \frac{3}{6}$

Brüche und Dezimalzahlen addieren und subtrahieren

Lösungen
→ S. 285

12 In einer Konditorei wurden im Laufe des Tages eine halbe und eine dreiviertel Himbeertorte verkauft. Am Abend sind noch $2\frac{1}{4}$ Himbeertorten übrig.
Ermittle, wie viele Himbeertorten ursprünglich zum Verkauf standen.

13 Franz besucht ein Pokalspiel von Borussia Dortmund. Für den Weg zum Stadion braucht er eine Dreiviertelstunde. Er kommt 1,5 Stunden vor dem Anpfiff am Stadion an. Jede Halbzeit dauert eine Dreiviertelstunde, dazwischen gibt es eine Viertelstunde Pause. Durch Nachspielzeit und Verlängerung läuft das Spiel noch um eine Dreiviertelstunde länger. Anschließend braucht Franz $1\frac{1}{4}$ Stunden bis nach Hause.
Berechne, wie lange er insgesamt unterwegs war.

14 Amira hat von ihrer Verwandtschaft zum Geburtstag 100 € bekommen.
Sie kauft Süßigkeiten für 5,15 €, Schuhe für 24,95 €, ein Poster für 8,95 € und Sammelkarten für 1,47 €.
Den Rest möchte sie sparen.
Wie viel Geld hat Amira ausgegeben und wie viel Geld hat sie noch übrig?
Mache zunächst einen Überschlag und berechne anschließend.

15 Arthur geht morgens 2,3 km zu Fuß zur Schule. Nach dem Unterricht läuft er 1,4 km zum Volleyballtraining. Von dort läuft er 1,7 km nach Hause. Abends macht er noch einen 1,5 km langen Spaziergang mit seinem Hund.
Berechne, wie viele Kilometer Arthur an diesem Tag zurücklegt.

16 Leif und Simon trainieren für einen Schwimmwettkampf über 200 m Lagen. Dabei werden je 50 m in den vier Schwimmstilen Schmetterling, Rücken, Brust und Freistil geschwommen. Die Tabelle zeigt Leifs und Simons Zeiten für die einzelnen Schwimmstile aus dem letzten Training.
Ermittle, wer von beiden über die 200 m insgesamt schneller war.

	Simon	Leif
Schmetterling	38,24 s	37,79 s
Rücken	40,54 s	43,26 s
Brust	44,21 s	43,47 s
Freistil	35,69 s	33,95 s

Wo stehe ich?

	Ich kann ...	Aufgabe	Schlag nach
3.1	... Brüche mit gleichen Nennern addieren und subtrahieren.	1, 2	S. 92 Beispiel 1
3.2	... Brüche mit verschiedenen Nennern addieren und subtrahieren.	2, 3, 4, 5, 7, 8, 12, 13	S. 95 Beispiel 1
3.3	... Dezimalzahlen addieren und subtrahieren.	6, 7, 8, 14, 15, 16	S. 100 Beispiel 1
3.4	... positive und negative Brüche und Dezimalzahlen addieren und subtrahieren.	7, 9, 10, 11	S. 103 Beispiel 1

3 Zusammenfassung

Brüche addieren und subtrahieren	**Gleichnamige** Brüche werden addiert oder subtrahiert, indem die Zähler addiert oder subtrahiert werden. Der Nenner wird beibehalten.	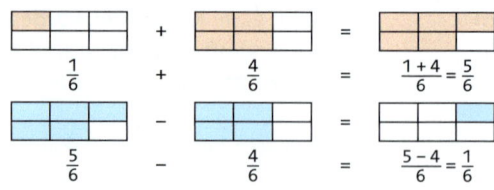 $\frac{1}{6} + \frac{4}{6} = \frac{1+4}{6} = \frac{5}{6}$ $\frac{5}{6} - \frac{4}{6} = \frac{5-4}{6} = \frac{1}{6}$
	Ungleichnamige Brüche werden zunächst durch Erweitern oder Kürzen auf einen **gemeinsamen Nenner** gebracht. Dann kann man die gleichnamigen Brüche addieren oder subtrahieren.	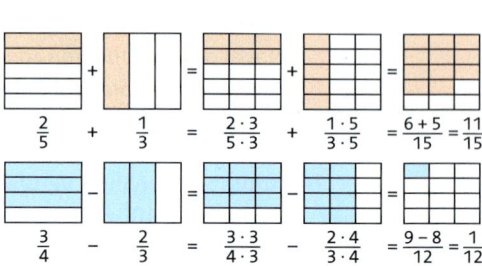 $\frac{2}{5} + \frac{1}{3} = \frac{2 \cdot 3}{5 \cdot 3} + \frac{1 \cdot 5}{3 \cdot 5} = \frac{6+5}{15} = \frac{11}{15}$ $\frac{3}{4} - \frac{2}{3} = \frac{3 \cdot 3}{4 \cdot 3} - \frac{2 \cdot 4}{3 \cdot 4} = \frac{9-8}{12} = \frac{1}{12}$
Dezimalzahlen addieren und subtrahieren	Dezimalzahlen werden addiert oder subtrahiert, indem man sie ① stellengerecht untereinander schreibt (Komma unter Komma, Zehntel unter Zehntel, Hundertstel unter Hundertstel ...) und wenn nötig Nullen ergänzt, ② stellengerecht wie natürliche Zahlen addiert oder subtrahiert, ③ im Ergebnis das Komma setzt (Komma unter Komma). Das Ergebnis kann man durch Überschlag kontrollieren.	1,34 + 23,71 | Z | E | z | h | |---|---|---|---| | | 1, | 3 | 4 | | + | 2 3, | 7 | 1 | | | | 1 | | | 2 | 5, | 0 | 5 | Ü: 1 + 24 = 25 11,7 − 9,67 | Z | E | z | h | |---|---|---|---| | 1 | 1, | 7 | 0 | | − | 9, | 6 | 7 | | 1 | | 1 | | | | 2, | 0 | 3 | Ü: 12 − 10 = 2
Rationale Zahlen addieren und subtrahieren	Rationale Zahlen werden nach denselben Regeln addiert und subtrahiert wie ganze Zahlen.	$-\frac{1}{3} + \frac{3}{5} = -\frac{5}{15} + \frac{9}{15} = \frac{-5+9}{15} = \frac{4}{15}$
	Treffen ein Pluszeichen und ein Minuszeichen aufeinander, so ergibt sich ein Minuszeichen.	0,5 + (−0,7) = 0,5 − 0,7 = −0,2
	Stehen zwei Minuszeichen hintereinander, so ergibt sich ein Pluszeichen.	0,5 − (−0,7) = 0,5 + 0,7 = 1,2

4
Winkel

Nach diesem Kapitel kannst du
→ Kreise, Radien und Durchmesser zeichnen,
→ Winkelarten angeben,
→ Winkelgrößen schätzen, messen und berechnen,
→ Winkel vorgegebener Größe zeichnen.

Dein Fundament

Lösungen → S. 286

Erklärvideo

Geometrische Grundbegriffe

1. Beschreibe die Linien. Nutze die Fachbegriffe Punkt, Strecke, Strahl, Gerade, zueinander parallel und zueinander senkrecht.
   a)   b)   c)   d)

2. Prüfe mit dem Geodreieck, welche der Geraden senkrecht zueinander stehen.

3. a) Zeichne zwei zueinander senkrechte Geraden.
   b) Zeichne zwei zueinander parallele Geraden. Gib ihren Abstand an.

4. Gib die Länge der Strecke an.
   a) von A nach B
   b) von B nach C
   c) von B nach D
   d) von A nach D

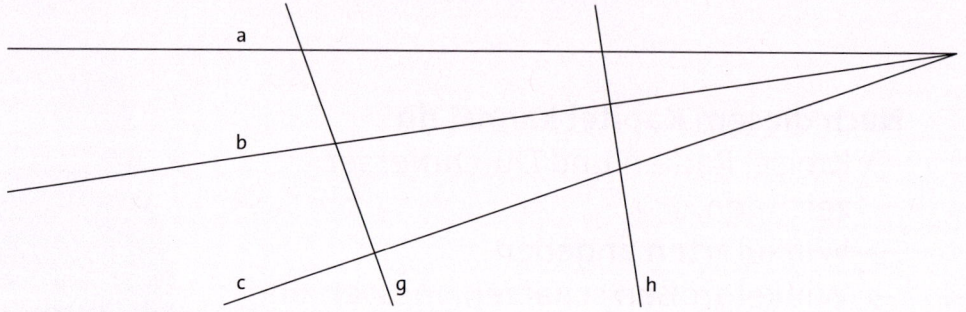

5. Zeichne drei Strahlen a, b und c mit einem gemeinsamen Anfangspunkt S.

6. Entscheide, ob die Aussage wahr oder falsch ist. Korrigiere, falls nötig.
   a) Eine Gerade hat weder einen Anfangspunkt noch einen Endpunkt.
   b) Eine Strecke hat einen Endpunkt, aber keinen Anfangspunkt.
   c) Ein Strahl hat einen Anfangspunkt, aber keinen Endpunkt.
   d) Eine Strecke ist die kürzeste Verbindung zwischen zwei Punkten.
   e) Drei Geraden schneiden sich entweder gar nicht, in genau einem Punkt oder in genau drei Punkten.
   f) Die Länge einer Gerade kann man mit dem Geodreieck messen.
   g) Der Abstand eines Punktes zu einer Gerade ist die Länge der Strecke, die den Punkt mit einem beliebigen Punkt auf der Gerade verbindet.

4 Winkel

Lösungen
→ S. 286

Erklärvideo

Figuren mit rechten Winkeln

7 Bestimme die Anzahl der rechten Winkel in der Figur.

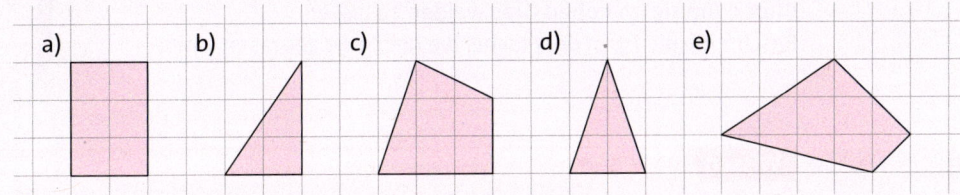

a)   b)   c)   d)   e)

8 Zeichne ein Viereck mit nur zwei rechten Winkeln.

9 Zeichne ein Koordinatensystem mit der Einheit 1 cm und trage die Punkte A(2|1), B(4|1) und D(1|2) ein. Trage einen weiteren Punkt C ein und gib seine Koordinaten an, sodass das Viereck ABCD
a) genau zwei rechte Winkel hat,
b) keinen rechten Winkel hat,
c) genau einen rechten Winkel hat.

Sicher rechnen

10 Berechne im Kopf.
a) 360 − 90
b) 180 + 180
c) 90 + 90 + 90 + 90
d) 360 − 70
e) 360 : 4
f) 90 : 2
g) 360 : 8
h) 180 : 5

11 Ersetze den Platzhalter ■ durch ein Rechenzeichen, sodass die Rechnung stimmt.
a) 180 ■ 2 = 90
b) 270 ■ 90 = 180
c) 360 ■ 45 = 8
d) 180 ■ 90 = 270

12 Setze die Zahlenfolge mit vier weiteren Zahlen fort. Gib eine Vorschrift in Worten an.
a) 45; 90; 135; …
b) 360; 345; 330; 315; …
c) 270; 240; 210; …
d) 100; 200; 190; 290; 280; 380; …

Vermischtes

13 Gib an, welche der Zahlen 0, 35, 89, 90, 99, 101, 180, 200, 233, 271 und 400
a) größer als 0, aber kleiner als 90 sind.
b) größer als 90, aber kleiner als 180 sind.
c) größer als 180, aber kleiner als 360 sind.

14 Es ist jetzt 8 Uhr. Nach 60 Minuten hat der große Zeiger der Uhr eine volle Drehung gemacht. Vervollständige zu einer wahren Aussage.
a) Nach … Minuten hat der große Zeiger der Uhr eine halbe Drehung gemacht.
b) Nach 45 Minuten hat der große Zeiger der Uhr … Drehung gemacht.
c) Nach 90 Minuten hat der große Zeiger der Uhr … Drehungen gemacht.
d) Nach … Minuten hat der große Zeiger der Uhr zwei Drehungen gemacht.

4

4.1 Kreis

Ein Bauer bindet seine Ziege mit einer langen Leine an einen Pflock, um sie im hohen Gras weiden zu lassen.
Beschreibe die Form der Fläche, die die Ziege abgrasen kann.

Hinweis

Die Mehrzahl des Wortes Radius heißt Radien.

Hinweis

Mit dem Radius und dem Durchmesser wird sowohl der Abstand als auch die Strecke bezeichnet.

> **Wissen**
>
> Ein **Kreis** besteht aus allen Punkten, die vom **Mittelpunkt M** den gleichen Abstand haben.
> Diesen Abstand nennt man den **Radius r** des Kreises.
>
> Der **Durchmesser d** ist der doppelte Radius eines Kreises.

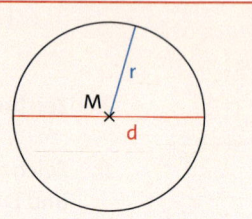

Es gibt verschiedene Möglichkeiten, einen Kreis zu zeichnen: Mit einem Zirkel, mit einer Schablone, mit einem kreisförmigen Gegenstand oder mit einer Reißzwecke und einem Faden.

> **Beispiel 1** Zeichne einen Kreis mit dem Radius r = 5 cm um einen Mittelpunkt M. Zeichne und markiere einen Radius im Kreis.
>
> **Lösung:**
>
>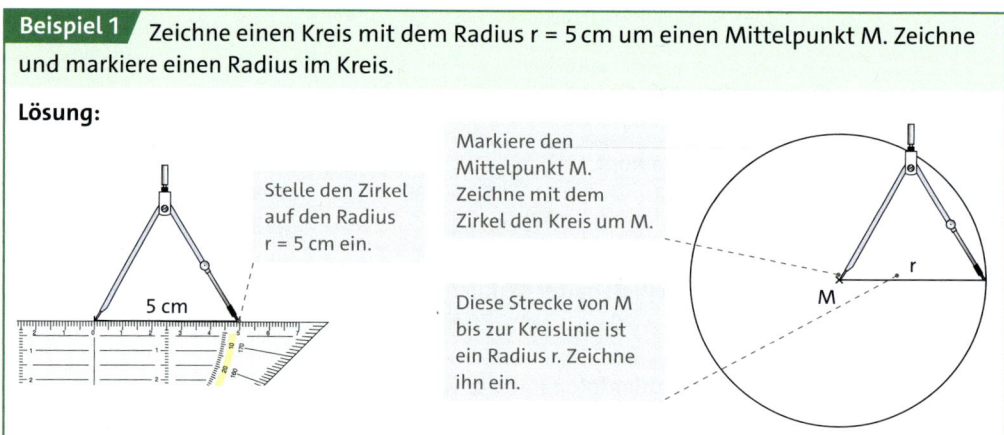

Basisaufgaben

1 Zeichne einen Kreis mit dem Radius r = 6 cm um einen Mittelpunkt M. Zeichne und markiere einen Radius im Kreis.

2 Zeichne einen Kreis mit dem Durchmesser d = 8 cm. Zeichne und markiere einen Radius im Kreis. Gib auch die Länge des Radius an.

3 Zeichne einen Kreis mit der angegebenen Größe. Markiere zunächst den Mittelpunkt M. Zeichne auch einen Radius r und einen Durchmesser d ein. Miss beide Größen nach, um zu prüfen, ob du richtig gezeichnet hast.
   a) r = 2 cm
   b) r = 6,5 cm
   c) d = 6 cm
   d) d = 7 cm

4 Zeichne wie im Bild drei Punkte A, B und C.
   a) Zeichne um A einen Kreis mit r = 1 cm, um B einen Kreis mit r = 2 cm und um C einen Kreis mit r = 4 cm.
   b) Beschreibe den Zusammenhang zwischen den Radien und den Durchmessern der Kreise aus a).

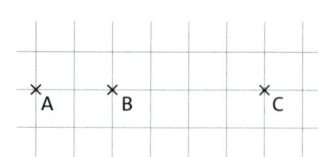

5 a) Bestimme aus der Zeichnung den Radius und den Durchmesser von Kreis 1 und Kreis 2.
b) Zeichne zwei Kreise, die einen gemeinsamen Mittelpunkt haben. Der eine Kreis soll den Radius r = 4 cm und der andere den Durchmesser d = 4 cm haben.

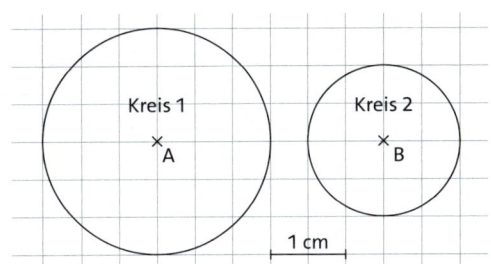

Weiterführende Aufgaben

Zwischentest

6 a) Zeichne mit dem Zirkel einen Kreis mit dem Durchmesser d = 10 cm. Beschreibe, wie du dabei vorgehst.
b) Zeichne einen Kreis mit dem Radius r = 5 cm, dessen Mittelpunkt auf der Kreislinie des Kreises aus a) liegt. Erkläre, warum der zweite Kreis durch den Mittelpunkt des ersten Kreises verläuft.

 7 Stolperstelle:
Azra will den Radius der 2-Euro-Münze bestimmen.
Ihr Ergebnis ist 2,6 cm. Entscheide, ob das stimmen kann.
Erläutere.

Info zu 8b

Diese Figur heißt Yin und Yang und stammt aus China.

8 Zeichne die Figur nach und male sie bunt aus.
Erfinde weitere Figuren.
a)  b) 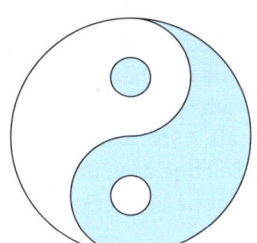 c)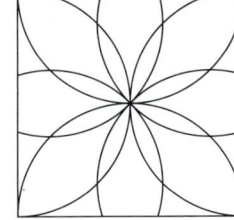

Hilfe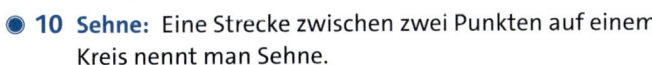

9 Zeichne ein Viereck und zwei Kreise nach folgenden Vorgaben.
a) Zeichne mit dem Geodreieck ein Quadrat.
Zeichne einen Kreis, der durch alle vier Eckpunkte des Quadrats verläuft.
Zeichne einen Kreis, der durch alle vier Seitenmittelpunkte des Quadrats verläuft.
b) Zeichne mit dem Geodreieck ein Rechteck, das kein Quadrat ist.
Zeichne einen Kreis, der durch alle vier Eckpunkte des Rechtecks verläuft.
Zeichne einen Kreis, der durch die Seitenmittelpunkte der beiden langen Seiten verläuft.

10 Sehne: Eine Strecke zwischen zwei Punkten auf einem Kreis nennt man Sehne.
Zeichne einen Kreis mit dem Radius r = 5 cm.
a) Zeichne eine Sehne der Länge 4 cm und eine Sehne der Länge 8 cm in den Kreis ein.
b) Zeichne die deiner Meinung nach längstmögliche Sehne in den Kreis ein.
Nenne eine andere Bezeichnung für diese Sehne.

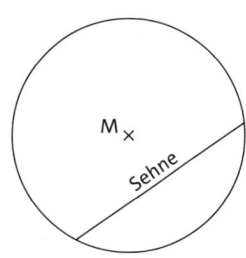

11 Zeichne mit einem kreisrunden Gegenstand einen Kreis auf ein weißes Blatt Papier. Verwende zum Beispiel den Deckel eines Klebestifts oder den Boden einer Flasche.
  a) Miss den Durchmesser des Kreises.
  b) Zeichne möglichst genau den Mittelpunkt des Kreises ein. Beschreibe dein Vorgehen.

Erinnere dich

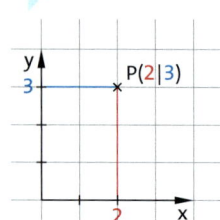

12 Zeichne ein Koordinatensystem mit der Achseneinteilung 1 cm = 1 Einheit.
Zeichne um den Punkt M(6|6) einen Kreis mit dem Radius r = 2 cm.
  a) Gib die Koordinaten von je drei Punkten an, die vom Punkt M
    ① weniger als 2 cm entfernt sind,
    ② genau 2 cm entfernt sind,
    ③ mehr als 2 cm entfernt sind.
  b) Zeichne einen zweiten Kreis mit dem Radius r = 2 cm so ein, dass beide Kreise sich in genau einem Punkt berühren.
  c) Beschreibe, wo die Mittelpunkte aller Kreise mit dem Radius r = 2 cm liegen, die den ersten Kreis in genau einem Punkt berühren.

Hilfe

13 Wo ist der Schatz versteckt? Die Zeichnung zeigt den Plan einer Schatzinsel. Eine Kästchenlänge entspricht einem Schritt. Übertrage den Plan mithilfe des Koordinatensystems.
  a) „Der Schatz ist 6 Schritte von der Palme und 9 Schritte vom Busch entfernt versteckt."
    Bestimme näherungsweise die Koordinaten des Verstecks.
  b) „Der Schatz liegt höchstens 8 Schritte von der Palme und höchstens 6 Schritte vom Busch entfernt. Er liegt aber mehr als 7 Schritte vom Anleger entfernt." Zeichne das Suchgebiet ein.
  c) Denke dir eigene Verstecke aus und beschreibe ihre Lage wie in Aufgabe a) oder b).

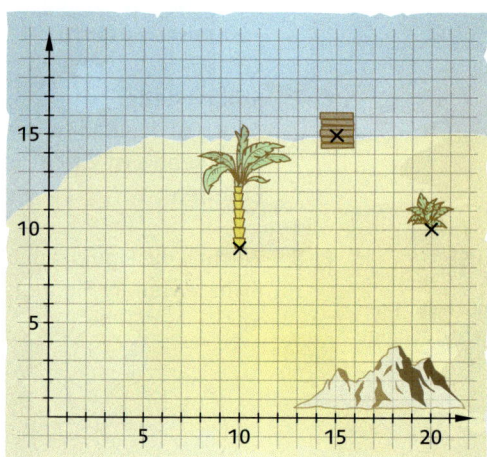

14 Die Stadt Knettelbeck möchte einen Zirkus einladen und stellt für das Zelt ein dreieckiges Gelände zur Verfügung.
  a) Der Zirkus Trolli besitzt ein rundes Zelt mit 30 m Durchmesser. Ermittle, ob das Zelt auf das Gelände passt.
  b) Ermittle mithilfe einer dynamischen Geometrie-Software näherungsweise, welchen Durchmesser ein Zirkuszelt maximal haben darf, damit es auf das Gelände passt.

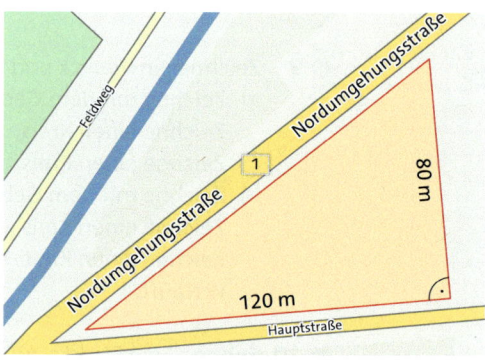

15 Ausblick:
Zeichne einen Kreis mit dem Radius r = 5 cm. Zeichne zwei Durchmesser des Kreises ein, die zueinander senkrecht verlaufen. Verbinde die Schnittpunkte der Durchmesser mit dem Kreis zu einem Quadrat.
Zeichne im Kreis zwei weitere Durchmesser ein, die durch die Seitenmittelpunkte des Quadrats verlaufen. Verbinde dann die Schnittpunkte aller Durchmesser mit dem Kreis zu einem Achteck. Zeige, dass alle Seiten des Achtecks gleich lang sind.

4.2 Winkel angeben

Betrachte die rechts abgebildeten Scheren. Wie unterscheiden Sie sich? Beschreibe die Unterschiede in eigenen Worten.

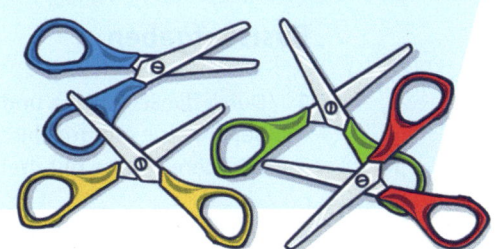

Hinweis

Ein Winkel beschreibt die **Neigung** des einen zum anderen Schenkel. Die Länge der Schenkel ist dabei unwichtig.

Wissen

Ein **Winkel** wird durch zwei Strahlen begrenzt, die vom gleichen Anfangspunkt ausgehen.

Die Strahlen heißen **Schenkel**.
Der Anfangspunkt ist der **Scheitelpunkt** des Winkels.

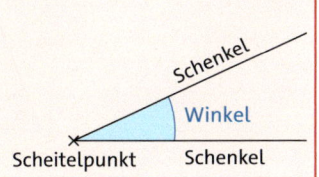

Winkel kann man auf verschiedene Weisen bezeichnen.

Mit **zwei Schenkeln**: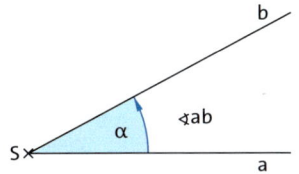

Mit **drei Punkten**: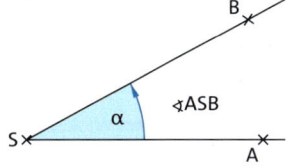

Die übliche **Drehrichtung** in der Mathematik ist entgegen dem Uhrzeigersinn.
Man gibt daher bei der Winkelbezeichnung immer zuerst den Schenkel (oder den Punkt auf dem Schenkel) an, der entgegen dem Uhrzeigersinn gedreht werden muss, um den eingezeichneten Winkel zu überstreichen.

Winkel werden oft auch mit **griechischen Buchstaben** bezeichnet:

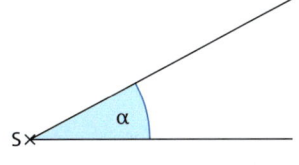

Die ersten griechischen Buchstaben sind:

α	β	γ	δ	ε
Alpha	Beta	Gamma	Delta	Epsilon

Erklärvideo

Beispiel 1

a) Übertrage die Zeichnung und zeichne die Winkel ein, die durch die Schenkel g und h begrenzt werden. Benenne die Winkel mit griechischen Buchstaben.

b) Gib die Winkel aus a) auch in der Schreibweise mit Schenkeln und mit Punkten an.

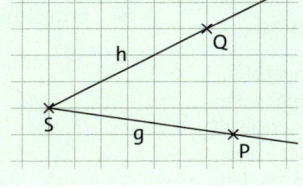

Lösung:

a) Es gibt zwei Winkel, die durch die Schenkel begrenzt werden.

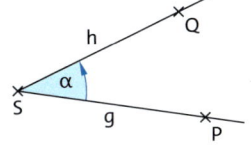 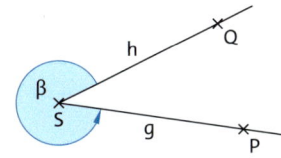

b) Zeichne einen Pfeil entgegen dem Uhrzeigersinn ein und lies dann ab.
α = ∢gh = ∢PSQ   β = ∢hg = ∢QSP

Basisaufgaben

1. Durch die Schenkel a und b werden zwei Winkel begrenzt. Benenne sie mit griechischen Buchstaben. Gib sie dann in der Schreibweise mit drei Punkten und zwei Schenkeln an.

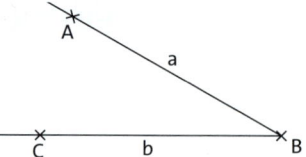

2. Gib die Winkel in der Schreibweise mit drei Punkten oder zwei Schenkeln an.

a)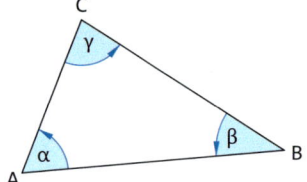

b)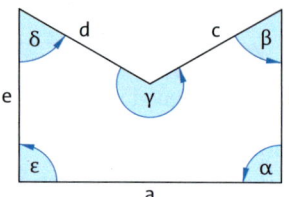

Winkelarten

Wissen Je weiter ein Schenkel auf den anderen Schenkel gedreht wird, umso größer wird der Winkel. Man unterscheidet verschiedene Winkelarten:

spitzer Winkel	rechter Winkel	stumpfer Winkel	gestreckter Winkel	überstumpfer Winkel
weniger als eine Vierteldrehung	Vierteldrehung	mehr als eine Vierteldrehung, weniger als eine halbe Drehung	halbe Drehung	mehr als eine halbe Drehung, weniger als eine volle Drehung

Basisaufgaben

Erinnerung
Bei einem rechten Winkel stehen die Schenkel senkrecht zueinander – dies kannst du mit dem Geodreieck prüfen.

3. Entscheide, zu welcher Winkelart der Winkel gehört. Begründe.

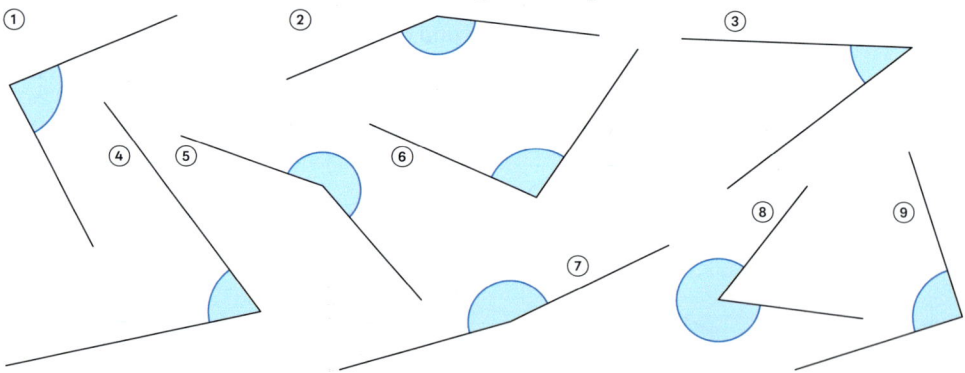

4. Zeichne auf kariertem Papier für jede Winkelart zwei Schenkel, sodass sie einen Winkel dieser Winkelart begrenzen. Orientiere dich dabei an den Kästchen. Zeichne den Winkel mit einem Pfeil ein und benenne ihn mit einem griechischen Buchstaben.

Weiterführende Aufgaben

5 Arbeitet zu zweit. Nennt eine Winkelart und stellt einen solchen Winkel mit euren Armen dar, sodass die Arme dabei die Schenkel bilden. Kontrolliert euch gegenseitig. Stellt auf diese Weise alle Winkelarten dar.
Geht nun umgekehrt vor: Stellt beliebige Winkel dar und nennt gegenseitig die Winkelart.

6 Stolperstelle: Salvatore beschreibt den Winkel α:
„Der Winkel α = ⊀gh besteht aus den Schenkeln g und h."
Nimm Stellung.

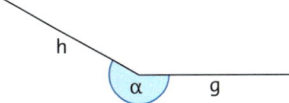

7 Bestimme, wie viele Minuten ungefähr vergehen, wenn der Minutenzeiger einer Uhr den gefärbten Bereich überstreicht. Gib die Winkelart an, die der gefärbte Bereich einschließt.

a) 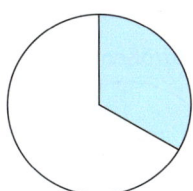   b) 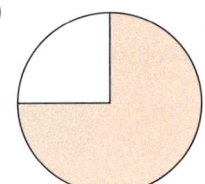   c)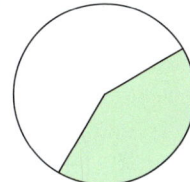

8 Kapitän Hansson ist an Bord seines Fischkutters auf dem Meer. Jule ist am Strand. Das Bild zeigt die Blickwinkel, unter denen die beiden den Leuchtturm sehen.

a) Beschreibe den Unterschied zwischen den Blickwinkeln von Kapitän Hansson und Jule.
b) Beschreibe, wie sich der Blickwinkel des Kapitäns verändert, wenn er zurück zum Strand fährt. Gib an, wann der Blickwinkel des Kapitäns am größten und wann er am kleinsten ist.

9 Alara sagt: *„Zeichne ich ein Dreieck, entstehen insgesamt 6 Winkel."* Begründe, ob sie recht hat.

10 Schließen zwei Schenkel einen spitzen (rechten; stumpfen) Winkel ein, so ist der andere durch die beiden Schenkel eingeschlossene Winkel immer ein überstumpfer Winkel. Begründe die Aussage. Fertige dazu auch eine Zeichnung an.

11 Ausblick: Im Bild ist der Schusswinkel beim Elfmeter markiert, dazu ein Halbkreis mit dem Radius r = 11 m.
a) Beschreibe, wie sich der Schusswinkel verändert, wenn der Schütze von einem anderen Punkt des Halbkreises schießt.
b) Beim Freistoß sieht man häufig, dass die Schützen heimlich den Ball etwas weiter nach vorne legen. Entscheide, ob das ihre Torchance verbessert. Erkläre, wie sich die Torchance verändert, wenn sie den Ball parallel zur Torlinie nach links oder rechts legen.

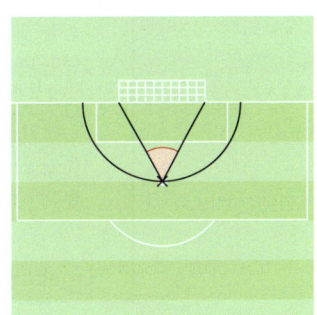

4

4.3 Winkel messen

Der ganze Kuchen hat ein Gewicht von 1,2 kg.
Gib an, wie viel das abgebildete Stück wiegt.

Hinweis

Anstatt Winkelgröße sagt man auch **Winkelweite**.

> **Wissen**
>
> Die **Größe eines Winkels** wird in der Maßeinheit **Grad** (°) angegeben.
>
> Liegen beide Schenkel aufeinander, so bilden sie einen **Vollwinkel**. Der Vollwinkel hat die Winkelgröße **360°**.
> Teilt man ihn in 360 gleich große Teile, so hat ein Teil davon die Winkelgröße 1°.
>
> α = 45°
> Maßzahl   Maßeinheit
>
>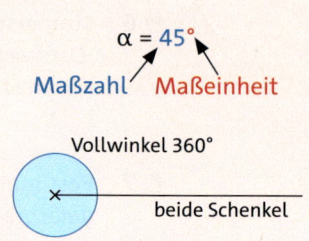

Mithilfe ihrer Anteile am Vollwinkel, kann man Winkelgrößen schätzen. Zum Beispiel:

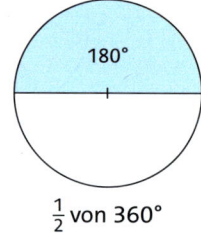 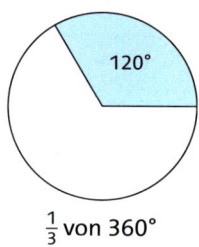 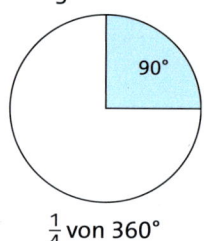 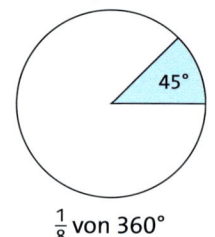

$\frac{1}{2}$ von 360° $\frac{1}{3}$ von 360° $\frac{1}{4}$ von 360° $\frac{1}{8}$ von 360°

Winkelgrößen bis 180° messen

Größen von Winkeln kann man mit dem Geodreieck messen. Dazu befindet sich auf dem Geodreieck ein Halbkreis, auf dem die Winkelgrößen von 0° bis 180° eingezeichnet sind.

Erklärvideo

> **Beispiel 1**
>
> a) Schätze die Größe des Winkels α.
> b) Miss dann mit dem Geodreieck.
>
> **Lösung:**
> a) Der Winkel α ist etwa halb so groß wie ein rechter Winkel. Er ist also etwa 45° groß.
> b)
>
> Lege das Geodreieck auf den Winkel. Die lange Seite liegt auf einem Schenkel, der Nullpunkt liegt auf dem Scheitelpunkt S.
>
>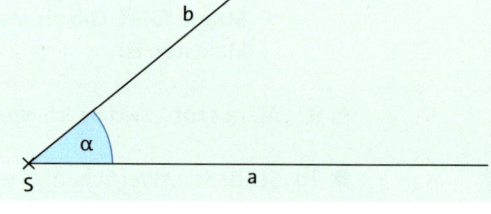
>
> Zähle an der Skala, die bei 0 beginnt, nach oben:
> 0°, 10°, ..., 40°.
>
> Ergebnis: α = 40°

Basisaufgaben

1 Schätze zuerst die Größen der beiden abgebildeten Winkel und begründe deine Schätzung. Miss dann die Winkelgrößen mit dem Geodreieck und vergleiche jeweils die beiden Werte miteinander.

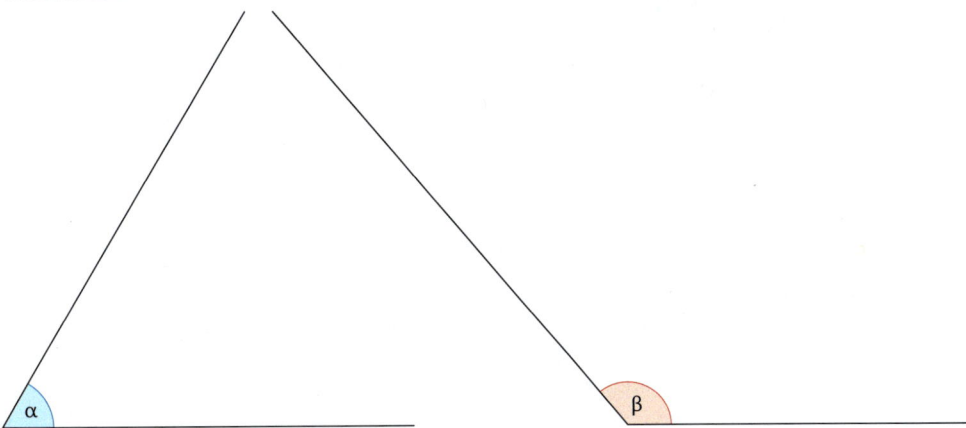

2 Gegeben sind die Winkel α, β, γ und δ.
   a) Entscheide jeweils, um welche Winkelart es sich handelt.
   b) Schätze die Größen der Winkel.
   c) Miss die Größen der Winkel mit dem Geodreieck und vergleiche jeweils den Messwert mit dem geschätzten Wert.

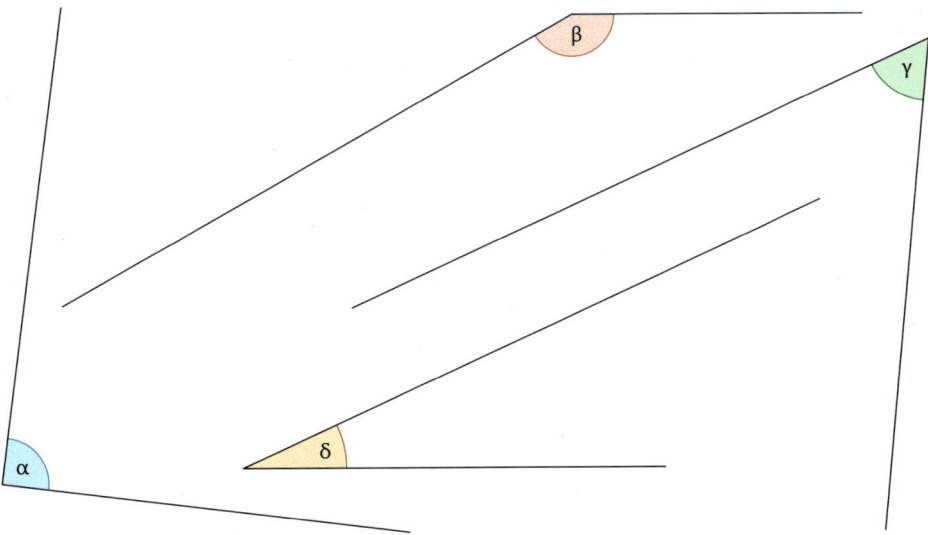

3 Die abgebildeten Winkel sind ① 110°, ② 18°, ③ 45° und ④ 154° groß.
Ordne diese Winkelgrößen den abgebildeten Winkeln α, β, γ und δ zu, ohne zu messen.
Begründe deine Zuordnung.

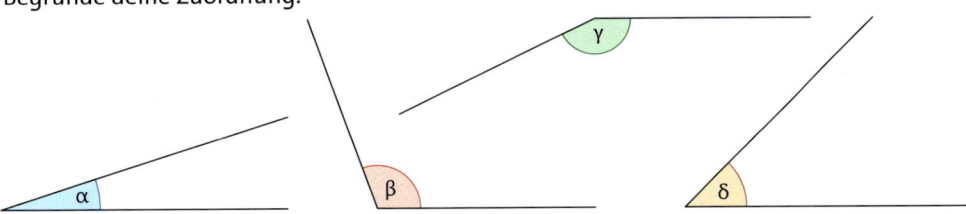

4.3 Winkel messen

Winkelgrößen über 180° bestimmen

Auf dem Geodreieck sind nur Winkelgrößen bis 180° eingezeichnet. Um die Größe von Winkeln über 180° zu bestimmen, ist eine zusätzliche Rechnung nötig.

Erklärvideo

Beispiel 2

a) Schätze die Größe des Winkels α.
b) Bestimme die Größe des Winkels α.

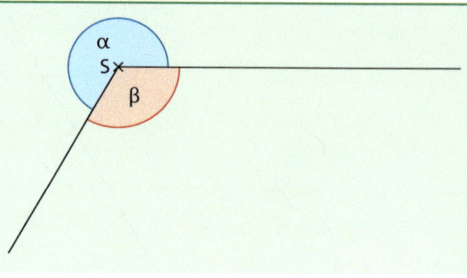

Lösung:

a) Der Winkel α hat einen Anteil von etwa zwei Drittel am Kreis. Berechne den zugehörigen Anteil am Vollwinkel.

α entspricht etwa $\frac{2}{3}$ von 360°:

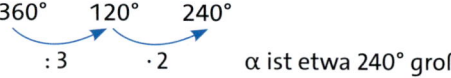

α ist etwa 240° groß.

b) Die Winkel α und β bilden zusammen einen Vollwinkel. Miss die Größe von β. Bestimme daraus die Größe von α.

α + β = 360°
Der Winkel β ist 120° groß.
α + 120° = 360°, also α = 360° − 120° = 240°

Basisaufgaben

4 Gib die Größe des Winkels α an.

a) 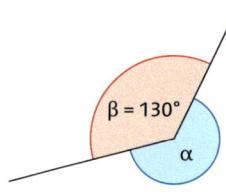 b) 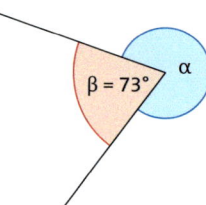 c)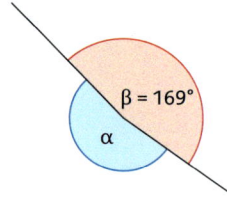

5 Schätze zuerst die Größe des Winkels. Bestimme dann seine Größe und vergleiche die beiden Werte miteinander.

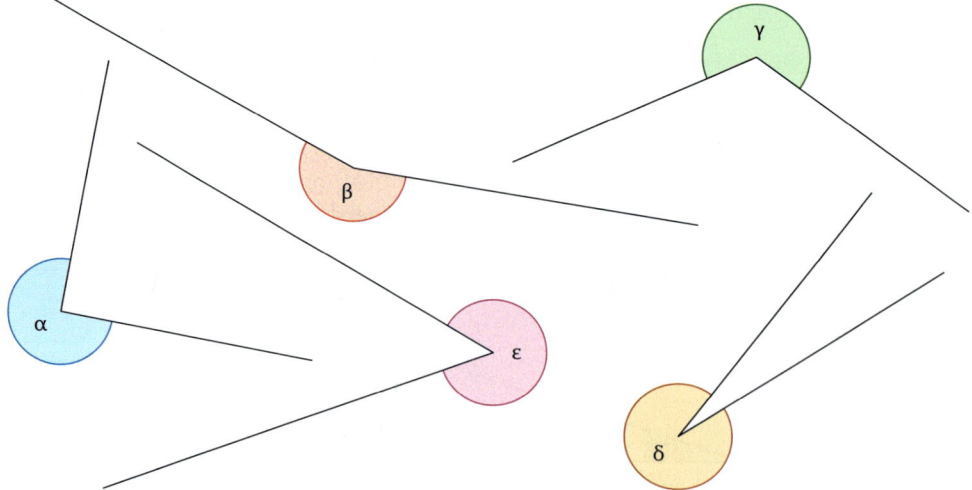

Weiterführende Aufgaben

Zwischentest

6 Winkelarten: Ordne den Winkelarten die entsprechenden Winkelgrößen zu.

| spitzer Winkel | gestreckter Winkel | 90° | zwischen 180° und 360° |

stumpfer Winkel   rechter Winkel   zwischen 90° und 180°

überstumpfer Winkel   zwischen 0° und 90°   180°

7 Stolperstelle: Lara und Luca untersuchen die Winkel.
a) Beim Winkel α misst Lara 75°, Luca misst 105°. Erkläre, wer recht hat und welchen Fehler der andere gemacht hat.
b) Lara behauptet: „Der Winkel β ist ein stumpfer Winkel." Nimm Stellung.

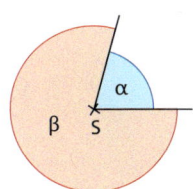

8 Betrachte die abgebildeten Winkel.
a) Ordne dem Winkel α eine Winkelart zu. Begründe.
b) Ordne dem Winkel β eine Winkelart zu und bestimme seine Größe.
c) Begründe mithilfe von Skizzen, ob die Aussage richtig oder falsch ist: Zwei Strahlen, die von einem Punkt ausgehen, bilden zwei Winkel, von denen einer immer ein überstumpfer Winkel ist.

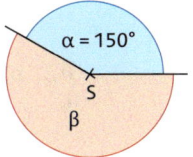

9 Auf analogen Uhren sind die 12 Stundenstriche in gleichen Abständen am Kreisrand markiert.
a) Zeichne eine analoge Uhr auf kariertem Papier. Zeichne dazu einen Kreis mit dem Mittelpunkt auf einer Kästchenkreuzung und dem Radius 2 Kästchen. Zeichne dann die 12 Stundenstriche in gleichen Abständen an den Kreisrand, ohne ein Geodreieck zu verwenden. Beschreibe dein Vorgehen.
b) Bestimme, ohne ein Geodreieck zu verwenden, die Größe des spitzen Winkels, der von den beiden Zeigern um 01:00 Uhr eingeschlossen wird. Erkläre dein Vorgehen. Prüfe dein Ergebnis, indem du die Zeigerstellung in die Zeichnung aus a) einzeichnest und den Winkel misst.
c) Bestimme, ohne zu messen die Größe des spitzen Winkels, der zu der angegebenen Uhrzeit von den beiden Zeigern eingeschlossen wird. Berechne dann die Größe des überstumpfen Winkels.

① 04:00   ② 07:00   ③ 09:00   ④ 11:00

Hilfe

10 Berechne die Größe des Winkels β.
a)   b)

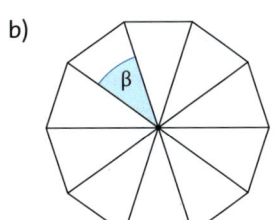

11 Die Winkel α und β bilden zusammen einen gestreckten Winkel, und es gilt α = 45°. Berechne die Größe von β.

12 Auf den meisten Karten und Kompassen befindet sich eine Windrose, die die Anordnung der Himmelsrichtungen anzeigt. Oft wird dabei eine Einteilung mit 8 oder wie hier dargestellt 16 Himmelsrichtungen verwendet.
a) Berechne die Größe des Winkels zwischen zwei benachbarten Himmelsrichtungen.
b) Berechne die Größe des Winkels zwischen den Himmelsrichtungen NNO und SSO.

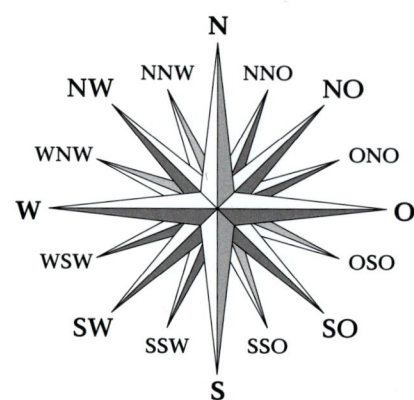

13 Zeichne die drei Punkte A(1|1), B(9|1) und C(2|8) in ein Koordinatensystem.
a) Zeichne die beiden Schenkel ein, die vom Scheitel B durch die Punkte A und C verlaufen. Miss die Größe des überstumpfen Winkels, der entsteht.
b) Gib ohne zu messen die Größe des anderen Winkels an. Miss die Winkelgröße und vergleiche die beiden Werte. Gib die Winkelart an.

14 Zeichne die Punkte A(−4|−3), B(1|−3) und C(4|2) in ein Koordinatensystem und verbinde die Punkte zu einem Dreieck. Betrachte die Winkel an den Punkten A und B. Bestimme die Winkelart und schätze die Größe der Winkel. Miss dann mit dem Geodreieck.

Hilfe

15 a) Die Winkel zwischen Minuten- und Stundenzeiger sind um 04:00 Uhr und 08:20 Uhr nicht genau gleich groß. Erkläre warum.
b) Bestimme die Winkel zwischen den Zeigern zur Uhrzeit 08:20, ohne zu messen. Erkläre dein Vorgehen und zeichne die Uhr.
c) Zeichne eine Uhrzeit, bei der die Zeiger einen Winkel von 60° bilden.
d) Zeichne vier verschiedene Uhrzeiten, bei denen die Zeiger jeweils einen gestreckten Winkel bilden.
e) Erkläre, warum die Zeiger zu keiner vollen Stunde einen Winkel von 75° bilden können.
f) Finde eine Uhrzeit, zu der die Zeiger einen Winkel von 75° bilden.

16 Ausblick: Neben- und Scheitelwinkel
Zwei sich schneidende Geraden bilden eine Geradenkreuzung mit vier Winkeln. Benachbarte Winkel nennt man **Nebenwinkel** (zum Beispiel α und β). Winkel, die sich gegenüberliegen, heißen. **Scheitelwinkel** (zum Beispiel β und δ).

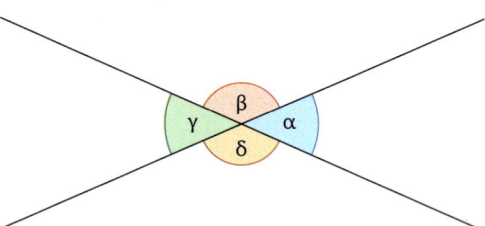

a) Zeichne zwei Geraden, die sich in einem Punkt schneiden. Miss die Größen der vier Winkel, die an der Geradenkreuzung entstehen. Vergleiche die Größen der Scheitelwinkel miteinander und bilde jeweils die Summe der Nebenwinkelgrößen. Beschreibe, was dir auffällt.
b) Formuliere eine Regel darüber, wie sich Nebenwinkel und Scheitelwinkel an einer Geradenkreuzung zueinander verhalten.
c) Überprüfe die Regel aus b) an weiteren Beispielen.

4.4 Winkel zeichnen

Bastle eine Winkelscheibe. Schneide dafür zwei Kreisscheiben mit einem Radius von 7 cm in unterschiedlichen Farben aus. Schneide die Scheiben entlang des Radius ein und schiebe sie ineinander. Durch Drehen der Scheiben lassen sich Winkel erzeugen.

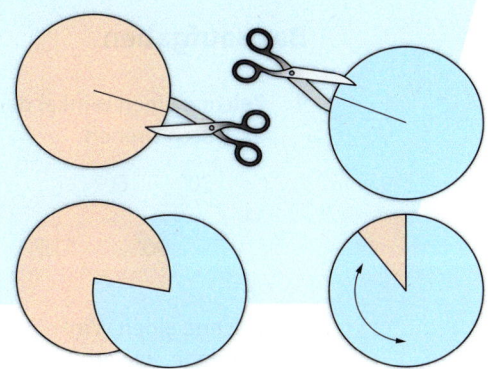

Beim Zeichnen von Winkeln gibt es zwei Methoden: man kann das Geodreieck drehen und oder den Winkel am Geodreieck abtragen und dann den Schenkel zeichnen.

Erklärvideo

Beispiel 1 Zeichne den Winkel α = 50° durch Drehen des Geodreiecks und den Winkel β = 140° durch Markieren am Geodreieck.

Lösung: Geodreieck drehen

1. Schritt

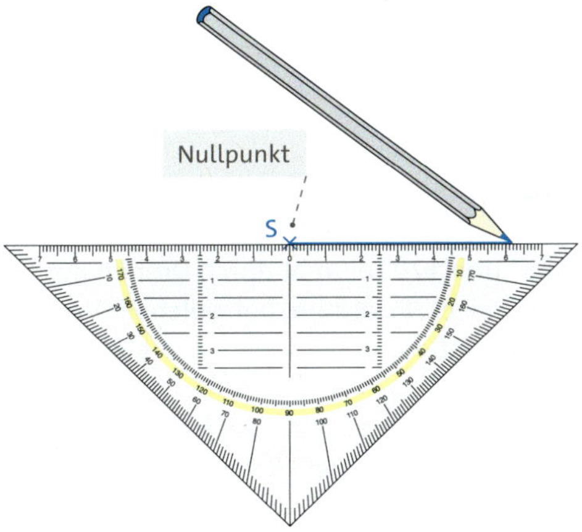

Zeichne den ersten Schenkel mit dem Scheitelpunkt S am Nullpunkt.

2. Schritt

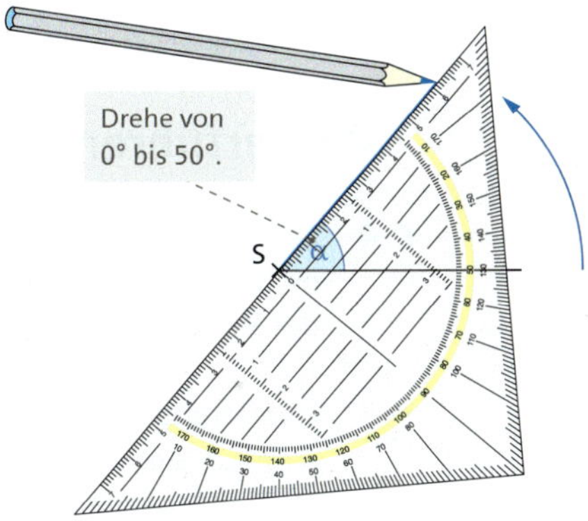

Drehe das Geodreieck nach links, bis die Skala bei 50° steht. Zeichne dann den zweiten Schenkel.

Lösung: Am Geodreieck markieren

1. Schritt

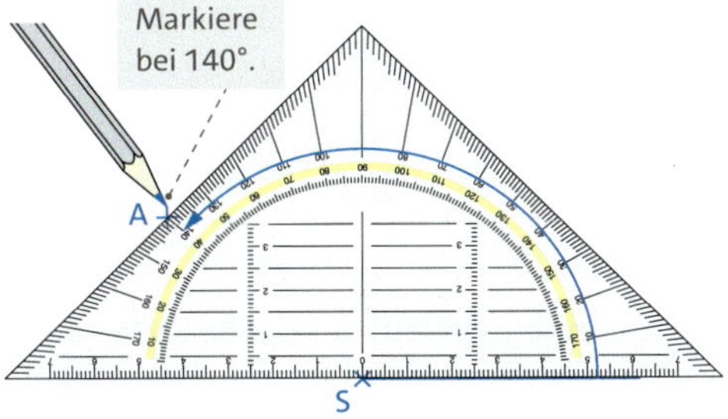

Zeichne den ersten Schenkel mit dem Scheitelpunkt S am Nullpunkt. Dann markierst du bei 140° einen weiteren Punkt A.

2. Schritt

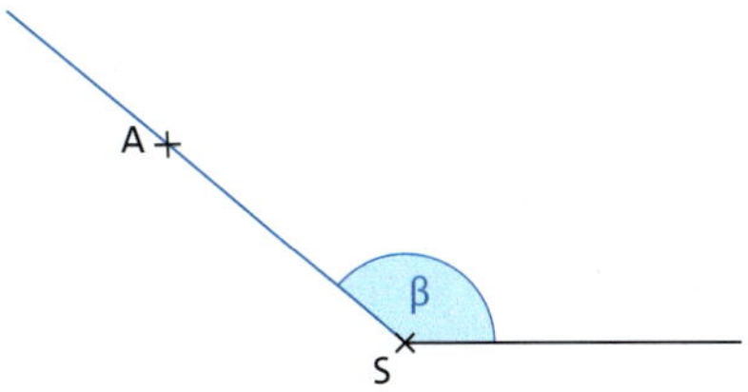

Anschließend verbindest du A mit S und erhältst so den zweiten Schenkel.

Basisaufgaben

1 Zeichne einen Winkel der angegebenen Größe mit dem Geodreieck.
   a) Durch Drehen: b) Durch Markieren: c) Entscheide selbst:
      30°   60°   160°   120°   100°   70°
      90°   130°   90°   50°   170°   20°

2 Zeichne einen Winkel der angegebenen Größe. Bestimme vorher die Winkelart und überlege, wie groß die Winkelöffnung ungefähr sein muss.
   a) 75°   b) 150°   c) 15°   d) 180°   e) 45°   f) 135°

Hinweis zu 3c
Bei der Figur handelt es sich um einen regelmäßigen Stern, das heißt, alle Seiten sind gleich lang und die Winkel sind gleich groß.

3 Zeichne die Figuren. Übertrage dazu schrittweise die Längen und Winkel.

a)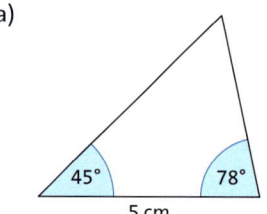

b)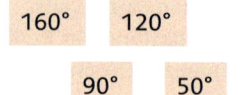

c)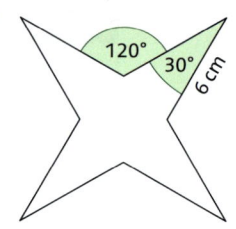

Weiterführende Aufgaben

Zwischentest

4 Zeichne die Winkel der Größe 65° und 120° einmal durch Drehen des Geodreiecks und einmal durch Markieren am Geodreieck. Erläutere, bei welchem Verfahren dir die Auswahl der Skala und das Zeichnen leichter fallen.

Hilfe

5 **Überstumpfe Winkel zeichnen:** Miguel behauptet: „Ich kann einen Winkel der Größe 250° zeichnen, indem ich einfach einen Winkel der Größe 110° zeichne."
   a) Zeichne einen Winkel der Größe 110°. Erkläre, warum Miguel recht hat und zeichne den Winkel der Größe 250° ein.
   b) Zeichne die überstumpfen Winkel nach derselben Methode.
      ① α = 200°   ② β = 300°   ③ γ = 225°   ④ δ = 270°

6 **Stolperstelle:** Raphael und Marie sollten Winkel zeichnen. Erkläre die Fehler, die die beiden gemacht haben, und zeichne die Winkel richtig.
   a) Raphael: α = 110°   b) Marie: β = 210°

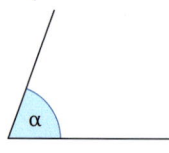
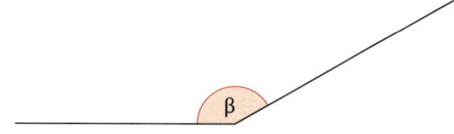

Hinweis
Die **Innenwinkel** einer Figur sind die Winkel an den Eckpunkten, die innerhalb der Figur liegen.

7 a) Zeichne ein Parallelogramm mit Innenwinkeln der Größe 70° und 110°. Zeichne dazu eine Strecke der Länge 6 cm. Trage an einem Endpunkt einen Winkel der Größe 70°, am anderen der Größe 110° ab. Zeichne die Schenkel 4 cm lang, verbinde ihre Endpunkte. Schätze die Größen der beiden anderen Innenwinkel. Miss dann mit dem Geodreieck.
   b) Zeichne eine Raute mit Innenwinkeln der Größe 50° und 130°. Gehe dabei vor wie in a) und wähle als gemeinsame Länge für alle Strecken 5 cm. Schätze die Größen der beiden anderen Innenwinkel. Miss dann mit dem Geodreieck.

Hilfe 👇

● 8 In den fünf Kreisen sind die Winkel α, β, γ, δ und ε eingefärbt.

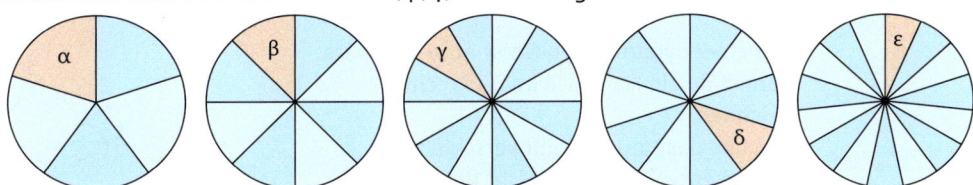

a) Ordne die Winkel der Größe nach. Gib jeweils ihre Größe an, ohne zu messen.
b) Zeichne den Winkel β zweimal so nebeneinander, dass der Scheitelpunkt und ein Schenkel übereinstimmen. Gib an, welchen besonderen Winkel du erhältst.
c) Finde eine Kombination, drei Winkel mit gemeinsamem Scheitelpunkt so aneinanderzulegen, dass sie einen rechten Winkel ergeben. Überprüfe durch eine Zeichnung.
d) Zeichne die fünf Winkel α, β, γ, δ und ε ausgehend vom gleichen Scheitelpunkt nebeneinander. Bestimme die Größe des Winkels, der sich ergibt.

● 9 Das Gesichtsfeld ist der Bereich, den wir beim Geradeausschauen überblicken können, ohne den Kopf zu bewegen. Das Gesichtsfeld wird durch den Sehwinkel beschrieben.

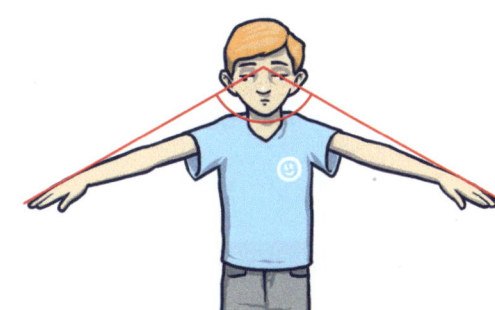

Hinweis zu 9a
Ihr könnt zum Messen ein Tafel-Geodreieck benutzen oder eure Armöffnung auf einen großen Bogen Papier zeichnen.

a) Arbeitet in Gruppen. Öffnet eure gestreckten Arme so weit, dass ihr sie gerade noch sehen könnt, ohne den Kopf zu bewegen. Messt gegenseitig die Größe eures Sehwinkels.
b) Das Gesichtsfeld anderer Lebewesen unterscheidet sich von dem des Menschen teilweise recht deutlich. Recherchiere im Internet und zeichne die Gesichtsfelder einiger Tiere auf.

● 10 Im Straßenverkehr sind Kinder benachteiligt. Im Alter von 6 Jahren beträgt die Größe ihres Sehwinkels nur 120°. Der Sehwinkel von Erwachsenen ist dagegen 180° groß. Erkläre anhand einer Zeichnung die besondere Gefährdung der Kinder.

● 11 Ausblick: Die Lage eines Punktes im Koordinatensystem kann man auch durch einen Winkel α und den Abstand d zum Ursprung angeben.

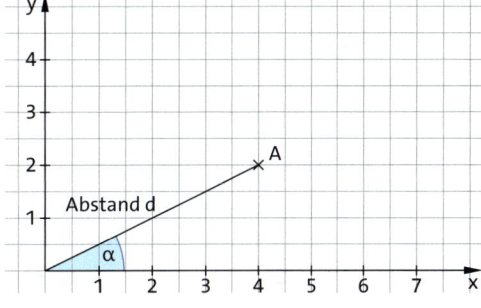

a) Zeichne in ein Koordinatensystem den Punkt A(4|2) (1 Einheit = 1 cm). Miss die Winkelgröße α und den Abstand d.
b) Zeichne den Punkt mithilfe des Winkels α und des Abstands d in das Koordinatensystem ein.
① α = 30°, d = 5 cm   ② α = 60°, d = 7 cm   ③ α = 15°, d = 5 cm
c) Zeichne die Punkte P(6|8) und Q(8|6) in ein Koordinatensystem ein.
Melek behauptet: „Die Winkelgrößen der Punkte P und Q ergeben zusammen 90°."
Stimmt das? Prüfe, ob dies auch für die Punkte R(2|7) und S(7|2) zutrifft. Beschreibe deine Beobachtung.

4 Mit Medien arbeiten

Dynamische Geometrie-Software

Mit einer dynamischen Geometrie-Software kannst du ein Haus wie im Bild rechts zeichnen.
Zeichne das Haus. Es gibt verschiedene Vorgehensweisen, vergleicht untereinander.

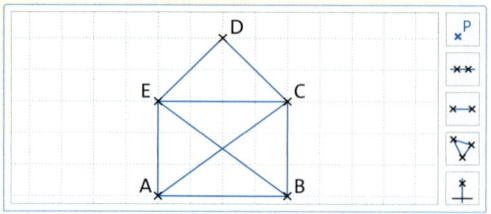

Mit einer dynamischen Geometrie-Software kannst du in einem Zeichenfenster geometrische Konstruktionen anfertigen. Du kannst auch ein Koordinatensystem einblenden und Schieberegler verwenden. Wichtige Buttons sind:

×P	Punkt zeichnen	⊙×	Kreis mit Mittelpunkt durch Punkt
×—×	Strecke zwischen Punkten	⊙	Kreis mit Mittelpunkt und Radius
⋆—⋆	Gerade durch zwei Punkte	△	Winkel (messen)
⊿	Vieleck	∡	Winkel mit fester Größe (zeichnen)

Beispiel 1   Kreise zeichnen

Zeichne in ein Koordinatensystem die Punkte A(3|4) und B(0|4).
Zeichne dann einen Kreis mit dem Mittelpunkt A, der durch den Punkt B verläuft.
Zeichne einen weiteren Kreis um den Mittelpunkt A mit dem Radius 2 Längeneinheiten.

Lösung:

Blende zuerst das Koordinatensystem ein.
Zeichne dann die Punkte A und B in das Koordinatensystem.

Wähle den Button ⊙× aus und markiere nacheinander die Punkte A und B.

Wähle den Button ⊙ aus und markiere den Punkt A. Gib als Radius 2 ein.

In der Geometrie-Software werden alle Längen in Längeneinheiten (LE) angegeben.

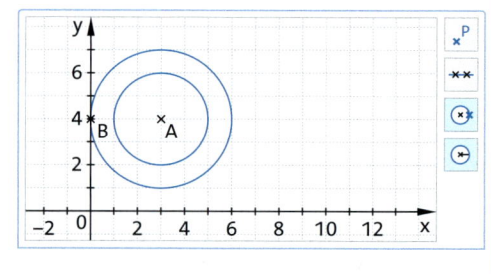

Hinweis

Das Koordinatensystem kannst du über die Grundeinstellungen im Menü einblenden.

Aufgaben

1 Zeichne zwei beliebige Punkte A und B.
  a) Zeichne einen Kreis mit dem Mittelpunkt A, der durch den Punkt B verläuft.
  b) Zeichne einen Kreis mit dem Mittelpunkt A und dem Radius 3 Längeneinheiten.

2 Schieberegler für Zahlen:
  a) Füge einen Schieberegler für Zahlen zwischen 0 und 5 ein.
  b) Zeichne in ein Koordinatensystem den Punkt A(5|5). Zeichne einen Kreis mit dem Mittelpunkt A und gib für den Radius den Namen des Schiebereglers an.
  c) Verändere mit dem Schieberegler den Radius des Kreises, sodass die folgenden Punkte auf der Kreislinie liegen: B(5|0); C(6|5); D(3,5|7); E(7|2); F(4|9).

Hinweis

Mit dem Button kannst du einen Schieberegler für Zahlen oder Winkel einfügen.

4 Winkel

Beispiel 2 — Winkel messen

Zeichne zwei Punkte A und B und die Gerade g durch A und B.
Zeichne einen weiteren (nicht auf g liegenden) Punkt C und die Gerade h durch A und C.
Miss den spitzen Winkel, der von den Geraden g und h eingeschlossen wird.

Lösung:
Zeichne die Gerade g durch die Punkte A und B sowie die Gerade h durch die Punkte A und C.
Wähle den Button und markiere nacheinander beide Geraden oder die drei Punkte.
Achte dabei auf die richtige Reihenfolge:

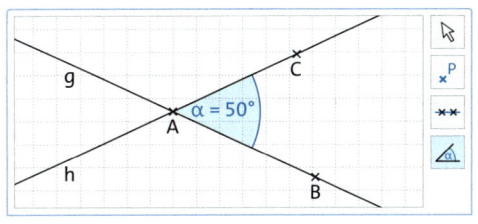

Die Geraden müssen entgegen dem Uhrzeigersinn markiert werden, also erst g, dann h.
Bei den Punkten muss der Scheitelpunkt als zweiter Punkt markiert werden, also B-A-C.

Beispiel 3 — Winkel einzeichnen

Zeichne zwei Punkte A und B und die Strecke $\overline{AB}$. Zeichne dann vom Punkt A aus eine Strecke, die mit der Strecke $\overline{AB}$ einen Winkel von 35° einschließt.

Lösung:
Zeichne die Strecke zwischen den Punkten A und B.
Wähle den Button und markiere erst den Punkt B und dann als Scheitelpunkt den Punkt A. Gib als Winkelgröße 35° an und entscheide dich als Drehsinn für „Gegen den Uhrzeigersinn".

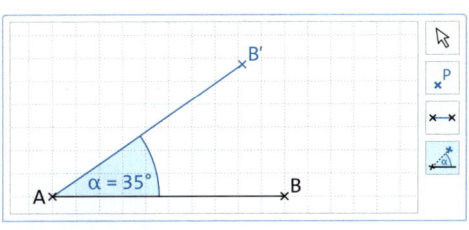

Zeichne dann die Strecke zwischen dem entstandenen Punkt B' und dem Punkt A.

Aufgaben

3 Zeichne die angegebene Figur als Vieleck. Miss dann die Größen aller Innenwinkel.
 a) Dreieck b) Viereck c) Fünfeck d) Sechseck

4 Zeichne in ein Koordinatensystem ein Dreieck durch die Punkte A(1|1), B(6|1) und C(5|3). Miss die Größen der Innenwinkel. Runde auf eine Nachkommastelle.

5 Zeichne eine Strecke $\overline{AB}$ der Länge 8 LE. Zeichne am Punkt A eine Strecke im Winkel von 50° und am Punkt B eine Strecke im Winkel von 70° ein, sodass ein Dreieck entsteht.

6 Schieberegler für Winkel:
 a) Zeichne in ein Koordinatensystem die Punkte A(3|1) und B(6|1) ein. Füge zwei Schieberegler für Winkelgrößen von 0° bis 180° ein.
 b) Zeichne zwei Winkel, indem du einmal den Punkt B und als Scheitelpunkt den Punkt A markierst und einmal umgekehrt. Gib für die Winkelgrößen jeweils einen Namen der Schieberegler an. Zeichne mit den entstandenen Punkten A' und B' das Viereck ABA'B'.
 c) Stelle die Schieberegler so ein, dass eine Raute (ein Trapez; ein Quadrat) entsteht. Gib, wenn möglich, mehrere Möglichkeiten an.

Hinweis zu 6b
Wähle als Drehsinn für den Winkel am Punkt B „Im Uhrzeigersinn".

7 Zeichne in ein Koordinatensystem die Punkte A(4|1) und B(6|5). Finde drei mögliche y-Koordinaten von C(2|y), sodass ∢BAC < 60° gilt.

Mit Medien arbeiten 127

Streifzug

Drehsymmetrie

Das Windrad ist weder achsen- noch punktsymmetrisch.
Es ist aber trotzdem regelmäßig aufgebaut.
Beschreibe diese Regelmäßigkeit in eigenen Worten.
Finde weitere Gegenstände mit solchen Regelmäßigkeiten.

Hinweis

Eine drehsymmetrische Figur mit dem Drehwinkel 180° ist punktsymmetrisch.

Wissen

Eine Figur, die nach einer Drehung um einen Winkel zwischen 0° und 360° um einen Punkt mit sich selbst zur Deckung kommt, heißt **drehsymmetrisch**.

Der Winkel, um den gedreht wird, heißt **Drehwinkel**.
Der Punkt, um den gedreht wird, heißt **Drehpunkt**.

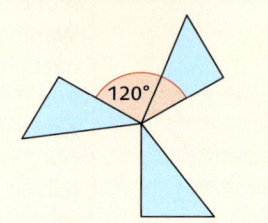

Drehsymmetrie erkennen

Beispiel 1

Prüfe, ob das Verkehrsschild „Kreisverkehr" drehsymmetrisch ist. Wenn ja, gib passende Drehwinkel an.

Lösung:

Ausgangsfigur — Drehung um 120° — Drehung um 240°

Bei Drehungen um 120° oder 240° sieht das gedrehte Verkehrsschild so aus wie die Ausgangsfigur. Das Verkehrsschild ist drehsymmetrisch. Die Drehwinkel sind 120° und 240°.

Aufgaben

1 Prüfe, ob das Verkehrsschild drehsymmetrisch ist. Wenn ja, gib passende Drehwinkel an.

a) 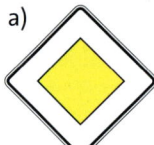 b)  c)  d)  e)

2 Die Figur ist drehsymmetrisch. Gib den kleinsten passenden Drehwinkel an.

a)  b)  c)  d)  e)

4 Winkel

Drehungen ausführen

Erinnere dich

Die **Drehrichtung** bei Drehungen ist immer entgegen dem Uhrzeigersinn.

Beispiel 2

a) Drehe einen Punkt P um einen Punkt Z mit dem Drehwinkel α = 30°.
b) Zeichne ein Rechteck ABCD und einen Punkt Z, der außerhalb des Rechtecks liegt. Drehe das Rechteck um den Punkt Z mit dem Drehwinkel α = 120°.

Lösung:

a) 1. Zeichne von Z durch P den ersten Schenkel des Drehwinkels ein.
2. Trage an diesem Schenkel α = 30° bei Z ab.
3. Markiere den Bildpunkt P' auf dem zweiten Schenkel. P und P' müssen den gleichen Abstand zu Z haben.

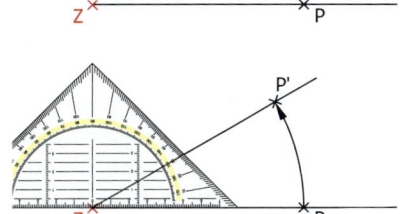

b) 1. Gehe für jeden Eckpunkt vor wie in Teil a).

  1. Verbinde Z und A.
  2. Trage den Drehwinkel α = 120° bei Z ab.
  3. Markiere A' auf dem zweiten Schenkel des Drehwinkels.

2. Verbinde am Ende die Bildpunkte zum Rechteck A'B'C'D'.

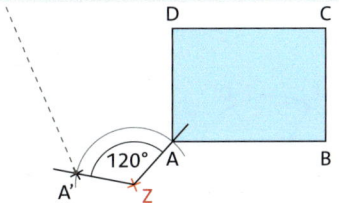

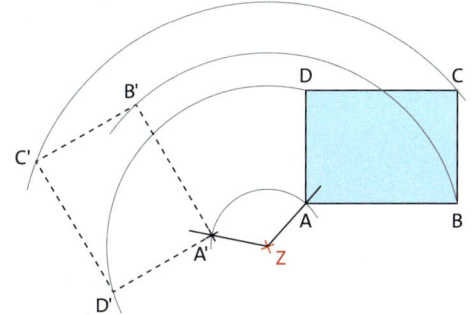

Aufgaben

3 Ergänze zu einer drehsymmetrischen Figur, indem du mehrere Drehungen um den Punkt Z durchführst.

a) 3 Drehungen um 90°
b) 7 Drehungen um 45°
c) 5 Drehungen um 60°
d) 2 Drehungen um 120°

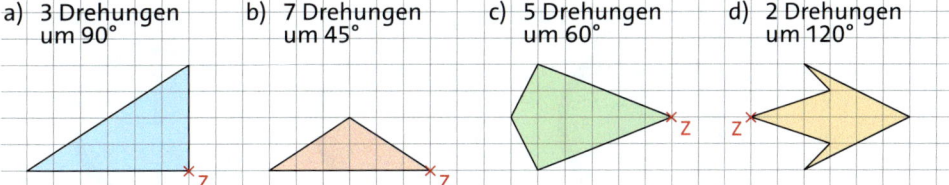

 4 Forschungsauftrag: Drehsymmetrische Buchstaben

a) Zeichne mit einer dynamischen Geometrie-Software den Buchstaben H als Vieleck. Zeichne ein sinnvolles Drehzentrum ein – hier Drehpunkt M.
b) Finde heraus, mit welchem Button du Objekte um einen Punkt drehen kannst. Füge einen Schieberegler für Winkel ein und drehe nun den Buchstaben so, dass er mit dem Ausgangsbuchstaben zur Deckung kommt. Gib den Drehwinkel an.
c) Finde mit dem Vorgehen aus a) und b) noch mindestens zwei weitere drehsymmetrische Großbuchstaben. Gib jeweils den Drehwinkel an.

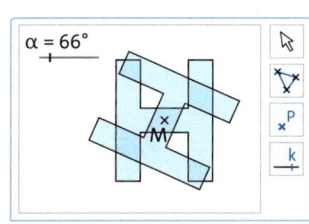

4.5 Vermischte Aufgaben

Hinweis zu 1

Zeichne für Figur ② am Mittelpunkt des Kreises fünf gleich große Winkel.

1 Die Figur in Bild ① ist aus verschiedenen Halbkreisen zusammengesetzt.
Die Figur in Bild ② ist ein regelmäßiger, fünfzackiger Stern, der in einem Kreis mit dem Durchmesser 10 cm liegt.
a) Konstruiere die Figuren.
b) Schreibe eine Anleitung für das Zeichnen der Figuren.

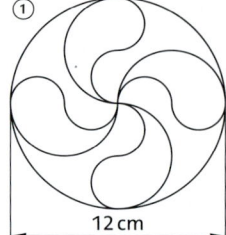

12 cm

2 a) Zeichne zwei Kreise mit Radien von 3 cm, die sich in keinem Punkt berühren oder schneiden. Zeichne dann zwei solche Kreise, die sich in einem Punkt berühren. Erkläre, wie viele Schnittpunkte zwei Kreise höchstens haben können. Fertige dazu eine Skizze an.
b) Zeichne drei Kreise mit Radien von 3 cm, sodass insgesamt genau vier Schnittpunkte entstehen. Untersuche, wie viele Schnittpunkte die drei Kreise höchstens haben können. Fertige dazu eine Skizze an.

3 Blütenaufgabe: Der abgebildete Kreis ist in sechs gleich große Teile geteilt.

Bestimme den Radius und den Durchmesser des Kreises.

Berechne den Winkel α. Enthält die Figur Winkel der Größe 300° und 270°? Begründe.

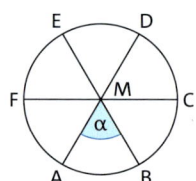

Gib mithilfe der Punkte einen spitzen, einen stumpfen, einen überstumpfen und einen gestreckten Winkel an.

Zeichne die Figur nach. Wähle als Kreisradius 5 cm.

4 Der große und der kleine Zeiger einer Uhr bilden jeweils zwei Winkel. Der kleinere Winkel wird immer mit α und der größere Winkel immer mit β bezeichnet.

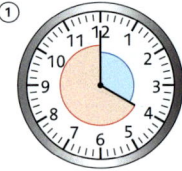
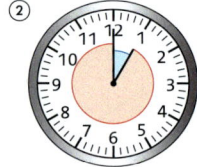
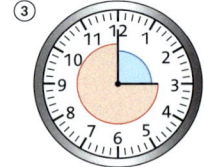
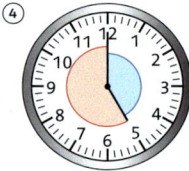

a) Gib die Größe der Winkel α und β an, ohne sie zu messen.
b) Erkläre, warum der Winkel β zu fast allen vollen Stunden ein überstumpfer Winkel ist. Es gibt aber Ausnahmen. Zu welchen vollen Stunden ist β kein überstumpfer Winkel?

5 a) Erkläre anhand der Aussage „Der Neigungswinkel wird immer kleiner, je weiter der Skispringer die Schanze hinunterfährt", was mit dem Neigungswinkel gemeint ist.
b) Erläutere, was man unter einem Steigungswinkel versteht. Finde Beispiele für Steigungswinkel.

6 Ordne den Winkeln α, β, γ und δ eine Winkelart zu. Bestimme dann ihre Größe, ohne zu messen. Erkläre dein Vorgehen.

7 a) Zeichne eine 7 cm lange Strecke $\overline{AB}$. Zeichne dann die Strecke $\overline{BC}$ der Länge 3 cm durch einen Punkt C mit ∢ABC = 35°. Spiegle die Strecke $\overline{BC}$ an der Strecke $\overline{AB}$. Verbinde den Punkt C und den Bildpunkt C' mit dem Punkt A. Benenne die geometrische Figur, die nun entstanden ist.
b) Zeichne eine Raute. Die Winkel im Inneren der Raute sollen 30° und 150° groß sein.

8 Es gibt Zeichendreiecke, bei denen der Winkel α doppelt so groß ist wie der Winkel β und der Winkel γ dreimal so groß ist wie der Winkel β. Legt man die drei Winkel wie in der Abbildung so zusammen, dass sie einen gemeinsamen Scheitelpunkt haben, so ergibt sich ein gestreckter Winkel.
Gib an, wie groß jeder der drei Winkel ist.

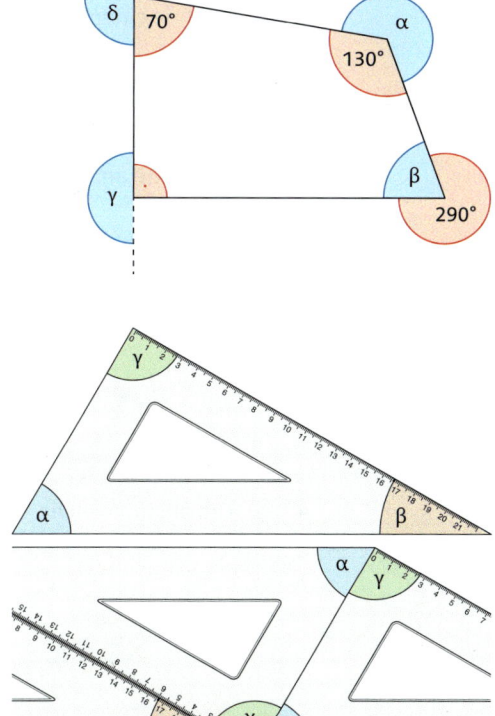

Hinweis zu 9a

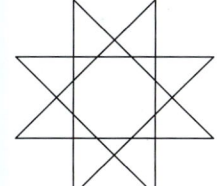

9 a) Übertrage die Figur nach folgender Konstruktion:
1. Zeichne einen Startpunkt A.
2. Zeichne von A nach B eine Strecke von 6 cm.
3. Trage bei B einen Winkel der Größe 45° ab.
4. Die Strecke von B nach C soll wieder 6 cm lang sein.
5. Trage wieder einen Winkel der Größe 45° ab und zeichne wieder eine Strecke von 6 cm.
6. Setze diese Konstruktion fort, bis du wieder am Startpunkt ankommst.
b) Wiederhole die Konstruktion aus a) mit Winkeln der Größe 30°, 60° und 90°.

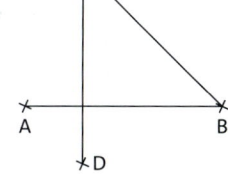

10 Die Zeichnung zeigt, wie ein überstumpfer Winkel der Größe 220° gezeichnet wurde.
a) Beschreibe das Verfahren.
b) Zeichne mit diesem Verfahren die überstumpfen Winkel α = 215°, β = 285° und γ = 330°.

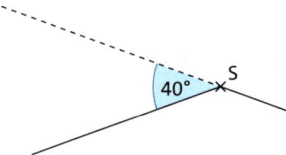

11 Ein Ball wird flach über den Boden auf das leere Tor geschossen.
a) Bestimme durch Messen, in welchem Winkel sich der Ball bewegen kann, um das Tor zu treffen. Fertige dazu eine maßstabsgerechte Zeichnung an.
b) Bestimme, wie groß der Winkel wäre, wenn das Tor nur halb so breit wäre.

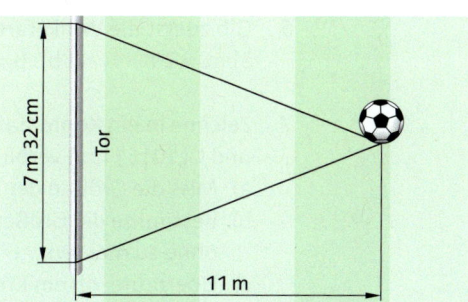

4.5 Vermischte Aufgaben

4 Prüfe dein neues Fundament

Lösungen
→ S. 287

1 a) Zeichne Kreise mit den Radien 2 cm, 4 cm und 6 cm um denselben Mittelpunkt.
b) Zeichne einen Kreis mit dem Durchmesser 8 cm.

2 Zeichne ein Quadrat mit der Seitenlänge 10 cm. Zeichne zwei Kreise, die den Schnittpunkt der Diagonalen des Quadrats als Mittelpunkt haben. Der eine Kreis soll die Eckpunkte des Quadrats berühren, der andere die Mittelpunkte der Seiten. Gib Radius und Durchmesser beider Kreise an.

3 Gib die Winkel in der Schreibweise mit drei Punkten und mit zwei Schenkeln an.

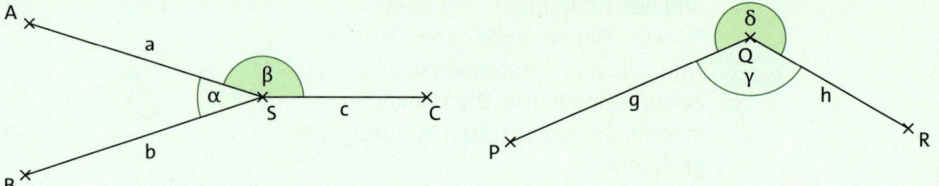

4 a) Gib an, um welche Winkelart es sich handelt.

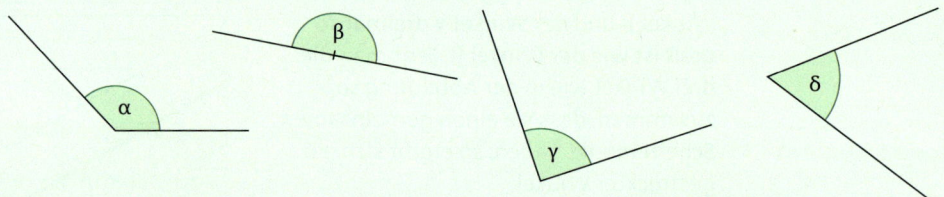

b) Ordne jedem Winkel in a) eine der Winkelgrößen zu. Zwei Winkelgrößen bleiben übrig.

30°   60°   90°   132°   180°   225°

5 Schätze die Größen der Winkel. Miss dann nach und vergleiche.

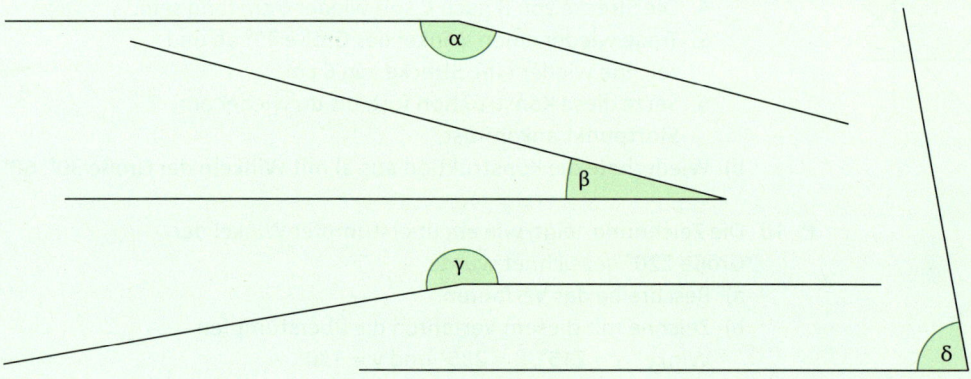

6 Gib zuerst die Winkelart an. Zeichne dann einen Winkel der angegebenen Größe.
a) α = 20°   b) β = 85°   c) γ = 90°   d) δ = 110°   e) ε = 210°

7 Zeichne in ein Koordinatensystem mit der Längeneinheit 1 cm die Punkte A(1|1), B(10|1) und C(10|6) und verbinde sie zu einem Dreieck.
a) Miss die Größen der Innenwinkel des Dreiecks.
b) Bestimme die Größen der Winkel an den Eckpunkten, die außerhalb des Dreiecks liegen, ohne zu messen.
c) Überprüfe, ob ein Kreis mit dem Radius 2 cm vollständig in das Dreieck passt.

4 Winkel

Lösungen
→ S. 287/288

8 Gib an, welche der bezeichneten Winkel rechte Winkel sind, welche spitze Winkel sind und welche stumpfe Winkel sind. Schätze auch jeweils ihre Größe.

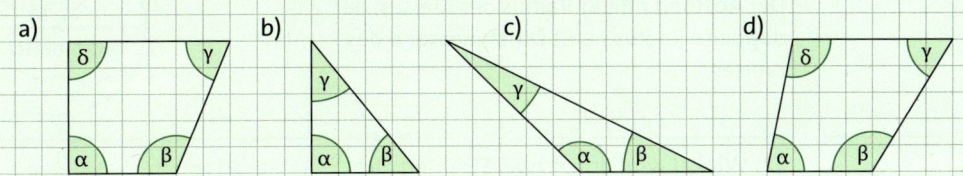

9 Berechne die Größe des Winkels α.

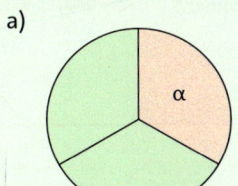 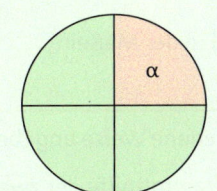 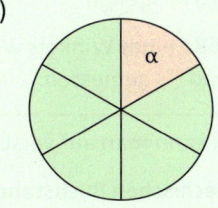 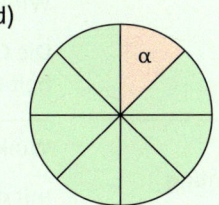

10 Die Zeiger einer Uhr lassen sich als Schenkel zweier Winkel interpretieren.
  a) Gib die Winkelart und (wenn möglich) die Größe des jeweils kleineren Winkels bei folgenden Uhrzeiten an:
     14:00 Uhr; 8:00 Uhr; 9:00 Uhr; 6:00 Uhr.
  b) Gib für einen spitzen, einen rechten, einen stumpfen und einen überstumpfen Winkel jeweils zwei zugehörige Uhrzeiten an.

11 An den vier Ecken eines rechteckigen Geländes stehen Mobilfunkantennen. Das Gelände ist 50 km lang und 40 km breit. Die Reichweite jeder Antenne beträgt 35 km, das bedeutet, es lassen sich Signale bis zu einer Entfernung von 35 km empfangen.
  a) Kann man in jedem Punkt des Geländes Signale von mindestens einer Antenne empfangen? Begründe mit einer maßstäblichen Zeichnung.
  b) Nora behauptet: „Es reicht eine Antenne aus, damit überall im Gelände Empfang besteht. Man muss sie nur an einem geeigneten Ort aufstellen."
     Begründe, ob Nora recht hat.

Wo stehe ich?

	Ich kann …	Aufgabe	Schlag nach
4.1	… Durchmesser und Radius eines Kreises bestimmen. … Kreise mit gegebenem Durchmesser oder Radius zeichnen.	1, 2, 11	S. 112 Beispiel 1
4.2	… Winkel in verschiedenen Schreibweisen angeben. … Winkelarten zuordnen.	3, 4, 6, 8, 10	S. 115 Beispiel 1
4.3	… Winkelgrößen schätzen und messen. … Winkelgrößen berechnen.	5, 7, 8, 9, 10	S. 118 Beispiel 1 S. 120 Beispiel 2
4.4	… Winkel in gegebener Größe zeichnen.	6	S. 123 Beispiel 1

Prüfe dein neues Fundament

4 Zusammenfassung

Kreis

Alle Punkte eines Kreises haben von seinem **Mittelpunkt M** den gleichen Abstand r. Der Abstand **r** heißt **Radius** des Kreises, der doppelte Radius heißt **Durchmesser d** des Kreises.

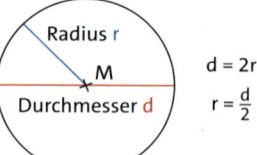

Winkel

Ein **Winkel** wird durch zwei Strahlen (die **Schenkel** des Winkels) begrenzt, die von demselben Punkt S (**Scheitelpunkt** des Winkels) ausgehen.

Die **Größe eines Winkels** wird in der Maßeinheit **Grad** (°) gemessen.

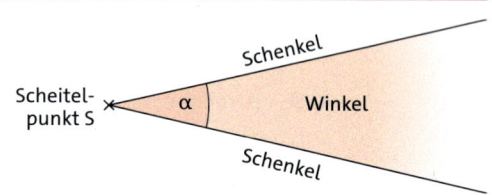

Winkelbezeichnung

Winkel kann man auf verschiedene Weise angeben:

mit **griechischen Buchstaben** (α, β, γ, δ, ε...)	mithilfe der **zwei Schenkel**, die den Winkel bilden	mithilfe von **Punkten** auf den Schenkeln und dem Scheitelpunkt S
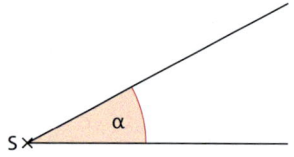	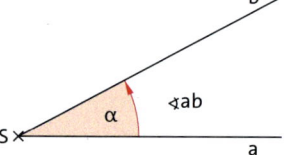	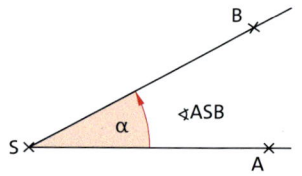

Winkelarten

spitzer Winkel größer als 0°, kleiner als 90°	rechter Winkel genau 90°	stumpfer Winkel größer als 90°, kleiner als 180°	gestreckter Winkel genau 180°	überstumpfer Winkel größer als 180°, kleiner als 360°	Vollwinkel genau 360°

Winkel messen

Winkel mit dem Geodreieck messen:
1. Lege die lange Seite des Geodreiecks genau auf einen Schenkel des Winkels.
2. Lege den Punkt 0 des Geodreiecks genau auf den Scheitelpunkt S des Winkels.
3. Lies die Winkelgröße am Geodreieck ab.

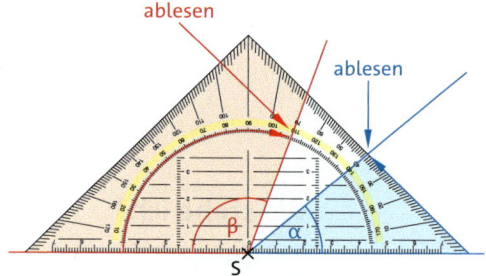

Winkel zeichnen

Winkel mit dem Geodreieck zeichnen:
1. Zeichne einen Schenkel mit dem Scheitelpunkt S am Punkt 0 des Geodreiecks.
2. Markiere die Winkelgröße (Gradzahl) an der Winkelskala.
3. Verbinde die Markierung mit dem Scheitelpunkt S.

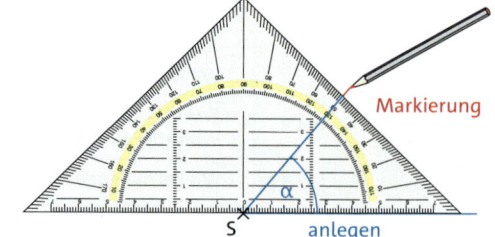

5 Brüche und Dezimalzahlen multiplizieren und dividieren

Nach diesem Kapitel kannst du
→ Brüche vervielfachen und teilen,
→ Brüche multiplizieren und dividieren,
→ Dezimalzahlen multiplizieren und dividieren,
→ Zahlterme mit rationalen Zahlen ausrechnen.

5 Dein Fundament

Lösungen
→ S. 288

Erklärvideo

Multiplizieren und Dividieren ganzer Zahlen

1 Berechne im Kopf.
a) 9 · 7   b) 3 · 12   c) 7 · 8   d) 5 · 12   e) 73 · 2   f) 85 · 3
g) 54 : 9   h) 32 : 4   i) 72 : 8   j) 42 : 7   k) 36 : 12   l) 60 : 4
m) −212 · 4   n) 39 : (−3)   o) −48 : 12   p) −523 · (−2)   q) −56 : (−8)   r) 230 · 9

2 Berechne. Beschreibe deinen Lösungsweg.
a) 299 · 8   b) 72 · 5   c) −49 · 20   d) −84 : (−4)   e) 105 : 7   f) 1260 : 20

3 Berechne die Ergebnisse der Aufgabenserie. Beschreibe, was dir auffällt.
a) 8 · 10   b) 123 · 10   c) 33 · 20   d) 45 · 60
   8 · 100   123 · 100   33 · 200   45 · 600
   8 · 1000   123 · 1000   33 · 2000   45 · 6000

4 Vergleiche die Ergebnisse. Beschreibe, was dir auffällt.
a) 270 : 30   b) 4000 : 400   c) 24 000 : 300   d) 20 000 : 5000
   27 : 3   40 : 4   240 : 3   20 : 5

5 Berechne.
a) 5 · 12 m   b) 15 min · 3   c) 16 g · 5   d) 4 · 1500 g

6 Ersetze den Platzhalter ■ so durch eine Zahl, dass die Rechnung stimmt.
a) 200 g · ■ = 2 kg   b) $\frac{1}{2}$ h · ■ = 2 h   c) ■ · 25 cm = 3 m   d) 12 min · ■ = 2 h

Erklärvideo

Schriftlich rechnen

7 Prüfe mit einem Überschlag, ob die Lösung stimmen kann. Gib auch die richtige Lösung an.
a) 175 · 18 = 315   b) 11 620 : 28 = 4150
c) 1704 : 71 = 24   d) −79 · 190 = −1501

8 Rechne schriftlich. Überschlage zuerst.
a) 5432 · 3   b) 457 · 9   c) 432 · 16   d) 598 · 12
e) 615 : 5   f) 5468 : 4 g) 1107 : 9   h) 1926 : 6

9 Überprüfe das Ergebnis durch Multiplikation. Korrigiere, falls nötig.
a) 8820 : 7 = 1160   b) 315 : 7 = 46
c) 1455 : 5 = 289   d) 1467 : 9 = 163

Erklärvideo

Anteile bestimmen

10 Gib in der nächstkleineren Einheit an.
a) $\frac{3}{4}$ km   b) $\frac{3}{10}$ kg   c) $\frac{1}{8}$ ℓ   d) $2\frac{1}{2}$ h

11 Bestimme den Anteil.
a) $\frac{1}{8}$ von 24 Kindern   b) $\frac{4}{5}$ von 100 Personen
c) $\frac{3}{10}$ von 12 km   d) jeder zweite von 48 000 Fans
e) $\frac{1}{7}$ von 2,1 kg   f) $\frac{3}{4}$ von 2000 Kühen

Rechenvorteile nutzen

12 Berechne geschickt, indem du das Kommutativgesetz anwendest.
 a) 13 · 5 · 2   b) 25 · 21 · 4   c) 5 · 17 · 20   d) 5 · 35 · 4 · 5

13 Rechne geschickt.
 a) 14 · 3 + 7 · 14   b) 17 · 2 + 17 · 8   c) 2 · 9 + 3 · 9   d) 45 · 19 + 55 · 19
 e) 4 · (25 + 7)   f) 48 · (23 + 77)   g) 12 · (2 + 10)   h) (17 + 20 + 13) · 11

14 Notiere eine Rechnung, die zu dem Rechenbaum passt, und bestimme das Ergebnis.

a) 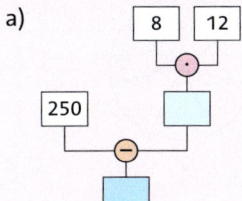 b)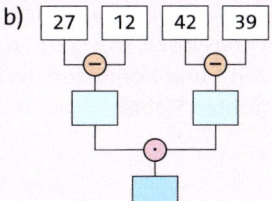

15 Stelle die Aufgabe in einem Rechenbaum dar und berechne das Ergebnis.
 a) 125 − 30 · 4   b) (22 + 28) · (7 + 13)
 c) 2 · (200 − 125)   d) 40 · 4 − 8 · (23 − 15)

Vermischtes

16 Kürze so weit wie möglich.
 a) $\frac{8}{12}$ b) $\frac{12}{18}$ c) $\frac{70}{100}$ d) $\frac{21}{42}$ e) $\frac{60}{100}$ f) $\frac{26}{39}$

17 Berechne.
 a) $\frac{1}{2} + \frac{1}{2} + \frac{1}{2}$ b) $\frac{2}{3} + \frac{2}{3} + \frac{2}{3} + \frac{2}{3} + \frac{2}{3}$
 c) 0,3 + 0,3 + 0,3   d) 0,4 + 0,4 + 0,4 + 0,4

18 Beantworte mithilfe der Darstellung die Frage.
 a) Wie oft passt $\frac{1}{2}$ in zwei Ganze?   b) Wie oft passt $\frac{1}{3}$ in zwei Ganze?

   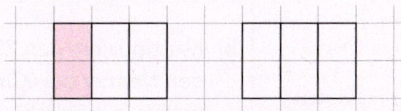

 c) Wie oft passen $\frac{2}{3}$ in zwei Ganze?   d) Wie oft passen $\frac{3}{4}$ in drei Ganze?

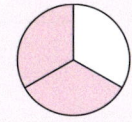    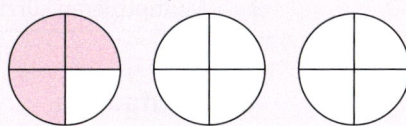

19 Schreibe als Dezimalzahl.
 a) $\frac{3}{4}$ b) $4\frac{7}{10}$ c) $\frac{17}{100}$ d) $\frac{15}{300}$ e) $\frac{20}{100}$ f) $\frac{22}{33}$

20 Runde auf Hundertstel (auf Zehntel).
 a) 2,876   b) 0,7845   c) 13,74499
 d) 8,953   e) 7,117   f) 4,0001

5

5.1 Brüche mit natürlichen Zahlen multiplizieren

Auf Jans Geburtstagsfeier soll es Kartoffelsalat geben. Jan benötigt Zutaten für acht Portionen. Ermittle, welche Mengen er für das angegebene Rezept besorgen muss.

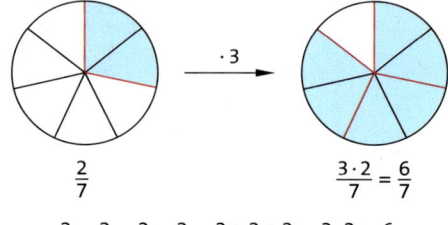

Kartoffelsalat (2 Portionen)
$\frac{1}{2}$ kg Kartoffeln   1 TL Schnittlauch
$\frac{1}{8}$ ℓ Crème fraîche   Salz, Pfeffer
$\frac{1}{4}$ Gurke

Die Aufgabe $3 \cdot \frac{2}{7}$ kann man anschaulich am Kreis lösen. Man färbt dreimal den Anteil $\frac{2}{7}$ und zählt dann die insgesamt gefärbten Siebtel.

$\frac{2}{7}$ $\cdot 3$ $\frac{3 \cdot 2}{7} = \frac{6}{7}$

Oder man schreibt $3 \cdot \frac{2}{7}$ als Addition:

$$3 \cdot \frac{2}{7} = \frac{2}{7} + \frac{2}{7} + \frac{2}{7} = \frac{2+2+2}{7} = \frac{3 \cdot 2}{7} = \frac{6}{7}$$

Wenn man den Bruch $\frac{2}{7}$ mit 3 multipliziert, wird die Anzahl der Teile verdreifacht. Der Zähler 2 wird also mit 3 multipliziert. Die Größe der Teile und damit der Nenner bleiben unverändert.

> **Wissen**
>
> Man **multipliziert einen Bruch mit einer natürlichen Zahl**, indem man den Zähler mit der natürlichen Zahl multipliziert. Der Nenner bleibt unverändert.
>
> $5 \cdot \frac{2}{11} = \frac{5 \cdot 2}{11} = \frac{10}{11}$ $\frac{2}{11} \cdot 5 = \frac{2 \cdot 5}{11} = \frac{10}{11}$

> **Beispiel 1**
>
> Berechne.
>
> a) $\frac{3}{5} \cdot 4$ b) $9 \cdot \frac{5}{36}$
>
> **Lösung:**
> a) Multipliziere den Zähler mit 4, behalte den Nenner bei.
>
> $\frac{3}{5} \cdot 4 = \frac{3 \cdot 4}{5} = \frac{12}{5}$ Zähler mal 4
>
> b) Multipliziere den Zähler mit 9, behalte den Nenner bei. Kürze das Ergebnis so weit wie möglich.
> Oft ist es vorteilhaft, wenn man vor dem Multiplizieren kürzt.
>
> 9 mal Zähler   Kürze mit 9. $45:9 = 5$ und $36:9 = 4$
>
> $9 \cdot \frac{5}{36} = \frac{9 \cdot 5}{36} = \frac{45}{36} = \frac{\overset{5}{45}}{\underset{4}{36}} = \frac{5}{4}$
>
> $9 \cdot \frac{5}{36} = \frac{9 \cdot 5}{36} = \frac{\overset{1}{9} \cdot 5}{\underset{4}{36}} = \frac{1 \cdot 5}{4} = \frac{5}{4}$

Hinweis

Das Ergebnis muss stets so weit wie möglich gekürzt werden.

Basisaufgaben

1 Schreibe die Rechnung mit Brüchen auf.

a)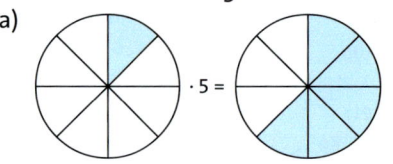

b)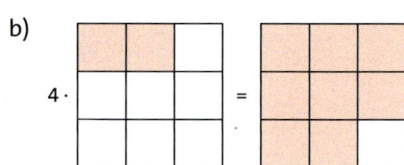

2 Veranschauliche die Rechnung mit Rechtecken wie in Aufgabe 1. Gib auch das Ergebnis an.
a) $\frac{1}{4} \cdot 3$ b) $\frac{3}{8} \cdot 2$ c) $2 \cdot \frac{4}{9}$ d) $7 \cdot \frac{1}{8}$ e) $\frac{3}{16} \cdot 4$ f) $6 \cdot \frac{2}{15}$

3 Schreibe die Multiplikation als Addition und berechne.
Beispiel: $3 \cdot \frac{5}{16} = \frac{5}{16} + \frac{5}{16} + \frac{5}{16} = \frac{15}{16}$
a) $3 \cdot \frac{1}{10}$ b) $4 \cdot \frac{2}{3}$ c) $3 \cdot \frac{9}{100}$ d) $5 \cdot \frac{3}{5}$ e) $2 \cdot \frac{1}{12}$ f) $4 \cdot \frac{7}{8}$

4 Berechne.
a) $\frac{1}{20} \cdot 9$ b) $\frac{3}{5} \cdot 3$ c) $6 \cdot \frac{4}{25}$ d) $2 \cdot \frac{11}{5}$ e) $\frac{3}{4} \cdot 1$ f) $7 \cdot \frac{3}{10}$

Lösungen zu 6

$\frac{66}{5}$ $\frac{19}{3}$
   $\frac{9}{2}$
$\frac{63}{8}$
28   26

5 Berechne. Kürze das Ergebnis.
a) $\frac{1}{10} \cdot 5$ b) $\frac{3}{4} \cdot 2$ c) $3 \cdot \frac{8}{3}$ d) $64 \cdot \frac{1}{16}$ e) $\frac{5}{20} \cdot 10$ f) $9 \cdot \frac{4}{15}$

6 Berechne. Kürze vor dem Multiplizieren.
a) $11 \cdot \frac{9}{22}$ b) $\frac{19}{12} \cdot 4$ c) $60 \cdot \frac{26}{60}$ d) $35 \cdot \frac{9}{40}$ e) $\frac{14}{15} \cdot 30$ f) $55 \cdot \frac{12}{50}$

Weiterführende Aufgaben

Zwischentest

Hilfe

7 Ersetze die Platzhalter ■ so durch Zahlen, dass die Rechnung stimmt. Beachte, dass das Ergebnis so weit wie möglich gekürzt ist.
a) $2 \cdot \frac{3}{11} = \frac{■}{■}$ b) $\frac{■}{7} \cdot 3 = \frac{3}{7}$ c) $5 \cdot \frac{■}{15} = \frac{2}{3}$ d) $\frac{2}{9} \cdot ■ = 2$
e) $\frac{7}{9} \cdot 4 = \frac{■}{■}$ f) $■ \cdot \frac{3}{8} = \frac{15}{8}$ g) $\frac{1}{■} \cdot 8 = \frac{4}{3}$ h) $■ \cdot \frac{7}{10} = \frac{7}{2}$

8 a) Erkläre den Unterschied zwischen Vervielfachen und Erweitern an den Beispielen. Begründe, in welchem Fall sich der Wert des Bruchs ändert, und gib das Ergebnis an.

Vervielfache mit 2:   Erweitere mit 2:

b) Vervielfache $\frac{3}{4}$ mit 5.   c) Erweitere $\frac{3}{4}$ mit 5.
d) Berechne $\frac{5}{7} \cdot 3$ und $\frac{1}{3} \cdot 7$.   e) Erweitere $\frac{5}{7}$ und $\frac{1}{3}$ auf den gleichen Nenner.

9 Stolperstelle: Marlon und Magda berechnen $2 \cdot \frac{3}{8}$. Erkläre ihre Fehler und gib das richtige Ergebnis an.
Marlon: $2 \cdot \frac{3}{8} = 2\frac{3}{8} = \frac{2 \cdot 8 + 3}{8} = \frac{19}{8}$ Magda: $2 \cdot \frac{3}{8} = \frac{2 \cdot 3}{2 \cdot 8} = \frac{6}{16}$

10 a) In einer Flasche sind $\frac{7}{10}$ ℓ Wasser. Gib an, wie viel Wasser ein Kasten mit 12 Flaschen enthält.
b) Isa, Levi und Annika essen von einem ganzen Johannisbeerkuchen jeweils $\frac{3}{16}$. Gib an, welcher Anteil vom Kuchen übrig bleibt.
c) Lars hat zwei Wochen lang jeden Tag eine halbe Stunde Vokabeln gelernt, Aleko zehn Tage jeweils eine Dreiviertelstunde. Entscheide, wer insgesamt länger gelernt hat.

11 Ausblick: Multipliziere die Brüche $\frac{4}{9}$, $\frac{7}{15}$ und $\frac{11}{20}$ mit einer natürlichen Zahl, sodass das Ergebnis wieder eine natürliche Zahl ist. Finde verschiedene Möglichkeiten.
Stelle eine allgemeine Regel auf und überprüfe sie an eigenen Beispielen.

5.2 Brüche multiplizieren

Artur hat die Hälfte des Puddings allein gegessen. Die zweite Hälfte teilt er mit seiner Schwester, isst aber doppelt so schnell wie sie. Die Schwester beschwert sich: „Jetzt habe ich nur $\frac{1}{3}$ von der Hälfte des Puddings, also insgesamt weniger als $\frac{1}{4}$ bekommen!" Hat sie recht?

Wie viel sind $\frac{2}{3}$ von $\frac{5}{6}$? Man kann diesen Anteil anschaulich bestimmen, indem man sich eine quadratische Tafel Schokolade vorstellt, die aus 36 gleich großen Stückchen besteht.

Für den Anteil $\frac{5}{6}$ bricht man 5 der 6 gleich breiten Streifen heraus.

Für den Anteil $\frac{2}{3}$ teilt man die Schokolade in der anderen Richtung in 3 gleich breite Streifen und bricht 2 davon heraus.

Das unten links herausgebrochene Stück ist genau der Anteil $\frac{2}{3}$ von $\frac{5}{6}$, das sind also $\frac{20}{36} = \frac{10}{18} = \frac{5}{9}$ der Schokolade.

Wie viel ist $\frac{2}{3} \cdot \frac{5}{6}$? Eine typische quadratische Schokoladentafel ist etwa 1 dm lang. Das herausgebrochene Stück hat die Form eines Rechtecks mit den Seitenlängen $\frac{2}{3}$ dm und $\frac{5}{6}$ dm. Der Flächeninhalt des Rechtecks ist der Anteil $\frac{5}{9}$ von 1 dm², also $\frac{5}{9}$ dm². Er lässt sich aber auch als „Länge mal Breite" berechnen. Also ist $\frac{2}{3} \cdot \frac{5}{6} = \frac{10}{18} = \frac{5}{9}$.

> **Wissen**
>
> Der Anteil $\frac{3}{4}$ von $\frac{2}{5}$ ist gleich dem Produkt $\frac{3}{4} \cdot \frac{2}{5}$.
>
> Man **multipliziert zwei Brüche**, indem man Zähler mit Zähler und Nenner mit Nenner multipliziert.
>
> $$\frac{3}{4} \cdot \frac{2}{5} = \frac{3 \cdot 2}{4 \cdot 5} = \frac{6}{20} = \frac{3}{10}$$

Brüche multiplizieren

Erklärvideo

> **Beispiel 1**
> Berechne.
> a) $\frac{2}{3} \cdot \frac{4}{5}$
> b) $\frac{5}{8} \cdot \frac{7}{15}$
> c) $\frac{49}{27} \cdot \frac{18}{35}$
>
> **Lösung:**
> a) Multipliziere die Zähler miteinander und die Nenner miteinander.
>
> $\frac{2}{3} \cdot \frac{4}{5} = \frac{2 \cdot 4}{3 \cdot 5} = \frac{8}{15}$ — Zähler mal Zähler, Nenner mal Nenner

b) Hier kannst du vor dem Multiplizieren kürzen. Kürze mit 5.

$$\frac{5}{8} \cdot \frac{7}{15} = \frac{5 \cdot 7}{8 \cdot 15} = \frac{\overset{1}{\cancel{5}} \cdot 7}{8 \cdot \underset{3}{\cancel{15}}} = \frac{1 \cdot 7}{8 \cdot 3} = \frac{7}{24}$$

Zähler mal Zähler, Nenner mal Nenner

$5 : 5 = 1$ und $15 : 5 = 3$

c) Hier kannst du mehrfach kürzen.
49 und 35 sind beide durch 7 teilbar. Kürze mit 7.
18 und 27 sind beide durch 9 teilbar. Kürze mit 9.

$$\frac{49}{27} \cdot \frac{18}{35} = \frac{49 \cdot 18}{27 \cdot 35} = \frac{\overset{7}{\cancel{49}} \cdot \overset{2}{\cancel{18}}}{\underset{3}{\cancel{27}} \cdot \underset{5}{\cancel{35}}} = \frac{7 \cdot 2}{3 \cdot 5} = \frac{14}{15}$$

Zähler mal Zähler, Nenner mal Nenner

$49 : 7 = 7$ und $35 : 7 = 5$
$18 : 9 = 2$ und $27 : 9 = 3$

Basisaufgaben

1 Multipliziere.
   a) $\frac{1}{2} \cdot \frac{3}{4}$ b) $\frac{3}{5} \cdot \frac{3}{4}$ c) $\frac{3}{5} \cdot \frac{2}{7}$ d) $\frac{5}{8} \cdot \frac{4}{7}$ e) $\frac{7}{12} \cdot \frac{5}{8}$

Lösungen zu 2

$\frac{2}{5}$ $\frac{3}{5}$ $\frac{1}{18}$ $\frac{1}{6}$
$\frac{1}{12}$ $\frac{7}{8}$ $\frac{20}{27}$
$\frac{3}{5}$ $\frac{3}{5}$ $\frac{2}{3}$

2 Berechne. Kürze vor dem Multiplizieren.
   a) $\frac{3}{8} \cdot \frac{4}{9}$ b) $\frac{4}{9} \cdot \frac{3}{16}$ c) $\frac{9}{11} \cdot \frac{33}{45}$ d) $\frac{7}{8} \cdot \frac{24}{35}$ e) $\frac{14}{15} \cdot \frac{5}{7}$
   f) $\frac{3}{8} \cdot \frac{4}{27}$ g) $\frac{6}{5} \cdot \frac{35}{48}$ h) $\frac{5}{7} \cdot \frac{14}{25}$ i) $\frac{5}{8} \cdot \frac{24}{25}$ j) $\frac{16}{21} \cdot \frac{35}{36}$

3 Beschreibe und vergleiche die Rechenwege.
   Georg wendet die Regel von Seite 138 an: $4 \cdot \frac{3}{5} = \frac{4 \cdot 3}{5} = \frac{12}{5}$
   Almaz rechnet mit der Regel zur Multiplikation von Brüchen: $4 \cdot \frac{3}{5} = \frac{4}{1} \cdot \frac{3}{5} = \frac{12}{5}$

4 Berechne.
   a) $\frac{2}{7} \cdot 3$ b) $2 \cdot \frac{5}{8}$ c) $\frac{17}{20} \cdot 5$ d) $110 \cdot \frac{9}{10}$ e) $24 \cdot \frac{11}{36}$

5 Berechne und vergleiche die Ergebnisse in der Aufgabenserie. Erkläre.
   a) $\frac{3}{16} \cdot \frac{2}{3}$ $\frac{3}{8} \cdot \frac{2}{3}$ $\frac{3}{4} \cdot \frac{2}{3}$ $\frac{3}{2} \cdot \frac{2}{3}$ $3 \cdot \frac{2}{3}$ $6 \cdot \frac{2}{3}$
   b) $\frac{100}{5} \cdot \frac{1}{2}$ $\frac{10}{5} \cdot \frac{1}{2}$ $\frac{1}{5} \cdot \frac{1}{2}$ $\frac{1}{50} \cdot \frac{1}{2}$ $\frac{1}{500} \cdot \frac{1}{2}$ $\frac{1}{5000} \cdot \frac{1}{2}$

Anteile von Brüchen bestimmen

Erklärvideo

Beispiel 2

Berechne $\frac{3}{8}$ von $\frac{5}{7}$.

Lösung:
Schreibe als Produkt. Multipliziere die Brüche.

$\frac{3}{8}$ von $\frac{5}{7}$ sind $\frac{3}{8} \cdot \frac{5}{7} = \frac{3 \cdot 5}{8 \cdot 7} = \frac{15}{56}$.

Basisaufgaben

6 Berechne den Anteil.
   a) $\frac{1}{2}$ von $\frac{3}{5}$ b) $\frac{3}{4}$ von $\frac{1}{5}$ c) $\frac{1}{7}$ von $\frac{3}{8}$ d) $\frac{3}{7}$ von $\frac{12}{20}$ e) $\frac{7}{8}$ von $\frac{11}{25}$

7 a) In den Bildern ist ein Anteil von einem Anteil dargestellt. Notiere passende Brüche.
Gib auch das Ergebnis an.
b) Stelle $\frac{3}{4}$ von $\frac{5}{8}$ bildlich dar wie in a) und gib das Ergebnis an.

8 Zeichne zwei Quadrate mit 6 cm Seitenlänge. Stelle in dem einem Quadrat $\frac{1}{2}$ von $\frac{2}{3}$ dar und in dem anderen Quadrat $\frac{2}{3}$ von $\frac{1}{2}$. Beschreibe, was dir auffällt.

Weiterführende Aufgaben

Zwischentest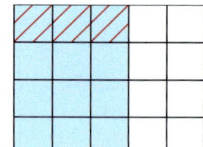

9 Ersetze den Platzhalter ■ durch die richtige Zahl. Schreibe deine Zwischenschritte auf und erläutere dein Vorgehen. Beachte, dass das Ergebnis so weit wie möglich gekürzt ist.

a) $\frac{3}{4} \cdot \frac{5}{7} = \frac{15}{■}$
b) $\frac{4}{7} \cdot \frac{21}{8} = \frac{■}{2}$
c) $\frac{16}{3} \cdot \frac{1}{40} = \frac{■}{15}$
d) $\frac{3}{55} \cdot \frac{33}{6} = \frac{■}{10}$
e) $\frac{3}{■} \cdot \frac{4}{5} = \frac{12}{35}$
f) $\frac{5}{2} \cdot \frac{■}{10} = \frac{1}{4}$
g) $\frac{■}{3} \cdot \frac{2}{9} = \frac{2}{3}$
h) $\frac{6}{25} \cdot \frac{5}{■} = \frac{3}{10}$

10 Berechne. Wandle die gemischten Zahlen zuerst in unechte Brüche um.

Beispiel: $2\frac{1}{3} \cdot 1\frac{1}{4} = \frac{7}{3} \cdot \frac{5}{4} = \frac{7 \cdot 5}{3 \cdot 4} = \frac{35}{12} = 2\frac{11}{12}$

a) $\frac{1}{4} \cdot 3\frac{1}{5}$
b) $\frac{1}{8} \cdot 5\frac{1}{3}$
c) $3\frac{3}{5} \cdot \frac{1}{9}$
d) $3 \cdot 1\frac{1}{2}$
e) $4 \cdot 2\frac{1}{12}$
f) $4\frac{1}{5} \cdot \frac{5}{28}$
g) $\frac{4}{45} \cdot 4\frac{1}{2}$
h) $6\frac{3}{4} \cdot 10$
i) $1\frac{3}{8} \cdot 1\frac{3}{5}$
j) $2\frac{1}{2} \cdot 3\frac{2}{3}$

11 Stolperstelle: Beschreibe und korrigiere Michaels Fehler.

a) $\frac{3}{7} \cdot \frac{4}{7} = \frac{3 \cdot 4}{7} = \frac{12}{7}$
b) $\frac{3}{8} \cdot \frac{5}{8} = \frac{8}{16}$
c) $5 \cdot \frac{1}{2} = \frac{5 \cdot 1}{5 \cdot 2} = \frac{5}{10}$
d) $2\frac{1}{3} \cdot 4\frac{1}{3} = 8\frac{1}{9}$

12 Bestimme
a) die Hälfte von einer halben Stunde,
b) ein Viertel von einem halben Kilometer,
c) ein Drittel von einem Dreiviertelliter,
d) zwei Drittel von einer Dreiviertelstunde.

13 Berechne. Überlege bei jeder Teilaufgabe, was sich im Vergleich zur vorherigen Teilaufgabe geändert hat und wie sich diese Änderung auf das Ergebnis auswirkt.

a) $2 \cdot 3$
b) $2 \cdot \frac{1}{3}$
c) $4 \cdot \frac{1}{3}$
d) $4 \cdot \frac{1}{6}$
e) $\frac{1}{4} \cdot \frac{1}{6}$
f) $\frac{1}{6} \cdot \frac{1}{4}$
g) $\frac{1}{6} \cdot \frac{7}{28}$
h) $\frac{3}{18} \cdot \frac{7}{28}$
i) $\frac{3}{18} \cdot \frac{0}{28}$
j) $\frac{3}{1} \cdot 0$
k) $\frac{3}{1} \cdot 2$
l) $3 \cdot 2\frac{1}{2}$
m) $3\frac{1}{2} \cdot 2\frac{1}{2}$
n) $3\frac{1}{2} \cdot 2\frac{1}{6}$
o) $\frac{1}{2} \cdot \frac{1}{6}$

14 Zwei echte Brüche werden miteinander multipliziert. Entscheide, ob das Ergebnis ein unechter Bruch sein kann. Begründe.

15 Der Schall legt pro Sekunde etwa $\frac{1}{3}$ km zurück. Deshalb sieht man bei weiter entfernten Gewittern den Blitz oft einige Sekunden, bevor man den Donner hört.
a) Wenn man die Sekunden zwischen Blitz und Donner zählt, kann man berechnen, wie weit das Gewitter entfernt ist. Erkläre, wie man dabei vorgeht.
b) Simon sieht einen Blitz und zählt 8 Sekunden, bis er den Donner hört. Berechne, wie weit das Gewitter von Simon entfernt ist.

Hilfe

16 Das Wort „von" kommt in verschiedenen Zusammenhängen vor. Beantworte die Frage mithilfe einer passenden Rechnung.
a) Max hat bei der Wahl zum Schulsprecher $\frac{3}{8}$ von 600 Stimmen bekommen. Wie viele Stimmen hat Max bekommen?
b) 5 von 6 Losen sind Nieten. Welcher Anteil ist das?
c) Von 30 Äpfeln verschenkt Frau Maier 17 Äpfel. Wie viele Äpfel sind übrig?
d) $\frac{2}{3}$ aller Kinder der Klasse treiben in ihrer Freizeit Sport. Von diesen spielen $\frac{1}{5}$ Handball. Welcher Anteil an der gesamten Klasse ist das?

17 Zwei von fünf Kindern der Klasse 6b haben Haustiere, jedes zweite von ihnen hat einen Hund.
a) Bestimme den Anteil der Kinder der 6b, die Hunde haben.
b) In die Klasse 6b gehen 25 Kinder. Gib an, wie viele Kinder Haustiere und wie viele Kinder Hunde haben.

Hilfe

18 Die Klasse 6c gestaltet den 40 m² großen Schulgarten neu. Auf $\frac{2}{5}$ der Fläche pflanzen die Kinder verschiedene Gemüsesorten an, auf $\frac{3}{4}$ dieser Gemüsefläche Möhren.
a) Ermittle, welcher Anteil am Schulgarten für Möhren genutzt wird.
b) Der Rest der Gemüsefläche wird zur Hälfte mit Kohlrabi, zu einem Drittel mit Feldsalat und zu einem Sechstel mit Schnittlauch bepflanzt. Bestimme jeweils den Anteil am Schulgarten und den Flächeninhalt in Quadratmetern.

Erinnere dich

Formel für das Volumen eines Quaders mit der Länge a, der Breite b und der Höhe c:
V = a · b · c

19 Marius hat ein quaderförmiges Aquarium.
a) Berechne, wie viele Kubikmeter Wasser maximal in das Aquarium passen.
b) Für seine Wasserschildkröte muss Marius das Aquarium zu $\frac{3}{4}$ mit Wasser füllen. Ermittle, wie viele Liter Wasser Marius einfüllen muss.

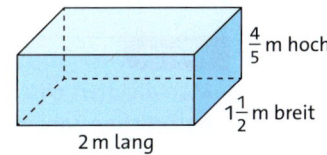

20 Schreibe auf einen gemeinsamen Bruchstrich und kürze. Berechne anschließend.

Beispiel: $\frac{5}{8} \cdot \frac{2}{3} \cdot \frac{4}{5} = \frac{5 \cdot 2 \cdot 4}{8 \cdot 3 \cdot 5} = \frac{1 \cdot 2 \cdot 4}{8 \cdot 3 \cdot 1} = \frac{1 \cdot 1 \cdot 1}{1 \cdot 3 \cdot 1} = \frac{1}{3}$

a) $\frac{20}{21} \cdot \frac{7}{8} \cdot \frac{3}{5}$
b) $\frac{2}{3} \cdot \frac{5}{16} \cdot \frac{18}{25}$
c) $\frac{11}{17} \cdot \frac{9}{21} \cdot \frac{34}{44} \cdot \frac{7}{18}$
d) $\frac{144}{5} \cdot \frac{7}{2} \cdot \frac{10}{9} \cdot \frac{1}{16}$

Lösungen zu 21a–j

21 Achte auf die Rechenart und berechne. Erkläre bei a), b) und c) den Rechenweg.
a) $\frac{2}{3} \cdot \frac{4}{5}$
b) $\frac{2}{3} + \frac{4}{5}$
c) $\frac{4}{5} - \frac{2}{3}$
d) $\frac{4}{9} + \frac{1}{3}$
e) $\frac{7}{11} \cdot \frac{33}{14}$
f) $\frac{7}{8} - \frac{1}{4}$
g) $\frac{13}{15} + \frac{7}{20}$
h) $1\frac{1}{5} + 2\frac{3}{10}$
i) $\frac{5}{7} \cdot \frac{14}{45}$
j) $2\frac{4}{9} - 1\frac{5}{6}$
k) $7 - 3\frac{5}{11}$
l) $\frac{17}{63} + \frac{2}{9}$
m) $\frac{7}{24} \cdot 3$
n) $\frac{19}{24} - \frac{5}{16}$
o) $1\frac{3}{8} \cdot 1\frac{4}{11}$

22 Ausblick: Erläutere, wie sich das Ergebnis eines Produkts aus zwei Brüchen in der folgenden Situation verändert. Notiere eine Beispielaufgabe.
a) Der Zähler des einen Bruchs wird verdoppelt.
b) Der Nenner des einen Bruchs wird verdoppelt.
c) Der Zähler des ersten Bruchs und der Nenner des zweiten Bruchs werden verdoppelt.
d) Beide Zähler werden verdoppelt.
e) Beide Nenner werden verdoppelt.

5.3 Brüche durch natürliche Zahlen dividieren

Eine Kanne enthält $\frac{3}{4}$ Liter Apfelsaft.

a) Der gesamte Saft wird gerecht an 3 Personen verteilt. Gib an, wie viel jeder erhält.
b) Prüfe, ob es möglich ist, den Saft gerecht an 6 Personen zu verteilen. Gib mit einer Rechnung an, wie viel dann jeder erhält.

Die Aufgabe $\frac{4}{5} : 2$ kann man anschaulich lösen, indem man den Anteil $\frac{4}{5}$ färbt und dann halbiert. Man teilt also 4 Fünftel durch 2 und erhält 2 Fünftel, denn 4 : 2 = 2.

Wenn der Zähler des Bruchs nicht durch die natürliche Zahl teilbar ist, zum Beispiel bei $\frac{3}{4} : 2$, dann kann man den Bruch mit dieser Zahl **erweitern**. Man erhält $\frac{6}{8}$.

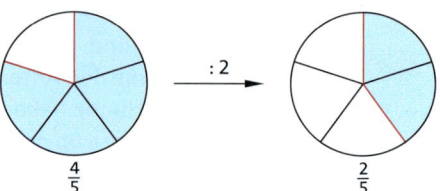

Der Zähler des erweiterten Bruchs ist durch 2 teilbar. Man kann jetzt wie im ersten Fall vorgehen. Dabei wurde der Zähler erst mit 2 multipliziert und dann durch 2 dividiert. Er bleibt also gleich. Der Nenner wird verdoppelt.

$$\frac{3}{4} : 2 = \frac{3 \cdot 2}{4 \cdot 2} : 2 = \frac{6}{4 \cdot 2} : 2 = \frac{3}{4 \cdot 2} = \frac{3}{8}$$

Wissen

Man **dividiert einen Bruch durch eine natürliche Zahl**, indem man den Nenner mit der natürlichen Zahl multipliziert. Der Zähler bleibt unverändert.

$$\frac{2}{5} : 3 = \frac{2}{5 \cdot 3} = \frac{2}{15}$$

Das Ergebnis der Division kann man mit der Multiplikation kontrollieren: $\frac{2}{15} \cdot 3 = \frac{2 \cdot \overset{1}{3}}{\underset{5}{15}} = \frac{2}{5}$

Erklärvideo

Beispiel 1

Berechne.

a) $\frac{3}{10} : 4$ b) $\frac{6}{7} : 3$

Lösung:

a) Multipliziere den Nenner mit 4, behalte den Zähler bei.

$\frac{3}{10} : 4 = \frac{3}{10 \cdot 4} = \frac{3}{40}$

Nenner mal 4

b) Der Zähler 6 ist durch 3 teilbar, also kannst du hier direkt rechnen. Dividiere dafür den Zähler durch 3.

6 Siebtel dividiert durch 3 sind 2 Siebtel.

$\frac{6}{7} : 3 = \frac{2}{7}$

Du kannst aber auch die Regel aus dem Wissen anwenden und dann kürzen.

$\frac{6}{7} : 3 = \frac{6}{7 \cdot 3} = \frac{\overset{2}{6}}{7 \cdot \underset{1}{3}} = \frac{2}{7 \cdot 1} = \frac{2}{7}$

Nenner mal 3   Kürze mit 3.
6 : 3 = 2 und 3 : 3 = 1

Brüche und Dezimalzahlen multiplizieren und dividieren

Basisaufgaben

1 Berechne.

a) $\frac{2}{5}:2$ b) $\frac{63}{100}:9$ c) $\frac{8}{7}:2$ d) $\frac{9}{13}:1$ e) $\frac{24}{3}:6$ f) $\frac{52}{25}:4$

g) $\frac{2}{3}:7$ h) $\frac{1}{3}:9$ i) $\frac{1}{2}:100$ j) $\frac{9}{5}:8$ k) $\frac{7}{10}:6$ l) $\frac{5}{11}:12$

Lösungen zu 3

$\frac{2}{35}$ $\frac{1}{55}$ $\frac{1}{13}$ $\frac{4}{125}$ $\frac{4}{5}$ $\frac{1}{10}$

2 Berechne. Kürze das Ergebnis.

a) $\frac{3}{4}:6$ b) $\frac{2}{7}:10$ c) $\frac{10}{6}:9$ d) $\frac{8}{8}:8$ e) $\frac{4}{3}:30$ f) $\frac{21}{100}:7$

3 Berechne. Kürze, bevor du das Ergebnis ausrechnest.

a) $\frac{8}{13}:8$ b) $\frac{18}{5}:36$ c) $\frac{6}{5}:21$ d) $\frac{10}{11}:50$ e) $\frac{24}{25}:30$ f) $\frac{108}{15}:9$

Weiterführende Aufgaben

Zwischentest

4 Die Divisionsaufgabe $\frac{3}{5}:3$ wurde auf zwei verschiedenen Wegen gelöst.
Beschreibt euch gegenseitig die Lösungswege und führt die Rechnungen durch.

5 Stelle die Rechnung durch eine Zeichnung wie in Aufgabe 4 dar und berechne. Überlege vorher, welche Rechenwege möglich sind. Kürze, falls möglich.

a) $\frac{2}{7}:2$ b) $\frac{4}{9}:2$ c) $\frac{3}{4}:4$ d) $\frac{6}{8}:3$ e) $\frac{2}{3}:4$ f) $\frac{12}{15}:4$

6 Stolperstelle:

a) Beschreibe und korrigiere die Fehler von Alexander und Clara.

Alexander: $\frac{4}{7}:7 = 4$ Clara: $\frac{28}{35}:7 = \frac{4}{5}$

b) Erläutere den Unterschied zwischen Kürzen und Teilen eines Bruchs an den Beispielen. Berechne jeweils auch das Ergebnis.

Kürze $\frac{4}{10}$ mit 2:   Teile $\frac{4}{10}$ durch 2:

   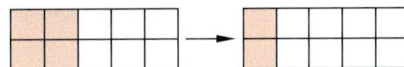

Hilfe

7 a) $\frac{1}{2}$ Liter Saft wird gerecht auf 3 Gläser verteilt. Gib an, wie viel Saft jedes Glas enthält.

b) Berechne den dritten Teil von $\frac{9}{10}$ Sekunden.

c) Von einer Pizza fehlt ein Viertel. Den Rest teilen sich Emil und Abbas. Gib an, wie viel Pizza jeder erhält.

8 Ausblick: Matti hat noch eine andere Regel zum Teilen von Brüchen gefunden. $\frac{3}{4}:2$ kann man so rechnen: $\frac{3}{4}:2 = \frac{3}{4}:\frac{2}{1} = \frac{3}{4}:\frac{8}{4}$. Jetzt teilt man nur noch die Zähler durcheinander und erhält das Ergebnis $\frac{3}{8}$.

a) Prüfe anhand der Aufgaben 1a) – c), dass Mattis Regel funktioniert. Stelle eine begründete Vermutung auf, ob die Regel immer funktioniert.

b) Man kann auch Brüche durch Brüche teilen, zum Beispiel $\frac{3}{4}:\frac{1}{2}$. Wende die Regel „Man dividiert Brüche, indem man sie gleichnamig macht und dann die Zähler dividiert." auf die Aufgabe an. Prüfe dein Ergebnis mit der Umkehraufgabe.

5.3 Brüche durch natürliche Zahlen dividieren

5

5.4 Brüche dividieren

Kai hat bei der Apfelernte geholfen und darf nun 12 Liter Apfelsaft verschenken.

a) Berechne, wie viele $\frac{1}{2}$-ℓ-Flaschen er braucht, um die 12 Liter gleichmäßig zu verteilen.
b) Überlege entsprechend, wie viele $\frac{1}{4}$-ℓ-Flaschen oder $\frac{3}{4}$-ℓ-Flaschen er benötigt.

Für die Lösung der Division $6 : \frac{2}{3}$ kann man überlegen, wie oft $\frac{2}{3}$ in 6 Ganze hineinpassen.

1. Schritt: $\frac{1}{3}$ passt in 1 Ganzes 3-mal.

   $\frac{1}{3}$ passt in 6 Ganze $6 \cdot 3$ = 18-mal.

2. Schritt: $\frac{2}{3}$ ist doppelt so groß wie $\frac{1}{3}$.

   $\frac{2}{3}$ passt daher nur halb so oft in 6 Ganze wie $\frac{1}{3}$, also $18 : 2$ = 9-mal.

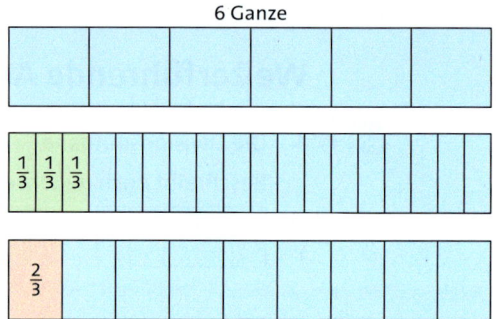

Erinnere dich

3 geteilt durch 2 ergibt $\frac{3}{2}$.

Man rechnet im 1. Schritt „mal 3" und im 2. Schritt „durch 2". Insgesamt erhält man die Rechnung $6 : \frac{2}{3} = (6 \cdot 3) : 2 = 6 \cdot \frac{3}{2} = 9$. Also gilt $6 : \frac{2}{3} = 6 \cdot \frac{3}{2}$. Die Division durch $\frac{2}{3}$ lässt sich durch die Multiplikation mit $\frac{3}{2}$ ersetzen.

Der Dividend muss keine natürliche Zahl sein. Diese Regel funktioniert auch dann, wenn man einen Bruch durch einen anderen Bruch dividiert.

Erinnere dich

Dividend : Divisor = Quotient

> **Wissen**
>
> Man **dividiert zwei Brüche**, indem man den Dividenden mit dem **Kehrwert** des Divisors multipliziert.
> Den Kehrwert eines Bruchs erhält man durch Vertauschen von Zähler und Nenner.
> $$\frac{3}{4} : \frac{2}{5} = \frac{3}{4} \cdot \frac{5}{2} = \frac{3 \cdot 5}{4 \cdot 2} = \frac{15}{8}$$

Erklärvideo

> **Beispiel 1**
>
> Berechne.
>
> a) $\frac{7}{5} : \frac{3}{8}$ b) $\frac{7}{12} : \frac{3}{16}$
>
> **Lösung:**
>
> a) Um durch $\frac{3}{8}$ zu dividieren, multipliziere mit dem Kehrwert.
> Der Kehrwert von $\frac{3}{8}$ ist $\frac{8}{3}$.
>
> $\frac{7}{5} : \frac{3}{8} = \frac{7}{5} \cdot \frac{8}{3} = \frac{7 \cdot 8}{5 \cdot 3} = \frac{56}{15}$
>
> Multipliziere mit dem Kehrwert.
>
> b) Multipliziere mit dem Kehrwert $\frac{16}{3}$.
> Kürze, bevor du das Ergebnis ausrechnest.
>
> $\frac{7}{12} : \frac{3}{16} = \frac{7}{12} \cdot \frac{16}{3} = \frac{7 \cdot \overset{4}{\cancel{16}}}{\underset{3}{\cancel{12}} \cdot 3} = \frac{28}{9}$
>
> Kürze mit 4.

Brüche und Dezimalzahlen multiplizieren und dividieren

Basisaufgaben

Hinweis
Der Kehrwert von 3 ist $\frac{1}{3}$, da man 3 als $\frac{3}{1}$ schreiben kann.

1 Gib den Kehrwert an.
a) $\frac{3}{5}$ b) $\frac{3}{4}$ c) $\frac{3}{2}$ d) $\frac{11}{10}$ e) $\frac{1}{4}$ f) $\frac{1}{12}$ g) 2 h) 13 i) $2\frac{1}{2}$ j) 1

2 Berechne.
a) $\frac{3}{4} : \frac{5}{7}$ b) $\frac{1}{2} : \frac{2}{3}$ c) $\frac{3}{5} : \frac{1}{4}$ d) $\frac{5}{6} : \frac{1}{5}$ e) $\frac{1}{3} : \frac{1}{2}$
f) $\frac{7}{8} : \frac{2}{3}$ g) $\frac{2}{5} : \frac{9}{7}$ h) $\frac{1}{6} : \frac{1}{5}$ i) $\frac{11}{10} : \frac{5}{3}$ j) $\frac{12}{17} : \frac{1}{2}$

Lösungen zu 3

$\frac{1}{36}$ $\frac{1}{2}$ $\frac{8}{9}$
$\frac{3}{4}$ 6 $\frac{21}{10}$
   $\frac{5}{3}$
12   $\frac{9}{2}$ $\frac{7}{6}$

3 Berechne. Kürze möglichst geschickt.
a) $\frac{3}{2} : \frac{1}{4}$ b) $\frac{5}{6} : \frac{1}{2}$ c) $\frac{7}{8} : \frac{3}{4}$ d) $\frac{9}{10} : \frac{3}{7}$ e) $\frac{8}{15} : \frac{3}{5}$
f) $\frac{3}{4} : \frac{3}{2}$ g) $\frac{7}{10} : \frac{14}{15}$ h) $\frac{22}{3} : \frac{44}{27}$ i) $\frac{9}{40} : \frac{81}{10}$ j) $\frac{100}{7} : \frac{25}{21}$

4 Beschreibe und vergleiche die Rechenwege.
Dragan wendet die Regel von Seite 144 an: $\frac{3}{5} : 2 = \frac{3}{5 \cdot 2} = \frac{3}{10}$
Selina rechnet mit dem Kehrwert: $\frac{3}{5} : 2 = \frac{3}{5} : \frac{2}{1} = \frac{3}{5} \cdot \frac{1}{2} = \frac{3}{10}$

5 Berechne.
a) $\frac{3}{4} : 2$ b) $3 : \frac{1}{2}$ c) $8 : \frac{2}{5}$ d) $\frac{15}{17} : 3$ e) $10 : \frac{100}{99}$

6 Berechne und vergleiche die Ergebnisse in der Aufgabenserie. Erkläre.
a) $6 : \frac{3}{4}$ $3 : \frac{3}{4}$ $\frac{3}{2} : \frac{3}{4}$ $\frac{3}{4} : \frac{3}{4}$ $\frac{3}{8} : \frac{3}{4}$ $\frac{3}{16} : \frac{3}{4}$
b) $\frac{4}{5} : 10$ $\frac{4}{5} : 5$ $\frac{4}{5} : \frac{5}{2}$ $\frac{4}{5} : \frac{5}{4}$ $\frac{4}{5} : \frac{5}{8}$ $\frac{4}{5} : \frac{5}{16}$

Weiterführende Aufgaben

Zwischentest

7 Berechne. Welche Aufgaben kannst du im Kopf berechnen, ohne die Regel zur Division von Brüchen anzuwenden? Begründe.
a) $\frac{1}{3} : \frac{1}{3}$ b) $\frac{1}{2} : \frac{1}{4}$ c) $\frac{3}{5} : \frac{1}{4}$ d) $\frac{5}{6} : \frac{1}{5}$ e) $3 : \frac{3}{2}$
f) $20 : \frac{6}{3}$ g) $\frac{2}{5} : \frac{9}{7}$ h) $\frac{1}{6} : \frac{1}{5}$ i) $\frac{11}{10} : \frac{12}{12}$ j) $\frac{12}{17} : \frac{1}{2}$

8 Berechne. Wandle die gemischten Zahlen zuerst in unechte Brüche um.
Beispiel: $2\frac{1}{4} : 1\frac{2}{3} = \frac{9}{4} : \frac{5}{3} = \frac{9}{4} \cdot \frac{3}{5} = \frac{27}{20} = 1\frac{7}{20}$
a) $3\frac{1}{4} : 2$ b) $2\frac{3}{8} : \frac{1}{4}$ c) $7\frac{2}{3} : \frac{2}{3}$ d) $2\frac{1}{2} : 5$ e) $4\frac{1}{2} : 3$
f) $4\frac{1}{3} : 2\frac{3}{5}$ g) $1\frac{5}{7} : 2\frac{5}{14}$ h) $4\frac{1}{3} : 10$ i) $31 : 1\frac{5}{26}$ j) $2\frac{99}{100} : \frac{99}{100}$

9 Stolperstelle:
a) Laura und Mohammed vergleichen ihre Hausaufgaben.
Mohammed hat gerechnet: $8 : \frac{1}{4} = 32$
Laura sagt: „Das kann nicht richtig sein, denn 32 ist ja größer als 8."
Erkläre Lauras Denkfehler.
b) Korrigiere Evas Rechnungen und formuliere, worauf sie achten muss.
① $7 : \frac{7}{8} = \frac{1}{8}$ ② $\frac{3}{5} : \frac{1}{4} = \frac{5}{3} \cdot \frac{1}{4} = \frac{5}{12}$ ③ $5\frac{1}{6} : \frac{1}{3} = 5\frac{1}{2}$

5.4 Brüche dividieren

10 Berechne. Überlege bei jeder Teilaufgabe, was sich im Vergleich zur vorherigen Teilaufgabe geändert hat und wie sich diese Änderung auf das Ergebnis auswirkt.

a) $4:2$ b) $\frac{4}{5}:2$ c) $\frac{1}{5}:2$ d) $2:\frac{1}{5}$ e) $2:\frac{1}{10}$
f) $2:\frac{1}{100}$ g) $2:\frac{1}{1000}$ h) $2:\frac{1}{10\,000}$ i) $2:0$ j) $0:\frac{2}{1}$
k) $0:\frac{1}{2}$ l) $\frac{6}{7}:\frac{1}{2}$ m) $\frac{7}{6}:\frac{1}{2}$ n) $\frac{7}{6}:\frac{3}{6}$ o) $\frac{21}{18}:\frac{3}{6}$
p) $\frac{22}{19}:\frac{4}{7}$ q) $\frac{19}{22}:\frac{7}{4}$ r) $\frac{19}{22}:1\frac{3}{4}$ s) $\frac{9}{2}:\frac{3}{4}$ t) $\frac{27}{2}:\frac{9}{4}$

11 Berechne, wie oft eine Strecke der ersten Länge in eine Strecke der zweiten Länge passt. Überprüfe dein Ergebnis zeichnerisch.

a) $\frac{1}{2}$ cm in 10 cm b) $\frac{1}{4}$ cm in $9\frac{1}{2}$ cm c) $\frac{2}{5}$ cm in 6 cm d) $\frac{1}{5}$ dm in $1\frac{1}{2}$ dm

12 Der Platzwart eines Fußballvereins muss den Rasen auf dem Spielfeld mähen. Sein Rasentraktor mäht das Gras in Streifen von $\frac{6}{5}$ m Breite. Das Feld ist 90 m lang. Berechne, wie viele Bahnen der Platzwart mit dem Traktor fahren muss, um das ganze Spielfeld zu mähen.

13 Der Kölner Dom gehört zu den höchsten Kirchen der Welt. Seinen Nordturm kann man bis auf eine Höhe von fast 98 m besteigen. Jede Stufe ist rund $\frac{7}{38}$ m hoch. Berechne, wie viele Stufen der Nordturm hat.

Hilfe

14 Bilde jeweils mit vier Ziffern von 1 bis 9 eine Divisionsaufgabe ▪/▪ : ▪/▪ aus zwei Brüchen. Jede Ziffer darf nur einmal vorkommen. Das Ergebnis soll
a) möglichst groß sein, b) möglichst klein sein,
c) genau 1 sein, d) genau 2 sein.

15 Ersetze die Platzhalter ▪ durch Zahlen, sodass die Rechnung stimmt. Verwende die Umkehroperation. Beachte, dass das Ergebnis gekürzt wurde.

a) $\frac{■}{■} \cdot \frac{1}{2} = \frac{3}{4}$ b) $\frac{2}{3} \cdot \frac{■}{■} = \frac{5}{6}$ c) $\frac{1}{4} \cdot ■ = 2$ d) $\frac{■}{■} \cdot \frac{11}{24} = \frac{10}{9}$

16 Ersetze die Platzhalter ▪ durch Zahlen, sodass die Rechnung stimmt.

a) $\frac{8}{■} : \frac{1}{2} = \frac{16}{3}$ b) $\frac{■}{3} : \frac{4}{5} = \frac{5}{6}$ c) $\frac{2}{5} : \frac{2}{■} = 1$ d) $\frac{7}{3} : \frac{■}{4} = \frac{28}{9}$
e) $\frac{1}{2} : \frac{■}{■} = \frac{1}{4}$ f) $\frac{■}{■} : \frac{1}{2} = 3$ g) $1\frac{■}{3} : \frac{2}{5} = \frac{25}{6}$ h) $\frac{7}{8} : \frac{■}{■} = 5$

17 Emir und Julia haben $4\frac{1}{2}$ Liter Orangensaft aus Orangen gepresst. Sie wollen den Saft auf Flaschen aufteilen, die jeweils einen Dreivierteliter fassen. Berechne, wie viele Flaschen Emir und Julia füllen können.

18 Ein Obsthändler hat 200 kg Äpfel und 120 kg Orangen bestellt. Von den Mandarinen hat er das $1\frac{1}{2}$-Fache der Orangenmenge bestellt. Berechne, wie viele Beutel der Obsthändler für jede Obstsorte benötigt.
a) Die Äpfel werden in Beutel zu je $1\frac{1}{2}$ kg verpackt.
b) Die Orangen werden in Beutel zu je $2\frac{1}{2}$ kg verpackt.
c) Die Mandarinen werden in $\frac{3}{4}$-kg-Beutel verpackt.

Hilfe

19 Von einem Rechteck sind der Flächeninhalt A und eine Seitenlänge a gegeben. Berechne die fehlende Seitenlänge b.

a) $A = \frac{3}{4} m^2$; $a = \frac{1}{2} m$
b) $A = \frac{1}{2} m^2$; $a = \frac{1}{5} m$
c) $A = 2\frac{2}{5} cm^2$; $a = 1\frac{1}{4} cm$

20 Ein rechteckiges Grundstück ist $225\frac{1}{2} m^2$ groß und 11 m breit. Berechne die Länge des Grundstücks.

21 Der Eiffelturm hat eine Höhe von 324 Metern. Berechne, wie viele Gegenstände man aufeinanderstapeln müsste, um auf dieselbe Höhe zu kommen.

a) Wasserkisten mit einer Höhe von $\frac{2}{5}$ m
b) Pinguine mit einer Höhe von $\frac{6}{5}$ m
c) Camembertkäse mit einer Höhe von $2\frac{1}{2}$ cm

22 Johannes hat festgestellt, dass bei der Division durch einen Bruch das Ergebnis manchmal größer und manchmal kleiner ist als der Dividend. Finde eigene Beispiele und untersuche, wann das Ergebnis größer und wann kleiner ist. Präsentiere deine Ergebnisse.

23 Meryem hat eine andere Regel zur Division von Brüchen aufgestellt: Sie erweitert den ersten Bruch und dividiert dann Zähler durch Zähler und Nenner durch Nenner.
Beispiel: $\frac{5}{6} : \frac{2}{3} = \frac{10}{12} : \frac{2}{3} = \frac{10:2}{12:3} = \frac{5}{4}$

a) Rechne wie Meryem. Überprüfe die Ergebnisse durch Multiplikation mit dem Kehrwert.
① $\frac{4}{9} : \frac{2}{3}$ ② $\frac{8}{15} : \frac{4}{5}$ ③ $\frac{4}{5} : \frac{1}{4}$ ④ $\frac{2}{3} : \frac{4}{3}$ ⑤ $\frac{7}{8} : \frac{5}{6}$

b) Begründe, warum Meryems Regel gilt.

Lösungen zu 24a–j

24 Berechne. Achte auf die Rechenart.

a) $\frac{2}{3} + \frac{5}{6}$
b) $\frac{7}{15} \cdot \frac{9}{14}$
c) $\frac{7}{8} : \frac{2}{3}$
d) $\frac{8}{5} - \frac{2}{15}$
e) $1\frac{5}{12} + \frac{8}{15}$

f) $8 : \frac{4}{5}$
g) $\frac{9}{22} - \frac{5}{33}$
h) $\frac{13}{27} \cdot 9$
i) $\frac{16}{15} : \frac{20}{39}$
j) $\frac{3}{8} + \frac{9}{10}$

k) $3\frac{1}{6} - \frac{2}{3}$
l) $\frac{15}{11} : 6$
m) $1\frac{2}{5} \cdot \frac{5}{14}$
n) $\frac{4}{5} + \frac{7}{9}$
o) $\frac{4}{5} : \frac{7}{9}$

$\frac{39}{20}$ $\frac{3}{10}$ $\frac{13}{3}$ 10
$\frac{3}{2}$
$\frac{51}{40}$ $\frac{17}{66}$
$\frac{21}{16}$ $\frac{22}{15}$ $\frac{52}{25}$

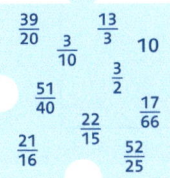

25 Ausblick: Samuel findet in einem alten Mathematikbuch einen **Doppelbruch**: $\frac{\frac{2}{3}}{\frac{4}{5}}$.

Er überlegt: „Wenn der Bruchstrich für geteilt steht, dann muss doch $\frac{\frac{2}{3}}{\frac{4}{5}}$ dasselbe sein wie ..."

a) Welche Idee hat Samuel? Berechne den Doppelbruch, indem du dividierst.
b) Berechne die Doppelbrüche $\frac{\frac{3}{4}}{\frac{1}{3}}$, $\frac{\frac{7}{8}}{\frac{5}{6}}$ und $\frac{\frac{11}{15}}{\frac{22}{35}}$.
c) Gib einen Doppelbruch an, der den Wert 1 $\left(10; \frac{1}{2}; \frac{3}{10}; 1\frac{1}{2}\right)$ hat.

5.4 Brüche dividieren

5.5 Kommaverschiebung bei Dezimalzahlen

Beim Kistenklettern werden viel Geschick und eine gute Sicherung benötigt. Eine Getränkekiste ist 0,26 m hoch. Ermittle, in welcher Höhe sich ein Kletterer befindet, wenn er auf 10 Getränkekisten steht. 100 Kisten hat noch niemand geschafft. Finde heraus, wie hoch der Stapel dann wäre.

Dezimalzahlen mit Zehnerpotenzen multiplizieren

Erinnere dich

Zehnerpotenzen:
$10^1 = 10$
$10^2 = 100$
$10^3 = 1000$
$10^4 = 10\,000$
usw.

Beim Multiplizieren einer Dezimalzahl mit 10 verschiebt sich das Komma um eine Stelle nach rechts. Dies kann man nachrechnen, indem man die Dezimalzahl als Zehnerbruch schreibt:

Dezimalzahl mit 10 multiplizieren: $8{,}35 \cdot 10 = 83{,}5$

Zehnerbruch mit 10 multiplizieren: $\frac{835}{100} \cdot 10 = \frac{835 \cdot 10^1}{10^2} = \frac{835}{10} = 83{,}5$

Beim Multiplizieren mit 10, 100, 1000 ... verschiebt sich das Komma um so viele Stellen nach rechts, wie die Zehnerpotenz Nullen hat.

$8{,}35 \cdot 10 = 83{,}5$ — eine Null, eine Stelle nach rechts

Erinnere dich

T: Tausender
H: Hunderter
Z: Zehner
E: Einer
z: Zehntel
h: Hundertstel
t: Tausendstel
zt: Zehntausendstel

Das kann man an der Stellenwerttafel sehen: Bei der Multiplikation mit 10 rücken alle Ziffern um eine Stelle nach links. Dies entspricht einer Verschiebung des Kommas um eine Stelle nach rechts.

T	H	Z	E	z	h
			8,	3	5
		8	3,	5	

· 10

Wissen
Beim **Multiplizieren einer Dezimalzahl mit 10, 100, 1000 ...** wird das Komma der Dezimalzahl um 1, 2, 3 ... Stellen nach rechts verschoben.
Wenn zum Verschieben des Kommas Ziffern fehlen, dann ergänzt man Nullen.

Beispiel 1 Berechne.
a) $9{,}31 \cdot 10$ b) $9{,}31 \cdot 100$ c) $9{,}31 \cdot 1000$

Lösung:
Verschiebe das Komma um die Anzahl der Nullen in der Zehnerpotenz nach rechts.
a) Verschiebe um eine Stelle nach rechts. $9{,}31 \cdot 10 = 93{,}1$
b) Verschiebe um zwei Stellen nach rechts. $9{,}31 \cdot 100 = 931$
c) Verschiebe um drei Stellen nach rechts. $9{,}31 \cdot 1000 = 9{,}310 \cdot 1000 = 9310$
   Ergänze dazu rechts eine Null.

Basisaufgaben

1 Berechne die Ergebnisse der Aufgabenserie.
a) $3{,}125 \cdot 10$ b) $5{,}89 \cdot 10$ c) $1{,}2 \cdot 10$ d) $7{,}834 \cdot 100$
   $3{,}125 \cdot 100$ $5{,}89 \cdot 100$ $1{,}2 \cdot 100$ $7{,}834 \cdot 1000$
   $3{,}125 \cdot 1000$ $5{,}89 \cdot 1000$ $1{,}2 \cdot 1000$ $7{,}834 \cdot 10\,000$

2 Berechne.
a) 312,14 · 10
b) 912,021 · 100
c) 42,023 · 10 000
d) 0,11 · 100
e) 2,07 · 1000
f) 10 · 1,25
g) 1000 · 200,8
h) 0,001 · 100

3 Ersetze den Platzhalter ■ durch eine Zahl, sodass die Rechnung stimmt.
a) 5,783 · ■ = 578,3
b) 3,56 · ■ = 35,6
c) 23,4 · ■ = 2340
d) ■ · 87,3 = 87 300

4 **Größenangaben in kleinere Einheiten umrechnen:** Rechne um.
Beispiel: 1,429 km in m   1,429 km = 1,429 · 1 km = 1,429 · 1000 m = 1429 m
a) 78,3 cm in mm
b) 14,15 km in m
c) 57,3 m in cm
d) 3,25 cm in mm

5 Diesen Turm kannst du nur in deiner Fantasie bauen. Berechne seine Höhe.
a) Turm aus 100 Getränkekisten mit einer Höhe von je 35,5 cm
b) Turm aus 1000 Handys mit einer Dicke von je 9,7 mm
c) Turm aus 1000 Meerschweinchen mit einer Höhe von je 7,5 cm
d) Turm aus 10 000 Scheiben Salami mit einer Dicke von je 2,5 mm

Dezimalzahlen durch Zehnerpotenzen dividieren

Die Umkehraufgabe von 8,35 · 10 = 83,5 ist 83,5 : 10 = 8,35.

Beim Dividieren durch 10, 100, 1000 … verschiebt sich das Komma um so viele Stellen **nach links**, wie die Zehnerpotenz Nullen hat.

2751,3 : 1000 = 2,7513   **drei** Nullen
drei Stellen nach links

Das kann man an der Stellenwerttafel sehen: Bei der Division durch 1000 rücken alle Ziffern um drei Stellen nach rechts. Dies entspricht einer Verschiebung des Kommas um drei Stellen nach links.

T	H	Z	E	z	h	t	zt
2	7	5	1,	3			
				2,	7	5	1	3

: 1000

> **Wissen**
> Beim **Dividieren einer Dezimalzahl durch 10, 100, 1000 …** wird das Komma der Dezimalzahl um 1, 2, 3 … Stellen nach **links** verschoben.
> Wenn zum Verschieben des Kommas Ziffern fehlen, dann ergänzt man Nullen.

> **Beispiel 2** Berechne.
> a) 31,2 : 10
> b) 31,2 : 100
> c) 31,2 : 1000
>
> **Lösung:**
> Verschiebe das Komma um die Anzahl der Nullen in der Zehnerpotenz nach links.
> a) Verschiebe um eine Stelle nach links.   31,2 : 10 = 3,12
> b) Verschiebe um zwei Stellen nach links.   31,2 : 100 = 0,312
>   Ergänze dazu links eine Null.
> c) Verschiebe um drei Stellen nach links.   31,2 : 1000 = 031,2 : 1000 = 0,0312
>   Ergänze dazu links zwei Nullen.

Basisaufgaben

6 Berechne die Ergebnisse der Aufgabenserie.
- a) 1324,6 : 10
  1324,6 : 100
  1324,6 : 1000
- b) 278,2 : 10
  278,2 : 100
  278,2 : 1000
- c) 17,3 : 10
  17,3 : 100
  17,3 : 1000
- d) 1,2 : 100
  1,2 : 1000
  1,2 : 10 000

7 Berechne.
- a) 878,31 : 10
- b) 91 : 10
- c) 4,1 : 10 000
- d) 0,7 : 100
- e) 1,03 : 1000
- f) 0,0102 : 10
- g) 56 : 1000
- h) 0,209 : 100

8 Größenangaben in größere Einheiten umrechnen: Rechne um.
Beispiel: 4219 m in km   4219 m = 4219 km : 1000 = 4,219 km
- a) 1949 m in km
- b) 57,3 cm in m
- c) 419,2 mm in cm
- d) 30 m in km

Weiterführende Aufgaben   Zwischentest

9 Berechne im Kopf.
- a) 13 : 10
- b) 2,5 · 10
- c) 14,4 : 100
- d) 1,11 · 100
- e) 14,3 : 10
- f) 10 · 1,54
- g) 7,3 : 100
- h) 38,7 · 100

10 Stolperstelle: Korrigiere Phils Fehler.
- a) 41,31 · 10 = 4,131
- b) 2 : 1000 = 0,0002

Lösungen zu 11

100   1000
0,3
     100
4,2193   0,3

11 Ersetze den Platzhalter ■, sodass die Rechnung stimmt.
- a) 19,31 · ■ = 1931
- b) 523,1 : ■ = 0,5231
- c) ■ · 100 = 421,93
- d) ■ : 100 = 0,003
- e) 0,003 · 100 = ■
- f) 412,9 : ■ = 4,129

12 Gib an, wie sich der Stellenwert der Ziffer 3 ändert, wenn man die Zahl 30,14
- a) mit 10 (100; 1000) multipliziert,
- b) durch 10 (100; 1000) dividiert.

13 Rechne um.
- a) 81 593 g in kg
- b) 3,28 € in ct
- c) 4,23 t in kg
- d) 250 mℓ in ℓ
- e) 45 mg in g
- f) 643 ct in €
- g) 18,21 kg in g
- h) 0,625 cm² in mm²

Hilfe

14 Ein Stapel von 1000 DIN-A4-Blättern ist 11 cm hoch und wiegt 4989,6 g. Berechne, wie dick und wie schwer ein einzelnes Blatt ist.

Erinnere dich

Der Maßstab 1 : 100 000 bedeutet, dass 1 cm auf der Karte 100 000 cm in der Wirklichkeit sind.

15 Auf einer Wanderkarte im Maßstab 1 : 100 000 misst Ida für ihre Tour zum Ausflugslokal 5,5 cm.
- a) Berechne, wie weit Idas Weg in Wirklichkeit ist.
- b) Eine andere Tour ist in Wirklichkeit 12,75 km lang. Berechne, wie lang dieser Weg in Idas Karte ist.

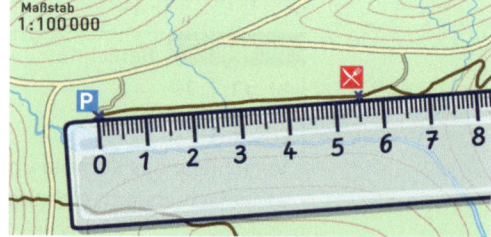

16 Ausblick: Luan multipliziert schrittweise: 8,91 · 1000 = 891 · 10 = 8910
Erkläre Luans Rechnung und rechne ebenso. Formuliere dann eine Regel.
- a) 193,41 · 10 000
- b) 0,4 · 1000
- c) 49,73 : 10 000

5.6 Dezimalzahlen multiplizieren

Die Größe von Handydisplays wird über die Länge der Diagonale angegeben. Dabei wird die Einheit Zoll verwendet. 1 Zoll sind 2,54 cm.
Jaroslav möchte ein neues Handy kaufen. Er überlegt, ob ihm ein 4-Zoll-Display reicht. Berechne die Länge der Diagonale eines 4-Zoll-Displays in Zentimetern.

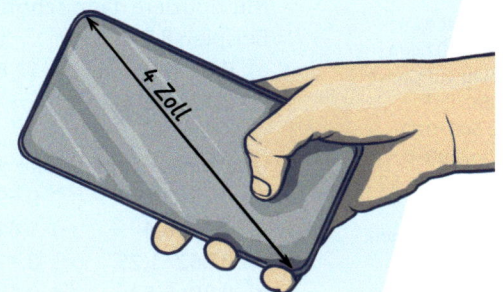

Man kann Dezimalzahlen multiplizieren, indem man sie in Zehnerbrüche umwandelt und dann multipliziert: $1{,}3 \cdot 2{,}5 = \frac{13}{10} \cdot \frac{25}{10} = \frac{325}{100} = 3{,}25$

Die Zehnerpotenz im Nenner gibt an, wie viele Nachkommastellen das Ergebnis hat. Weil diese Zehnerpotenz genauso viele Nullen hat wie die Zehnerpotenzen der beiden Faktoren zusammen, hat das Ergebnis genauso viele Nachkommastellen wie die Faktoren zusammen.

Hinweis

Endnullen im Ergebnis können weggelassen werden – aber erst, nachdem das Komma gesetzt wurde.

Wissen

Man **multipliziert Dezimalzahlen**, indem man zuerst die Zahlen multipliziert, ohne das Komma zu beachten. Dann setzt man das Komma so, dass das Ergebnis genauso viele Nachkommastellen hat wie die Faktoren zusammen.

Beispiel 1 Berechne.
a) $3{,}5 \cdot 2{,}1$ b) $0{,}2 \cdot 0{,}4$

Lösung:

a) Multipliziere die Zahlen ohne Komma. 3,5 und 2,1 haben je eine Nachkommastelle, also hat das Ergebnis zwei Nachkommastellen.

$35 \cdot 21 = 735$
$3{,}5 \cdot 2{,}1 = 7{,}35$

```
  3, 5 · 2, 1
        7 0
      + 3 5
      7, 3 5
```

b) Ergänze Nullen im Ergebnis, damit du das Komma so setzen kannst, dass das Ergebnis zwei Nachkommastellen hat.

$2 \cdot 4 = 8$
$0{,}2 \cdot 0{,}4 = 0{,}08$

Basisaufgaben

1 Berechne im Kopf.
a) $0{,}5 \cdot 3$ b) $1{,}1 \cdot 4$ c) $0{,}7 \cdot 8$ d) $0{,}9 \cdot 3$ e) $0{,}1 \cdot 4$
f) $4{,}2 \cdot 3$ g) $2 \cdot 1{,}3$ h) $4 \cdot 1{,}2$ i) $3{,}5 \cdot 3$ j) $5 \cdot 2{,}5$

Lösungen zu 2

0,039   16
    0,49
0,06   12
    150
0,48   0,0008
10   70

2 Berechne im Kopf. Achte auf die Anzahl der Nachkommastellen.
a) $0{,}7 \cdot 0{,}7$ b) $2 \cdot 0{,}03$ c) $1{,}2 \cdot 0{,}4$ d) $0{,}13 \cdot 0{,}3$ e) $2{,}5 \cdot 4$
f) $20 \cdot 0{,}6$ g) $0{,}1 \cdot 700$ h) $300 \cdot 0{,}5$ i) $400 \cdot 0{,}04$ j) $0{,}08 \cdot 0{,}01$

3 Führe eine Überschlagsrechnung durch, indem du beide Faktoren auf Ganze rundest. Multipliziere dann schriftlich.
Beispiel: $6{,}2 \cdot 2{,}5$ Überschlag: $6 \cdot 3 = 18$ Exaktes Ergebnis: $15{,}5$
a) $2{,}7 \cdot 5$ b) $10{,}6 \cdot 7$ c) $1{,}73 \cdot 6$ d) $7{,}84 \cdot 8$ e) $5 \cdot 1{,}93$
f) $2{,}35 \cdot 2{,}7$ g) $1{,}34 \cdot 19{,}1$ h) $5{,}2 \cdot 2{,}4$ i) $2{,}34 \cdot 7{,}85$ j) $1{,}83 \cdot 9{,}75$

Hinweis

Manchmal ist es nicht sinnvoll, beim Überschlag auf Ganze zu runden.
Beispiel: 500 · 0,11
ungünstig: 500 · 0 = 0
besser: 500 · 0,1 = 50
Runde so, dass es einfach ist zu rechnen.

4 Überschlage das Ergebnis, indem du die Faktoren geeignet rundest. Multipliziere dann schriftlich.
Beispiel: 8,7 · 0,23   Überschlag: 9 · 0,2 = 1,8   Exaktes Ergebnis: 2,001
a) 0,81 · 7,9   b) 12,8 · 0,467   c) 134 · 0,111   d) 19,8 · 9,02   e) 0,38 · 0,408
f) 3,73 · 4,2   g) 5,4 · 17,2   h) 2,43 · 6,04   i) 0,39 · 0,12   j) 2,75 · 0,072

5 Überschlage und wähle das richtige Ergebnis aus.
a) 0,23 · 301,7   ① 0,69391   ② 693,91   ③ 69,391   ④ 6,9391
b) 2,5 · 56,4   ① 1,41   ② 14,10   ③ 0,141   ④ 141
c) 0,062 · 1,25   ① 0,775   ② 0,0775   ③ 7,75   ④ 0,00775
d) 0,99 · 0,53   ① 0,5247   ② 5,247   ③ 0,05247   ④ 0,005247

6 Berechne. Vergleiche die Ergebnisse in der Aufgabenserie und formuliere eine Regel.
a) 50 · 7   5 · 7   0,5 · 7   0,05 · 7   0,005 · 7
b) 1,2 · 0,009   1,2 · 0,09   1,2 · 0,9   1,2 · 9   1,2 · 90
c) 12 · 0,8   1,2 · 8   0,12 · 80   0,012 · 800   0,0012 · 8000

7 Setze im Ergebnis das Komma an die richtige Stelle. Füge Nullen ein, falls nötig.
a) 3,4 · 2,3 = 782   b) 0,1 · 0,343 = 343   c) 19 · 0,02 = 38   d) 5 · 13,5 = 675
e) 0,25 · 0,8 = 2   f) 1,6 · 0,4 = 64   g) 1,75 · 3,2 = 56   h) 2,2 · 5 = 110

Weiterführende Aufgaben

Zwischentest

8 Berechne. Begründe, warum du nur einmal eine schriftliche Multiplikation durchführen musst und alle anderen Ergebnisse daraus ableiten kannst.
a) 123 · 27   b) 12,3 · 2,7   c) 1,23 · 0,27   d) 123 · 2,7   e) 123 · 0,027

9 Alexandra meint: „Die Rechnungen können nicht stimmen. Das Ergebnis hat ja weniger Nachkommastellen als die Faktoren zusammen."

① 0,5 · 0,8 = 0,4   ② 2 · 1,5 = 3   ③ 0,25 · 0,4 = 0,1   ④ 0,01 · 900 = 9

a) Berechne und überprüfe, ob alle Ergebnisse richtig sind.
b) Erkläre, was Alexandra nicht bedacht hat.

10 Stolperstelle: Beschreibe und korrigiere Tinas Fehler.
a) 0,3 · 0,3 = 0,9   b) 2,3 · 2,7 = 4,21   c) 40 · 0,2 = 0,8   d) 0,6 · 0,5 = 0,03

11 Gib zwei verschiedene Multiplikationsaufgaben mit dem angegebenen Ergebnis an. Gehe dabei möglichst geschickt vor.
a) 1,2   b) 0,04   c) 0,5   d) 1,44

12 Übertrage dreimal den Ausdruck ■,■ · ■,■. Trage die Ziffern 0, 1, 2, 3 ein, sodass
a) ein möglichst großes Ergebnis entsteht,
b) ein möglichst kleines Ergebnis entsteht,
c) das Produkt genau 0,63 ergibt.
Vergleicht eure Ergebnisse untereinander.

Hilfe

13 Entscheide begründet, ob die Aussage richtig oder falsch ist.
a) Das Produkt zweier Dezimalzahlen ist immer größer als 1.
b) Das Produkt zweier Dezimalzahlen ist stets größer als jeder der beiden Faktoren.
c) Das Produkt einer Dezimalzahl mit der Zahl 10 kann kleiner als 1 sein.

14 Berechne. Überlege bei jeder Teilaufgabe, was sich im Vergleich zur vorherigen Teilaufgabe geändert hat und wie sich diese Änderung auf das Ergebnis auswirkt.
a) 4 · 3
b) 4 · 0,3
c) 4 · 0,03
d) 4 · 0,003
e) 0,003 · 4
f) 0,003 · 0,4
g) 0,003 · 0,04
h) 0,003 · 1,04
i) 1,003 · 1,04
j) 2,003 · 1,04
k) 2,003 · 1,01
l) 1,001 · 1,01
m) 1,001 · 1,1
n) 1,1 · 1,001
o) 1,12 · 1,001
p) 11,2 · 10,01

15 Setze für den Platzhalter ■ das richtige Zeichen <, > oder = ein, ohne die Ergebnisse zu berechnen. Achte bei jeder Zahl auf die Position des Kommas.
a) 8,5 · 1,2 ■ 85 · 1,2
b) 8,5 · 1,2 ■ 0,85 · 1,2
c) 8,5 · 1,2 ■ 0,85 · 12
d) 8,5 · 1,2 ■ 850 · 0,12
e) 8,5 · 1,2 ■ 850 · 0,012
f) 8,5 · 1,2 ■ 0,0085 · 120

16 Setze bei den Faktoren das Komma an der richtigen Stelle. Finde verschiedene Möglichkeiten. Streiche die Anfangsnullen und die Endnullen, die nicht benötigt werden.
a) 0050 · 0040 = 2,0
b) 00210 · 0030 = 0,063
c) 001030 · 0020 = 2,06
d) 0060 · 0050 = 0,03
e) 0070 · 0080 = 0,056
f) 00190 · 0040 = 0,076

17 Es werden verschiedene Insekten unter einer Lupe mit 4,75-facher Vergrößerung betrachtet. Gib die Länge des Insekts in der Vergrößerung an.
a) Ameise (Länge 0,5 cm)
b) Käferlarve (Länge 6,2 mm)
c) Mücke (Länge 4,5 mm)

18 1 kg kernlose Weintrauben kostet 5,90 €. Ermittle den Preis für
a) 0,8 kg,
b) 1,3 kg,
c) 2,4 kg,
d) 1,540 kg.

19 Vincent soll für seine Mütter Lebensmittel einkaufen. Berechne, wie viel er bezahlen muss.

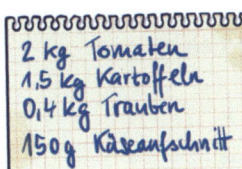
2 kg Tomaten
1,5 kg Kartoffeln
0,4 kg Trauben
150 g Käseaufschnitt

3,98 € pro kg   1,65 € pro kg   3,22 € pro kg   17,90 € pro kg

Hilfe

20 Ein Kreuzfahrtschiff bewegt sich von Hamburg nach Amsterdam mit einer durchschnittlichen Geschwindigkeit von 21 Seemeilen je Stunde. 1 Seemeile entspricht 1,852 km. Berechne, wie viele Kilometer das Schiff in fünf Stunden zurücklegt. Runde auf Ganze.

21 Herr Petersen arbeitet 37,5 Stunden pro Woche und verdient 16,73 € pro Stunde. Berechne, wie viel Geld Herr Petersen in einer Woche verdient.

22 Berechne den Flächeninhalt des Rechtecks mit den Seiten a und b. Achte auf die Einheiten.
a) a = 3,5 cm; b = 2,7 cm
b) a = 0,8 cm; b = 5,7 cm
c) a = 4,23 m; b = 1,9 m
d) a = 1,25 m; b = 3,7 cm
e) a = 0,47 m; b = 47 cm
f) a = 1,25 dm; b = 6,4 cm

23 Ausblick:
a) An einer 30 € teuren Hose hängt ein Schild: „Reduziert! Heute nur 70 %!" Erläutere, dass man den Preis der Hose mit dem Rechenausdruck 30 € · 0,7 berechnen kann.
b) Berechne 20 % von 70 € und 15 % von 90 €.
c) Eine Tischlerei stellt eine Rechnung über 500 €. Dazu kommen noch 19 % Mehrwertsteuer. Berechne den Gesamtbetrag der Rechnung.

5.7 Dezimalzahlen dividieren

Ein 4,5 m langer Flur soll mit Holzdielen der Breite 0,25 m ausgelegt werden.
Berechne die Anzahl der benötigten Dielen. Du kannst dazu die Maße in andere Einheiten umrechnen.

Dezimalzahlen durch natürliche Zahlen dividieren

Man kann eine Dezimalzahl durch eine natürliche Zahl dividieren, indem man die Dezimalzahl in einen Zehnerbruch umwandelt und dann dividiert:

$4,8 : 3 = \frac{48}{10} : 3 = \frac{48 : 3}{10} = \frac{16}{10} = 1,6$

Man kann aber auch ohne Zehnerbrüche rechnen.

> **Wissen**
>
> **Man dividiert eine Dezimalzahl durch eine natürliche Zahl**, indem man wie gewohnt stellenweise rechnet. Sobald man bei der Dezimalzahl das Komma überschreitet, setzt man auch im Ergebnis ein Komma.

> **Beispiel 1** Berechne.
>
> a) 5,85 : 5 b) 3,48 : 8
>
> **Lösung:**
>
> a) Dividiere schriftlich wie bei natürlichen Zahlen.
>
> Setze im Ergebnis ein Komma, wenn du bei 5,85 die erste Ziffer nach dem Komma herunterziehst.
>
>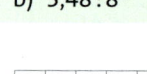
>
> b) Dividiere zuerst die Einer:
> 3 : 8 = 0 Rest 3
> Schreibe deshalb im Ergebnis eine 0.
> Ziehe die 4 herunter. Weil es die erste Ziffer nach dem Komma ist, setzt du im Ergebnis ein Komma. Dividiere dann 34 durch 8. Fahre fort wie in a).
>
> Ergänze im letzten Schritt hinter 3,48 eine 0, damit die Rechnung aufgeht.
>
>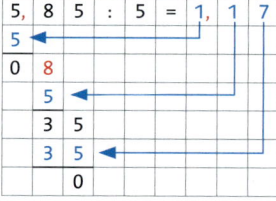

Hinweis
Wenn die Division nicht aufgeht, musst du beim Dividenden nach dem Komma Endnullen ergänzen, um weiterzurechnen.

Basisaufgaben

1 Berechne im Kopf.
a) 1,5 : 3   b) 2,5 : 5   c) 2,4 : 2   d) 1,6 : 4   e) 10,6 : 2
f) 1,2 : 12 g) 0,09 : 3 h) 0,36 : 6 i) 0,01 : 2 j) 6,4 : 20

2 Berechne schriftlich. Überprüfe dein Ergebnis durch eine Multiplikation.
Beispiel: 2,7 : 5 = 0,54   Umkehraufgabe: 0,54 · 5 = 2,7
a) 1,3 : 4   b) 6,3 : 3   c) 4,5 : 6   d) 22,8 : 4   e) 0,9 : 5
f) 6,318 : 2   g) 897,6 : 4   h) 0,1 : 8   i) 1,005 : 5   j) 0,09 : 40

3 Führe eine Überschlagsrechnung durch. Runde die Zahlen so, dass du einfach im Kopf dividieren kannst. Dividiere anschließend schriftlich.
Beispiel: 30,2 : 8   Überschlag: 32 : 8 = 4   Exaktes Ergebnis: 3,775
a) 16,8 : 2   b) 7,4 : 5   c) 23,7 : 6   d) 38,6 : 4   e) 69,2 : 8
f) 31,2 : 12   g) 4,61 : 2   h) 14,35 : 7   i) 16,42 : 4   j) 240,8 : 80

4 Dividiere. Gib das Ergebnis als natürliche Zahl mit Rest und als Dezimalzahl an.
Beispiel: 11 : 4 = 2 Rest 3 und 11 : 4 = 2,75
a) 14 : 5   b) 37 : 4   c) 51 : 6   d) 100 : 8   e) 9 : 12

5 Robin, Jonas und Sarah kaufen frische Brötchen und dürfen die 3,42 € Wechselgeld behalten. Berechne, wie viel Geld jeder der drei bekommt, wenn sie gerecht teilen.

Dezimalzahlen dividieren

Man kann Dezimalzahlen dividieren, indem man sie in gleichnamige Zehnerbrüche umwandelt und dann dividiert:

$$4{,}8 : 0{,}12 = \frac{480}{100} : \frac{12}{100} = \frac{480}{100} \cdot \frac{100}{12} = \frac{480}{12} = 480 : 12 = 40$$

Diese Rechnung kann man kürzer darstellen, wenn man die Kommas in der Rechnung um zwei Stellen nach rechts verschiebt und dann rechnet:

4,8 : 0,12 = 48,0 : 1,2 = 480 : 12 = 40

Erinnere dich

Dividend : Divisor = Quotient

Wissen

Man **dividiert zwei Dezimalzahlen**, indem man das Komma des Dividenden und des Divisors um gleich viele Stellen nach rechts verschiebt, sodass der Divisor eine natürliche Zahl wird. Die neue Division hat das gleiche Ergebnis wie die ursprüngliche Division.

Beispiel 2

Berechne.
a) 0,36 : 0,3   b) 1,7 : 0,25

Lösung:

a) Verschiebe das Komma bei beiden Zahlen um eine Stelle nach rechts, damit du durch eine natürliche Zahl teilen kannst.
3,6 : 3 lässt sich im Kopf rechnen.

0,36 : 0,3 = 3,6 : 3 = 1,2

b) Verschiebe das Komma bei beiden Zahlen um zwei Stellen nach rechts. Schreibe dazu 1,7 als 1,70. Nun kannst du schriftlich durch eine natürliche Zahl teilen.

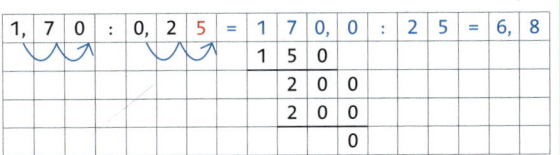

1,70 : 0,25 = 170,0 : 25 = 6,8
150
 200
 200
   0

Basisaufgaben

6 Verschiebe das Komma so, dass der Divisor eine natürliche Zahl wird, und berechne.
a) 5,7 : 1,9   b) 0,35 : 0,5   c) 0,4 : 0,02   d) 8,123 : 0,01   e) 45 : 0,003

Lösungen zu 7

20 3 2
   6
47 100
     5
0,5 5 5
    750

7 Berechne im Kopf.
a) 1,2 : 0,4   b) 2,8 : 1,4   c) 3,6 : 0,6   d) 10 : 0,5   e) 6 : 1,2
f) 0,15 : 0,3   g) 0,47 : 0,01   h) 9 : 0,09   i) 0,4 : 0,08   j) 0,75 : 0,001

8 Führe eine Überschlagsrechnung durch. Runde die Zahlen so, dass du gut rechnen kannst. Dividiere anschließend schriftlich.
Beispiel: 2,7 : 0,4   Überschlag: 2,8 : 0,4 = 28 : 4 = 7   Exaktes Ergebnis: 6,75
a) 3,1 : 0,5   b) 7,83 : 0,9   c) 2,1 : 0,12   d) 8,32 : 0,2   e) 33 : 0,8
f) 2,156 : 1,1   g) 1,9 : 0,02   h) 4,32 : 36   i) 8,67 : 1,7   j) 770,52 : 1,2

9 Berechne. Überprüfe dein Ergebnis durch eine Multiplikation.
Beispiel: 0,2 : 0,5 = 0,4   Probe: 0,4 · 0,5 = 0,2
a) 0,1 : 0,4   b) 51 : 0,02   c) 6,4 : 0,05   d) 2,7 : 0,15   e) 3,2 : 0,16
f) 19,8 : 1,5   g) 22,22 : 2,2   h) 8,16 : 4,8   i) 0,102 : 0,03   j) 0,36 : 0,016

10 Berechne den Preis pro Kilogramm Kartoffeln. Gib an, welches Angebot am günstigsten ist.
a) 1,5 kg für 3,99 €
b) 5,5 kg für 11,55 €
c) 4,2 kg für 6,72 €
d) 800 g für 3,28 €

Weiterführende Aufgaben

Zwischentest

11 Von einem Rechteck sind der Flächeninhalt A und die Seitenlänge a gegeben. Berechne die Breite b des Rechtecks.
a) $A = 9,5\,m^2$; $a = 3,8\,m$
b) $A = 5,625\,cm^2$; $a = 1,25\,cm$
c) $A = 176,9\,m^2$; $a = 14,5\,m$
d) $A = 67,86\,mm^2$; $a = 0,87\,cm$

12 Berechne. Überlege bei jeder Teilaufgabe, was sich im Vergleich zur vorherigen Teilaufgabe geändert hat und wie sich diese Änderung auf das Ergebnis auswirkt.
a) 3 : 1   b) 3 : 10   c) 0,3 : 10   d) 0,3 : 100
e) 0,3 : 10 000   f) 0,5 : 10 000   g) 0,5 : 0   h) 0 : 0,5
i) 1 : 0,5   j) 10 : 0,005   k) 100 : 0,05   l) 200 : 0,05
m) 2 : 0,05   n) 0,2 : 0,05   o) 0,02 : 0,05   p) 0,002 : 0,005

Hilfe

13 Wähle aus den Aufgaben ① bis ④ eine Aufgabe aus und berechne sie.
Bestimme dann die Ergebnisse der anderen Aufgaben.
Beschreibe, nach welcher Regelmäßigkeit die Serie aufgebaut ist.
a) ① 917,2 : 40   ② 91,72 : 4   ③ 9,172 : 0,4   ④ 0,9172 : 0,04
b) ① 738 : 0,3   ② 73,8 : 0,3   ③ 7,38 : 0,3   ④ 0,738 : 0,3
c) ① 1,6 : 0,0005   ② 1,6 : 0,005   ③ 1,6 : 0,05   ④ 1,6 : 0,5

14 Stolperstelle: Beschreibe und korrigiere Nicos Fehler.
a) 15,25 : 5 = 3,5
b) 8,24 : 0,02 = 8,24 : 2 = 4,12
c) 0,35 : 0,7 = 5
d) 17,804 : 0,2 = 89,2

15 Ein Lkw kann pro Fahrt 3,5 t Erde transportieren. Berechne, wie viele Fahrten er benötigt, bis er 73,5 t Erde abtransportiert hat.

5 Brüche und Dezimalzahlen multiplizieren und dividieren

16 Die Dicke von Alufolie lässt sich nicht so einfach messen. Man kann aber leicht messen, dass 120 Schichten Folie 1,2 cm dick sind. Berechne die Dicke eines Streifens Alufolie.

17 Leyla rechnet die Aufgaben 4 : 2; 4 : 1; 4 : 0,5; 4 : 0,25.
  a) Berechne die Ergebnisse der Aufgaben. Setze die Folge der Aufgaben fort. Beschreibe, was passiert, wenn sich der Divisor halbiert.
  b) Gib an, ab welchem Divisor die Ergebnisse in der Folge größer als 100 werden.

18 Die Kinder der 6d vergleichen für die Division 6,832 : 0,61 ihre Überschlagsrechnungen.
  Finn: 6,6 : 0,6   Alicja: 7 : 1   Magdalena: 6 : 0,6
  Liam: 7 : 0,5   Mohammed: 6,832 : 0,61 = 68,32 : 6,1 ≈ 66 : 6
  a) Wie geeignet findest du die einzelnen Überschläge? Begründe, ohne zu rechnen.
  b) Berechne die Überschläge und das exakte Ergebnis.
  c) Beurteile die Überschläge. Nutze deine Erkenntnisse aus b). Vergleiche dann mit deinen Einschätzungen aus a).

19 Prüfe durch Überschlag oder Rechnung, ob ein Komma fehlt oder an der falschen Stelle steht. Falls ja, ergänze es.
  a) 172 : 0,4 = 43   b) 198,1 : 20 = 99,05   c) 375 : 0,2 = 187,5   d) 89,2 : 20 = 44600
  e) 0,735 : 0,5 = 147   f) 219,81 : 3 = 73,27   g) 549,5 : 7 = 785   h) 789,8 : 1,1 = 71800

20 a) Dividiere schriftlich.
  ① 1,56 cm : 1,2 cm   ② 0,336 km : 0,105 km   ③ 0,9 kg : 0,002 kg   ④ 0,2 ℓ : 0,25 ℓ
  b) Rechne die Größenangaben aus a) in die nächstkleinere Einheit um und dividiere anschließend. Vergleiche mit den Rechnungen aus a). Beschreibe, was dir auffällt.

Hinweis
Das Ergebnis einer Division kann sehr viele Nachkommastellen haben. Dann ist es sinnvoll, die Division abzubrechen und das Ergebnis zu runden.

Hilfe

21 Dividiere schriftlich. Runde das Ergebnis auf Hundertstel.
  Beispiel: 8,6 : 7 = 1,228...; also 8,6 : 7 ≈ 1,23
  a) 8 : 3   b) 7,4 : 6   c) 0,2 : 7   d) 53,47 : 30   e) 46,83 : 9
  f) 10 : 1,1   g) 0,2 : 1,2   h) 0,4 : 0,09   i) 2,18 : 0,15   j) 15,08 : 7,5

22 Laras Schuhe sind 8,5 cm breit. Ein Fach im Schuhregal ist innen 119,4 cm breit. Berechne, wie viele Paar Schuhe Lara dort hineinstellen kann. Runde sinnvoll.

23 Ein Klippspringer – das ist eine afrikanische Antilope – mit einer Schulterhöhe von 58 cm springt 3,5 m hoch, eine 3 mm große Wiesenschaumzikade 0,696 m. Berechne jeweils, wie viele Tiere derselben Art aufeinander stehend übersprungen werden könnten.

24 Ausblick: Sophie steht mit ihren Eltern im Stau. Sie liest in der Bedienungsanleitung, dass das Auto 4397 mm lang ist.
  a) Berechne, wie oft ihr Auto auf einer Strecke von 3,8 km hintereinander stehen könnte. Runde vor dem Rechnen die Autolänge geschickt.
  b) Schätze, wie viele Autos bei einem 3,8 km langen Stau auf einer dreispurigen Straße stehen. Berücksichtige auch Lkws, andere Fahrzeuge und einen durchschnittlichen Abstand zwischen den Fahrzeugen von 1,5 m.

5.7 Dezimalzahlen dividieren   159

5.8 Rationale Zahlen multiplizieren und dividieren

Franz hat die Produkte $2 \cdot \frac{3}{4}$ und $\frac{1}{2} \cdot \frac{3}{4}$ an der Zahlengerade dargestellt.

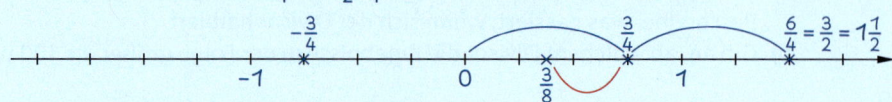

a) Erläutere, wie er dabei vorgegangen ist.
b) Veranschauliche $2 \cdot \left(-\frac{3}{4}\right)$ und $\frac{1}{2} \cdot \left(-\frac{3}{4}\right)$ auf dieselbe Weise an der Zahlengerade. Bestimme die Ergebnisse.

Rationale Zahlen werden nach denselben Regeln multipliziert und dividiert wie ganze Zahlen.

> **Wissen**
>
> Beim **Multiplizieren** oder **Dividieren zweier rationalen Zahlen** werden zunächst die Beträge multipliziert oder dividiert.
> Bei Zahlen mit unterschiedlichen Vorzeichen ist das Ergebnis negativ.
> Bei Zahlen mit gleichen Vorzeichen ist das Ergebnis positiv.

Beispiel 1 Berechne.
a) $2{,}5 \cdot (-3)$ b) $-\frac{3}{5} \cdot \left(-\frac{2}{3}\right)$ c) $-4{,}8 : (-1{,}2)$ d) $-\frac{3}{10} : \frac{2}{5}$

Lösung:

a) Multipliziere zunächst die Beträge. Die Faktoren haben unterschiedliche Vorzeichen. Setze ein Minus vor das Ergebnis.

$$2{,}5 \cdot (-3) = -(2{,}5 \cdot 3) = -7{,}5$$

b) Die beiden Faktoren haben das gleiche Vorzeichen, also ist das Ergebnis positiv.

$$-\frac{3}{5} \cdot \left(-\frac{2}{3}\right) = \frac{3 \cdot 2}{5 \cdot 3} = \frac{2}{5}$$

c) Dividiere die Beträge. Die beiden Zahlen sind negativ, also ist das Ergebnis positiv.

$$-4{,}8 : (-1{,}2) = 4{,}8 : 1{,}2$$
$$= 48 : 12$$
$$= 4$$

d) Dividiere zunächst die Beträge. Multipliziere dafür mit dem Kehrwert von $\frac{2}{5}$. Die Zahlen haben unterschiedliche Vorzeichen. Setze deshalb ein Minus vor das Ergebnis.

$$-\frac{3}{10} : \frac{2}{5} = -\left(\frac{3}{10} : \frac{2}{5}\right)$$
$$= -\left(\frac{3}{10} \cdot \frac{5}{2}\right)$$
$$= -\frac{3}{4}$$

Basisaufgaben

1 Multipliziere.
a) $-2{,}5 \cdot 2$ b) $1{,}5 \cdot (-2)$ c) $-2{,}5 \cdot (-4)$ d) $-0{,}25 \cdot (-2)$
e) $-\frac{5}{8} \cdot 4$ f) $\frac{5}{8} \cdot (-2)$ g) $-\frac{5}{12} \cdot (-4)$ h) $-\frac{5}{8} \cdot \left(-\frac{4}{2}\right)$

2 Dividiere.
a) $-8{,}4 : 4$ b) $8{,}4 : (-2)$ c) $-8{,}4 : (-8)$ d) $-8{,}4 : 0{,}4$
e) $\frac{6}{7} : (-3)$ f) $-\frac{6}{7} : 2$ g) $-\frac{6}{7} : (-6)$ h) $-\frac{6}{7} : \left(-\frac{1}{6}\right)$

3 Berechne. Achte auf Rechenart und Vorzeichen.
a) $-5{,}5 : 1{,}1$
b) $-0{,}2 \cdot (-1{,}6)$
c) $-\frac{3}{2} \cdot \frac{8}{5}$
d) $\frac{12}{11} : \left(-\frac{24}{11}\right)$
e) $6{,}4 : (-0{,}8)$
f) $-\frac{5}{7} \cdot \left(-\frac{14}{3}\right)$
g) $-\frac{6}{7} : \frac{3}{10}$
h) $2\frac{1}{5} \cdot \left(-\frac{1}{10}\right)$
i) $-1{,}25 : (-0{,}5)$
j) $-6{,}25 \cdot 0{,}4$
k) $\frac{3}{4} \cdot \left(-\frac{10}{3}\right)$
l) $2\frac{1}{7} : \left(-\frac{6}{7}\right)$

Weiterführende Aufgaben

Zwischentest

Hilfe

Lösungen zu 5a–j

0,08   14
  4
−0,5   0,25
−7 −0,5 −1
0,3   −3,6

4 Ein Produkt aus zwei (drei; vier; fünf; sechs) Faktoren ist negativ.
a) Gib jeweils eine mögliche Aufgabe an und berechne die Lösung.
b) Bestimme, wie viele der Faktoren negativ sind.

5 Rechne im Kopf.
a) $(-2) \cdot (-2)$
b) $(-3) \cdot (-0{,}1)$
c) $3{,}5 \cdot (-2)$
d) $\left(-\frac{1}{2}\right) : (-2)$
e) $\left(-\frac{1}{10}\right) \cdot 5$
f) $(-1{,}2) \cdot 3$
g) $0{,}2 : (-0{,}2)$
h) $(-0{,}4) \cdot (-0{,}2)$
i) $|-0{,}5| \cdot (-1)$
j) $(-7) : (-0{,}5)$
k) $(-81) : 9$
l) $0{,}9 : (-3)$
m) $\frac{1}{12} \cdot (-4)$
n) $(-24) : (-8)$
o) $\left(-\frac{1}{4}\right) : \frac{1}{2}$
p) $\left(-\frac{2}{5}\right) \cdot \left(-\frac{1}{5}\right)$
q) $(-0{,}98) : (-1)$
r) $4{,}4 : |-2{,}2|$
s) $(-6) : 5 \cdot (-3)$
t) $(-2) \cdot (-1) \cdot \left(-\frac{1}{4}\right)$

6 Stolperstelle: Berechne und erkläre für jede Rechenart den Rechenweg.

$\frac{1}{8} + \left(-\frac{3}{4}\right)$ $\frac{1}{8} \cdot \left(-\frac{3}{4}\right)$ $\frac{1}{8} : \left(-\frac{3}{4}\right)$ $\frac{1}{8} - \left(-\frac{3}{4}\right)$

7 Berechne. Überlege bei jeder Teilaufgabe, was sich im Vergleich zur vorherigen Teilaufgabe geändert hat und wie sich diese Änderung auf das Ergebnis auswirkt.
a) $\frac{5}{2} \cdot 2$
b) $2{,}5 \cdot 2$
c) $2{,}5 \cdot (-2)$
d) $2{,}5 : (-2)$
e) $(-1{,}25) \cdot (-2)$
f) $\left(-\frac{5}{4}\right) \cdot 2$
g) $\left(-\frac{5}{4}\right) \cdot \frac{1}{2}$
h) $\left(-\frac{5}{4}\right) \cdot \frac{1}{5}$
i) $\left(-\frac{5}{4}\right) : \frac{1}{5}$
j) $\left(-\frac{4}{5}\right) : \frac{1}{5}$
k) $-\frac{4}{50} : \frac{1}{50}$
l) $-\frac{7}{50} : \frac{7}{50}$
m) $\left(-\frac{7}{100}\right) : \frac{7}{100}$
n) $(-0{,}07) : 0{,}07$
o) $(-0{,}07) : 0$
p) $0 : (-0{,}07)$
q) $0 \cdot (-0{,}07)$
r) $-0{,}07 \cdot (-0{,}07)$
s) $-0{,}007 \cdot \left(-\frac{7}{100}\right)$
t) $-0{,}007 : \left(-\frac{7}{100}\right)$

8 Ergänze die fehlenden Zwischenergebnisse in der Rechenschlange, indem du von links nach rechts rechnest.

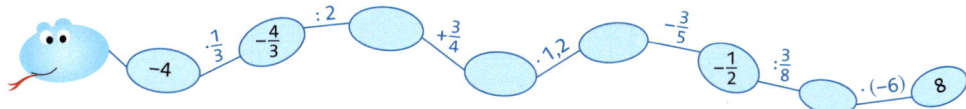

9 Ausblick:
a) Auch Brüche und Dezimalzahlen kann man potenzieren. Zeige, dass $\left(\frac{1}{2}\right)^4 = \frac{1}{2^4}$ gilt.
b) Berechne die Potenzwerte 2^4, 2^3, 2^2, 2^1 und 2^0.
c) Beschreibe, wie sich das Ergebnis in jedem Schritt ändert. Bestimme einen passenden Wert für 2^{-1}, damit die Serie fortgesetzt wird.
d) Gib für den Ausdruck $\left(\frac{1}{2}\right)^4$ eine Schreibweise mit der Basis 2 an.
e) Bestimme den Potenzwert von 3^{-1} (4^{-1}; 5^{-1}; 6^{-1}). Formuliere dann eine Regel für den Wert von a^{-1} für eine beliebige natürliche Zahl $a \neq 0$.

5.9 Rechnen mit allen Grundrechenarten

Agatha sagt: „8 + 2 · 4 + 1 ist 17. Wenn man Klammern ergänzt, dann kann der Rechenausdruck auch die Werte 18, 41 und 50 annehmen."
Zeige, dass Agatha recht hat.

Vorrangregeln

Die bekannten Vorrangregeln gelten auch beim Rechnen mit rationalen Zahlen.

Erklärvideo

> **Beispiel 1**
> Berechne.
> a) $5 - \left(\frac{1}{2} + \frac{3}{4}\right)$
> b) $0{,}4 + 2 \cdot 0{,}6$
>
> **Lösung:**
> a) Berechne zuerst die Klammer. $\quad 5 - \left(\frac{1}{2} + \frac{3}{4}\right) = 5 - \frac{5}{4} = \frac{15}{4}$
> b) Berechne nach der Regel Punktrechnung $\quad 0{,}4 + 2 \cdot 0{,}6 = 0{,}4 + 1{,}2 = 1{,}6$
> geht vor Strichrechnung.

Erinnere dich

„KlaPS":
Klammer
Punktrechnung
Strichrechnung

Basisaufgaben

1 Rechne von links nach rechts.
a) $\frac{3}{4} - \frac{1}{2} + \frac{1}{4}$
b) $\frac{27}{10} - 2 - \frac{12}{5}$
c) $8 \cdot \frac{2}{9} : \frac{4}{9}$
d) $-\frac{5}{7} \cdot \frac{1}{3} \cdot \frac{2}{5}$
e) $1{,}2 - 0{,}2 - 3{,}5$
f) $6{,}2 + 2 - 1{,}1 + 4$
g) $0{,}4 : 2 \cdot (-0{,}9)$
h) $-5 \cdot 0{,}3 : 0{,}01$

2 Berechne. Beachte die Regel „Punktrechnung geht vor Strichrechnung".
a) $5 \cdot \frac{5}{6} - \frac{1}{6}$
b) $\frac{3}{2} - \frac{2}{5} \cdot \frac{1}{2}$
c) $\frac{7}{9} + \frac{14}{3} : (-7)$
d) $\frac{1}{4} \cdot \frac{1}{3} - \frac{2}{3} \cdot \frac{3}{4}$
e) $-10 - 3 \cdot 1{,}2$
f) $0{,}6 + 0{,}8 \cdot 0{,}5$
g) $-7{,}2 - 1{,}6 : 0{,}4$
h) $3 \cdot 0{,}3 - 0{,}1 \cdot 9$

3 Berechne zuerst die Klammer. Berechne dann das Ergebnis.
a) $5 - \left(1 - \frac{1}{2}\right)$
b) $\left(\frac{1}{8} - \frac{2}{8}\right) \cdot \frac{2}{3}$
c) $\frac{2}{7} : \left(\frac{3}{14} : \frac{15}{21}\right)$
d) $\left(\frac{1}{2} - 2\right) \cdot \left(\frac{13}{10} - 1\right)$
e) $(0{,}5 - 0{,}7) : 2$
f) $(4{,}4 + 5{,}6) \cdot 3{,}03$
g) $-19 - (11{,}8 + 7)$
h) $(7{,}5 - 8) \cdot (4 - 2{,}8)$

4 Vervollständige den Rechenbaum. Notiere die zugehörige Aufgabe.

a)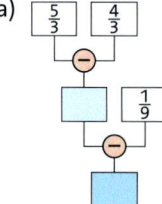
b)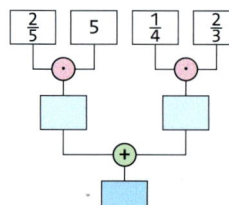
c)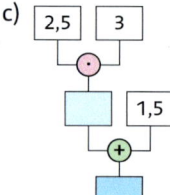
d)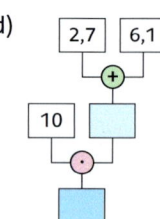

5 Stelle die Aufgaben in einem Rechenbaum dar und berechne.
a) $\frac{20}{11} - 1 - \frac{5}{11}$
$\frac{20}{11} - \left(1 - \frac{5}{11}\right)$
b) $\frac{4}{5} + \frac{1}{10} \cdot \frac{10}{3}$
$\left(\frac{4}{5} + \frac{1}{10}\right) \cdot \frac{10}{3}$
c) $1{,}2 \cdot 0{,}5 : 2$
$(1{,}2 \cdot 0{,}5) : 2$
d) $4 + 0{,}1 \cdot 3{,}3 - 2{,}3$
$(4 + 0{,}1) \cdot (3{,}3 - 2{,}3)$

Rechengesetze der Addition und Multiplikation

Das Kommutativ- und das Assoziativgesetz gelten auch beim Rechnen mit rationalen Zahlen.

Erklärvideo

Beispiel 2
Berechne.
a) $\frac{5}{48} + 2 + \frac{7}{48}$ b) $\frac{1}{16} + \frac{3}{20} + \frac{7}{20}$ c) $\frac{5}{16} \cdot \frac{7}{9} \cdot \frac{8}{5}$ d) $\frac{3}{4} \cdot \frac{5}{27} \cdot \frac{27}{10}$

Lösung:
a) Vertausche Summanden, damit die Rechnung einfacher wird (Kommutativgesetz).
$\frac{5}{48} + 2 + \frac{7}{48} = \frac{5}{48} + \frac{7}{48} + 2 = \frac{1}{4} + 2 = \frac{9}{4}$

b) Setze Klammern, damit die Rechnung einfacher wird (Assoziativgesetz).
$\frac{1}{16} + \frac{3}{20} + \frac{7}{20} = \frac{1}{16} + \left(\frac{3}{20} + \frac{7}{20}\right) = \frac{1}{16} + \frac{1}{2} = \frac{9}{16}$

c) Vertausche Faktoren, damit die Rechnung einfacher wird (Kommutativgesetz).
$\frac{5}{16} \cdot \frac{7}{9} \cdot \frac{8}{5} = \frac{5}{16} \cdot \frac{8}{5} \cdot \frac{7}{9} = \frac{1}{2} \cdot \frac{7}{9} = \frac{7}{18}$

d) Setze Klammern, damit die Rechnung einfacher wird (Assoziativgesetz).
$\frac{3}{4} \cdot \frac{5}{27} \cdot \frac{27}{10} = \frac{3}{4} \cdot \left(\frac{5}{27} \cdot \frac{27}{10}\right) = \frac{3}{4} \cdot \frac{1}{2} = \frac{3}{8}$

Erinnere dich

Kommutativgesetz:
$a + b = b + a$
$a \cdot b = b \cdot a$

Assoziativgesetz:
$a + (b + c) = (a + b) + c$
$a \cdot (b \cdot c) = (a \cdot b) \cdot c$
für beliebige Zahlen a und b.

Basisaufgaben

6 Setze geschickt Klammern und berechne.
a) $\frac{3}{5} + \frac{5}{12} + \frac{7}{12}$ b) $-2 + \frac{1}{3} + \frac{29}{40} + \frac{11}{40}$ c) $\frac{3}{13} \cdot \frac{7}{12} \cdot \frac{24}{7}$
d) $-0{,}9 + 3{,}82 + 0{,}18$ e) $2{,}5 + 1{,}73 + 1{,}27 + 4$ f) $0{,}25 \cdot (-8) \cdot 4{,}1$

Erinnere dich

Beim Addieren, Subtrahieren und Multiplizieren dürfen Zahlen beliebig vertauscht werden, wenn man das Vorzeichen mitnimmt.

7 Vertausche geschickt Summanden und berechne.
a) $\frac{3}{16} + \frac{2}{9} + \frac{5}{16}$ b) $\frac{10}{17} + \frac{5}{8} + \frac{7}{17} - \frac{7}{8}$ c) $\frac{3}{50} + 1 + \frac{1}{15} - \frac{7}{50}$
d) $2{,}49 + 9{,}6 + 0{,}51$ e) $0{,}19 - 2{,}87 + 0{,}1 + 0{,}81$ f) $3{,}12 - 0{,}999 + 5 - 0{,}001$

8 Vertausche geschickt Faktoren und berechne.
a) $-\frac{20}{3} \cdot \frac{1}{17} \cdot \frac{3}{10}$ b) $-\frac{3}{4} \cdot \frac{14}{9} \cdot (-4) \cdot \frac{9}{14}$ c) $-\frac{22}{21} \cdot \frac{5}{9} \cdot 9 \cdot \frac{7}{11}$
d) $0{,}01 \cdot 0{,}057 \cdot (-100)$ e) $0{,}2 \cdot 7 \cdot 50 \cdot 1{,}1$ f) $1{,}25 \cdot 4 \cdot 0{,}2 \cdot (-8)$

9 Berechne. Begründe gleiche Ergebnisse durch ein Rechengesetz.
a) $\frac{5}{6} \cdot \frac{1}{3}$ | $\frac{1}{3} \cdot \frac{5}{6}$ b) $\frac{5}{6} : \frac{1}{3}$ | $\frac{1}{3} : \frac{5}{6}$ c) $\frac{5}{6} + \frac{1}{3}$ | $\frac{1}{3} + \frac{5}{6}$
d) $(3{,}2 + 1{,}6) + 0{,}8$ | $3{,}2 + (1{,}6 + 0{,}8)$ e) $(3{,}2 - 1{,}6) - 0{,}8$ | $3{,}2 + (-1{,}6 - 0{,}8)$ f) $(3{,}2 - 1{,}6) \cdot 0{,}8$ | $3{,}2 - 1{,}6 \cdot 0{,}8$

Weiterführende Aufgaben

Zwischentest

10 Berechne. Gib an, welche Regeln oder Gesetze du anwendest.
a) $2 \cdot \left(\frac{1}{2} - \frac{1}{3}\right)$ b) $\frac{5}{6} \cdot \frac{4}{5} + \frac{5}{6} \cdot \frac{4}{5}$ c) $\frac{13}{18} + \frac{11}{20} + \frac{7}{9}$ d) $-14 \cdot \frac{44}{3} \cdot \frac{6}{22}$
e) $2 - 1{,}3 - 0{,}3$ f) $5{,}6 + 2{,}8 : 2$ g) $0{,}37 - 3{,}8 + 0{,}63$ h) $4{,}7 \cdot 2{,}5 \cdot 0{,}4$

5.9 Rechnen mit allen Grundrechenarten

⚠ ● **11 Stolperstelle:** Erkläre und korrigiere Tanjas Fehler.
  a) $\frac{1}{2} + \frac{1}{2} \cdot 3 = 1 \cdot 3 = 3$
  b) $\frac{7}{8} - \left(\frac{3}{8} + \frac{1}{4}\right) = \frac{4}{8} + \frac{1}{4} = \frac{3}{4}$
  c) $-9 - 5{,}7 - 1{,}7 = -9 - 4 = -13$
  d) $5 : 2 : 0{,}2 = 5 : (2 : 0{,}2) = 5 : 10 = 0{,}5$

● **12** Schreibe als Rechenausdruck und berechne.
  a) Multipliziere $\frac{12}{13}$ mit der Summe der Zahlen $\frac{1}{6}$ und $\frac{1}{4}$.
  b) Subtrahiere das Produkt von 0,3 und 7 vom Produkt von 8 und 0,01.
  c) Multipliziere die Differenz von 1 und 0,5 mit ihrer Summe.
  d) Dividiere die Summe der Zahlen $\frac{3}{5}$ und $\frac{2}{3}$ durch ihr Produkt.

Hilfe

● **13** Gib den Rechenausdruck mit Worten an wie in Aufgabe 12 und berechne.
  a) $\left(\frac{4}{5} - \frac{7}{10}\right) \cdot \frac{1}{2}$
  b) $-19 : (0{,}6 + 1{,}3)$
  c) $3 \cdot 0{,}75 + 2 \cdot 0{,}49$

Lösungen zu 14

● **14** Berechne. Beachte die Vorrangregeln.
  a) $\frac{9}{40} - \frac{1}{20} + \frac{2}{5} \cdot \frac{3}{4}$
  b) $2\frac{1}{4} + 3 \cdot \left(3\frac{1}{2} - 2\right)$
  c) $\left(1 - 1\frac{1}{3}\right) \cdot \left(-12 - 1\frac{2}{9} \cdot 9\right)$
  d) $3{,}5 - 25 : 10 + 0{,}05$
  e) $(0{,}1 - 1) \cdot 6 - 1{,}9$
  f) $(0{,}3 + 0{,}2 \cdot 4) - (0{,}6 + 0{,}4)$

1,05   0,1
   $6\frac{3}{4}$
$\frac{19}{40}$ $\frac{23}{3}$
−7,3

● **15** Der Pilotfilm einer Fernsehserie dauert eineinhalb Stunden. Jede der anschließenden 30 Folgen dauert eine Dreiviertelstunde.
Gib einen Rechenausdruck an, der die Länge der gesamten Serie beschreibt. Berechne dann, wie lange die Serie insgesamt dauert.

● **16** Yasin kauft einen Collegeblock für 2,70 €, zwei Bleistifte für je 0,99 € und einen Radiergummi für 1,30 €. Er zahlt mit einem 10-€-Schein. Gib für das Wechselgeld, das er zurückbekommt, einen passenden Rechenausdruck an und berechne ihn vorteilhaft.

● **17** a) Berechne auf zwei Arten. Wandle in Brüche oder in Dezimalzahlen um.
  Beispiel: $-\frac{1}{2} \cdot 0{,}2 = -\frac{1}{2} \cdot \frac{1}{5} = -\frac{1}{10}$ oder $-\frac{1}{2} \cdot 0{,}2 = -0{,}5 \cdot 0{,}2 = -0{,}1$
  ① $\frac{3}{8} + 0{,}25$ ② $-5{,}73 - \frac{11}{2}$ ③ $1{,}2 \cdot \frac{6}{5}$ ④ $\frac{1}{8} : 0{,}1$ ⑤ $2\frac{1}{2} - 8{,}5$
  b) Berechne. Entscheide, ob du mit Brüchen oder Dezimalzahlen rechnest, und begründe.
  ① $-6{,}6 + \frac{7}{2}$ ② $0{,}4 - \frac{1}{16}$ ③ $0{,}01 \cdot \left(-\frac{27}{40}\right)$ ④ $2{,}5 : \frac{1}{4}$ ⑤ $2{,}6 - 3\frac{1}{4}$

Hilfe

● **18** Lara möchte $0{,}7 \cdot \frac{1}{3}$ berechnen und weiß nicht weiter: $0{,}7 \cdot \frac{1}{3} = 0{,}7 \cdot 0{,}3333...$
Erläutere, warum der Rechenweg von Lara nicht funktioniert. Wähle einen anderen Rechenweg und berechne das Ergebnis.

● **19** Rechne mit Dezimalzahlen, wenn die Brüche bei der Umwandlung abbrechende Dezimalzahlen ergeben. Rechne in den anderen Fällen mit Brüchen.
  a) $\frac{2}{3} + 1{,}8$
  b) $\frac{9}{4} - 0{,}14$
  c) $\frac{1}{6} \cdot 0{,}8$
  d) $1{,}5 : \frac{7}{15}$
  e) $\frac{11}{50} - 1{,}2$

Erinnere dich

Potenzrechnung geht vor Punktrechnung.

● **20 Ausblick:** Berechne.
  a) $\dfrac{\left(\frac{3}{4}\right)^2 \cdot 3\frac{1}{3} + 0{,}\overline{6} \cdot \left(-\frac{9}{8}\right) - 1\frac{1}{8}}{\left(3{,}75 - 1\frac{5}{16} \cdot 1\frac{5}{7}\right) : \left(2\frac{11}{12} : 1\frac{1}{9} - 2{,}25\right) - 0{,}5^2}$
  b) $\left[4 \cdot \left(\left(-\frac{1}{2}\right)^3 + \frac{1}{16} - (-2)^2\right) + 33 : 4\right] : \dfrac{1{,}2 - 0{,}4}{0{,}05 - 0{,}2^2}$

5.10 Ausmultiplizieren und Ausklammern

Sinan sagt: „Diese Woche habe ich jeden Tag eine Viertelstunde für Englisch und eine Dreiviertelstunde für Mathe geübt. Das waren insgesamt $7 \cdot \frac{1}{4} + 7 \cdot \frac{3}{4}$ Stunden, also ..."
Gib Sinan einen Tipp, wie er einfacher rechnen könnte.

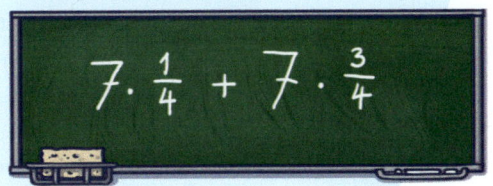

Das Distributivgesetz gilt auch beim Rechnen mit rationalen Zahlen.

Erklärvideo

Erinnere dich

Distributivgesetz:
$a \cdot (b + c) = a \cdot b + a \cdot c$
für beliebige Zahlen a, b und c.

Beispiel 1 Berechne mit dem Distributivgesetz.

a) $\frac{2}{5} \cdot \frac{1}{3} + \frac{2}{5} \cdot \frac{4}{3}$

b) $-7 \cdot \left(\frac{4}{7} + \frac{5}{14}\right)$

Lösung:

a) Klammere den gemeinsamen Faktor $\frac{2}{5}$ aus.

$\frac{2}{5} \cdot \frac{1}{3} + \frac{2}{5} \cdot \frac{4}{3} = \frac{2}{5} \cdot \left(\frac{1}{3} + \frac{4}{3}\right) = \frac{2}{5} \cdot \frac{5}{3} = \frac{2}{3}$

b) Multipliziere aus.

$-7 \cdot \left(\frac{4}{7} + \frac{5}{14}\right) = -7 \cdot \frac{4}{7} - 7 \cdot \frac{5}{14} = -4 - \frac{5}{2} = -\frac{13}{2}$

Basisaufgaben

1 Multipliziere aus und berechne.

a) $\frac{1}{2} \cdot (66 + 88)$
b) $28 \cdot \left(\frac{1}{14} - \frac{3}{7}\right)$
c) $(9 - 0{,}4) \cdot (-5)$
d) $(10 + 0{,}3) \cdot 0{,}3$

2 Führe beide Rechnungen zu Ende und vergleiche die Rechenwege. Welcher Rechenweg fällt dir leichter? Begründe.

a) $\frac{2}{7} \cdot \left(\frac{5}{8} - \frac{1}{8}\right) = \frac{2}{7} \cdot \frac{5}{8} - \frac{2}{7} \cdot \frac{1}{8} = \ldots$ $\frac{2}{7} \cdot \left(\frac{5}{8} - \frac{1}{8}\right) = \frac{2}{7} \cdot \frac{4}{8} = \ldots$

b) $24 \cdot \left(\frac{1}{3} + \frac{1}{4}\right) = 24 \cdot \frac{1}{3} + 24 \cdot \frac{1}{4} = \ldots$ $24 \cdot \left(\frac{1}{3} + \frac{1}{4}\right) = 24 \cdot \left(\frac{4}{12} + \frac{3}{12}\right) = \ldots$

c) $1{,}9 \cdot (10 - 1) = 1{,}9 \cdot 10 - 1{,}9 \cdot 1 = \ldots$ $1{,}9 \cdot (10 - 1) = 1{,}9 \cdot 9 = \ldots$

d) $4 \cdot (1{,}3 - 1{,}7) = 4 \cdot 1{,}3 - 4 \cdot 1{,}7 = \ldots$ $4 \cdot (1{,}3 - 1{,}7) = 4 \cdot (-0{,}4) = \ldots$

3 Entscheide, ob Ausmultiplizieren vorteilhaft ist, und berechne.

a) $11 \cdot \left(\frac{17}{20} + \frac{13}{20}\right)$
b) $\frac{1}{9} \cdot \left(\frac{9}{4} - \frac{9}{2}\right)$
c) $2{,}8 \cdot (6 + 4)$
d) $-100 \cdot (0{,}8 - 0{,}23)$

Lösungen zu 4

24 $\frac{3}{2}$
   $-0{,}7$
19

4 Klammere aus und berechne.

a) $\frac{8}{7} \cdot 19 - \frac{1}{7} \cdot 19$
b) $\frac{3}{4} \cdot \frac{7}{6} + \frac{3}{4} \cdot \frac{5}{6}$
c) $48 \cdot 0{,}6 - 8 \cdot 0{,}6$
d) $-0{,}7 \cdot 0{,}8 - 0{,}7 \cdot 0{,}2$

5 Führe beide Rechnungen zu Ende und vergleiche die Rechenwege. Welcher Rechenweg fällt dir leichter? Begründe.

a) $30 \cdot \frac{1}{20} - 30 \cdot \frac{1}{6} = 30 \cdot \left(\frac{1}{20} - \frac{1}{6}\right) = \ldots$ $30 \cdot \frac{1}{20} - 30 \cdot \frac{1}{6} = \frac{30}{20} - \frac{30}{6} = \ldots$

b) $\frac{7}{9} \cdot \frac{14}{3} - \frac{7}{9} \cdot \frac{11}{3} = \frac{7}{9} \cdot \left(\frac{14}{3} - \frac{11}{3}\right) = \ldots$ $\frac{7}{9} \cdot \frac{14}{3} - \frac{7}{9} \cdot \frac{11}{3} = \frac{98}{27} - \frac{77}{27} = \ldots$

c) $0{,}4 \cdot 20 + 0{,}4 \cdot 8 = 0{,}4 \cdot (20 + 8) = \ldots$ $0{,}4 \cdot 20 + 0{,}4 \cdot 8 = 8 + 3{,}2 = \ldots$

d) $1{,}2 \cdot 13 - 1{,}2 \cdot 3 = 1{,}2 \cdot (13 - 3) = \ldots$ $1{,}2 \cdot 13 - 1{,}2 \cdot 3 = 15{,}6 - 3{,}6 = \ldots$

6 Entscheide, ob Ausklammern vorteilhaft ist, und berechne.

a) $\frac{1}{4} \cdot 136 - \frac{1}{4} \cdot 96$
b) $\frac{3}{2} \cdot \frac{2}{3} + \frac{3}{2} \cdot \frac{1}{6}$
c) $15 \cdot 4 - 15 \cdot 0{,}2$
d) $-3 \cdot 1{,}15 - 3 \cdot 0{,}85$

Weiterführende Aufgaben

Zwischentest

7 Berechne geschickt. Überlege vorher, ob es sinnvoll ist, das Distributivgesetz anzuwenden.
a) $\frac{5}{6} \cdot 90 - \frac{5}{6} \cdot 84$
b) $\frac{4}{3} \cdot \left(\frac{7}{20} + \frac{4}{20} + \frac{9}{20}\right)$
c) $-\frac{19}{40} \cdot 18 + \frac{21}{40} \cdot 18$
d) $100 \cdot \left(\frac{7}{100} + 0{,}9\right)$
e) $4 \cdot (5{,}3 - 2 - 0{,}3)$
f) $3 \cdot 0{,}75 + 7 \cdot 0{,}75$
g) $(-40 - 2) \cdot 0{,}8$
h) $7 \cdot 1{,}1 + 7 \cdot 1{,}1$

8 Stolperstelle: Beschreibe und korrigiere Johannas Fehler.
a) $\frac{1}{2} \cdot \left(\frac{1}{4} + \frac{3}{8}\right) = \frac{1}{2} \cdot \frac{1}{4} + \frac{3}{8} = \frac{1}{8} + \frac{3}{8} = \frac{4}{8} = \frac{1}{2}$
b) $0{,}5 \cdot 1{,}2 - 0{,}5 \cdot 0{,}7 - 0{,}5 = 0{,}5 \cdot (1{,}2 - 0{,}7) = 0{,}5 \cdot 0{,}5 = 0{,}25$

Hilfe

9 Distributivgesetz für die Division: Bei der Division gilt das Distributivgesetz, wenn man die Klammer durch die Zahl teilt, aber nicht, wenn man die Zahl durch die Klammer teilt. Berechne, indem du das Distributivgesetz für die Division anwendest.
a) $\left(\frac{5}{3} + \frac{25}{6}\right) : 5$
b) $\left(8 - \frac{47}{10}\right) : \frac{1}{10}$
c) $(120 - 2{,}4) : 12$
d) $(0{,}8 - 16) : 0{,}8$

10 Gegeben sind die Rechenbäume.

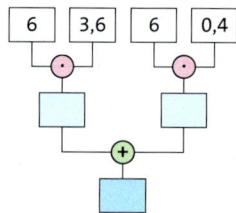
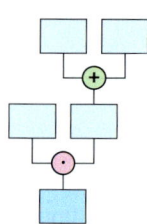

a) Vervollständige den linken Rechenbaum. Notiere die zugehörige Aufgabe.
b) Forme die Aufgabe aus a) nach dem Distributivgesetz um. Trage sie dann in den rechten Rechenbaum ein und vervollständige ihn.

11 Welche Rechenausdrücke haben das gleiche Ergebnis wie $9 \cdot (4 - 5{,}9)$? Entscheide, ohne zu rechnen.

| $9 \cdot 4 - 5{,}9$ | $5{,}9 \cdot 9 - 4 \cdot 9$ | $(4 - 5{,}9) \cdot 9$ | $9 \cdot 4 - 9 \cdot 5{,}9$ |
| $(5{,}9 - 4) \cdot 9$ | $(9 - 4) \cdot (9 - 5{,}9)$ | $9 \cdot 5{,}9 - 4 \cdot 5{,}9$ | $-9 \cdot 5{,}9 + 4 \cdot 9$ |

12 In einem Zirkus gibt es 300 Plätze zum Preis von 8,50 € und 300 Plätze zum Preis von 6,50 €. Bestimme, wie viel Geld der Zirkus einnimmt, wenn eine Vorstellung ausverkauft ist. Schreibe einen passenden Rechenausdruck auf und berechne ihn vorteilhaft.

13 Ben erhält jeden Monat von seinen Eltern 20 € und von seinem Opa 2,50 € Taschengeld. Entscheide, mit welchen der Rechenausdrücke Ben sein jährliches Taschengeld berechnen kann. Berechne dann, wie viel Taschengeld Ben im Jahr bekommt.
① $12 \cdot (20 + 2{,}5)$ ② $20 + 2{,}50 \cdot 12$ ③ $12 \cdot 20 + 12 \cdot 2{,}5$ ④ $(2{,}50 + 20) \cdot 12$

14 Ausblick: Zerlege einen Faktor geschickt in eine Summe oder Differenz und berechne.
Beispiel: $22 \cdot 3{,}1 = 22 \cdot (3 + 0{,}1) = 22 \cdot 3 + 22 \cdot 0{,}1 = 66 + 2{,}2 = 68{,}2$
a) $40 \cdot 7{,}2$
b) $0{,}9 \cdot 67$
c) $29 \cdot 2{,}5$
d) $0{,}27 \cdot 2{,}1$
e) $0{,}11 \cdot 245$
f) $13 \cdot 99{,}9$
g) $1{,}4 \cdot 1{,}22$
h) $111 \cdot 0{,}1$

Mathematisch arbeiten — Brüche und Dezimalzahlen multiplizieren und dividieren 5

Lösungswege darstellen

Daniel bekommt seinen Mathetest zurück und ärgert sich über die Minuspunkte bei der nebenstehenden Aufgabe. „Das Ergebnis stimmt doch!" Beurteile die Lösung und erkläre, warum Daniels Lehrerin Punkte abgezogen hat.

$$\frac{2}{3} + 4 \cdot \frac{3}{8} - \frac{5}{6}$$
$$= 4 \cdot \frac{3}{8} = \frac{4 \cdot 3}{8} = \frac{3}{2} = \frac{2}{3} + \frac{3}{2} - \frac{5}{6}$$
$$= \frac{4+9-5}{6} = \frac{8}{6} = \frac{4}{3}$$

Der Lösungsweg einer Aufgabe ist genauso wichtig wie das Ergebnis selbst. Damit die Lösung sowohl inhaltlich als auch formal richtig ist, muss man auf Nachvollziehbarkeit, Vollständigkeit und korrekte Verwendung der mathematischen Sprache achten.

Rechenwege formal richtig aufschreiben

Beispiel 1 Berechne.
$$\frac{23}{21} \cdot \frac{5}{14} - \frac{20}{21} \cdot \frac{5}{14} + \frac{5}{14}$$

Hinweis

Du kannst zuerst auf einem Schmierblatt rechnen und dann die Rechnung sauber übertragen.

Lösung:

Schreibe sauber und ordentlich. Achte darauf, strukturiert vorzugehen. Schreibe am Anfang stets die Aufgabe auf und gib alle wesentlichen Zwischenschritte an. Ergänze, wenn sinnvoll, stichwortartige Erklärungen zur Rechnung.

Kennzeichne Nebenrechnungen als solche und trenne sie klar von der Hauptrechnung.

Achte bei Kettenrechnungen darauf, dass Gleichheitszeichen immer nur zwischen gleichwertigen Rechenausdrücken stehen.

$$\frac{23}{21} \cdot \frac{5}{14} - \frac{20}{21} \cdot \frac{5}{14} + \frac{5}{14}$$
$$= \left(\frac{23}{21} - \frac{20}{21} + 1\right) \cdot \frac{5}{14} \quad \text{(Distributivgesetz)}$$
$$= \left(\frac{3}{21} + 1\right) \cdot \frac{5}{14}$$

Nebenrechnungen kann man zusätzlich (farbig) einrahmen

NR: $\frac{3}{21} = \frac{1}{7}$

$\frac{1}{7} + 1 = 1\frac{1}{7} = \frac{8}{7}$

$$= \frac{8}{7} \cdot \frac{5}{14} = \frac{\overset{4}{8} \cdot 5}{7 \cdot \underset{7}{14}} \quad \text{(Ergebnis der Nebenrechnung einsetzen)}$$
$$= \frac{20}{49}$$

Erläuterung zum Rechenschritt

Aufgaben

 1 Berechne. Arbeitet dann zu zweit. Tauscht und überprüft gegenseitig eure Rechnung auf Richtigkeit, Vollständigkeit und Nachvollziehbarkeit.

a) $\frac{11}{12} - \left(\frac{7}{18} + \frac{1}{4}\right)$

b) $8 \cdot 1\frac{3}{4} - 1{,}21 : 11$

Hinweis zu 2

Erstelle zunächst eine Musterlösung, für die du die volle Punktzahl erteilen würdest.

2 Elina und Sebastian haben in einem Mathetest dieselbe Aufgabe gelöst. Für die Aufgabe gibt es 8 Punkte. Bewerte die Lösungen und vergib Punkte. Begründe deine Entscheidung.

Sebastian:

$\underbrace{(0{,}678 + 0{,}172)}_{} \cdot \underbrace{(7{,}56 + 5{,}24)}_{} - 4{,}32 : \underbrace{(0{,}78 + 1{,}02)}_{}$ | NR: $0{,}75 \cdot 12{,}8$ | $4{,}32 : 1{,}8 = 43{,}2 : 18 = 2{,}4$

$= \quad 0{,}75 \quad \cdot \quad 12{,}8 \quad - 4{,}32 : \quad 1{,}8$ | 640 | −36
 | +896 | 7,2
(Ergebnisse aus der Nebenrechnung einsetzen) | 9,600 | −7,2
 | | 0

$= 9{,}6 - 2{,}4 = 7{,}2$

Elina:

$(0{,}678 + 0{,}172) \cdot (7{,}56 + 5{,}24) - 4{,}32 : (0{,}78 + 1{,}02) = 0{,}85 \cdot 12{,}8 - 4{,}32 : 1{,}8 = 7{,}48$

Mathematisch arbeiten

Textaufgaben bearbeiten

Beispiel 2 Viktor macht Hausaufgaben. Ein Drittel der Zeit verbringt er mit Mathe. Für Deutsch braucht er anderthalbmal so lange wie für Mathe. Zum Schluss wiederholt er 15 Minuten lang englische Vokabeln. Ermittle, wie viel Zeit Viktor für Mathe und für Deutsch sowie für die Hausaufgaben insgesamt braucht.

Hinweis

Es ist hilfreich, die Aufgabe nach dem Durchlesen in eigenen Worten kurz zusammenzufassen.

Lösung:
Lies die Aufgabe mehrmals genau durch. Notiere zuerst alle Informationen und Angaben, die in der Aufgabe gegeben sind.

Schreibe dann auf, wonach gesucht wird. Die Fragestellung erkennst du in der Regel an Schlüsselwörtern wie „ermittle, gib an, bestimme, berechne …".

Beginne nun mit der Rechnung. Überlege zunächst, welche Zwischenfragen du beantworten musst, um die Lösung bestimmen zu können.
Strukturiere deine Rechnung übersichtlich. Verwende dazu Zwischenüberschriften oder erkläre mit Stichworten, was du berechnest.

Gegeben:
Mathe: $\frac{1}{3}$ der Zeit
Deutsch: 1,5-mal so lange wie für Mathe
Englisch: 15 min

Gesucht:
Zeit, die Viktor für Mathe, für Deutsch und für die Hausaufgaben insgesamt braucht.

Lösung: *Welchen Anteil an der Zeit verbringt Viktor mit jedem Fach?*

Zeitanteile bestimmen:
Mathe: $\frac{1}{3}$ Deutsch: $1,5 \cdot \frac{1}{3} = \frac{3}{2} \cdot \frac{1}{3} = \frac{1}{2}$
Englisch: $1 - \left(\frac{1}{3} + \frac{1}{2}\right) = 1 - \frac{5}{6} = \frac{1}{6}$

Wie vielen Minuten entsprechen die jeweiligen Zeitanteile?

Zeiten berechnen:
$\frac{1}{6}$ (Englisch) entsprechen 15 min, also beträgt die Gesamtzeit $6 \cdot 15$ min = 90 min.
Mathe: $\frac{1}{3}$ von 90 min sind 30 min
Deutsch: $\frac{1}{2}$ von 90 min sind 45 min

Hinweis

Prüfe immer, ob deine errechnete Lösung im Rahmen der Aufgabenstellung Sinn ergibt.

Formuliere bei Textaufgaben zum Schluss immer einen Antwortsatz. Lies dir hierzu nochmal die Fragestellung durch und beantworte sie mit deiner Lösung.

Antwort:
Viktor braucht 30 min für Mathe und 45 min für Deutsch. Insgesamt braucht er für die Hausaufgaben 90 min.

Aufgaben

3 Melanie möchte sich ein neues Smartphone kaufen. Ein Drittel der Kosten übernehmen ihre Eltern, ein Viertel der Kosten übernimmt ihre Tante. Melanies Opa gibt die Hälfte von dem dazu, was ihre Eltern beisteuern. Die restlichen 60 Euro bezahlt Melanie von ihren Ersparnissen. Bestimme, wie viel jeder bezahlt und wie viel das Smartphone kostet.

4 Ein Nashorn, ein Löwe und eine Ziege wiegen zusammen 2,25 t. Das Nashorn ist zehnmal so schwer wie der Löwe und der Löwe ist viermal so schwer wie die Ziege. Gesucht sind die Gewichte der Tiere.

| ① Ziege: 90 kg
Löwe: 60 kg
Nashorn: 2100 kg | ② Ziege: 150 kg
Löwe: 1000 kg
Nashorn: 1,1 t | ③ Ziege: 50 kg
Löwe: 200 kg
Nashorn: 2 t | ④ Ziege: 5 kg
Löwe: 20 kg
Nashorn: 200 kg | ⑤ Ziege: 60 kg
Löwe: 240 kg
Nashorn: 2400 kg |

a) Begründe, ohne zu rechnen, welche der Angaben als Lösung nicht infrage kommen.
b) Prüfe, ob die übriggebliebene Angabe eine Lösung der Aufgabe ist.

5.11 Vermischte Aufgaben

1 Ersetze den Platzhalter ■ durch das richtige Zeichen < oder >.
  a) $\frac{1}{3} \cdot \frac{5}{6}$ ■ $\frac{1}{2} \cdot \frac{3}{4}$
  b) $\frac{2}{6} \cdot \frac{9}{5}$ ■ $\frac{7}{8} + \frac{2}{4}$
  c) $\frac{8}{5} : \frac{7}{9}$ ■ $\frac{8}{15} - \frac{2}{5}$
  d) $\frac{13}{17} \cdot \frac{34}{49}$ ■ $\frac{8}{5} - \frac{9}{25}$

2 Berechne.
  a) $4{,}132 \cdot 10$
  b) $19{,}312 \cdot 100$
  c) $42{,}723 \cdot 1000$
  d) $0{,}312 \cdot 10$
  e) $942{,}31 : 10$
  f) $9{,}112 : 100$
  g) $0{,}125 : 1000$
  h) $100 : 10\,000$

3 Berechne zunächst die Aufgaben in der linken Spalte schriftlich. Entscheide dann für jede Aufgabe, ohne zu rechnen, ob die zugehörige Aufgabe in der rechten Spalte ein kleineres, größeres oder das gleiche Ergebnis hat.

  a) $1{,}5 \cdot 30$ $1500 \cdot 0{,}3$ b) $800 : 3{,}2$ $80 : 32$
     $2{,}7 \cdot 1{,}9$ $27 \cdot 0{,}19$ $81 : 2{,}7$ $8{,}1 : 0{,}027$
     $3{,}4 \cdot 9{,}3$ $0{,}34 \cdot 930$ $870 : 300$ $0{,}87 : 3$
     $5{,}87 \cdot 10{,}4$ $58{,}7 \cdot 104$ $54 : 2{,}4$ $5{,}4 : 0{,}24$
     $13{,}23 \cdot 3{,}6$ $1{,}323 \cdot 0{,}36$ $91 : 26$ $9{,}1 : 0{,}26$

4 Setze im Dividenden das Komma so, dass das Ergebnis stimmt.
  a) $342 : 12 = 2{,}85$
  b) $441 : 7 = 6{,}3$
  c) $132 : 1{,}1 = 12$
  d) $2912 : 3{,}2 = 9{,}1$

5 Stelle einen Rechenausdruck auf und bestimme die fehlende Zahl.
  a) Der Quotient aus einer Zahl und 1,4 ergibt 1,6.
  b) Der Dividend ist 1,3 und der Wert des Quotienten ist –1,6.
  c) Der Divisor ist 2,7 und der Dividend ist 17,55.
  d) Der Quotient aus einer Zahl und 2,7 ist gleich dem Produkt der Zahlen 3 und 3,24.
  e) Entwickelt selbst drei verschiedene Aufgaben. Tauscht untereinander und überprüft gegenseitig eure Lösungen.

Hinweis zu 6
Bei falschen Aussagen genügt ein Gegenbeispiel, bei richtigen Aussagen musst du argumentieren.

6 Begründe, ob die Aussage beim Rechnen mit Dezimalzahlen richtig oder falsch ist.
  a) Wenn der Dividend verdoppelt wird, so verdoppelt sich der Wert des Quotienten.
  b) Wenn das Komma beim Dividenden um eine Stelle nach rechts und beim Divisor um eine Stelle nach links verschoben wird, so vergrößert sich das Ergebnis um den Faktor 100.
  c) Wenn beide Faktoren verdoppelt werden, so verdoppelt sich der Wert des Produkts.
  d) Wenn bei einem Faktor das Komma um eine Stelle nach links verschoben wird, dann wird das Komma im Ergebnis ebenfalls um eine Stelle nach links verschoben.
  e) Wenn ein Faktor halbiert und der andere verdoppelt wird, so ändert sich der Wert des Produkts nicht.

7 Bestimme die fehlenden Ziffern und setze im zweiten Faktor ein Komma, sodass die Rechnung stimmt.

a)
2,	3	4	·	☐	4
	1	1	7	0	
	☐		9	3	6
		☐	,	3	6

b)
6	8,	9	·	☐	☐	7
					9	
			4	8	2	3
		1	1,	7	1	3

c)
1	7	6	·	0	☐	2
				3	5	☐
					5	
			4,	0	4	8

8 Die Kinder der Klasse 6b sollen die Längen 1,18 m und 5 dm addieren und das Ergebnis auf eine Nachkommastelle runden. Es gibt folgende Ergebnisse:
Sven: 16,8 dm   Nina: 1,7 m   Ceyda: 168,0 cm
Erläutere mögliche Rechenwege. Entscheide, welche Ergebnisse richtig sind.

9 Senas Schulweg ist 1,5 km lang. Sami muss $\frac{7}{5}$-mal so weit fahren wie Sena und Sebastian wohnt 750 m weiter weg als Sami. Anna hat den weitesten Weg, sie muss das $\frac{4}{3}$-Fache von Sebastians Weg zurücklegen. Bestimme die Länge der Schulwege von Sami, Sebastian und Anna.

10 Lisa möchte ihrer Mutter einen Blumenstrauß schenken. Eine Rose kostet 2,50 €, eine Tulpe 0,90 € und eine Nelke 0,80 €. Der Strauß soll zu $\frac{1}{3}$ aus Rosen und zu $\frac{1}{4}$ aus Nelken bestehen. Er wird mit 5 Tulpen aufgefüllt.
Ermittle, wie viele Blumen jeder Sorte Lisa kauft und was der Strauß kostet.

11 Leon und Lucas haben sich $\frac{1}{3}$ der Familienpizza genommen. Die Mutter der Zwillinge, beide Großelternpaare und eine Uroma wollen den Rest gleichmäßig untereinander aufteilen.
 a) Welchen Anteil erhält jeder der anderen? Erstelle eine zeichnerische Lösung.
 b) Gib einen rechnerischen Lösungsweg an.
 c) Prüfe, ob Leon und Lucas jeweils mehr als die anderen gegessen haben.
 d) Berechne, wie viel von der ganzen Pizza die Zwillinge hätten essen dürfen, damit eine gerechte Teilung möglich gewesen wäre.

12 Eine $\frac{3}{4}$-ℓ-Flasche ist halb mit Apfelsaft gefüllt. In einer 2-ℓ-Kanne sind $\frac{5}{8}$ ℓ Apfelsaft mit $\frac{1}{4}$ ℓ Wasser gemischt. In die Kanne wird der Saft aus der Flasche gegossen und mit Wasser aufgefüllt. Berechne den Wasseranteil in der Kanne.

13 Bei einem Sponsorenlauf startet Aliya mit drei Sponsoren. Pro gelaufener Runde erhält sie vom ersten Sponsor 1,50 €, vom zweiten Sponsor 0,80 € und vom dritten Sponsor 3,50 €. Sie läuft 10 Runden. Ermittle den Betrag, den sie insgesamt von ihren Sponsoren erhält.

14 Timo möchte einen Obstsalat zubereiten. Im Supermarkt sind alle Preise pro kg angegeben. Überschlage, was der Obstsalat insgesamt kostet. Berechne dann den Gesamtpreis und den Preis pro Portion, wenn der Salat für 4 Personen reicht.

Obstsalat
2 Bananen (150 g)
2 Orangen (ca. 300 g)
300 g Weintrauben
200 g Erdbeeren
etwas Vanillezucker

Preise:	
Bananen	2,29 €/kg
Orangen	3,39 €/kg
Weintrauben	5,38 €/kg
Erdbeeren	11,90 €/kg
Päckchen Vanillezucker	0,95 €

15 Berechne für jede Wurstsorte den Preis pro 100 g.

Name	Packungsgröße	Preis
Edelsalami	200 g	2,38 €
Salami extra frisch	75 g	1,99 €
geräucherte Salami	150 g	2,65 €
Mortadella	125 g	1,90 €
Schinkenwurst extra fein	80 g	1,49 €
Schinkenwurst extra fein Vorratspackung	200 g	2,98 €

16 Die internationale Raumstation ISS benötigt etwa $1\frac{1}{2}$ Stunden, um die Erde einmal zu umrunden. Berechne, wie oft sie die Erde in 24 Stunden umkreist.

17 Blütenaufgabe: Jan möchte Himbeereis herstellen. Im Internet findet er ein Rezept.

Berechne, wie viel eine Portion wiegt. Gib in Kilogramm und Gramm an.

Berechne den Preis für die 6 Portionen, wenn 1 kg Himbeeren 7,90 €, 1 kg Zucker 1,50 € und 1 kg Joghurt 2,80 € kosten.

6 Portionen:
$\frac{1}{4}$ kg tiefgefrorene Himbeeren
$\frac{1}{10}$ kg Zucker
$\frac{1}{4}$ kg Joghurt
Die Zutaten in einem Mixer ca. eine Minute auf der höchsten Stufe mixen und die Mischung für vier Stunden ins Eisfach stellen.

Jans Freund Bela findet die Portionen zu klein. Er schlägt die 1,5-fache Menge pro Portion vor. Gib an, wie viele Portionen dann die Zutaten aus dem Rezept ergeben.

Berechne die Zutatenmengen für eine Person. Runde auf ganze Gramm.

18 Jolina hat noch 3,85 € im Portemonnaie. Sie kauft für sich und jede ihrer Freundinnen jeweils einen Schokoriegel für 0,60 €. Ihr Geld reicht nicht mehr, um auch ihrer kleinen Schwester Marie noch einen Schokoriegel mitzubringen. Ermittle, mit wie vielen Freundinnen Jolina unterwegs ist.

19 Ein Supermarkt bietet verschiedene Schokoladentafeln an. Eine 100-g-Tafel kostet 1,29 €, eine 300-g-Tafel kostet 3,79 €. Moritz beschwert sich: „Da lohnt es sich ja gar nicht, die große Tafel zu kaufen!" Beurteile diese Aussage.

20 Ein Kaffeestrauch liefert etwa $6\frac{1}{2}$ kg Kaffeekirschen. Jede Kaffeekirsche besteht zu etwa einem Viertel aus Kaffeebohnen. Für eine Tasse Kaffee benötigt man etwa 8 g Kaffeebohnen. Berechne, wie viele Tassen Kaffee man aus der Ernte eines Kaffeestrauchs erhalten kann. Runde sinnvoll.

21 Berechne. Beachte gegebenenfalls die Klammern.
a) $\frac{2}{7} : \frac{3}{14} : \frac{15}{21}$
b) $\frac{2}{7} : \left(\frac{3}{14} : \frac{15}{21}\right)$
c) $-\frac{3}{4} : \frac{12}{5} : \frac{1}{10}$
d) $-\frac{3}{4} : \left(\frac{12}{5} : \frac{1}{10}\right)$

22 Berechne vorteilhaft.
a) $\frac{5}{7} \cdot \left(\frac{1}{3} + \frac{4}{9}\right)$
b) $\frac{8}{3} \cdot \left(\frac{3}{8} + \frac{3}{11}\right)$
c) $\frac{4}{5} \cdot \frac{5}{8} - \frac{4}{5} \cdot \frac{15}{4}$
d) $\frac{2}{5} \cdot \frac{9}{7} - \frac{2}{5} \cdot \frac{2}{7}$
e) $\frac{4}{9} \cdot \left(\frac{2}{5} + \frac{1}{10}\right)$
f) $\frac{63}{11} \cdot \left(\frac{8}{9} - \frac{7}{9}\right)$
g) $\frac{15}{38} \cdot \frac{2}{3} + \frac{15}{38} \cdot \frac{3}{5}$
h) $\frac{9}{16} \cdot \frac{8}{15} - \frac{3}{25} \cdot \frac{5}{12}$

23 Berechne geschickt.
a) $0,56 \cdot 2,37 + 0,56 \cdot 4,63$
b) $0,72 : 0,8 + 0,08 : 0,8$
c) $5 \cdot 2,22 \cdot 3,6$
d) $9,87 + 9,87 \cdot 3 + 9,87 \cdot 5 + 9,87 - 4 \cdot 9,87$
e) $73 - 7 \cdot (8,7 : 2)$
f) $78,345 \cdot 100 - 12,7 \cdot 10$

5 Prüfe dein neues Fundament

Lösungen
→ S. 289/290

1 Berechne. Kürze das Ergebnis, falls möglich.
a) $3 \cdot \frac{3}{4}$
b) $\frac{5}{12} \cdot 6$
c) $4 \cdot \frac{3}{8}$
d) $\frac{8}{3} : 2$
e) $-\frac{5}{6} : 6$

2 Berechne.
a) $\frac{1}{10} \cdot \frac{1}{4}$
b) $\frac{5}{8} \cdot \frac{1}{3}$
c) $-\frac{3}{5} \cdot \frac{2}{7}$
d) $\frac{3}{5} : \frac{1}{2}$
e) $\frac{9}{10} : \left(-\frac{10}{7}\right)$

3 Kürze geschickt und berechne dann.
a) $\frac{2}{3} \cdot \frac{9}{8}$
b) $\frac{7}{12} \cdot \frac{24}{7}$
c) $\frac{5}{9} \cdot \frac{36}{55}$
d) $\frac{7}{50} \cdot (-75)$
e) $-\frac{14}{27} \cdot \left(-\frac{18}{35}\right)$
f) $\frac{5}{6} : \frac{10}{3}$
g) $\frac{1}{16} : \frac{5}{8}$
h) $\frac{7}{9} : 14$
i) $-20 : \frac{10}{21}$
j) $\frac{40}{-9} : \frac{-25}{6}$

4 Berechne den Anteil.
a) $\frac{1}{3}$ von $\frac{3}{5}$
b) $\frac{3}{7}$ von $\frac{4}{9}$
c) $\frac{1}{2}$ von $\frac{1}{10}$ kg
d) $\frac{1}{3}$ von $\frac{3}{4}$ mm
e) $\frac{2}{5}$ von $1\frac{1}{2}$ ℓ

5 Die Hälfte der Kinder aus der Klasse 6d spielt gerne Fußball, ein Drittel davon sogar im Verein.
a) Bestimme den Anteil der Vereinsspieler in der Klasse.
b) Berechne, wie viele Kinder das sind, wenn 24 Kinder in der Klasse sind.

6 Berechne.
a) $5 \cdot 1\frac{2}{3}$
b) $2\frac{3}{4} \cdot 3\frac{1}{2}$
c) $5\frac{1}{2} : 10$
d) $-30 : 1\frac{1}{3}$
e) $2\frac{2}{5} : \left(-\frac{4}{5}\right)$

7 Jamila nimmt jeden Tag eine halbe Tablette. In einer Packung sind 20 Tabletten. Ermittle, wie viele Tage diese Tabletten reichen.

8 Nina, Kathrin und Lennox unterhalten sich darüber, wie lange sie jeweils pro Woche lesen. Nina liest pro Woche fünfmal eine halbe Stunde, Kathrin dreimal eine Dreiviertelstunde und Lennox an jedem Tag der Woche eine Viertelstunde. Bestimme, wer in einer Woche die meiste Zeit mit Lesen verbringt.

9 Rechne um.
a) 7261 m in km
b) 212,3 mm in cm
c) 1,75 dm in cm
d) 23,92 kg in g

10 Multipliziere die Zahl mit 100 und dividiere sie durch 100.
a) 0,033
b) 1,562
c) 0,862
d) 13,9
e) −440,8

11 Berechne im Kopf.
a) $0,2 \cdot 8$
b) $3 \cdot 2,3$
c) $0,7 \cdot 0,9$
d) $1,25 \cdot (-4)$
e) $0,8 \cdot 0,05$
f) $1,8 : 6$
g) $-2 : (-5)$
h) $3,3 : 1,1$
i) $0,4 : 20$
j) $7 : (-0,07)$

12 Führe eine Überschlagsrechnung durch. Berechne anschließend schriftlich.
a) $2,6 \cdot 1,7$
b) $3,45 \cdot 2,1$
c) $6,2 \cdot 0,17$
d) $-9,5 \cdot (-5,12)$
e) $15,15 \cdot 10,51$
f) $23,2 : 4$
g) $45,95 : 5$
h) $13,2 : 1,1$
i) $-43 : 0,8$
j) $27,12 : (-1,2)$

13 Setze für den Platzhalter ■ das richtige Zeichen <, > oder = ein.
a) $0,9 \cdot 0,9$ ■ $0,9$
b) $0,7 \cdot 1,3$ ■ $0,7$
c) $0,7 \cdot 1,3$ ■ $1,3$
d) $0,9 \cdot 1,1$ ■ 1
e) $0 \cdot 1,7$ ■ 0
f) $0,5 \cdot 1,5$ ■ $0,75$

Brüche und Dezimalzahlen multiplizieren und dividieren 5

Lösungen
→ S. 290

14 Setze für den Platzhalter ■ die fehlende Zahl ein.
a) $0{,}35 \cdot ■ = 350$ b) $■ \cdot 100 = 0{,}6$ c) $5 \cdot ■ = 0{,}5$ d) $■ \cdot 7 = -2{,}1$
e) $1{,}2 : ■ = 0{,}12$ f) $■ : 1000 = 27{,}2$ g) $-8 : ■ = -80$ h) $■ : 2 = 0{,}3$

15 Der höchste Kurswert des Euro im Jahr 2023 betrug etwa 1,12 US-Dollar. Berechne, wie viel Dollar damals 200 € entsprachen.

16 Bei einem Marathon müssen Läufer etwa 42,2 km laufen. Ein guter Läufer schafft die Strecke in zweieinhalb Stunden. Berechne seine durchschnittliche Geschwindigkeit.

17 Schreibe als Rechenausdruck und berechne.
a) Dividiere 9 durch die Summe aus $\frac{3}{5}$ und $\frac{3}{10}$.
b) Multipliziere die Summe von 0,1 und 0,05 mit der Differenz von 2 und −1,6.
c) Addiere $\frac{1}{3}$ zum Produkt aus 4 und $\frac{1}{12}$.
d) Dividiere die Differenz aus $\frac{7}{12}$ und $\frac{1}{8}$ durch die Summe aus 6 und $1\frac{1}{3}$. Multipliziere das Ergebnis mit 8.

18 Berechne. Beachte die Vorrangregeln.
a) $\frac{1}{6} + 5 \cdot \frac{2}{3}$ b) $\left(\frac{2}{5} + \frac{1}{5}\right) : \frac{1}{5}$ c) $14 - 3{,}6 - 6{,}4$ d) $1{,}2 + (2 - 0{,}2) \cdot 0{,}1$
e) $0{,}9 \cdot 3 + \frac{1}{4}$ f) $12 - \left(\frac{1}{3} + 0{,}5\right)$ g) $\frac{1}{2} \cdot 0{,}25 : \frac{1}{4}$ h) $\frac{3}{5} + 0{,}4 \cdot \left(\frac{1}{6} + \frac{2}{6}\right)$

19 Berechne. Nutze Rechenvorteile.
a) $2 \cdot 7{,}8 \cdot 0{,}5$ b) $0{,}4 \cdot 7{,}93 \cdot 25$ c) $-0{,}2 \cdot 1{,}98 \cdot (-0{,}5)$ d) $8 \cdot 23{,}87 \cdot (-1{,}25)$

20 Berechne vorteilhaft durch Nutzung der Rechengesetze.
a) $\frac{5}{27} + \frac{1}{12} + \frac{4}{27}$ b) $1{,}91 + 8{,}7 + 2{,}09$ c) $\frac{5}{4} \cdot \frac{3}{13} \cdot \frac{4}{5}$ d) $25 \cdot 3{,}3 \cdot 0{,}4$
e) $\frac{1}{3} \cdot (66 + 93)$ f) $0{,}4 \cdot (70 - 4)$ g) $9 \cdot \frac{13}{40} - 9 \cdot \frac{17}{40}$ h) $-25 \cdot 4{,}4 - 25 \cdot 0{,}6$

Wo stehe ich?

	Ich kann ...	Aufgabe	Schlag nach
5.1	... Brüche mit natürlichen Zahlen multiplizieren.	1	S. 138 Beispiel 1
5.2	... Brüche miteinander multiplizieren und Anteile von Brüchen bestimmen.	2, 3, 4, 5, 6, 8	S. 140 Beispiel 1 S. 141 Beispiel 2
5.3	... Brüche durch natürliche Zahlen dividieren.	1	S. 144 Beispiel 1
5.4	... Brüche durch Brüche dividieren.	2, 3, 6, 7	S. 146 Beispiel 1
5.5	... Dezimalzahlen mit Zehnerpotenzen multiplizieren und durch Zehnerpotenzen dividieren.	9, 10	S. 150 Beispiel 1 S. 151 Beispiel 2
5.6	... Dezimalzahlen multiplizieren.	11, 12, 13, 14, 15	S. 153 Beispiel 1
5.7	... Dezimalzahlen dividieren.	11, 12, 14, 16	S. 156 Beispiel 1 S. 157 Beispiel 2
5.8	... positive und negative Brüche und Dezimalzahlen multiplizieren und dividieren.	1, 2, 3, 11, 12	S. 160 Beispiel 1
5.9	... mit rationalen Zahlen in allen Rechenarten geschickt rechnen.	17, 18, 19	S. 162 Beispiel 1 S. 163 Beispiel 2
5.10	... das Distributivgesetz beim Rechnen mit rationalen Zahlen anwenden.	17, 20	S. 165 Beispiel 1

5 Zusammenfassung

Brüche vervielfachen und teilen	Ein Bruch wird mit einer natürlichen Zahl multipliziert, indem der Zähler mit der natürlichen Zahl multipliziert wird. Der Nenner bleibt unverändert.	$\frac{3}{7} \cdot 2 = \frac{3 \cdot 2}{7} = \frac{6}{7}$
	Ein Bruch wird durch eine natürliche Zahl dividiert, indem der Nenner mit der natürlichen Zahl multipliziert wird. Der Zähler bleibt unverändert.	$\frac{4}{5} : 3 = \frac{4}{5 \cdot 3} = \frac{4}{15}$
Brüche multiplizieren	Zwei Brüche werden multipliziert, indem man Zähler mit Zähler und Nenner mit Nenner multipliziert.	$\frac{3}{4} \cdot \frac{5}{7} = \frac{3 \cdot 5}{4 \cdot 7} = \frac{15}{28}$
Brüche dividieren	Zwei Brüche werden dividiert, indem man den Dividenden mit dem **Kehrwert** des Divisors multipliziert.	$\frac{3}{5} : \frac{2}{3} = \frac{3}{5} \cdot \frac{3}{2} = \frac{3 \cdot 3}{5 \cdot 2} = \frac{9}{10}$
Dezimalzahlen mit Zehnerpotenzen multiplizieren und dividieren	Beim Multiplizieren einer Dezimalzahl mit 10, 100, 1000 … wird das Komma um eine, zwei, drei … Stellen nach rechts verschoben. Fehlende Nachkommastellen werden durch Nullen ergänzt.	2,53 · 10 = 25,3 2,53 · 100 = 253 2,53 · 1000 = 2530
	Beim Dividieren einer Dezimalzahl durch 10, 100, 1000 … wird das Komma um eine, zwei, drei … Stellen nach links verschoben. Stehen vor dem Komma nicht genügend Ziffern, werden Nullen ergänzt.	17,53 : 10 = 1,753 17,53 : 100 = 0,1753 17,53 : 1000 = 0,01753
Dezimalzahlen multiplizieren	Dezimalzahlen werden multipliziert, indem zuerst die Zahlen multipliziert werden, ohne das Komma zu beachten. Das Komma wird anschließend so gesetzt, dass das Ergebnis genauso viele Nachkommastellen hat wie die Faktoren zusammen.	2,34 · 7,3 2,34 hat 2 Nachkommastellen. 1638 7,3 hat 1 Nachkommastelle. 702 17,082 Das Ergebnis hat 2 + 1 = 3 Nachkommastellen.
Dezimalzahlen durch eine natürliche Zahl dividieren	Eine Dezimalzahl lässt sich wie eine natürliche Zahl stellenweise durch eine natürliche Zahl dividieren. Überschreitet man bei der Dezimalzahl das Komma, setzt man auch im Ergebnis ein Komma.	69,2 : 4 = 17,3 4 29 28 12 12 0

Dezimalzahlen dividieren	Zwei Dezimalzahlen werden dividiert, indem das Komma bei Dividend und Divisor um gleich viele Stellen nach rechts verschoben wird, sodass der Divisor eine natürliche Zahl wird. Anschließend wird durch die natürliche Zahl dividiert.	15,72 : 1,2 157,2 : 12 = 13,1
		                  12
		                  37
		                  36
		                  12
		                  12
		                   0

6
Berechnungen an Figuren

Nach diesem Kapitel kannst du
→ Dreiecksarten unterscheiden und Höhen im Dreieck einzeichnen,
→ Flächeninhalte von Dreiecken, Parallelogrammen und Trapezen berechnen,
→ Umfang und Flächeninhalt von Kreisen bestimmen,
→ Flächeninhalte von zusammengesetzten Figuren berechnen.

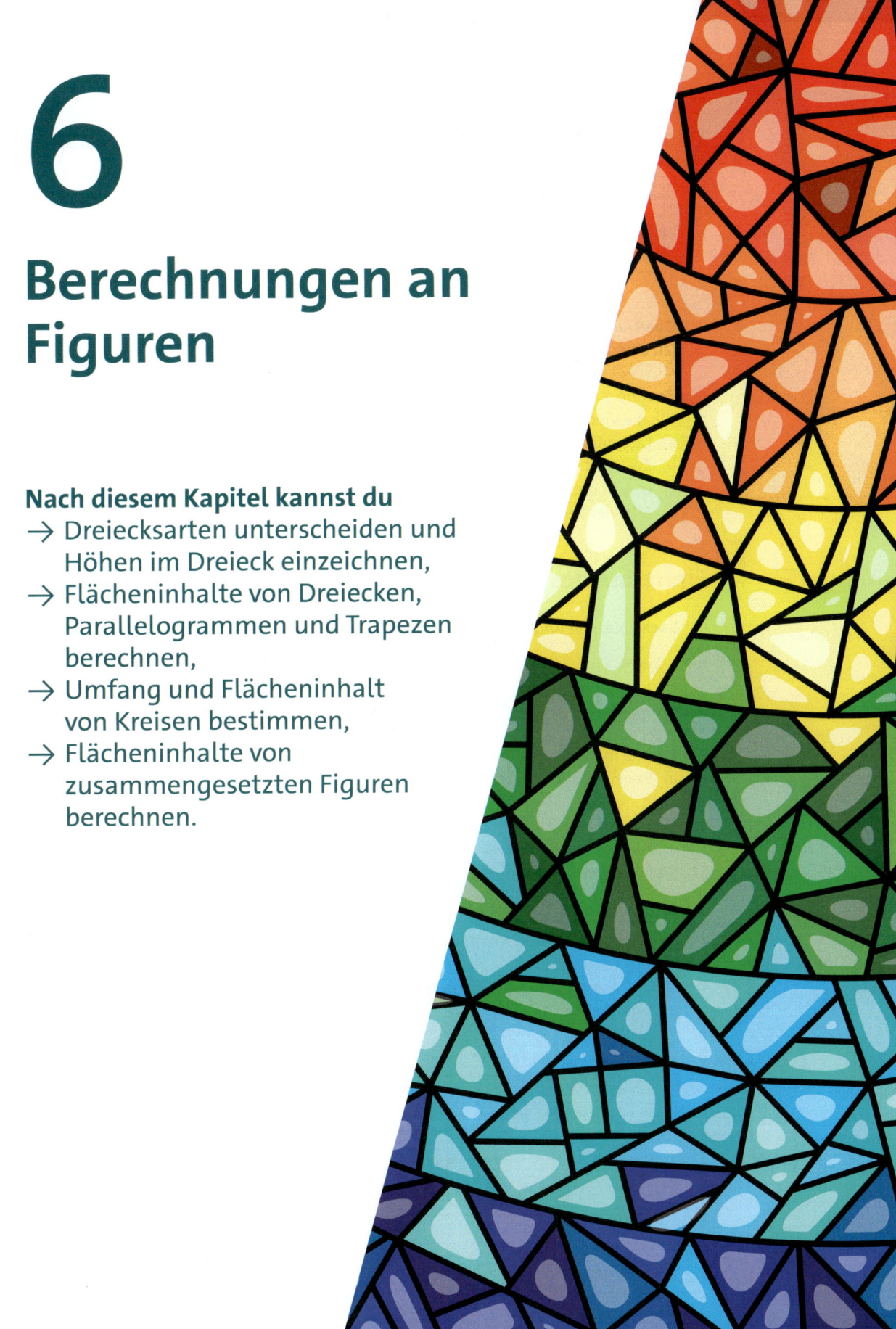

Dein Fundament

Lösungen → S. 290/291

Figuren erkennen

1. Gib an, welche Vierecke Parallelogramme, Trapeze, Rechtecke, Quadrate, Rauten und Drachenvierecke sind. Begründe deine Entscheidung.

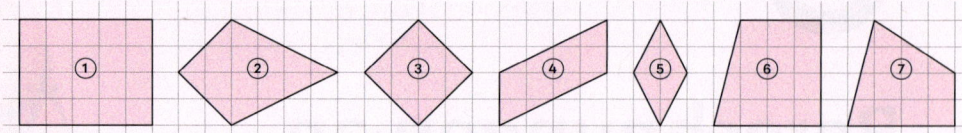

2. Übertrage die Strecke und ergänze sie zu einem Rechteck (zu einem Quadrat; zu einem Trapez).

3. Zeichne ein Viereck mit der angegebenen Eigenschaft. Gib die Viereckart an.
   a) Gegenüberliegende Seiten sind parallel zueinander.
   b) Zwei Seiten sind parallel zueinander.
   c) Es gibt drei rechte Winkel.
   d) Alle vier Seiten sind gleich lang.

Erklärvideo

Einheiten des Flächeninhalts

4. Suche aus den Angaben alle Flächeneinheiten heraus.

   | mm^3 | a | dm | t | ℓ | ha |
   | mℓ | km^2 | m | h | m^2 | dm^3 |

5. Rechne in die Einheit um, die in Klammern steht.
   a) $5\,cm^2\,(mm^2)$ b) $3,2\,m^2\,(cm^2)$ c) $1\,ha\,(m^2)$ d) $2,3\,a\,(m^2)$

6. Ordne den Flächen die gerundeten Größen zu.
   a) Fläche einer Seite dieses Mathematikbuchs
   b) Fläche von Deutschland
   c) Sitzfläche eines Stuhls
   d) Handfläche
   e) Fläche von Baden-Württemberg

   ① 357 000 km^2 ② 1 dm^2 ③ 3 600 000 ha   ④ 1600 cm^2 ⑤ 48 000 mm^2

7. Gib an, wie oft die erste Fläche in der zweiten Fläche enthalten ist.
   a) $4\,mm^2$ in $16\,cm^2$ b) $25\,dm^2$ in $1\,m^2$ c) $4\,cm^2$ in $80\,cm^2$ d) $10\,m^2$ in $1\,a$

8. Vervollständige die Tabelle.

mm^2	cm^2	dm^2	m^2	a	ha
					0,1
50 000 000					
		101,5			
	1200				
			15		
				10,4	

6 Berechnungen an Figuren

Lösungen → S. 291

Erklärvideo

Berechnungen am Rechteck

9 Berechne den Flächeninhalt der Figur (Angaben in cm).

a)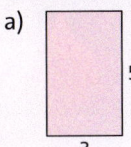
b)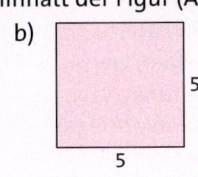
c)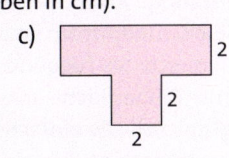
d)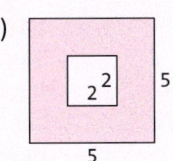

10 Ermittle die fehlende Seitenlänge.

a)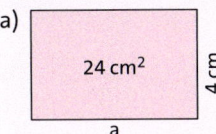
b)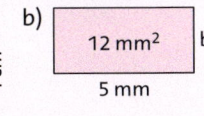
c)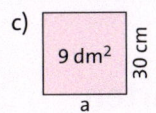
d)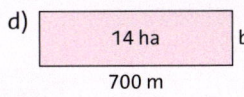

11 Berechne Umfang und Flächeninhalt der Figur.
  a) Rechteck mit den Seitenlängen 3 cm und 2,5 cm
  b) Quadrat mit der Seitenlänge 1,1 cm

12 Zeichne das Viereck. Berechne dann seinen Flächeninhalt und Umfang.
  a) Rechteck mit den Seitenlängen 4 cm und 1,5 cm
  b) Quadrat mit der Seitenlänge 2,5 cm

13 Eine Seite eines Rechtecks mit einem Flächeninhalt von 48 m² ist 4 m lang. Berechne den Umfang des Rechtecks.

Rund um den Kreis

14 Ermittle Radius und Durchmesser des Kreises.

a)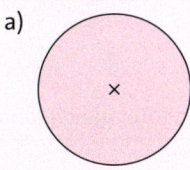
b)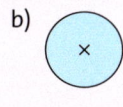
c)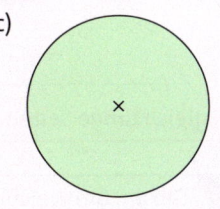
d)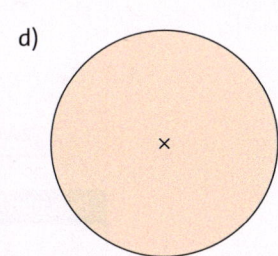

15 Gib den Zusammenhang zwischen dem Durchmesser und dem Radius eines Kreises an.

16 Zeichne ein Quadrat mit der Seitenlänge a = 4 cm.
  a) Zeichne in das Quadrat einen Kreis, der die Seiten in ihren Mittelpunkten berührt.
  b) Zeichne einen Kreis durch alle vier Eckpunkte des Quadrats.
  c) Beschreibe die Lage der Mittelpunkte der beiden Kreise aus a) und b). Miss die Radien der Kreise und vergleiche sie.

17 Zeichne einen Kreis mit $r_1 = 5{,}5$ cm und einen zweiten Kreis mit $r_2 = 3$ cm mit der folgenden Bedingung.
  a) Der Abstand der beiden Mittelpunkte beträgt 5,5 cm. Beschreibe die Lage der Kreise.
  b) Die Kreise schneiden einander nicht. Beschreibe in Worten, welche Möglichkeiten es für die Lage der Mittelpunkte gibt.

Dein Fundament

6

6.1 Dreiecke

Es gibt unzählige Arten, Papierflieger zu basteln. Ein Grundprinzip ist aber bei allen Varianten gleich: Sie fliegen am besten, wenn die gesamte Flügelfläche achsensymmetrisch zur Mittellinie ist. Die einfachsten Papierflieger haben eine dreieckige Flügelfläche.
Beschreibe die Form eines Dreiecks, das als Flügelfläche geeignet ist.

Dreiecksarten

Hinweis

Die **Innenwinkel** einer Figur sind die Winkel an den Eckpunkten, die innerhalb der Figur liegen.

Hinweis

Gleichseitige Dreiecke sind auch immer gleichschenklig.

Wissen

Dreiecke werden nach der Größe ihrer Innenwinkel unterschieden:

rechtwinkliges Dreieck	**spitzwinkliges Dreieck**	**stumpfwinkliges Dreieck**
rechter Winkel (90°)	drei spitze Winkel (< 90°)	stumpfer Winkel (> 90°)

Besondere Dreiecke haben zwei oder drei gleich langen Seiten:

gleichschenkliges Dreieck	**gleichseitiges Dreieck**
zwei gleich lange Seiten (**Schenkel**)	drei gleich lange Seiten

Beispiel 1 Gib an, um welche Dreiecksart es sich handelt.

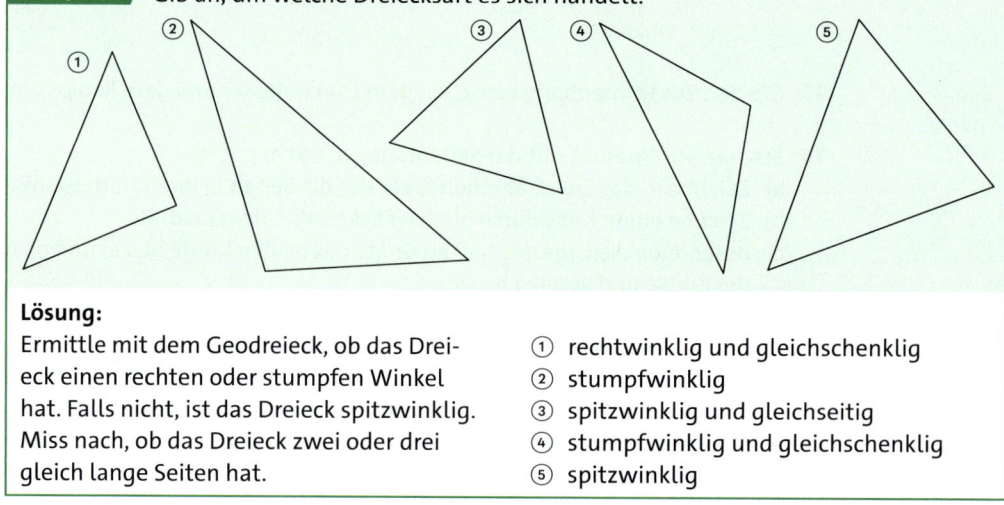

Lösung:
Ermittle mit dem Geodreieck, ob das Dreieck einen rechten oder stumpfen Winkel hat. Falls nicht, ist das Dreieck spitzwinklig. Miss nach, ob das Dreieck zwei oder drei gleich lange Seiten hat.

① rechtwinklig und gleichschenklig
② stumpfwinklig
③ spitzwinklig und gleichseitig
④ stumpfwinklig und gleichschenklig
⑤ spitzwinklig

Basisaufgaben

1 Gib an, um welche Dreiecksart es sich handelt. Begründe.

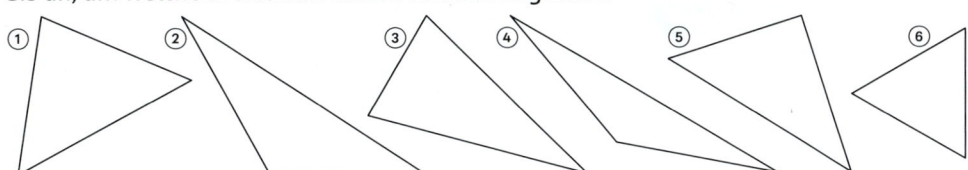

2 Zeichne mit einem Zirkel einen Kreis mit dem Radius 4 cm. Markiere zwei Punkte auf der Kreislinie, die zueinander einen Abstand von 4 cm haben. Verbinde diese mit dem Mittelpunkt des Kreises zu einem Dreieck. Gib an, um welche Dreiecksart es sich handelt.

Höhen im Dreieck

Der Abstand eines Punktes P zu einer Gerade g ist die Länge der Strecke, die senkrecht zu g durch den Punkt P verläuft. Diese Strecke nennt man das **Lot** von P auf g.

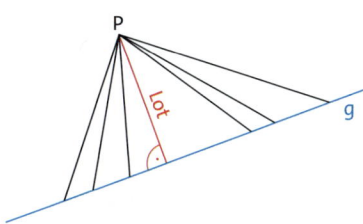

> **Wissen**
> In einem Dreieck nennt man das Lot von einem Eckpunkt auf die gegenüberliegende Seite (**Grundseite**) die **Höhe** auf der Grundseite.

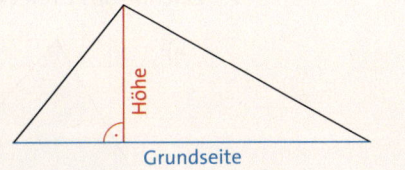

Hinweis
Mit der Höhe wird sowohl das Lot als auch die Länge des Lots bezeichnet.

Hinweis
Die Seiten, die den Eckpunkten A, B und C im Dreieck gegenüberliegen, bezeichnet man mit den zugehörigen Kleinbuchstaben a, b und c.

Zu jeder Dreiecksseite a, b, c gibt es eine zugehörige Höhe h_a, h_b, h_c.

> **Beispiel 2**
> Zeichne im Dreieck zu jeder Seite die zugehörige Höhe ein.
>
> **Lösung:**
> Zeichne von jedem Eckpunkt des Dreiecks das Lot auf die gegenüberliegende Seite.
>
>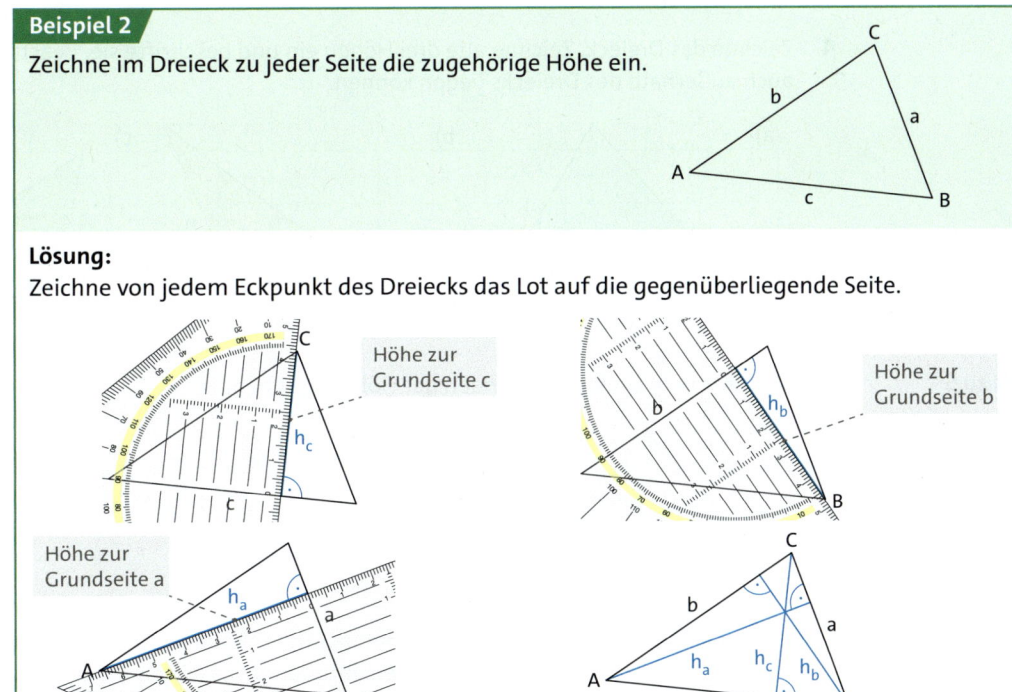

6

Bei stumpfwinkligen Dreiecken liegen nicht alle Höhen innerhalb des Dreiecks. Man kann sie nur einzeichnen, indem man die Grundseite verlängert.

Beispiel 3

Zeichne in das Dreieck die Höhe h_c ein.

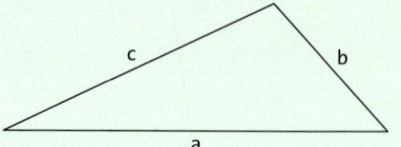

Lösung:
Verlängere zunächst die Grundseite c.

Zeichne anschließend das Lot vom gegenüberliegenden Eckpunkt auf die verlängerte Grundseite c ein.

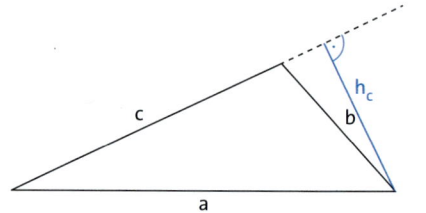

Basisaufgaben

3 Zeichne das Dreieck. Zeichne die Höhe h_a ein und miss ihre Länge.

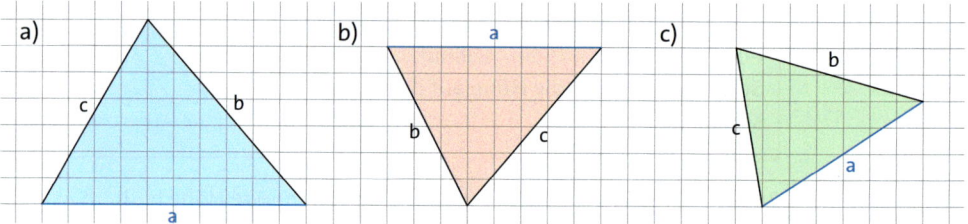

4 Zeichne das Dreieck. Zeichne alle drei Höhen ein und beschrifte sie. Beachte, dass Höhen auch außerhalb des Dreiecks liegen können.

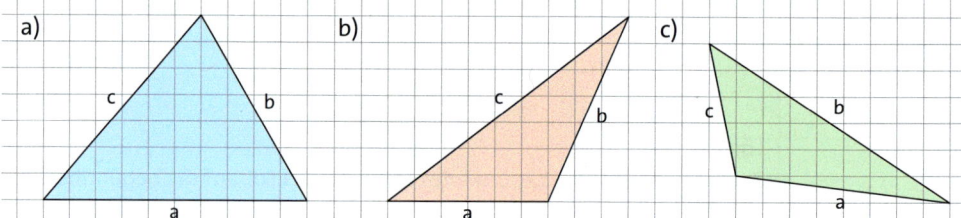

Hinweis zu 5

Lege das Geodreieck mit der Mittellinie auf die Grundseite und miss dann im rechten Winkel entlang der Zeichenkante die Höhe, ohne sie einzuzeichnen.

5 Miss in jedem Dreieck die Längen der Höhen h_a und h_b.

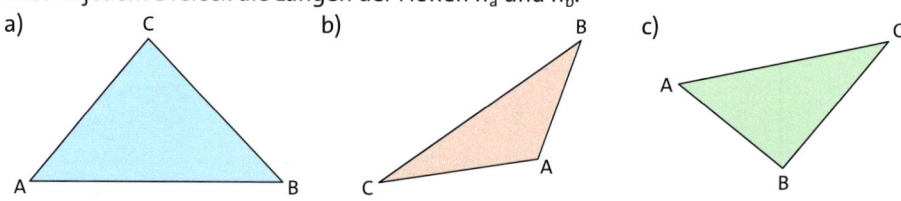

6 Zeichne das Dreieck ABC in ein Koordinatensystem. Trage anschließend alle drei Höhen ein und gib ihre Länge an. Wähle als Achseneinteilung 2 Kästchen = 1 Einheit.
a) A(6|1); B(12|1); C(10|6) b) A(8|3); B(1|5); C(4|0) c) A(3|1); B(12|8); C(5|8)

180

Weiterführende Aufgaben

Zwischentest

7 Gib an, um welche Dreiecksart es sich handelt. Übertrage das Dreieck, zeichne alle Höhen ein und miss ihre Längen. Beschreibe, was dir dabei auffällt.

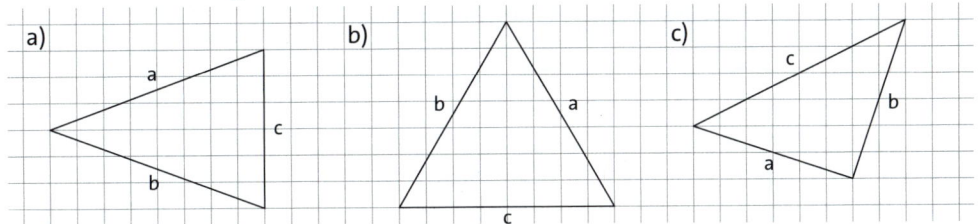

8 Stolperstelle: Katja sollte eine Höhe in das Dreieck einzeichnen. Prüfe, ob sie es richtig gemacht hat.

a) 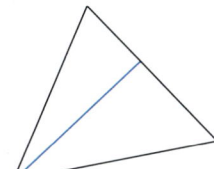   b) 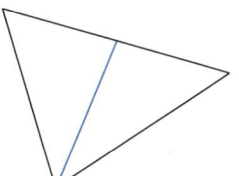   c)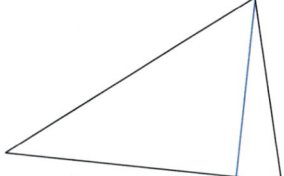

Erinnere dich

Der Umfang ist die Gesamtlänge des Randes einer Figur.

9 a) Zeichne drei verschiedene Dreiecke, die alle eine Grundseite der Länge 4 cm und eine zugehörige Höhe der Länge 2,5 cm haben. Bestimme jeweils den Umfang des Dreiecks.
b) Zeichne ein Dreieck, das gleichschenklig und stumpfwinklig (rechtwinklig) ist. Trage alle drei Höhen ein.

10 Zeige mithilfe einer geeigneten Zeichnung, dass die Aussage falsch ist.
a) In einem rechtwinkligen Dreieck sind immer zwei Höhen gleich lang.
b) In jedem Dreieck sind die Höhen immer kürzer als die zugehörigen Grundseiten.
c) Zur kürzesten Dreiecksseite gehört auch immer die kürzeste Höhe.

11 Höhen im Parallelogramm und Trapez: In einem Parallelogramm oder Trapez versteht man unter der Höhe den Abstand von zueinander parallelen Seiten.
Übertrage die Figuren, zeichne alle Höhen ein und gib ihre Längen an.

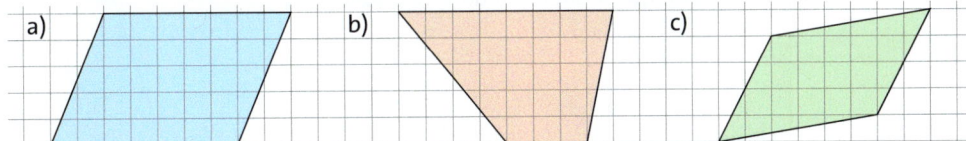

Hilfe

12 a) Zeichne mithilfe eines Zirkels zwei gleichschenklige Dreiecke mit der Schenkellänge 4 cm sowie den Umfängen 10 cm und 14 cm. Erkläre dein Vorgehen.
Miss die Innenwinkelgrößen der beiden Dreiecke. Beschreibe, was dir auffällt.
b) Zeichne mithilfe eines Zirkels ein gleichseitiges Dreieck mit dem Umfang 15 cm.
Miss die Innenwinkelgrößen des Dreiecks und beschreibe, was dir auffällt.
Zeichne ein weiteres gleichseitiges Dreieck und überprüfe, ob deine Beobachtung auch auf dieses Dreieck zutrifft.

13 Ausblick: Bestimme, ob ein dreieckiges Kärtchen mit den Seitenlängen a = 5 cm, b = 7 cm und c = 8 cm in eine rechteckige Schachtel passt, die 9 cm lang und 4 cm breit ist. Erstelle zunächst eine Zeichnung eines solchen Kärtchens.

6.2 Flächeninhalt eines Dreiecks

Falte ein rechteckiges Blatt Papier, sodass ein großes und zwei kleinere Dreiecke entstehen. Schneide die beiden kleinen Dreiecke ab und lege sie zu einem großen Dreieck zusammen. Erkläre, was dir auffällt.

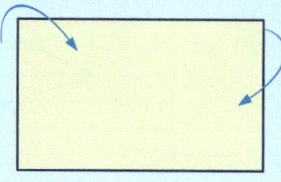  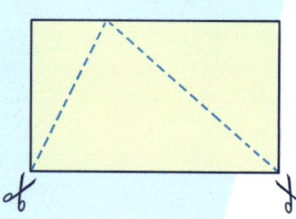

Wenn man ein Dreieck entlang seiner Höhe in zwei Dreiecke zerlegt und diese wie im Bild wieder an das Ausgangsdreieck legt, dann entsteht ein Rechteck mit dem doppelten Flächeninhalt des ursprünglichen Dreiecks.

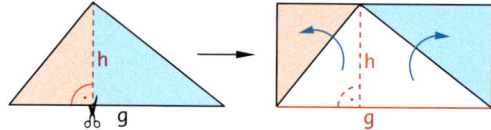

Erinnere dich
Jede Dreiecksseite kann als Grundseite gewählt werden.

Merke
Flächeninhalt = Grundseite · Höhe : 2

> **Wissen**
>
> Der **Flächeninhalt A eines Dreiecks** ist das Produkt aus der Länge einer Grundseite g und der Länge der zugehörigen Höhe h, dividiert durch 2:
>
> $$A = \frac{g \cdot h}{2}$$

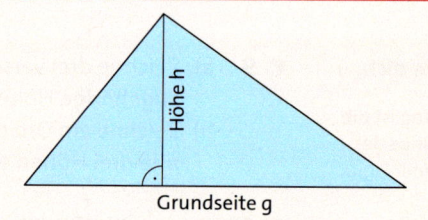

Flächeninhalt berechnen

Erklärvideo

> **Beispiel 1**
>
> Bestimme den Flächeninhalt des Dreiecks. Miss benötigte Größen mit dem Geodreieck.
>
>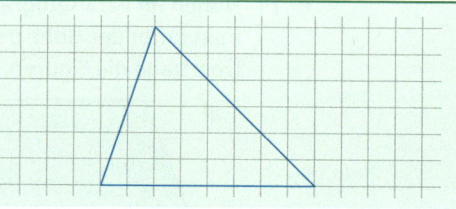
>
> **Lösung:**
> Miss mit dem Geodreieck die Länge einer Grundseite und die zugehörige Höhe des Dreiecks.
>
>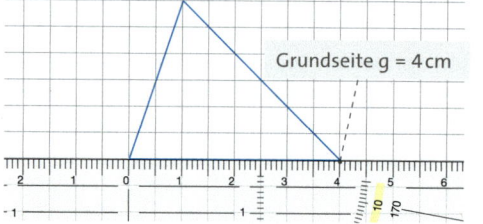
>
> Grundseite g = 4 cm
>
> Höhe h = 3 cm
>
>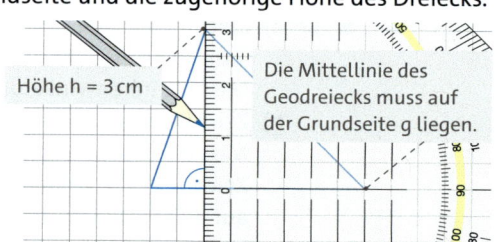
>
> Die Mittellinie des Geodreiecks muss auf der Grundseite g liegen.
>
> Berechne den Flächeninhalt mit der Formel „Grundseite · Höhe : 2".
>
> $$A = \frac{4\,cm \cdot 3\,cm}{2} = \frac{12\,cm^2}{2} = 6\,cm^2$$

6 Berechnungen an Figuren

Basisaufgaben

Lösungen zu 1

8,75 cm²
11,475 cm²
10 cm²
8,2 cm²

1 Berechne den Flächeninhalt des Dreiecks (Angaben in cm).

a) 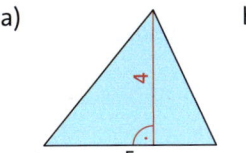 b) 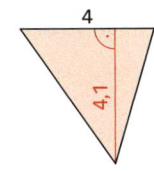 c) 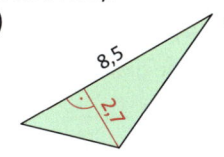 d)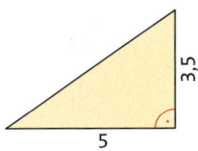

2 Übertrage das Dreieck. Miss die Länge einer Grundseite und die zugehörige Höhe mit dem Geodreieck. Berechne dann den Flächeninhalt.

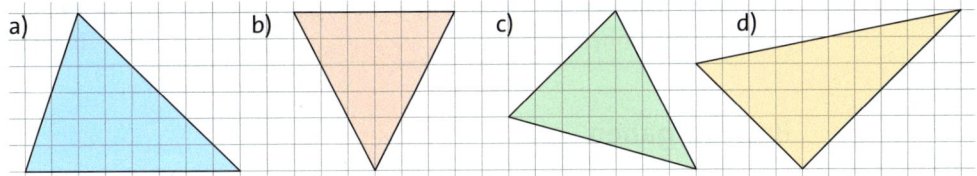

3 Berechne den Flächeninhalt des Dreiecks aus der gegebenen Grundseite g und der zugehörigen Höhe h.

a) g = 6 cm; h = 12 cm
b) g = 40 m; h = 22 m
c) g = 70 mm; h = 90 mm
d) g = 0,4 m; h = 0,8 m
e) g = 2,6 km; h = 1,8 km
f) g = 26 cm; h = 1,2 m

4 a) Bestimme den Flächeninhalt des Dreiecks auf drei verschiedenen Wegen. Miss benötigte Größen im Bild.

Grundseite	Höhe	Flächeninhalt
Seite a = ... mm	h_a = ... mm	A = ... mm²
Seite b = ... mm	h_b = ... mm	A = ... mm²
Seite c = ... mm	h_c = ... mm	A = ... mm²

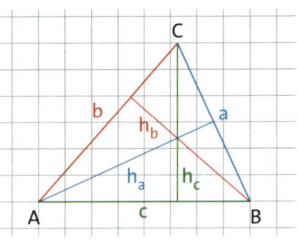

b) Vergleiche die Ergebnisse aus a). Erkläre deine Feststellung.
c) Begründe, welcher der drei Lösungswege am besten geeignet ist.

5 Berechne den Flächeninhalt des Dreiecks. Wähle dafür passende Größen aus.

a) a = 5 cm   b = 4 cm
   h_a = 2,4 cm h_b = 3 cm

b) b = 8 m   c = 6 m
   h_b = 3,75 m h_c = 5 m

c) b = 4 cm   c = 5 cm
   h_a = 2 cm h_b = 3,1 cm

6 Herr Tschorn möchte über seiner Terrasse ein dreieckiges Sonnensegel aufspannen. An der Hauswand soll das Segel eine Länge von 6 m haben. Die Ecke, die nicht an der Hauswand befestigt wird, soll 3 m Abstand zur Hauswand haben.
a) Berechne den Flächeninhalt des Sonnensegels.
b) Ein Quadratmeter Stoff für das Sonnensegel kostet 7 €. Berechne die Kosten für das Sonnensegel.

6.2 Flächeninhalt eines Dreiecks

6

Länge der Grundseite oder Höhe berechnen

Erklärvideo

Beispiel 2

Ein Dreieck hat einen Flächeninhalt von 24 cm². Eine Grundseite des Dreiecks ist 8 cm lang. Bestimme die zugehörige Höhe.

Lösung:

Setze 8 cm für g und 24 cm² für A in die Formel $A = \frac{g \cdot h}{2}$ ein. $24\,cm^2 = \frac{8\,cm \cdot h}{2}$

Du kannst $\frac{8\,cm \cdot h}{2}$ als $\frac{8\,cm}{2} \cdot h$ schreiben. $24\,cm^2 = \frac{8\,cm}{2} \cdot h$

Berechne $\frac{8\,cm}{2} = 4\,cm$. $24\,cm^2 = 4\,cm \cdot h$

Bestimme den Wert von h mithilfe der Umkehraufgabe. $24 : 4 = 6$
Ergänze die Einheit cm. $h = 6\,cm$

Erinnere dich

Multiplikation von Brüchen mit natürlichen Zahlen:
$\frac{3 \cdot 5}{2} = \frac{3}{2} \cdot 5$

Basisaufgaben

7 Bestimme die gesuchte Größe des Dreiecks.
   a) A = 20 cm²; g = 5 cm; gesucht: h   b) A = 36 cm²; h = 6 cm; gesucht: g

8 Berechne die fehlende Größe des Dreiecks.

	a)	b)	c)	d)	e)	f)
Grundseite g	6 cm	4 m			3,2 km	
Höhe h			8,4 km	8 cm		125 cm
Flächeninhalt A	12,6 cm²	32 m²	10,08 km²	20 cm²	8,64 km²	2 m²

Weiterführende Aufgaben

Zwischentest

9 a) Gib an, um welche Dreiecksart es sich handelt.
   b) Übertrage das Dreieck und die Höhe h_c.
   c) Gilt die Formel für den Flächeninhalt eines Dreiecks auch dann, wenn die Höhe außerhalb des Dreiecks liegt? Prüfe, indem du den Flächeninhalt mit jeweils einer anderen Dreiecksseite als Grundseite berechnest.

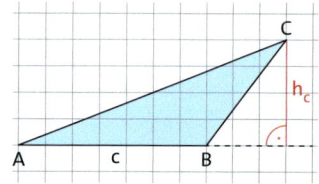

10 Die Jolle Conny hat folgende Bootsmaße:
   Länge: 4,23 m
   Breite: 1,37 m
   Tiefgang: 0,80 m
   Masthöhe: 5,37 m
   Gewicht: 65 kg
   Überschlage anhand der Maße und der Abbildung die Größe der Segelfläche.

Hilfe

11 Zeichne drei verschiedene Dreiecke, die alle einen Flächeninhalt von 6 cm² haben.

12 Zeichne das Dreieck in ein Koordinatensystem und ermittle den Flächeninhalt. Wähle als Achseneinteilung 2 Kästchen = 1 Einheit.
   a) A(0|1); B(6|1); C(0|4)   b) A(3|0); B(8|0); C(6|5)
   c) A(1|3); B(5|7); C(1|8)   d) A(9|1); B(9|9); C(5|5)

13 Stolperstelle: Erkläre und korrigiere die Fehler.

a)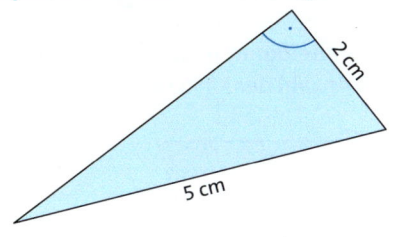
$A = \frac{2\,cm \cdot 5\,cm}{2} = 5\,cm^2$

b)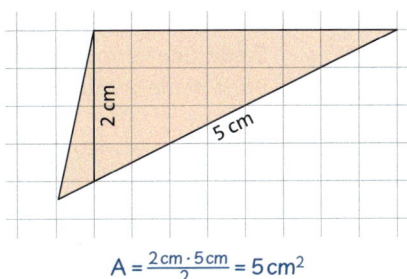
$A = \frac{2\,cm \cdot 5\,cm}{2} = 5\,cm^2$

14
a) Ermittle den Flächeninhalt des Dreiecks mit der Grundseite g und zugehörigen Höhe h.
- ① g = 1 cm; h = 2 cm
- ② g = 2 cm; h = 1 cm
- ③ g = 2 cm; h = 2 cm
- ④ g = 4 cm; h = 2 cm
- ⑤ g = 8 cm; h = 4 cm
- ⑥ g = 24 cm; h = 12 cm
- ⑦ g = 24 dm; h = 12 dm
- ⑧ g = 2,4 m; h = 1,2 m
- ⑨ g = 2,4 cm; h = 0,012 m

b) Vergleiche die Ergebnisse und formuliere deine Erkenntnisse. Vervollständige dazu zunächst die Aussage „Wenn man die Länge der Grundseite verdoppelt, dann ....". Formuliere dann weitere solche Aussagen.

Info
Der Giebel ist die Fläche an der Hausfassade, die von den Dachschrägen begrenzt wird.

15
Berechne den Inhalt der abgebildeten Giebelfläche. Ermittle die Höhe mithilfe einer maßstäblichen Zeichnung.

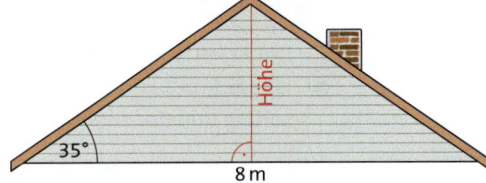

16
a) Zeichne mit einer dynamischen Geometrie-Software ein Dreieck ABC und eine Gerade g, die durch den Punkt C verläuft und zu $\overline{AB}$ parallel ist. Zeichne auf g zwei weitere Punkte D und E und die Dreiecke ABD und ABE.

b) Miss mit dem Programm die Flächeninhalte der Dreiecke ABC, ABD und ABE. Erkläre, was du feststellst.

c) Konstruiere drei unterschiedliche Dreiecke mit dem Flächeninhalt 12 cm².

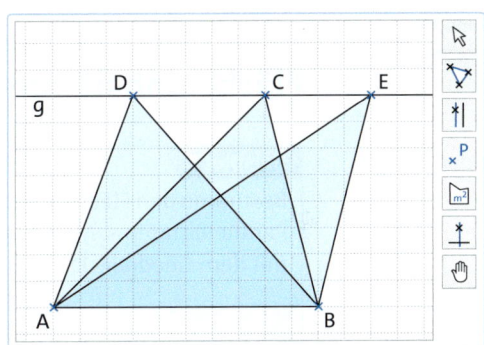

Hilfe

17
Ermittle die Flächeninhalte aller Dreiecke, die durch die Diagonalen entstehen. Erkläre deine Lösung.

a)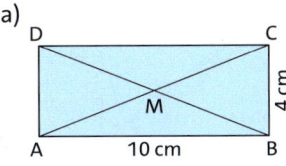

b)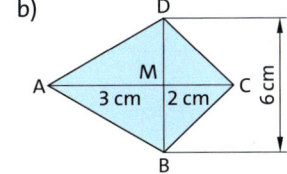

c)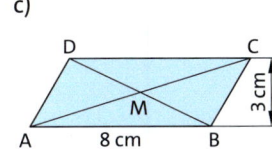

18
Ausblick: Die beiden pyramidenförmigen Dächer sollen neu gedeckt werden. 1 m² Dach kostet 60 €. Berechne die Kosten für jedes Dach.

①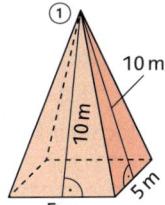

②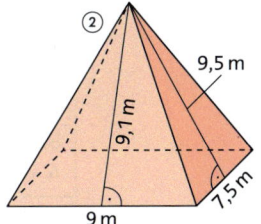

6.3 Flächeninhalt eines Parallelogramms

Stelle eine Vermutung auf, welches Parallelogramm den größten Flächeninhalt hat. Prüfe deine Vermutung, indem du die Anzahl der Kästchen der Figuren vergleichst.

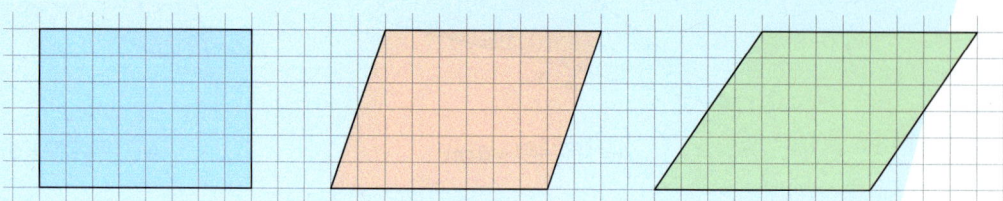

Wenn man das rote Dreieck abschneidet und links an das Parallelogramm anlegt, dann entsteht ein Rechteck mit demselben Flächeninhalt wie das Parallelogramm.

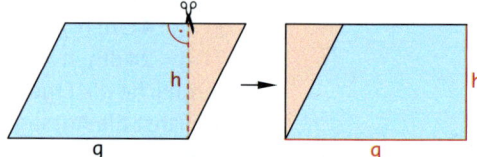

Erinnere dich

Die Höhe im Parallelogramm ist der Abstand zweier paralleler Seiten.

Merke

Flächeninhalt = Grundseite · Höhe

Erklärvideo

Wissen

Der **Flächeninhalt A eines Parallelogramms** ist das Produkt aus der Länge einer Grundseite g und der zugehörigen Höhe h:

$$A = g \cdot h$$

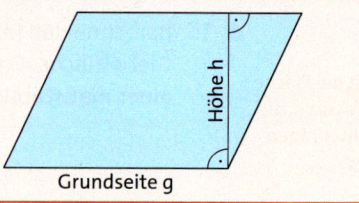

Flächeninhalt berechnen

Beispiel 1

Bestimme den Flächeninhalt des Parallelogramms. Miss benötigte Größen mit dem Geodreieck.

Lösung:
Miss mit dem Geodreieck die Länge einer Grundseite und die zugehörige Höhe des Parallelogramms.

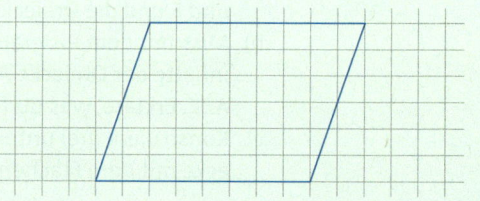

Grundseite g = 4 cm   Höhe h = 3 cm

Die Mittellinie des Geodreiecks muss auf der Grundseite g liegen.

Berechne den Flächeninhalt mit der Formel „Grundseite mal Höhe".
$A = 4\,cm \cdot 3\,cm = 12\,cm^2$

6 Berechnungen an Figuren

Basisaufgaben

Lösungen zu 1

12 cm² 10 cm² 8,4 cm² 9 cm²

1 Berechne den Flächeninhalt des Parallelogramms (Angaben in cm).

a) 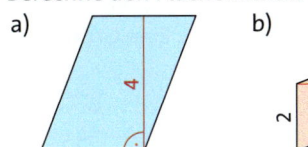 b) 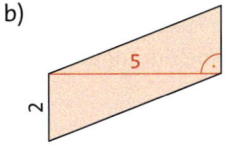 c) 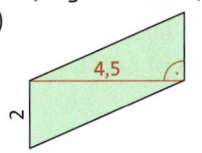 d)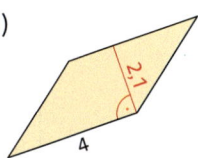

2 Übertrage das Parallelogramm. Miss die Länge einer Grundseite und die zugehörige Höhe mit dem Geodreieck. Berechne dann den Flächeninhalt.

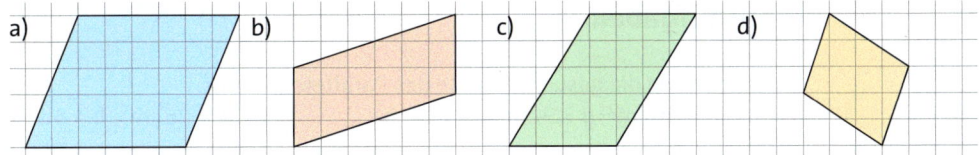

3 Berechne den Flächeninhalt des Parallelogramms aus der gegebenen Grundseite g und der zugehörigen Höhe h.
  a) g = 14 cm; h = 5 cm
  b) g = 25 dm; h = 40 dm
  c) g = 20 m; h = 15 m
  d) g = 35 cm; h = 9 cm
  e) g = 2,5 m; h = 55 cm
  f) g = 125 cm; h = 95 mm

4 Übertrage das Parallelogramm. Ermittle den Flächeninhalt des Parallelogramms ABCD auf zwei verschiedenen Wegen. Wähle im ersten Fall als Grundseite die Seite a und im zweiten Fall die Seite b. Begründe, welche Rechnung das exaktere Ergebnis liefert.

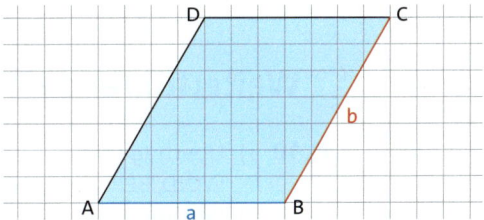

5 Alle vier Seiten eines Parallelogramms sind 5 cm lang. Seine Höhe beträgt 4 cm. Berechne den Flächeninhalt des Parallelogramms.

6 Zwei einander kreuzende Straßen sind jeweils 20 m breit. Die Entfernung der markierten Punkte A und B beträgt 25 m. Berechne den Inhalt der Fläche, die zu beiden Straßen gehört.

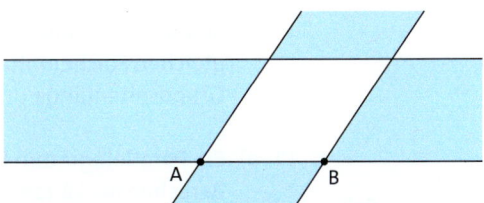

7 Die Seitenfläche des Bürogebäudes Dockland in Hamburg hat die Form eines Parallelogramms. Das Gebäude ist 25 m hoch und 130 m lang. Davon ragen 40 m wie ein Schiffsbug über das Wasser.
  a) Berechne den Flächeninhalt einer Seitenfläche des Gebäudes.
  b) Schätze, wie viele Quadratmeter Fenster auf einer Seitenfläche verbaut wurden.

6.3 Flächeninhalt eines Parallelogramms

Länge der Grundseite oder Höhe berechnen

Beispiel 2

Ein Parallelogramm hat einen Flächeninhalt von 32 cm². Eine Grundseite des Parallelogramms ist 8 cm lang. Bestimme die zugehörige Höhe.

Lösung:
Setze 8 cm für g und 32 cm² für A in die Formel A = g · h ein. $\quad$ 32 cm² = 8 cm · h
Bestimme den Wert für h mithilfe der Umkehraufgabe. $\quad$ 32 : 8 = 4
Ergänze die Einheit cm. $\quad$ h = 4 cm

Basisaufgaben

8 Bestimme die gesuchte Größe des Parallelogramms.
  a) A = 36 cm²; g = 9 cm; gesucht: h
  b) A = 26 cm²; h = 4 cm; gesucht: g

9 Berechne die fehlenden Größen im Parallelogramm.

	a)	b)	c)	d)	e)	f)
Grundseite g		9 mm		5,3 cm		625 mm
Höhe h	2,3 cm		3,2 cm		8,5 m	
Flächeninhalt A	6,9 cm²	108 mm²	22,4 cm²	424 mm²	131,75 m²	0,09 m²

Weiterführende Aufgaben

Zwischentest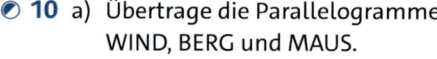

10 a) Übertrage die Parallelogramme WIND, BERG und MAUS.
  b) Bestimme jeweils die Länge einer Grundseite und die zugehörige Höhe. Berechne die Flächeninhalte der drei Parallelogramme.
  c) Zeichne zu jedem Parallelogramm ein anderes Parallelogramm mit dem gleichen Flächeninhalt, aber anderer Grundseitenlänge und Höhe.

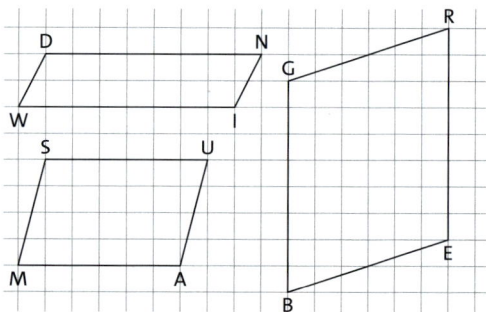

11 a) Ein Parallelogramm hat einen Flächeninhalt von 35 cm² und eine Höhe von 5 cm. Berechne die Länge der zugehörigen Grundseite.
  b) Zeichnet ein Parallelogramm mit den Eigenschaften aus a). Vergleicht eure Ergebnisse in der Klasse.
  c) Bestimme und vergleiche die Flächeninhalte der abgebildeten Parallelogramme. Beschreibe, was du feststellst.

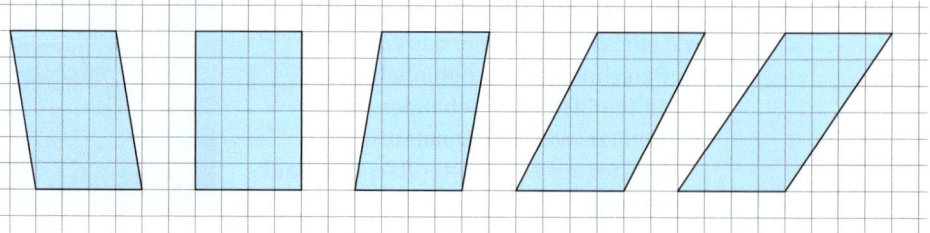

12 Stolperstelle: Kaja behauptet, dass die beiden abgebildeten Parallelogramme denselben Flächeninhalt haben. Nimm Stellung.

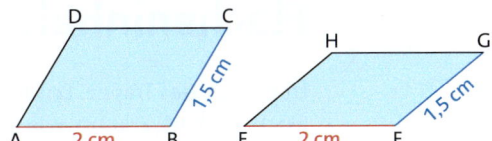

13 Zeichne das Viereck in ein Koordinatensystem und ermittle dann den Flächeninhalt. Wähle als Achseneinteilung 2 Kästchen = 1 Einheit.
a) A(0|0); B(6|0); C(7|4); D(1|4)
b) A(8|1); B(12|1); C(8|5); D(4|5)
c) A(2|3); B(5|6); C(3|10); D(0|7)
d) A(8|4); B(10|7); C(8|10); D(6|7)

14 Zeichne mit einer dynamischen Geometrie-Software ein Parallelogramm mit einer Seite der Länge 5 und der zugehörigen Höhe 3.
a) Untersuche, wie sich der Flächeninhalt des Parallelogramms ändert, wenn du die Seitenlänge, die Höhe oder beide Längen verdoppelst.
b) Begründe deine Erkenntnisse aus a) mithilfe der Formel für den Flächeninhalt.

Hilfe

15 Ein Rechteck und ein Parallelogramm haben eine Seite derselben Länge. Was weißt du über das Parallelogramm, wenn der Flächeninhalt des Rechtecks
a) doppelt so groß,
b) halb so groß
ist wie der des Parallelogramms? Erläutere.

16 a) Berechne den Flächeninhalt des Mosaikrings aus Quadraten und Parallelogrammen.
b) Ermittle die Größe der weißen Fläche im Inneren des Rings. Beschreibe dein Vorgehen.

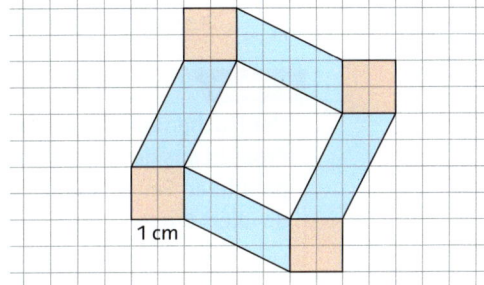

Hilfe

17 a) Vergleiche den Flächenbedarf der beiden Parkplatztypen ① (gerade) und ② (schräg).
b) Auf einem rechteckigen Grundstück sollen Parkplätze entstehen. Das Grundstück ist 40 m lang und 15,25 m breit. Der Zufahrtsweg liegt parallel zur längeren Seite. Beim Typ ① muss der Zufahrtsweg 5,50 m breit sein, beim Typ ② 4 m. Wie viele Parkplätze des Typs ① oder ② lassen sich auf dem Grundstück anlegen? Fertige jeweils ein Skizze an.

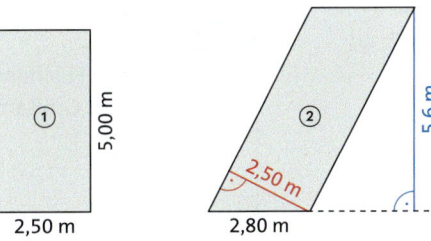

Hinweis zu 18
Skizziere das Parallelogramm und markiere Schnittlinien in der Skizze.

18 Ausblick: Lukas will zeigen, dass das blaue Parallelogramm denselben Flächeninhalt hat wie das rote Rechteck. Dazu zeichnet er das Parallelogramm auf kariertes Papier, zerschneidet es und setzt die Teile zu dem roten Rechteck zusammen.
Finde eine Möglichkeit, wie Lukas das Parallelogramm zerschneiden könnte.

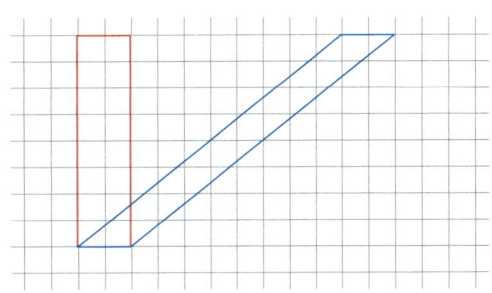

6.4 Flächeninhalt eines Trapezes

Übertrage das Trapez. Ermittle dann seinen Flächeninhalt. Erkläre, wie du dabei vorgehst.

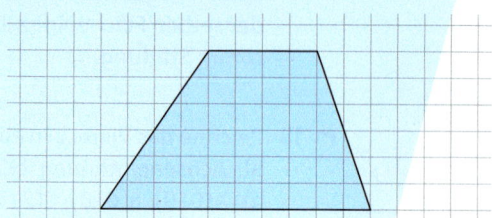

Man kann zwei gleiche Trapeze so legen, dass ein Parallelogramm entsteht.
In diesem Parallelogramm entspricht die Länge der Grundseite der Summe a + c der Längen der parallelen Trapezseiten.
Die Höhe h im Parallelogramm entspricht der Höhe im Trapez, also dem Abstand der parallelen Seiten.

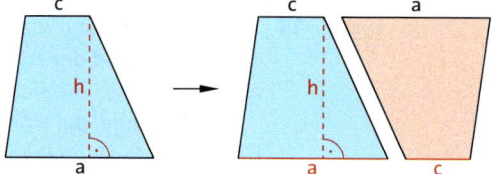

Der Flächeninhalt des Parallelogramms ist das Produkt aus der Länge der Grundseite a + c und der Höhe h: $A_{Parallelogramm} = (a + c) \cdot h$

Da das Trapez genau halb so groß wie das Parallelogramm ist, gilt für seinen Flächeninhalt:

$$A_{Trapez} = \frac{(a + c) \cdot h}{2}$$

Wissen

Der **Flächeninhalt A eines Trapezes** ist das Produkt aus der Summe der Längen der parallelen Seiten a und c und der Höhe h, dividiert durch 2:

$$A = \frac{(a + c) \cdot h}{2}$$

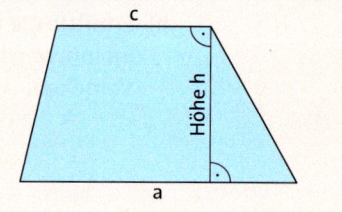

Erklärvideo

Beispiel 1

Bestimme den Flächeninhalt des Trapezes. Miss benötigte Größen mit dem Geodreieck.

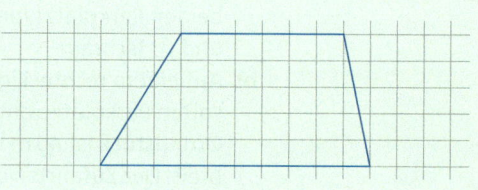

Lösung:
Miss mit dem Geodreieck die Längen der parallelen Seiten und die Höhe des Trapezes.

a = 5 cm und c = 3 cm sind die parallelen Seiten.

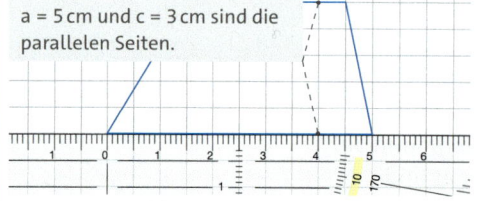

Höhe h = 2,5 cm

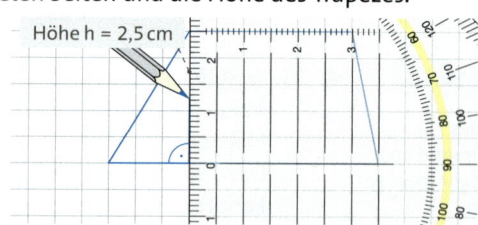

Berechne den Flächeninhalt mit der Formel $A = \frac{(a + c) \cdot h}{2}$.

$A = \frac{(5\,cm + 3\,cm) \cdot 2{,}5\,cm}{2} = \frac{8\,cm \cdot 2{,}5\,cm}{2} = \frac{20\,cm^2}{2} = 10\,cm^2$

6 Berechnungen an Figuren

Basisaufgaben

Lösungen zu 1

16 cm²
12 cm²
16,8 cm²
14 cm²

1 Berechne den Flächeninhalt des Trapezes (Angaben in cm).

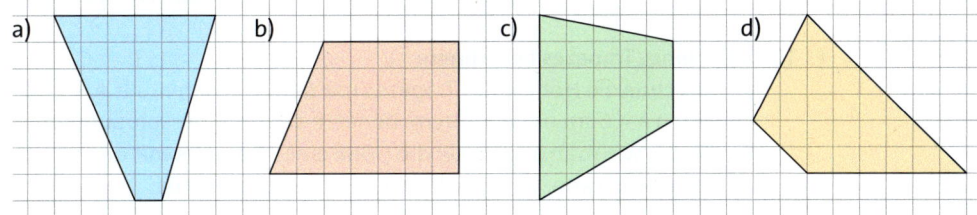

2 Übertrage das Trapez. Miss die Längen der parallelen Seiten und die Höhe mit dem Geodreieck. Berechne dann den Flächeninhalt.

3 Berechne den Flächeninhalt des Trapezes aus den gegebenen parallelen Seiten a und c sowie der Höhe h.
  a) a = 1 m; c = 3 m; h = 2 m
  b) a = 5 cm; c = 7 cm; h = 2,5 cm
  c) a = 3 km; c = 2 km; h = 1,2 km
  d) a = 20,4 cm; c = 5,8 cm; h = 10 cm
  e) a = 700 m; c = 1,7 km; h = 400 m
  f) a = 2,2 m; c = 4,6 m; h = 80 cm

4 Ordne die vier Trapeze der Größe nach, ohne den Flächeninhalt zu berechnen.

① a = 6 cm; c = 4 cm; h = 2 cm
② a = 2 cm; c = 8 cm; h = 5 cm
③ a = 6 cm; c = 4 cm; h = 3 cm
④ a = 2 cm; c = 8 cm; h = 10 cm

Weiterführende Aufgaben

Zwischentest

5 Zeichne das Trapez in ein Koordinatensystem und ermittle dann den Flächeninhalt. Wähle als Achseneinteilung 2 Kästchen = 1 Einheit.
  a) A(2|0); B(4|0); C(5|3); D(1|3)
  b) A(0|4); B(3|4); C(1|8); D(0|8)
  c) A(6|0); B(10|4); C(8|5); D(6|3)
  d) A(4|4); B(7|6); C(9|10); D(3|6)

6 Ermittle den Flächeninhalt des Vierecks. Entnimm die erforderlichen Maße der Zeichnung.

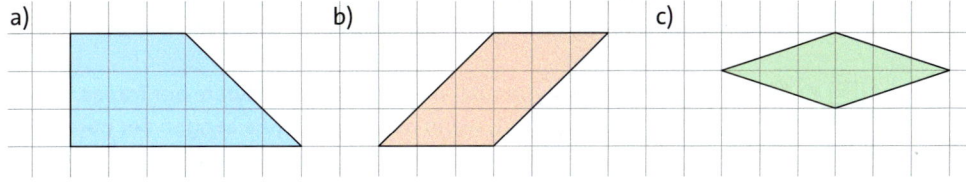

7 a) Zeichne ein 6 cm langes und 4 cm breites Rechteck. Zeichne dann ein flächengleiches Parallelogramm, das kein Rechteck ist.
  b) Zeichne ein Parallelogramm und ein Trapez, das kein Parallelogramm ist, mit einem Flächeninhalt von jeweils 16 cm².

6.4 Flächeninhalt eines Trapezes

8 Große Besprechungsräume werden häufig mit trapezförmigen Tischen ausgestattet.
a) Berechne die Größe der abgebildeten Tischfläche in m².
b) Skizziere verschiedene Möglichkeiten, wie man die Tische aufstellen kann. Erkläre, warum sie diese Maße haben.

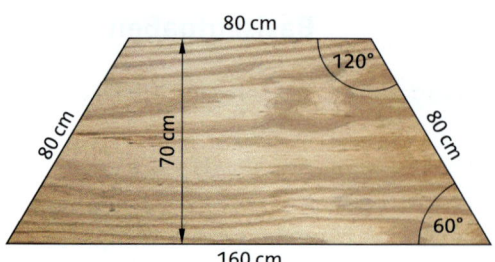

9 Stolperstelle: Süleyman hat den Flächeninhalt eines Trapezes mit den parallelen Seiten a = 6 cm und c = 4 cm sowie der Höhe h = 3 cm berechnet. Korrigiere seine Rechnung.
$$A = 6\,cm + 4\,cm = 10\,cm \cdot 3\,cm = 30\,cm^2 : 2 = 15\,cm^2$$

10 Höhe eines Trapezes berechnen:
a) Berechne die Höhe eines Trapezes mit dem Flächeninhalt A = 24 cm² und den parallelen Seiten a = 6 cm und c = 10 cm. Benutze dazu die Umkehraufgabe.
b) Gib an, wie man allgemein die Höhe eines Trapezes mit den parallelen Seiten a und c berechnen kann, wenn der Flächeninhalt gegeben ist.

11 a) Ein Trapez hat einen Flächeninhalt von 12 cm². Die zueinander parallelen Seiten sind 4 cm und 2 cm lang. Bestimme den Abstand der parallelen Seiten.
b) Zeichne ein Trapez mit den Maßen aus a). Vergleicht die Ergebnisse in der Klasse.
c) Vergleiche die Flächeninhalte der abgebildeten Trapeze.

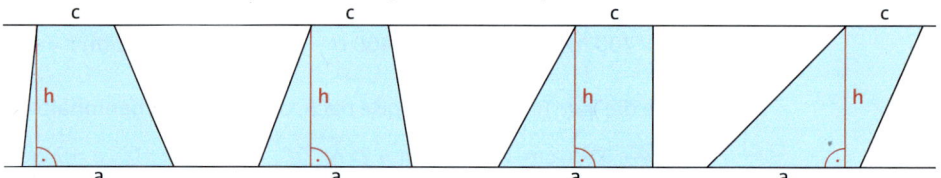

12 Das Bild zeigt den Querschnitt eines Deichs an der Nordseeküste im Jahr 1610 und heute.
NN = Normalnull

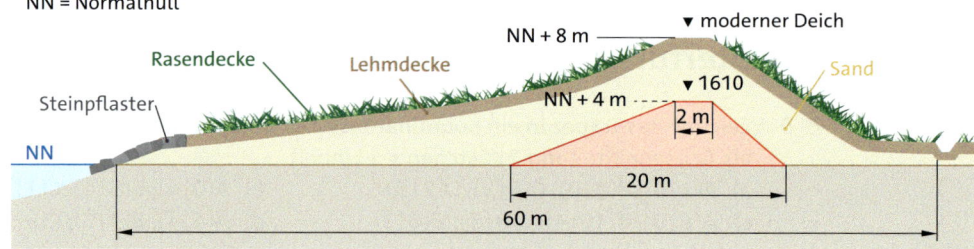

a) Berechne die Größe des Deichquerschnitts im Jahr 1610.
b) Berechne näherungsweise die Größe des Deichquerschnitts heute.
c) Vergleiche die Deichquerschnitte von 1610 und von heute.

13 Zeichne mit einer dynamischen Geometrie-Software ein Trapez. Beobachte, wie sich der Flächeninhalt verändert, wenn du die Höhe (die Längen der parallelen Seiten) veränderst.

14 Ausblick: Der Quader besteht aus drei Bausteinen.
a) Finde eine Möglichkeit, die Steine so umzulegen, dass der Querschnitt des entstandenen Körpers die Form eines Trapezes hat, das kein Parallelogramm ist. Zeichne das Trapez.
b) Ermittle den Flächeninhalt des Trapezes aus a).

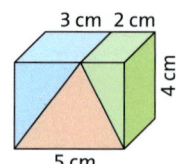

6.5 Umfang eines Kreises

Miss die Durchmesser der Kreise in cm. Dividiere dann den gegebenen Umfang u jedes Kreises durch seinen Durchmesser. Runde das Ergebnis auf zwei Nachkommastellen. Beschreibe, was dir dabei auffällt.

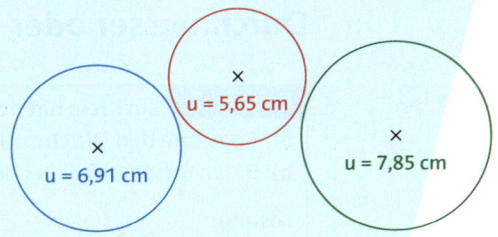

Dividiert man den Umfang u eines Kreises durch seinen Durchmesser d, so erhält man immer ungefähr denselben Wert. Diese Zahl nennt man π (gesprochen: pi).

$$\frac{u}{d} = \pi$$

π ist eine Zahl mit unendlich vielen Nachkommastellen. Im Folgenden wird daher die Näherung $\pi \approx 3{,}14$ verwendet.

$\pi \approx 3{,}1415926535897932\ldots$

Hinweis

Weitere Informationen zur sogenannten **Kreiszahl π** findest du im Streifzug auf Seite 199.

> **Wissen**
>
> Der **Umfang u eines Kreises** ist das Produkt aus der Zahl π und dem Durchmesser d (oder dem doppelten Radius):
>
> $u = \pi \cdot d$ oder $u = 2 \cdot \pi \cdot r$

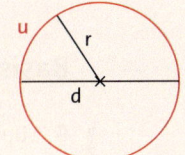

Umfang berechnen

Erklärvideo

Beispiel 1 Berechne den Umfang des Kreises
a) mit dem Durchmesser d = 22 cm,   b) mit dem Radius r = 38 cm.

Lösung:

a) Setze d = 22 cm in die Formel $u = \pi \cdot d$ ein. Verwende für π den Näherungswert 3,14 und berechne das Produkt.

$u = \pi \cdot 22\,\text{cm}$
$u \approx 3{,}14 \cdot 22\,\text{cm}$
$u \approx 69{,}08\,\text{cm}$

b) Setze r = 38 cm in die Formel $u = \pi \cdot 2 \cdot r$ ein. Verwende für π den Näherungswert 3,14 und berechne das Produkt.

$u = 2 \cdot \pi \cdot 38\,\text{cm}$
$u \approx 2 \cdot 3{,}14 \cdot 38\,\text{cm}$
$u \approx 238{,}64\,\text{cm}$

Hinweis

Mit einem Taschenrechner kannst du einen genaueren Wert für den Umfang berechnen. Die Taste π gibt einen Näherungswert für π aus.

Basisaufgaben

Lösungen zu 1 und 2

Hier findest du die Maßzahlen der Umfänge.

546,36   50,24
       94,2
  23,55   4,71
       75,36
  78,5   20,41

1 Berechne den Umfang des Kreises mit dem Durchmesser d oder dem Radius r.
a) d = 25 mm   b) r = 8 cm   c) r = 0,75 km   d) d = 174 m

2 Überschlage den Umfang des Kreises im Kopf. Verwende dabei für π den Näherungswert 3. Rechne dann schriftlich mit dem Näherungswert $\pi \approx 3{,}14$.
a) d = 30 cm   b) r = 12 mm   c) d = 7,5 m   d) r = 3,25 km

3 Berechne.
a) Länge der Tischkante eines kreisrunden Tischs mit dem Radius r = 70 cm
b) Länge des Rands einer Pizza mit dem Radius r = 9 cm
c) Länge eines Hula-Hoop-Reifens mit dem Durchmesser d = 60 cm
d) Länge des Rands einer Frisbeescheibe mit dem Durchmesser d = 21 cm

Durchmesser oder Radius berechnen

Erklärvideo

Beispiel 2 Ein Kreis hat den Umfang u = 730 mm.
a) Berechne den Durchmesser d des Kreises.
b) Berechne den Radius r des Kreises.

Lösung:
a) Setze u = 730 mm in der Formel u = π · d   730 mm = π · d
   ein. Bestimme den Wert für d mithilfe   d = 730 : π
   der Umkehraufgabe. Runde das Ergebnis   d ≈ 730 : 3,14
   auf zwei Nachkommastellen und   d ≈ 232,48 mm
   ergänze die Einheit mm.

b) Der Durchmesser d ist das Doppelte des   d = 2 · r
   Radius r. Berechne r, indem du den Wert   r = d : 2
   für d aus a) durch 2 dividierst.   r ≈ 232,48 cm : 2 = 116,24 mm

Basisaufgaben

4 Berechne den Durchmesser d und den Radius r des Kreises mit dem Umfang u.
  a) u = 314 cm   b) u = 62,8 m   c) u = 9,42 km   d) u = 7850 mm

5 Auf den Kärtchen sind die Radien r, Durchmesser d und Umfänge u von fünf Kreisen angegeben. Ordne die Werte einander passend zu.

| r = 7 cm | r = 6,5 cm | r = 2,5 cm | d = 8 cm | d = 3,5 cm | d = 14 cm |

| r = 1,75 cm | r = 4 cm | | d = 5 cm | d = 13 cm |

| u ≈ 10,99 cm | u ≈ 25,12 cm | u ≈ 40,82 cm | u ≈ 43,96 cm | u ≈ 15,7 cm |

Weiterführende Aufgaben

Zwischentest

6 Der Abstoßkreis beim Kugelstoßen hat einen Durchmesser von 2,135 m. Er wird ringsum von einem Blechstreifen begrenzt. Berechne die Länge des Blechstreifens.

7 Stolperstelle: Korrigiere die Aussage und erkläre den Fehler.
  a) Verena erklärt: *Von hier bis zum Erdmittelpunkt sind es 6371 km. Also müsste ich 2 · 6371 km = 12 742 km laufen, um einmal die Erde zu umrunden.*
  b) Tim sagt: *Wenn ich einen Schlüsselbund an einer 60 cm langen Schnur kreisen lasse, dann legt der Schlüsselbund pro Umdrehung knapp zwei Meter zurück.*

Hilfe

8 Schätze den Umfang des Gegenstands. Berechne ihn dann.
  a) 2 Euro-Münze   b) Verkehrsschild   c) Autoreifen   d) CD
     d = 25,75 mm   d = 420 mm   d = 0,64 m   d = 12 cm

9 Arbeitet zu zweit. Ihr benötigt ein Lineal, einen Faden und einen Gegenstand mit einem kreisrunden Boden (zum Beispiel einen Klebestift oder eine Flasche). Überlegt, wie ihr mithilfe des Fadens den Umfang des runden Bodens ermitteln könnt. Bestimmt den Umfang. Messt den Durchmesser des Bodens und überprüft euer Ergebnis rechnerisch.

10 Beim Voltigieren verwendet der Trainer eine 8 m lange Longierleine, um das Pferd im Kreis zu führen.
a) Berechne, wie lang eine Laufbahn des Pferdes ist.
b) Bestimme die Länge der Strecke, die das Pferd nach 25 Runden zurückgelegt hat.

11 a) Von jedem Kreis wurde eine der Größen gemessen. Berechne die fehlenden Größen.

	Durchmesser d	Radius r	Umfang u
1. Kreis	8 cm		
2. Kreis		8 cm	
3. Kreis			12,56 cm

b) Welche Regelmäßigkeiten kannst du feststellen? Vervollständige die Aussagen:
„Verdoppelt man den Durchmesser eines Kreises, so ... "
„Halbiert man den Durchmesser eines Kreises, so ... "
c) Greta meint: *„Wenn ich den Durchmesser eines Kreises verdreifache, dann verdreifacht sich auch sein Umfang."* Überprüfe ihre Aussage an einem Beispiel.

Hilfe

12 Der blaue Kreis hat einen Durchmesser von 24 cm. Die rote Linie besteht aus Halbkreisbögen. Berechne ihre Länge.
a) 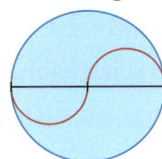   b)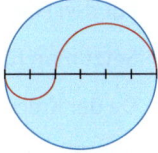

Hinweis zu 13

Gehe bei dieser Aufgabe davon aus, dass die Erde eine Kugel ist. In Wirklichkeit ist sie aber an den Polen abgeflacht und ähnelt eher einem Ellipsoiden:

13 Der Äquator ist der längste Breitenkreis der Erde. Er unterteilt die Erde in eine Nord- und eine Südhalbkugel.
a) Die Länge des Äquators beträgt ungefähr 40 000 km. Berechne damit den Radius der Erde.
b) Berechne, wie weit der Nordpol vom Südpol entfernt ist, wenn man die kürzeste Strecke auf der Oberfläche der Erde zurücklegt. Berechne, wie groß der Abstand der beiden Pole durch das Erdinnere ist.
c) Recherchiere den Erdradius und den Erdumfang im Internet. Vergleiche mit deinen Ergebnissen und erkläre mögliche Abweichungen.

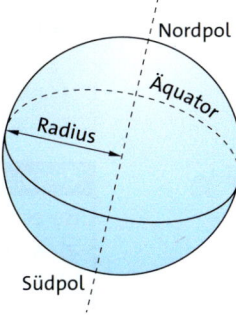

14 Ausblick: Eine analoge Uhr hat einen 15 cm langen Minutenzeiger.
a) Berechne die Länge der Strecke, die die Spitze des Minutenzeigers in einer Stunde, also bei einer vollen Umdrehung zurücklegt.
b) Bestimme den Anteil der gegebenen Zeitspanne an der vollen Stunde. Berechne dann die Länge der Strecke, die der Minutenzeiger in dieser Zeitspanne zurücklegt.

① 30 min   ② 15 min   ③ 20 min   ④ 50 min   ⑤ 55 min

c) Um 09:10 Uhr legt der Minutenzeiger eine Strecke von 70,65 cm zurück. Ermittle, wie spät es ist. Bestimme die Uhrzeit, wenn er danach noch 9,42 cm zurücklegt.

6.5 Umfang eines Kreises

6.6 Flächeninhalt eines Kreises

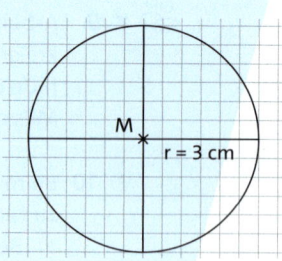

Zeichne mit einem Zirkel drei Kreise mit den Radien r = 3 cm, r = 2 cm und r = 5 cm auf Karopapier.
a) Bestimme durch Abzählen der Kästchen näherungsweise die Flächeninhalte der Kreise.
b) Dividiere den Flächeninhalt jedes Kreises durch das Quadrat seines Radius. Beschreibe, was dir dabei auffällt.

Mit der Formel für den Kreisumfang u = 2 · π · r kann man eine Formel für den Flächeninhalt eines Kreises herleiten.

Dazu teilt man einen Kreis in gleich große Tortenstücke. Eines der Tortenstücke wird zusätzlich halbiert. Dann setzt man die Tortenstücke neu zusammen, sodass näherungsweise ein Rechteck entsteht. Die eine Seite des Rechtecks entspricht dem Kreisradius r, die andere Seite ungefähr dem halben Kreisumfang u.

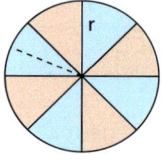 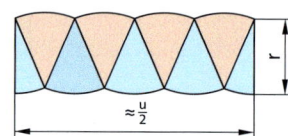

Je schmaler die Tortenstücke werden, desto genauer wird die Annäherung an ein Rechteck.

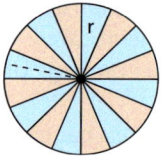 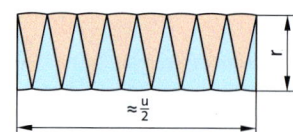

Für den Flächeninhalt des Rechtecks gilt: $A_{Rechteck} = \frac{u}{2} \cdot r$

Setzt man für den Umfang u = 2 · π · r ein und kürzt, folgt: $A_{Rechteck} = \frac{2 \cdot \pi \cdot r}{2} \cdot r = \pi \cdot r^2$

Da der Kreis und das Rechteck den gleichen Flächeninhalt haben, gilt: $A_{Kreis} = \pi \cdot r^2$

> **Wissen**
>
> Der **Flächeninhalt A eines Kreises** ist das Produkt aus der Zahl π und dem Quadrat des Radius r:
>
> $$A = \pi \cdot r^2$$
>
>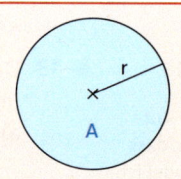

Erklärvideo

> **Beispiel 1**
>
> Berechne den Flächeninhalt des Kreises.
> a) Kreis mit dem Radius r = 4 cm
> b) Kreis mit dem Durchmesser d = 6 cm.
>
> **Lösung:**
> a) Setze r = 4 cm in die Formel $A = \pi \cdot r^2$ ein. Verwende für π den Näherungswert 3,14 und berechne das Produkt.
>
> $A = \pi \cdot (4\,cm)^2$
> $A \approx 3,14 \cdot 16\,cm^2$
> $A \approx 50,24\,cm^2$
>
> b) Berechne zunächst den Radius, indem du den Durchmesser durch 2 dividierst. Setze dann r = 3 cm in die Formel $A = \pi \cdot r^2$ ein. Verwende für π den Näherungswert 3,14 und berechne das Produkt.
>
> r = 6 cm : 2 = 3 cm
>
> $A = \pi \cdot (3\,cm)^2$
> $A \approx 3,14 \cdot 9\,cm^2$
> $A \approx 28,26\,cm^2$

Hinweis

Mit einem Taschenrechner erhälst du einen genaueren Wert für den Flächeninhalt, wenn du für π die Taste verwendest.

Basisaufgaben

Lösungen zu 1 und 2

Hier findest du die Maßzahlen der Flächeninhalte.

7,065	314
12,56	2826
113,04	78,5
3,14	19,625

1 Berechne den Flächeninhalt des Kreises mit dem Radius r oder dem Durchmesser d.
  a) r = 10 cm   b) r = 5 dm   c) d = 60 mm   d) d = 12 m

2 Bestimme den Flächeninhalt des Kreises näherungsweise durch Abzählen der Kästchen. Berechne dann den Flächeninhalt des Kreises und vergleiche die beiden Werte.

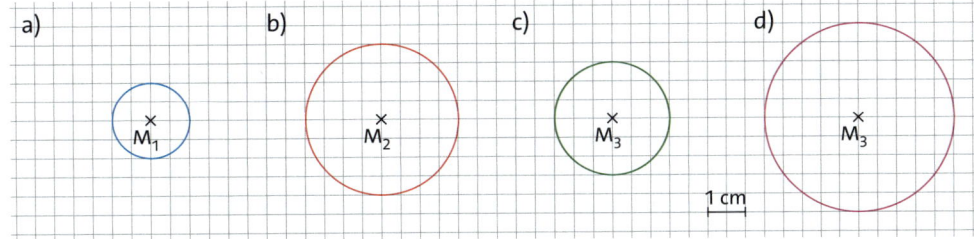

3 Berechne den Inhalt der Kreisfläche.
  a) Abstellfläche eines runden Tabletts mit dem Radius 25 cm.
  b) Oberfläche eines runden Bierdeckels mit 12 cm Durchmesser.
  c) Runder Sticker mit dem Wappen des FC Bayern München mit dem Durchmesser 5 cm.

4 Ein Mobilfunksender hat eine Reichweite von 7 km. Berechne, wie groß das Gebiet ist, in dem der Sender empfangen werden kann.

Weiterführende Aufgaben

Zwischentest

Erinnere dich

$1\,m^2 = 100\,dm^2$
$1\,dm^2 = 100\,cm^2$

5 Ein kreisförmiges Beet hat einen Durchmesser von 4 m.
  a) Berechne die Größe der Beetfläche.
  b) Eine Rose benötigt eine Fläche von 1000 cm². Bestimme, wie viele Rosen in das Beet eingepflanzt werden können.

6 a) Berechne den Flächeninhalt der Kreise mit den Radien 1 cm, 2 cm und 4 cm.
  b) Clemens meint: „Wenn ich den Radius verdopple, dann vervierfacht sich der Flächeninhalt des Kreises." Kann das stimmen? Überprüfe die Aussage mit deinen Ergebnissen aus a). Gib an, wie sich der Flächeninhalt eines Kreises verändert, wenn man seinen Radius halbiert.
  c) Untersuche, wie sich der Flächeninhalt verändert, wenn man den Radius des Kreises verdreifacht. Bestimme dazu den Flächeninhalt des Kreises mit dem Radius 3 cm.

 **7 Stolperstelle:** Entscheide, ob Tina und Jakob recht haben. Begründe.
  Tina sagt: „Bei doppelt so großem Flächeninhalt hat ein Kreis auch einen doppelt so großen Durchmesser."
  Jakob meint: „Ein Kreis mit einem Radius von 5 m hat grob geschätzt einen Flächeninhalt von 10 mal 3 Quadratmetern, also ungefähr 30 m²."

8 Flächeninhalt aus dem Umfang bestimmen: Berechne den Flächeninhalt des Kreises mit dem angegebenen Umfang u. Bestimme dazu zunächst den Radius des Kreises.
  Beispiel: u = 37,68 m, also 37,68 m ≈ 2 · 3,14 · r = 6,28 · r
  Umkehraufgabe: r ≈ 37,68 m : 6,28 = 6 m   A ≈ 3,14 · (6 m)² = 3,14 · 36 m² = 113,04 m²
  a) u = 31,4 cm   b) u = 628 mm   c) u = 188,4 m   d) u = 25,12 km

9 Berechne den Flächeninhalt der gefärbten Figur.

a) b) c)

1 cm

10 Der Rand einer kreisrunden Tischdecke hat eine Länge von 3,14 m.
  a) Bestimme, welchen Durchmesser ein runder Tisch hat, auf dem die Tischdecke überall 10 cm über die Tischkante hängt.
  b) Der Quadratmeterpreis für den verwendeten Stoff beträgt 28 €. Berechne, wie viel der Stoff für die Herstellung der Tischdecke gekostet hat.

11 Die Pizzeria Gianni bietet Pizzen in drei Größen an.
  a) Prüfe, bei welcher Größe man die meiste Pizza pro Euro bekommt.
  b) Hannah mag den Rand von Pizzen nicht. Bei allen Pizzagrößen ist der Rand 2 cm breit. Prüfe, bei welcher Größe Hannah pro Euro am meisten Pizza ohne Rand bekommt.

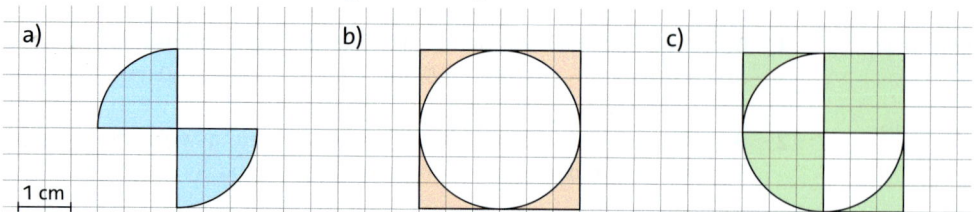

12 Bei einem Spiel muss man versuchen, aus fünf Metern Entfernung kleine, mit Sand gefüllte Säckchen auf ein kreisrundes Zielfeld zu werfen, das auf dem Boden liegt. Trifft man in den grünen Kreis in der Mitte, so erhält man fünf Punkte. Beim roten Ring bekommt man drei Punkte, beim blauen Ring einen Punkt. Das Zielfeld hat einen Durchmesser von 60 cm. Die beiden Ringe sind jeweils 10 cm breit.
  a) Berechne den Flächeninhalt des grünen Kreises sowie der beiden Ringe.
  b) Hältst du die Punkteverteilung für sinnvoll? Begründe deine Entscheidung.

13 Ausblick: Eine runde Torte mit dem Durchmesser 20 cm ist obendrauf mit einer dünnen Marzipandecke verziert. Die Torte wird in gleich große Tortenstücke aufgeteilt. Der Winkel an der Spitze eines Tortenstücks wird als **Öffnungswinkel** bezeichnet.
  a) Die Torte soll unter den Kindern gleich aufgeteilt werden. Gib an, wie groß der Öffnungswinkel jedes Tortenstücks dafür sein muss. Bestimme den Flächeninhalt der Marzipandecke, die jedes Kind bekommt.
     ① 8 Kinder ② 10 Kinder ③ 12 Kinder
  b) Leo und Albert bekommen beide ein Tortenstück. Leos Stück hat einen Öffnungswinkel von 58°, Alberts Stück entspricht einem Sechstel der ganzen Torte. Bestimme, wer das größere Tortenstück hat, ohne die Fläche zu berechnen.
  c) Leo sagt: „Ich kann den Flächeninhalt der Decke eines Tortenstücks berechnen, indem ich seinen Öffnungswinkel durch 360° teile und mit dem Flächeninhalt der ganzen Tortendecke multipliziere." Stimmt das? Nimm dazu Stellung.

Streifzug — Berechnungen an Figuren 6

Die Kreiszahl π

Die Zahl π taucht als Verhältnis von Durchmesser und Umfang eines Kreises bereits indirekt in der Bibel auf. Im Alten Testament wird im ersten Buch der Könige vom Bau des Jerusalemer Tempels unter König Salomo berichtet.
Ermittle, welcher Wert für π sich aus diesem Zitat ergeben würde.

> Der Kupferschmied Hiram stellte ein rundes Wasserbecken her. Es wurde „Meer" genannt. Dazu heißt es (1. Kön. 7, 23): „Und er machte das Meer, gegossen von einem Rand zum anderen zehn Ellen weit und fünf Ellen hoch, und eine Schnur von dreißig Ellen war das Maß ringsherum."

Archimedes-Statue in Rom

Die Kreiszahl π taucht bereits in babylonischen und ägyptischen Quellen aus der Zeit vor 1600 v. Chr. auf. Als Entdecker der ersten schriftlichen Herleitung von π gilt der griechische Mathematiker Archimedes von Syrakus. Im Jahr 250 v. Chr. bestimmte er die Zahl π mit einem geometrischen Näherungsverfahren auf 2 Nachkommastellen genau.

Im 15. Jahrhundert gab der persische Mathematiker Al-Kaschi 16 Nachkommastellen von π an, der Niederländer Ludolph van Ceulen berechnete im 16. Jahrhundert 32 Nachkommastellen. 1761 zeigte Johann Heinrich Lambert, dass π unendlich viele Nachkommastellen hat, die keinem Muster folgen.

Im Laufe der Jahrhunderte haben Mathematiker unterschiedliche Formeln entwickelt, mit deren Hilfe man Näherungswerte von π berechnen kann. Heutzutage werden leistungsstarke Rechenmaschinen verwendet, um die nächstgrößere Nachkommastelle von π zu finden.

Wissen

Die **Kreiszahl π** ist das Verhältnis vom Umfang u zum Durchmesser d eines Kreises:

$$\pi = \frac{u}{d}$$

π = 3,14159265358979323846264338327950288419716939937510582097494459230…
π hat unendlich viele Nachkommastellen und lässt sich nicht als Bruch darstellen.

Aufgaben

1. Zeichne mit einem Zirkel auf Karopapier einen Kreis mit einem Durchmesser von 10 cm.
   a) Ermittle näherungsweise den Umfang des Kreises. Probiere verschiedene Methoden aus, um ihn so genau wie möglich zu bestimmen. Eine mögliche Methode ist rechts dargestellt.
   b) Berechne aus dem Umfang einen Näherungswert für π. Beurteile, wie gut deine Näherung für π ist.

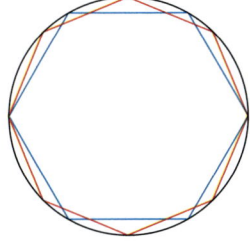

2. Auch wenn π selbst nicht als Bruch dargestellt werden kann, gibt es Brüche, die π bis auf eine bestimmte Nachkommastelle gut annähern. Zeige durch Umwandlung in eine Dezimalzahl, dass der Bruch eine Näherung für π bis zur genannten Nachkommastelle ist.
   a) Bis zur 2. Nachkommastelle: $\frac{22}{7}$
   b) Bis zur 4. Nachkommastelle: $\frac{333}{106}$

3. **Forschungsauftrag:**
   a) Recherchiere, wie viele Nachkommastellen von π bisher bekannt sind.
   b) Recherchiere, wann der sogenannte „Pi-Tag" ist und wie Fans der Zahl π diesen Tag traditionell begehen. Recherchiere auch das Datum vom „Pi-Annäherungstag".

6.7 Flächeninhalt zusammengesetzter Figuren

Nele will das abgebildete Buntglasfenster aus bunter Pappe nachbauen. Die kleinen gleichseitigen Dreiecke sollen dabei 5 cm hoch und 5,77 cm breit sein.
Ermittle, wie viel blaue und wie viel rote Pappe Nele verbauen muss. Bestimme die Menge der insgesamt verbauten Pappe.

In den Begründungen der Formeln für den Flächeninhalt von Dreieck, Parallelogramm, Trapez und Kreis wurden die Strategien Zerlegen, Ergänzen und Umsortieren angewendet. Dieselben Strategien kann man auch für die Berechnung von Flächeninhalten anderer Figuren nutzen.

> **Beispiel 1**
>
> Berechne den Flächeninhalt der Figur
> a) durch Zerlegen,
> b) durch Ergänzen.
>
>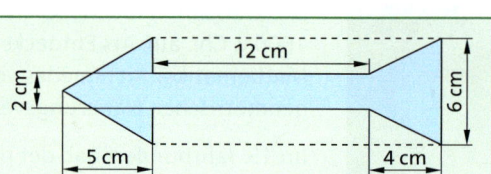
>
> **Lösung:**
> a) Zerlege die Figur in ein Dreieck, Rechteck und Trapez. Berechne die einzelnen Flächeninhalte und addiere diese.
>
>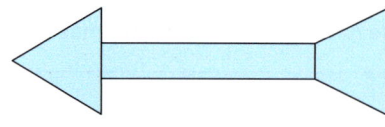
>
> $A_{Dreieck} = \frac{6\,cm \cdot 5\,cm}{2} = 15\,cm^2$
>
> $A_{Rechteck} = 2\,cm \cdot 12\,cm = 24\,cm^2$
>
> $A_{Trapez} = \frac{(2\,cm + 6\,cm) \cdot 4\,cm}{2} = 16\,cm^2$
>
> $A = A_{Dreieck} + A_{Rechteck} + A_{Trapez} = 55\,cm^2$
>
> b) Ergänze die Figur zu einem Rechteck. Subtrahiere von dessen Flächeninhalt die Inhalte der roten Flächen.
>
>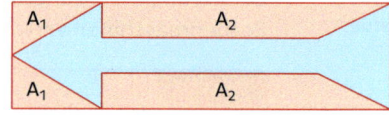
>
> $A_{Rechteck} = 6\,cm \cdot 21\,cm = 126\,cm^2$
>
> $A_1 = \frac{5\,cm \cdot 3\,cm}{2} = 15\,cm^2$
>
> $A_2 = \frac{(16\,cm + 12\,cm) \cdot 2\,cm}{2} = 28\,cm^2$
>
> $A = A_{Rechteck} - 2 \cdot A_1 - 2 \cdot A_2 = 55\,cm^2$

Basisaufgaben

1 Berechne den Flächeninhalt der Figur.

a)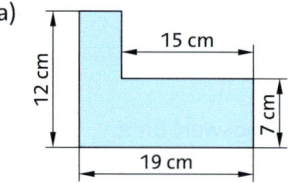
b)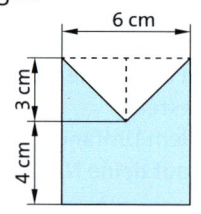
c)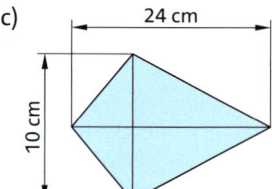

2 Die Abbildung zeigt den Grundriss einer 2-Zimmer-Wohnung. Alle Längenangaben sind in Metern, einige sind gerundet.
  a) Ermittle die Größe der gesamten Wohnung inklusive der Balkonfläche.
  b) Berechne die Flächeninhalte der einzelnen Zimmer.

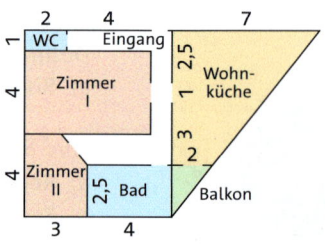

Weiterführende Aufgaben

Zwischentest

3 Berechne den Flächeninhalt der Figur.

a) b) c)

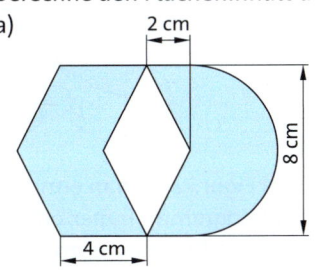
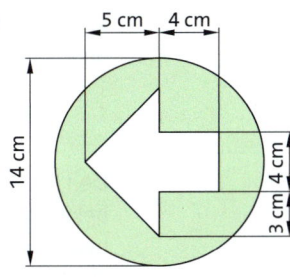

⚠ **4 Stolperstelle:** Ilkan bestimmt den Flächeninhalt der abgebildeten Figur.
Der Kreis hat den Flächeninhalt $3{,}14 \cdot 1\,cm^2 = 3{,}14\,cm^2$,
das Rechteck den Flächeninhalt $1\,cm \cdot 2{,}5\,cm = 2{,}5\,cm^2$.
Der Flächeninhalt der Figur beträgt also $5{,}64\,cm^2$.
Nimm Stellung zu seiner Rechnung.

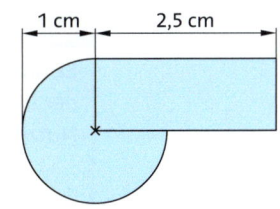

Hilfe

5 a) Berechne den Flächeninhalt der abgebildeten Figur. Ein Kästchen entspricht dabei $1\,cm^2$.
b) Vergleicht eure Vorgehensweisen in der Klasse. Welche unterschiedlichen Zerlegungen habt ihr gefunden?

6 Thomas hat für seine Mutter zum Muttertag aus Pappe ein Herz ausgeschnitten. Das Herz besteht aus zwei gleich großen Halbkreisen und einem gleichschenkligen Dreieck. Insgesamt ist es 7 cm hoch und an der breitesten Stelle 8 cm breit. Zeichne das Herz und bestimme seinen Flächeninhalt.

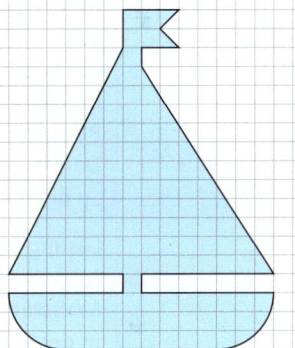

Hilfe

7 Das abgebildete Logo soll im Maßstab 1 : 10 an die Außenfassade einer Schule gemalt werden.
a) Bestimme den Flächeninhalt der blauen Flächen im Inneren des Kreises an der Fassade.
b) Berechne den Flächeninhalt des weißen und des blauen Kreisrings an der Fassade.
c) Der Hausmeister hat noch weiße und blaue Fassadenfarbe für jeweils einen Quadratmeter übrig. Bestimme, ob die Farben für das Logo ausreichen.

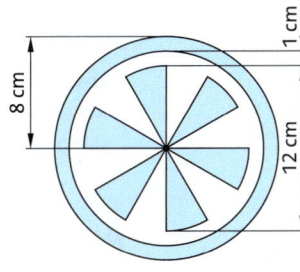

Hinweis zu 8

Ein Vieleck heißt **regelmäßig**, wenn alle Seiten gleich lang und alle Innenwinkel gleich groß sind.

8 Ausblick: Ein regelmäßiges Fünfeck kann in fünf gleiche gleichschenklige Dreiecke zerlegt werden.
a) Gib die Größe des Innenwinkels α der Dreiecke an, der von den beiden Schenkeln eingeschlossen wird.
b) Zeichne mit einem Zirkel einen Kreis mit dem Radius 10 cm. Konstruiere darin wie in der Abbildung dargestellt ein regelmäßiges Fünfeck.
c) Berechne den Flächeninhalt des Fünfecks. Miss dazu die Länge von genau einer Strecke in deiner Zeichnung.

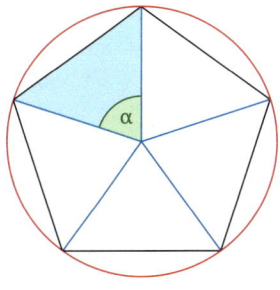

6 Streifzug

Flächeninhalt krummlinig begrenzter Figuren

Der Flächeninhalt der abgebildeten Figur soll näherungsweise bestimmt werden. Beschreibe, wie du dabei vorgehen würdest.

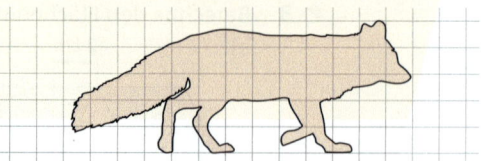

Den Flächeninhalt einer krummlinig begrenzten Figur kann man ermitteln, indem man sie mit bekannten Figuren (wie Dreieck, Rechteck, Parallelogramm, Trapez oder Kreis) annähert. Die bekannten Teilfiguren sind das **Modell** für die krummlinig begrenzte Figur. Die Summe ihrer Flächeninhalte ergibt einen **Näherungswert** für den realen Flächeninhalt.

> **Beispiel 1**
>
> Ermittle näherungsweise den Flächeninhalt der Insel Kreta.
> Nutze den Maßstab.
>
>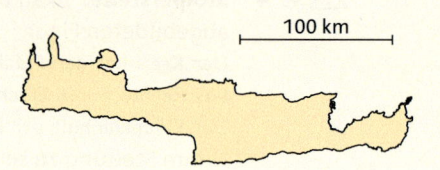
>
> **Lösung:**
> **Modell bilden:**
> Wähle die Figuren so, dass das „Begradigen" der Küste den realen Flächeninhalt möglichst wenig verfälscht. Zerlege zum Beispiel in zwei Rechtecke und zwei Trapeze. Damit wird auch der Rechenaufwand nicht zu hoch.
>
>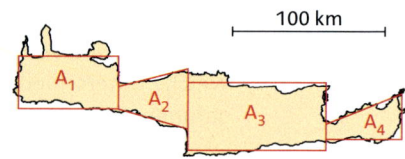
>
> **Lösung im Modell bestimmen:**
> Miss die Längen im Bild und gib sie im Maßstab an: 1 mm im Bild entspricht 5 km in der Wirklichkeit. Berechne damit den Flächeninhalt der Rechtecke und Trapeze (Flächeninhalt des Modells).
>
> $A_1 = 65\,\text{km} \cdot 35\,\text{km} = 2275\,\text{km}^2$
> $A_2 = \frac{40\,\text{km} + 15\,\text{km}}{2} \cdot 45\,\text{km} \approx 1238\,\text{km}^2$
> $A_3 = 90\,\text{km} \cdot 45\,\text{km} = 4050\,\text{km}^2$
> $A_4 = \frac{30\,\text{km} + 10\,\text{km}}{2} \cdot 50\,\text{km} = 1000\,\text{km}^2$
> $A_{\text{Gesamt}} \approx 8563\,\text{km}^2$
>
> **Lösung überprüfen:**
> Kreta ist 8260 km² groß. Die ermittelte Lösung 8563 km² weicht um rund 300 km² vom genauen Wert ab (also um weniger als 4 %). Dies ist als Näherungslösung gut.

Aufgaben

1. Die Karte zeigt den Umriss von Österreich.
   a) Ermittle den Flächeninhalt Österreichs mithilfe der eingezeichneten Kästchen.
   b) Übertrage die Karte von Österreich auf Transparentpapier. Zeichne bekannte Figuren ein, die den realen Flächeninhalt gut annähern. Berechne eine Lösung in dem Modell.

   c) Recherchiere die Größe Österreichs. Prüfe, welches Modell aus a) und b) das genauere Ergebnis liefert.

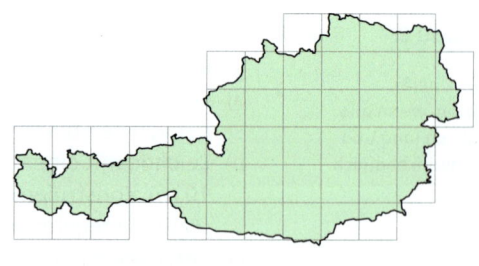

☐ 50 km × 50 km

2 Bestimme die Flächeninhalte der Kontinente und der Insel, indem du die Flächeninhalte der rot eingezeichneten Modelle berechnest.

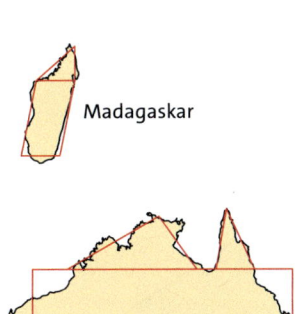
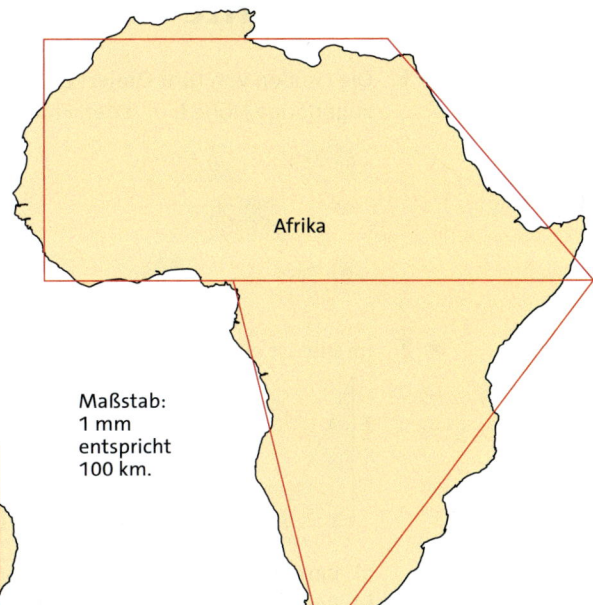

Maßstab: 1 mm entspricht 100 km.

3 Die Flächeninhalte der zwei Länder sollen näherungsweise bestimmt werden.

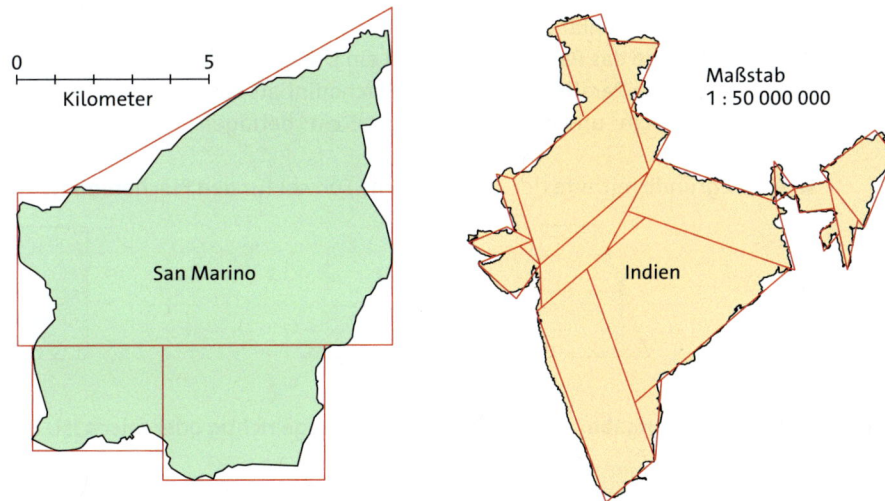

Maßstab 1 : 50 000 000

a) Beurteile die Modelle zur Annäherung der Flächeninhalte der beiden Länder.
b) Übertrage die Umrisse von San Marino und Indien auf Transparentpapier und zeichne ein eigenes Modell ein. Nutze zur Bestimmung des Flächeninhalts im Modell den angegebenen Maßstab.
c) Beurteile, ohne zu rechnen, ob die Lösung in deinem Modell genauer ist als eine Lösung im oben eingezeichneten Modell.

4 Forschungsauftrag: Die Abbildung zeigt eine **Ellipse** mit den Radien (Halbachsen) a und b.
a) Übertrage die Ellipse. Zeichne ein Modell ein, das den Flächeninhalt gut annähert. Verwende dabei auch einen Kreis. Berechne den Flächeninhalt im Modell.
b) Recherchiere die Formel für den Flächeninhalt einer Ellipse und berechne diesen. Vergleiche mit deinem Näherungswert aus a).
c) Vergleicht eure Ergebnisse in der Klasse. Welches Modell ist das genaueste?

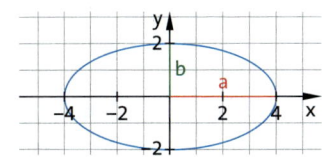

6.8 Vermischte Aufgaben

1 Die Größen von fünf Dreiecken sind durcheinandergeraten. Ordne die Grundseite g, die zugehörige Höhe h und den Flächeninhalt A einander zu.

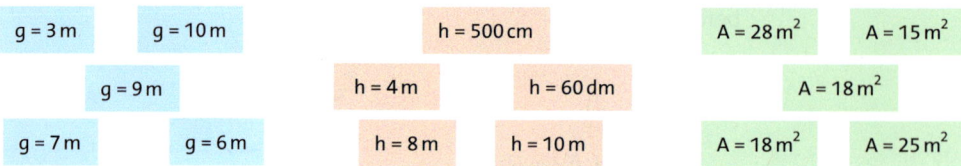

g = 3 m	g = 10 m	h = 500 cm	A = 28 m²	A = 15 m²
g = 9 m		h = 4 m	h = 60 dm	A = 18 m²
g = 7 m	g = 6 m	h = 8 m	h = 10 m	A = 18 m²	A = 25 m²

2 Im Bild ist eine Folge von Dreiecken dargestellt. Die Länge von b bleibt unverändert.

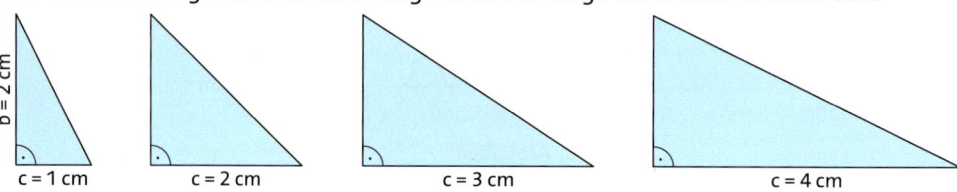

a) Berechne die Flächeninhalte der vier Dreiecke.
b) Bestimme den Flächeninhalt des zehnten Dreiecks der Folge.
c) Ermittle, welches Dreieck der Folge den Flächeninhalt 24 cm² hat.

3 a) Berechne den Flächeninhalt des Parallelogramms (2 Kästchenlängen = 1 cm).
b) Zerlege das Parallelogramm in ein Dreieck, ein Trapez und ein Parallelogramm. Der Flächeninhalt des Dreiecks soll 1 cm² und der des Trapezes 1,5 cm² betragen.

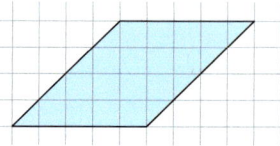

4 Begründe mithilfe der Zerlegung die Formel für den Flächeninhalt eines Trapezes.

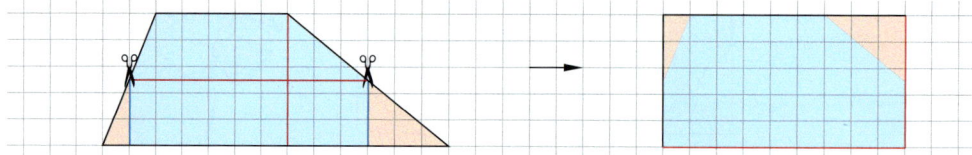

5 Blütenaufgabe: Entscheide, ob die Aussage richtig oder falsch ist. Begründe.

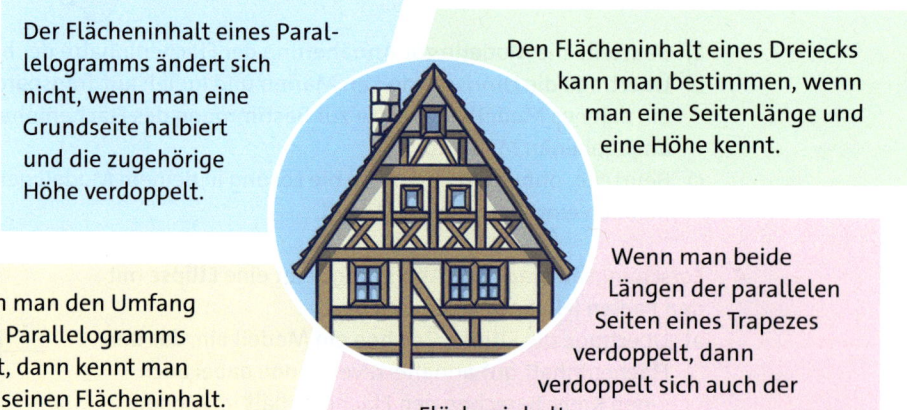

Der Flächeninhalt eines Parallelogramms ändert sich nicht, wenn man eine Grundseite halbiert und die zugehörige Höhe verdoppelt.

Den Flächeninhalt eines Dreiecks kann man bestimmen, wenn man eine Seitenlänge und eine Höhe kennt.

Wenn man den Umfang eines Parallelogramms kennt, dann kennt man auch seinen Flächeninhalt.

Wenn man beide Längen der parallelen Seiten eines Trapezes verdoppelt, dann verdoppelt sich auch der Flächeninhalt.

Berechnungen an Figuren 6

6 Zeichne ein stumpfwinkliges und gleichschenkliges Dreieck mit der Schenkellänge 4 cm. Trage alle Höhen ein und miss ihre Länge. Berechne den Flächeninhalt des Dreiecks.

7 a) Berechne den Flächeninhalt des Vielecks mithilfe der eingezeichneten Zerlegung (2 Kästchenlängen = 1 cm).
b) Finde eine weitere Möglichkeit den Flächeninhalt zu berechnen. Zerlege das Vieleck dazu in möglichst wenige Teilflächen und berechne erneut.
c) Ermittle den Flächeninhalt, indem du das Vieleck zu einem Rechteck ergänzt.

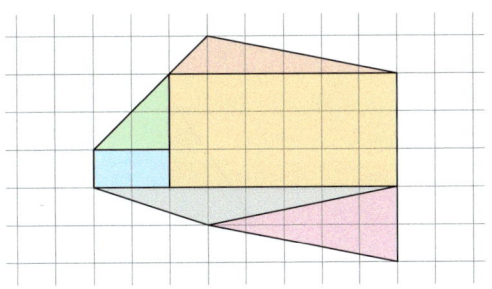

8 Die Zeichnung zeigt einen Dachgiebel mit einem Giebelfenster.
a) Berechne den Flächeninhalt des gesamten Giebelfensters.
b) Isolierglas kostet pro Quadratmeter etwa 80 €. Berechne die Kosten, wenn man die Scheibe durch Isolierglas ersetzen möchte.

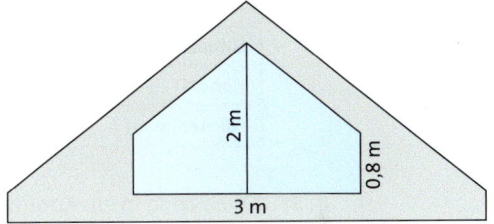

9 Herr Winter zieht in ein Haus mit einem trapezförmigen Garten. Die parallelen Seiten sind 30 m und 24 m lang, ihr Abstand beträgt 24 m. Das Haus hat eine 4 m lange quadratische Terrasse, dazu gibt es einen Parkplatz, einen Weg und ein Beet. Der Rest ist Rasenfläche. Pro Stunde kann Herr Winter etwa 320 m² Rasen mähen.
Berechne, wie lange er braucht, um seine gesamte Rasenfläche zu mähen.

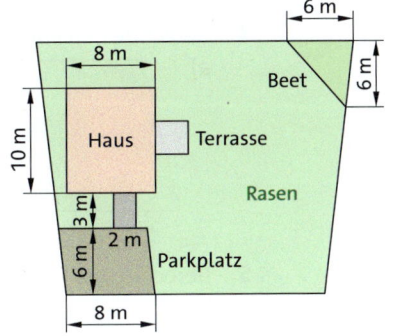

10 Vervollständige die Tabelle zu Planeten unseres Sonnensystems. Gehe davon aus, dass die Planeten die Form von Kugeln haben. Runde auf ganze Kilometer.

Planet	Venus	Erde	Mars	Jupiter	Neptun
Durchmesser	12 104 km		6790 km		49 528 km
Länge des Äquatorkreises		40 074 km		449 197 km	

11 In einem Park soll ein Beet angelegt werden, das die Form eines Kleeblatts hat. Es besteht aus einem Quadrat und vier Halbkreisen.
a) Der Durchmesser der Halbkreise beträgt 2 m. Fertige eine maßstäbliche Zeichnung des Beets an.
b) Das Beet soll mit einer Umzäunung ausgestattet werden, die pro Meter 82 € kostet. Berechne die Gesamtkosten für die Umzäunung.
c) Für das Beet ist ein Budget von 1500 € eingeplant, die Pflanzen kosten 30 € pro m². Prüfe, ob das Budget für die Pflanzen und die Umzäunung ausreicht.

6.8 Vermischte Aufgaben

6 Prüfe dein neues Fundament

Lösungen
→ S. 291/292

1 Berechne den Flächeninhalt des Dreiecks. Miss benötigte Größen mit dem Geodreieck. Gib an, um welche Dreiecksart es sich handelt.

a) 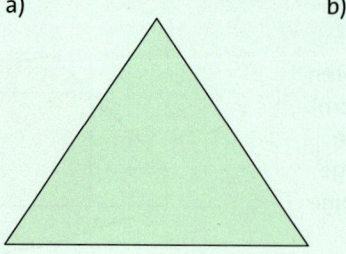   b) 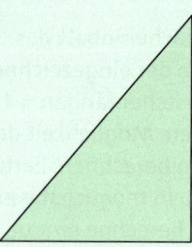   c)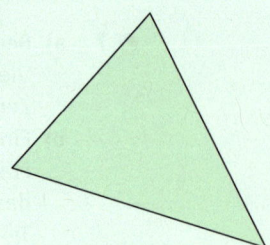

2 Berechne die fehlende Größe des Dreiecks.

	a)	b)	c)	d)
Grundseite g	3 cm	4 m	8 cm	
Höhe h	6 cm	2,5 m		30 mm
Flächeninhalt A			12 cm²	24 cm²

3 a) Zeichne in ein Koordinatensystem das Dreieck ABC mit A(0|4), B(4|1) und C(7|2).
b) Gib an, um welche Dreiecksart es sich handelt.
c) Zeichne alle Höhen ein und berechne den Flächeninhalt des Dreiecks.

4 Berechne den Flächeninhalt der Figur. Miss benötigte Größen mit dem Geodreieck.

a) 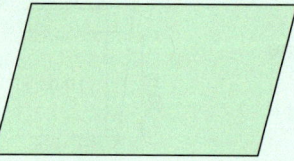   b)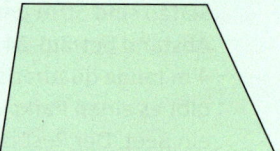

5 Berechne die fehlende Größe des Parallelogramms.

	a)	b)	c)	d)
Grundseite g	5 cm	4 m		90 mm
Höhe h	3 cm	2,4 m	25 cm	
Flächeninhalt A			625 cm²	72 cm²

6 Ein Dreieck hat eine Grundseite g = 4 cm mit der zugehörigen Höhe h = 6 cm.
a) Gib die Breite b eines flächengleichen Rechtecks mit der Länge a = 4 cm an.
b) Gib die Höhe eines flächengleichen Parallelogramms mit einer Grundseite a = 4 cm an.
c) Gib die Höhe eines flächengleichen Trapezes mit den parallelen Seiten a = 2 cm und c = 4 cm an.
d) Gib die Höhe eines flächengleichen Dreiecks mit der Grundseite g = 6 cm an.

7 Berechne den Umfang und den Flächeninhalt der Figur, falls möglich.
a) Dreieck mit den Seiten a = b = 5 cm und c = 8 cm und der Höhe h_c = 3 cm
b) Parallelogramm mit den Seiten a = c = 3 cm und b = d = 2,5 cm und der Höhe h_a = 2 cm
c) Trapez mit den Seiten a = 5 cm, c = 3 cm (a ∥ c) und der Höhe h = 4 cm

8 Ein rechtwinkliges Dreieck hat die kurzen Seiten a und b. Begründe mit der Formel für den Flächeninhalt eines Dreiecks, warum sich sein Flächeninhalt als $A = \frac{a \cdot b}{2}$ berechnen lässt.

Lösungen
→ S. 292

9 Die Rückwand eines Mehrfamilienhauses soll einen neuen Anstrich erhalten. Dazu muss die Wand zweimal gestrichen werden. Ein Eimer Farbe reicht für 35 m². Berechne, wie viele Eimer Farbe die Malerfirma im Baumarkt kaufen muss.

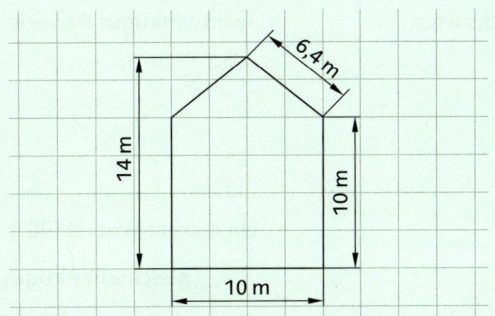

10 Berechne den Umfang und den Flächeninhalt des Kreises mit dem Radius r oder dem Durchmesser d.
  a) r = 4 cm   b) d = 2 km   c) r = 25 dm   d) r = 100 mm   e) d = 12 m

11 Berechne den Radius r und Durchmesser d des Kreises mit dem gegebenen Umfang u.
  a) u = 12,56 m   b) u = 9,42 cm   c) u = 1570 mm   d) u = 47,1 dm   e) u = 235,5 m

12 Ein Förster möchte wissen, wie alt die zwei größten Bäume des Waldes sind. Für den Umfang des Eichenstamms misst er 530 cm, für den Umfang des Fichtenstamms 610 cm.
  a) Berechne die Radien der beiden Baumstämme.
  b) Das Alter eines Baumes lässt sich an seinen Jahresringen erkennen. Bei Eichen beträgt die Dicke eines Jahresrings im Durchschnitt 3 mm, bei Fichten sind es 5 mm. Bestimme, welcher der beiden Bäume älter ist.

13 Berechne den Umfang und den Flächeninhalt der abgebildeten Figur (1 Kästchen = 1 cm²).

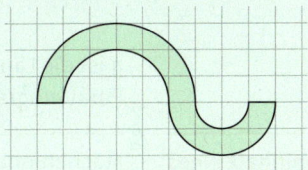

Wo stehe ich?

	Ich kann ...	Aufgabe	Schlag nach
6.1	... Dreiecksarten unterscheiden. ... Höhen im Dreieck einzeichnen.	1, 3	S. 178 Beispiel 1 S. 179 Beispiel 2 S. 180 Beispiel 3
6.2	... den Flächeninhalt eines Dreiecks berechnen. ... die Länge der Grundseite oder die Höhe eines Dreiecks bei gegebenem Flächeninhalt berechnen.	1, 2, 3, 6, 7, 8	S. 182 Beispiel 1 S. 184 Beispiel 2
6.3	... den Flächeninhalt eines Parallelogramms berechnen. ... die Länge der Grundseite oder die Höhe eines Parallelogramms bei gegebenem Flächeninhalt berechnen.	4, 5, 6, 7	S. 186 Beispiel 1 S. 188 Beispiel 2
6.4	... den Flächeninhalt eines Trapezes berechnen.	4, 6, 7	S. 190 Beispiel 1
6.5	... den Umfang eines Kreises berechnen. ... den Durchmesser oder den Radius eines Kreises bei gegebenem Umfang berechnen.	10, 11, 12	S. 193 Beispiel 1 S. 194 Beispiel 2
6.6	... den Flächeninhalt eines Kreises berechnen.	10	S. 196 Beispiel 1
6.7	... den Flächeninhalt von zusammengesetzten Figuren berechnen.	9, 13	S. 200 Beispiel 1

6 Zusammenfassung

Dreiecksarten

rechtwinkliges Dreieck   spitzwinkliges Dreieck   stumpfwinkliges Dreieck

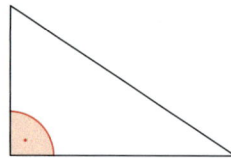 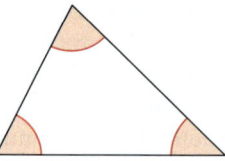 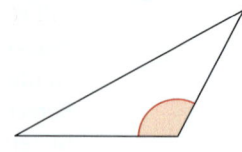

ein rechter Winkel (90°)   drei spitze Winkel (< 90°)   ein stumpfer Winkel (> 90°)

gleichschenkliges Dreieck   gleichseitiges Dreieck

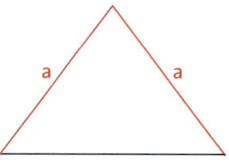 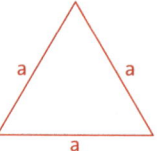

zwei gleich lange Seiten (**Schenkel**)   drei gleich lange Seiten

---

Flächeninhalt eines Dreiecks

Flächeninhalt A eines Dreiecks:

$A = \frac{g \cdot h}{2}$

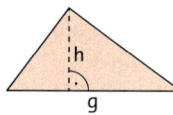

g ist die Länge einer Grundseite des Dreiecks, h ist die zugehörige Höhe.

Flächeninhalt eines Dreiecks mit der Grundseite g = 5 m und der zugehörigen Höhe h = 2,4 m:

$A = \frac{g \cdot h}{2}$
$= \frac{5\,m \cdot 2{,}4\,m}{2} = 6\,m^2$

Flächeninhalt eines Parallelogramms

Flächeninhalt A eines Parallelogramms:

$A = g \cdot h$

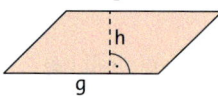

g ist die Länge einer Grundseite des Parallelogramms, h ist die zugehörige Höhe.

Flächeninhalt eines Parallelogramms mit der Grundseite g = 5 m und der zugehörigen Höhe h = 4 m:

$A = g \cdot h$
$= 5\,m \cdot 4\,m = 20\,m^2$

Flächeninhalt eines Trapezes

Flächeninhalt A eines Trapezes:

$A = \frac{(a + c) \cdot h}{2}$

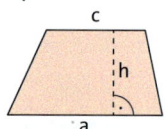

a und c sind die Längen der parallelen Seiten des Trapezes, h ist die zugehörige Höhe.

Flächeninhalt eines Trapezes mit den parallelen Seiten a = 3 m und c = 1 m sowie der Höhe h = 1,5 m:

$A = \frac{(a + c) \cdot h}{2}$
$= \frac{(3\,m + 1\,m) \cdot 1{,}5\,m}{2} = 3\,m^2$

Flächeninhalt und Umfang eines Kreises

Flächeninhalt A eines Kreises:

$A = \pi \cdot r^2$

Umfang u eines Kreises:

$u = \pi \cdot d$ oder
$u = 2 \cdot \pi \cdot r$

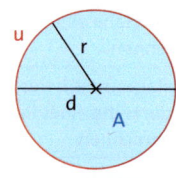

r ist der Radius des Kreises, d ist der Durchmesser des Kreises, $\pi \approx 3{,}14$.

Die **Kreiszahl** π ist das Verhältnis vom Umfang u zum Durchmesser d eines Kreises:
$\pi = \frac{u}{d}$

Flächeninhalt eines Kreises mit dem Radius r = 3 cm:

$A = \pi \cdot r^2$
$\approx 3{,}14 \cdot (3\,cm)^2$
$= 3{,}14 \cdot 9\,cm^2 = 28{,}26\,cm^2$

Umfang eines Kreises mit dem Durchmesser d = 24 cm:

$u = \pi \cdot d$
$\approx 3{,}14 \cdot 24\,cm = 75{,}36\,cm$

7 Daten

Nach diesem Kapitel kannst du
→ absolute und relative Häufigkeiten berechnen,
→ Kreisdiagramme zeichnen und Anteile aus Kreisdiagrammen ablesen,
→ Kennwerte berechnen, zum Beispiel das arithmetische Mittel,
→ mit einer Tabellenkalkulation Daten auswerten und Diagramme erstellen,
→ Diagramme auf mögliche Irreführungen prüfen.

7 Dein Fundament

Lösungen → S. 292

Erklärvideo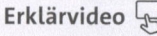

Daten in Tabellen erfassen

1 Die Tabelle zeigt die Altersverteilung aller Kinder der Klasse 6a.
a) Lies ab, wie viele Kinder 12 Jahre alt sind.
b) Bestimme die Anzahl der Kinder, die jünger als 12 Jahre sind.
c) Bestimme die Anzahl der Kinder in der Klasse 6a.

Alter	Strichliste
10	||
11									
12	|||| |||| |
13	|

2 Ines fragt ihre Freundinnen nach ihrer Augenfarbe. Sie erhält folgende Antworten:

Anja	Anna	Sofie	Maja	Nele	Laura	Tuana	Hanna	Lena
braun	grün	blau	braun	grün	grau	braun	blau	braun

Fertige eine Strichliste und eine Häufigkeitstabelle an.

3 Die Tabelle zeigt die Ergebnisse für Katja, Nehir und Aaron bei der Klassensprecherwahl der Klasse 6b. Alle 25 bei der Wahl abgegebenen Stimmen waren gültig. Auf jedem Stimmzettel war genau ein Name angekreuzt.

Name	Strichliste	Häufigkeit
Katja		5
Nehir	|||| ||||	
Aaron	|||| ||	
Gustav		

a) Vervollständige die Tabelle.
b) Ermittle, wer zum Klassensprecher gewählt wurde.
c) Am Wahltag fehlten drei Kinder der Klasse. Entscheide, ob mit ihren Stimmen jemand anderes Klassensprecher hätte werden können.
d) Bestimme die Anzahl der Kinder in der Klasse 6b.

Erklärvideo

Daten in Säulendiagrammen darstellen

4 In dem Diagramm hat Tobias die Länge von drei Flüssen veranschaulicht.
Lies die Länge der Flüsse aus dem Diagramm ab.
Runde auf Hunderter.

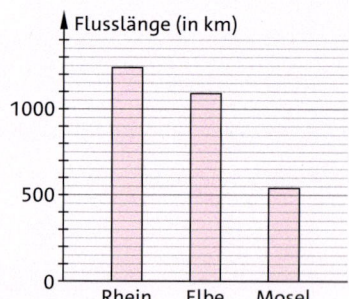

5 Aus der Tabelle kannst du ablesen, wie schwer verschiedene Tiere werden können.
Stelle diese Daten in einem Säulendiagramm dar.

Tier	Leistenkrokodil	Flusspferd	Elefant	Eisbär	Nashorn
Gewicht	2 Tonnen	4,5 Tonnen	6 Tonnen	1 Tonne	4 Tonnen

Lösungen
→ S. 292/293

6 Hundert Kinder wurden befragt, für welchen Zweck sie einen großen Teil ihres Taschengeldes ausgeben. Jedes Kind durfte maximal drei Dinge nennen. Das Befragungsergebnis ist im Diagramm dargestellt. Die Zahlen geben an, wie häufig der Zweck der Ausgaben genannt wurde.

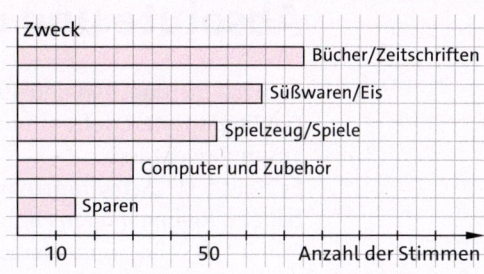

a) Lies ab, wie viele Kinder angaben, dass sie einen großen Teil ihres Taschengeldes für Computer und Zubehör ausgaben.
b) Bestimme, wie viele Kinder nicht angaben, dass sie einen großen Teil ihres Taschengeldes sparen.
c) Ermittle die Anzahl der insgesamt gegebenen Antworten.

Erklärvideo

Brüche, Dezimalzahlen und Prozente

7 Übertrage die Tabelle und vervollständige sie.

(gekürzter) Bruch	$\frac{1}{2}$	$\frac{3}{4}$				
Bruch mit Nenner 100	$\frac{50}{100}$			$\frac{25}{100}$		$\frac{180}{100}$
Dezimalzahl	0,5		0,2		0,05	
Prozentangabe	50 %			80 %		

8 Gib den Anteil als Bruch und in Prozent an.
a) 3 von 12 Kindern   b) 7 von 14 Büchern   c) 2 von 16 Stück Kuchen

9 Gib den farbigen Anteil als Bruch, als Dezimalzahl und in Prozent an.
a) b) c) d) e) f)

Erklärvideo

Vermischtes

10 Berechne.
a) (2 + 2 + 3 + 4 + 2) : 5   b) (3,4 + 6,9 + 7,7) : 3   c) (13 + 10 + 14 + 13) : 4

11 Zeichne den Winkel.
a) 20°   b) 45°   c) 80°   d) 120°   e) 135°   f) 240°

12 Gib den farbigen Anteil des Kreises als Bruch und die Größe des Winkels α in Grad an.
a) 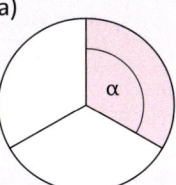   b) 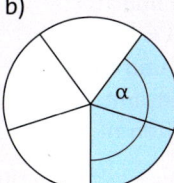   c) 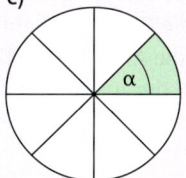   d)

7.1 Absolute und relative Häufigkeit

Paul hat 30 Mädchen und 40 Jungen seiner Schule nach ihrer Lieblingssportart gefragt und die Ergebnisse in einer Tabelle zusammengefasst.
Er stellt fest: „Schwimmen ist bei Jungen und Mädchen gleich beliebt. Jungen mögen Fußball lieber als Mädchen."
Stimmt das? Begründe deine Meinung.

Mädchen	
Fußball	15
Reiten	10
Schwimmen	5
Jungen	
Fußball	30
Reiten	5
Schwimmen	5

Nach dem letzten Basketballtraining möchten Mark und Jonas wissen, wer von beiden die bessere Freiwurfquote hat.

Jonas hat 18 Körbe geworfen, Mark nur 16 Körbe. Wenn man nur die **absoluten Häufigkeiten** – also die Anzahl der Körbe – vergleicht, dann ist Jonas besser.
Um aber fair zu vergleichen, muss man auch berücksichtigen, wie oft jeder geworfen hat. Dazu teilt man die Trefferanzahl durch die Gesamtanzahl der Würfe. Diese Anteile nennt man **relative Häufigkeiten**.

Mark (40 Würfe)	Jonas (50 Würfe)
16 Körbe	18 Körbe

Mark: $\frac{16}{40} = \frac{2}{5} = 0{,}4 = 40\,\%$ Jonas: $\frac{18}{50} = \frac{9}{25} = 0{,}36 = 36\,\%$

Bezogen auf die Anzahl der Würfe ist Mark besser.

Absolute Häufigkeiten geben an, wie oft ein Ereignis eingetreten ist oder wie oft etwas gezählt wurde. Relative Häufigkeiten geben an, wie groß der Anteil an der Gesamtanzahl ist.

> **Wissen**
>
> Man berechnet **relative Häufigkeiten**, indem man die **absolute Häufigkeit** durch die Gesamtanzahl teilt.
>
> $$\text{relative Häufigkeit} = \frac{\text{absolute Häufigkeit}}{\text{Gesamtanzahl}}$$
>
> Relative Häufigkeiten werden als Bruch, als Dezimalzahl oder in Prozent angegeben.

Die Summe aller absoluten Häufigkeiten ergibt die Gesamtanzahl.
Die Summe aller relativen Häufigkeiten ergibt 1 (oder 100 %).

Relative Häufigkeiten berechnen

Erklärvideo

Beispiel 1 In eine Klasse gehen 9 Mädchen und 16 Jungen.
Gib die absoluten und die relativen Häufigkeiten in einer Tabelle an.

Lösung:
Die absoluten Häufigkeiten sind 9 und 16.
Ermittle die Gesamtanzahl: 9 + 16 = 25.
Teile erst die Anzahl der Mädchen und dann die Anzahl der Jungen durch die Gesamtanzahl, um die relativen Häufigkeiten zu bestimmen.

	absolute Häufigkeit	relative Häufigkeit
Mädchen	9	$\frac{9}{25} = 0{,}36 = 36\,\%$
Jungen	16	$\frac{16}{25} = 0{,}64 = 64\,\%$

Kontrolle: 36 % + 64 % = 100 %

Basisaufgaben

1 Yunus hat 80-mal gewürfelt. In die Tabelle hat er geschrieben, wie oft die Augenzahlen vorkamen.
   a) Berechne die relativen Häufigkeiten der Augenzahlen 1 bis 6. Gib sie als Bruch, als Dezimalzahl und in Prozent an.
   b) Prüfe, ob die Summe der relativen Häufigkeiten 100 % ergibt.

Augenzahl	absolute Häufigkeit	relative Häufigkeit
1	10	
2	8	
3	10	
4	20	
5	16	
6	16	

2 Die Tabelle zeigt das Ergebnis einer Umfrage zu Lieblingstieren.
   a) Berechne die relativen Häufigkeiten bei den Mädchen und bei den Jungen.
   b) Prüfe, ob die Summe der relativen Häufigkeiten jeweils 100 % ergibt.

Tier	Mädchen	Jungen
Hunde	15	15
Katzen	24	20
Pferde	21	15
insgesamt	60	50

Vergleichen mit relativen Häufigkeiten

Erklärvideo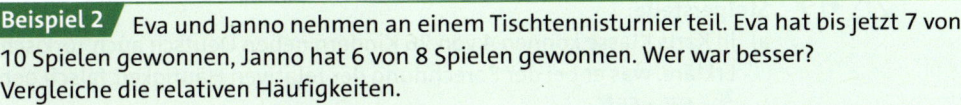

Beispiel 2 Eva und Janno nehmen an einem Tischtennisturnier teil. Eva hat bis jetzt 7 von 10 Spielen gewonnen, Janno hat 6 von 8 Spielen gewonnen. Wer war besser? Vergleiche die relativen Häufigkeiten.

Lösung:
Berechne jeweils die relative Häufigkeit der gewonnenen Spiele. Gib sie in Prozent an.

Eva: $\frac{7}{10} = 0{,}7 = 70\,\%$
Janno: $\frac{6}{8} = \frac{3}{4} = 0{,}75 = 75\,\%$

Vergleiche dann die Prozente.   75 % ist größer als 70 %. Janno war besser.

Basisaufgaben

3 Sara würfelt 25-mal und hat dabei 5 Einsen. Marek würfelt 12-mal und hat 3 Einsen. Bestimme, wer von beiden den höheren Anteil an Einsen hatte.

4 Beim Torwandschießen treten Dennis und Felix gegeneinander an. Ihre Ergebnisse sind in der Tabelle dargestellt.

Dennis	absolute Häufigkeit
unten, Treffer	10
unten, kein Treffer	15
oben, Treffer	9
oben, kein Treffer	16
Schüsse gesamt	

Felix	absolute Häufigkeit
unten, Treffer	12
unten, kein Treffer	18
oben, Treffer	8
oben, kein Treffer	12
Schüsse gesamt	

   a) Berechne die relativen Häufigkeiten für Dennis und für Felix.
   b) Felix behauptet, dass er unten und oben besser war als Dennis. Überprüfe dies mit den absoluten und den relativen Häufigkeiten. Berechne dazu zunächst die absoluten Häufigkeiten für die Schüsse unten und für die Schüsse oben.

5 Die 6. Klassen haben bei den Bundesjugendspielen die folgenden Ergebnisse erzielt.
Klasse 6a (30 Kinder): 6 Ehrenurkunden, 15 Siegerurkunden
Klasse 6b (24 Kinder): 6 Ehrenurkunden, 12 Siegerurkunden
Klasse 6c (25 Kinder): 7 Ehrenurkunden, 15 Siegerurkunden
Vergleiche die relativen Häufigkeiten für Ehrenurkunden (für Siegerurkunden).
Entscheide damit, welche Klasse am besten war.

Weiterführende Aufgaben

Zwischentest

6 Die Schülervertretung befragte Sechstklässler und Zehntklässler, welche Brötchen sie im Bistro am liebsten essen. Die Tabelle zeigt die Ergebnisse.

Brötchen	6. Klassen	10. Klassen
Käsebrötchen	16	42
Milchbrötchen	32	36
Schokobrötchen	20	24
Wurstbrötchen	12	18
insgesamt		

a) Sind Wurstbrötchen in den 6. Klassen beliebter als in den 10. Klassen? Erkläre, warum du zunächst die Gesamtanzahl und die relativen Häufigkeiten berechnen musst, um diese Frage zu beantworten.
b) Berechne die relativen Häufigkeiten.
c) Entscheide für jede Brötchenart, ob sie in den 6. oder 10. Klassen beliebter ist.
d) Erkläre, warum für das Bistro auch die absoluten Häufigkeiten wichtig sind.

7 Stolperstelle:
a) In Karls Klasse können 4 von 26 Kindern neben Deutsch auch Türkisch sprechen. Erkläre, was er bei der Berechnung der relativen Häufigkeit falsch gemacht hat:
$\frac{26}{4} = 6{,}5 = 65\%$
b) Bei einer Umfrage wurden Passanten gefragt, wie viele Fremdsprachen sie gut sprechen. Die Antworten wurden zusammengefasst und mit relativen Häufigkeiten in einer Tabelle dargestellt. Nimm Stellung zu Ronnys Behauptung: „Das kann nicht stimmen. Das sieht man doch sofort."

Anzahl der Fremdsprachen	relative Häufigkeit
keine	30%
eine	50%
zwei	20%
drei oder mehr	10%

Hilfe

8 In Pias Schwimmverein sind 60% der Mitglieder Erwachsene und 40% Kinder. Bestimme die Anzahl der Erwachsenen und Kinder, wenn der Verein 400 (650; 825) Mitglieder hat. Beschreibe dein Vorgehen.

Lösungen zu 9a

40   30%
  10%
100%
       60%
12 30
      100%
28

9 a) Bestimme die fehlenden Einträge in der Tabelle.

Augenfarbe	Klasse 6a		Jahrgang 6	
	absolute Häufigkeit	relative Häufigkeit	absolute Häufigkeit	relative Häufigkeit
grüne Augen	3			15%
braune Augen	18			50%
blaue Augen	9			35%
insgesamt			80	

b) Vergleiche die Klasse 6a mit dem gesamten Jahrgang.
c) Führt eine solche Umfrage in eurer Klasse durch. Vergleicht die Ergebnisse mit den in a) aufgeführten Ergebnissen der Klasse 6a.

10 Die Tabelle zeigt Anteile von Nährwerten in Lebensmitteln.
   a) Wandle in Prozentzahlen um und bestimme jeweils den fehlenden Anteil.
   b) Recherchiere, woraus die Lebensmittel zusätzlich bestehen.

	Eiweiß	Fett	Kohlenhydrate
Nuss-Nougat-Creme	$\frac{1}{20}$	$\frac{7}{20}$	$\frac{1}{2}$
Käse	$\frac{1}{4}$	$\frac{3}{10}$	$\frac{1}{50}$
Honig	$\frac{3}{100}$	0	$\frac{4}{5}$

11 Gib an, ob sich die relative Häufigkeit verdoppelt, halbiert wird oder gleich bleibt.
   a) Die Gesamtanzahl ist 50 und bleibt unverändert. Die absolute Häufigkeit verändert sich von 15 auf 30.
   b) Die absolute Häufigkeit ist 40 und bleibt unverändert. Die Gesamtanzahl verändert sich von 80 auf 160.
   c) Die absolute Häufigkeit ist 10, die Gesamtanzahl 40. Beide Anzahlen steigen um 20.
   d) Die absolute Häufigkeit ist 30, die Gesamtanzahl 120. Beide Anzahlen verdoppeln sich.

12 Die Kinder der Klassen 6a und 6b wurden dazu befragt, in welcher Jahreszeit sie Geburtstag haben. Das Säulendiagramm zeigt die Ergebnisse.
   a) Ermittle, wie viele Kinder in die Klasse 6a und in die Klasse 6b gehen.
   b) Bestimme für jede Jahreszeit, welche Klasse den höheren Anteil an Kindern hat, die in dieser Jahreszeit geboren wurden.
   c) In der Klasse 6c wurden 5 Kinder im Herbst geboren, dies entspricht einem Anteil von 20 %. Bestimme, wie viele Kinder in die Klasse 6c gehen. Erkläre dein Vorgehen.
   Der Anteil der Kinder in der Klasse 6c, die im Frühjahr Geburtstag haben, beträgt 36 %. Berechne, wie viele Kinder das sind.

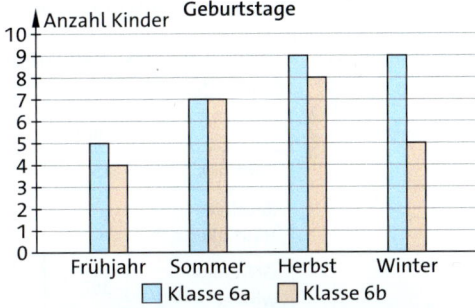

13 Ausblick: In deutschen Texten treten die Buchstaben A bis Z nicht gleich häufig auf.
   a) Stelle eine Vermutung auf, welche drei Buchstaben am häufigsten vorkommen.
   b) Überprüfe deine Vermutung, indem du die Buchstaben dieser Teilaufgabe auszählst. Berechne die relativen Häufigkeiten für die drei häufigsten Buchstaben.
   c) Recherchiere im Internet mit dem Suchwort „Buchstabenhäufigkeit". Vergleiche deine Ergebnisse aus b) mit den Ergebnissen, die du im Internet gefunden hast.
   Einen Text kann man recht einfach verschlüsseln, indem man jeden Buchstaben im Text um dieselbe Stellenanzahl im Alphabet verschiebt. Nach Z wird wieder vorne begonnen. Beispiel: Eine Verschiebung um 3 macht aus A ➔ D und aus X ➔ A.
   d) Verschlüssele das Wort „Mathematik" mit einer Verschiebung um 3.
   e) Entschlüssle das mit der Verschiebung um 16 verschlüsselte Wort „Rhksxhusxdkdw".
   f) Entschlüssle das Zitat von Jean-Henri Fabre. Finde zunächst heraus, mit welcher Verschiebung es verschlüsselt wurde. Nutze dazu deine Erkenntnisse aus c).

> Lqm Uibpmuibqs qab mqvm ecvlmzjizm Tmpzmzqv ncmz lqm Scvab, lqm Omlivsmv hc wzlvmv, Cvaqvv hc jmamqbqomv cvl Stizmqb hc akpinnmv.

7.2 Kreisdiagramme

Die Tabelle zeigt die Ergebnisse einer Umfrage unter 200 Kindern nach dem Lieblingsfach.

Fach	Deutsch	Mathe	Englisch	Sport	Sonstiges
Anzahl	32	50	40	66	12

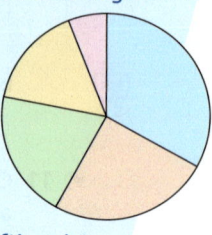

a) Stelle die Antworten in einem Säulendiagramm dar.
b) Berechne die relativen Häufigkeiten in Prozent.
c) Die Anteile wurden in dem Kreisdiagramm dargestellt.
   Ordne jedem Kreisausschnitt das zugehörige Fach zu.
   Vergleiche mit dem Diagramm aus a). Begründe, welches aussagekräftiger ist.

Für die Darstellung absoluter Häufigkeiten verwendet man Säulen- oder Balkendiagramme. Relative Häufigkeiten hingegen lassen sich am besten in **Kreisdiagrammen** veranschaulichen. Jede relative Häufigkeit wird dabei durch einen Kreisausschnitt dargestellt, dessen Öffnungswinkel den entsprechenden Anteil am Vollwinkel hat. 1 (oder 100 %) entspricht 360°.

Hinweis

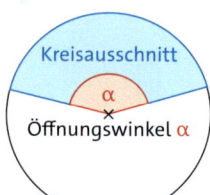
Kreisausschnitt
Öffnungswinkel α

Ergebnis einer Klassensprecherwahl:
(Es wurden 30 Stimmen abgegeben)

	Amira	Lukas	Sophie
Stimmen	15	9	6
Relative Häufigkeit	$\frac{1}{2}$	$\frac{3}{10}$	$\frac{1}{5}$
Öffnungswinkel	$\frac{1}{2} \cdot 360°$	$\frac{3}{10} \cdot 360°$	$\frac{1}{5} \cdot 360°$

Darstellung im Kreisdiagramm:

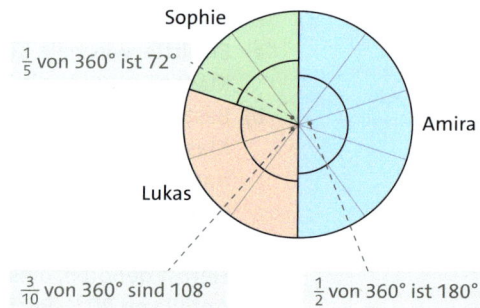

$\frac{1}{5}$ von 360° ist 72°
$\frac{3}{10}$ von 360° sind 108°
$\frac{1}{2}$ von 360° ist 180°

Im Kreisdiagramm sieht man sofort, dass Amira die Hälfte der Stimmen erhalten hat.

Hinweis

Die Summe der Öffnungswinkel aller Kreisausschnitte ergibt immer 360°.

> **Wissen**
>
> In einem **Kreisdiagramm** lassen sich relative Häufigkeiten darstellen.
> Zu jeder relativen Häufigkeit gehört ein Kreisausschnitt mit dem Öffnungswinkel der Größe:
> relative Häufigkeit · 360°

Anteile am Kreisdiagramm ablesen

Erklärvideo

> **Beispiel 1**
>
> Das Kreisdiagramm zeigt das Ergebnis einer Umfrage.
> Bestimme die Anteile der Antworten in Prozent.
>
> Umfrage:
> Reist du lieber ans Meer oder in die Berge?
>
>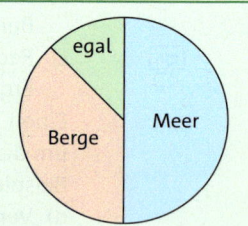
>
> **Lösung:**
> Miss die Größe aller Öffnungswinkel.
> Teile jede Winkelgröße durch 360°, um die relative Häufigkeit zu erhalten.
> Wandle dann den Bruch in Prozent um.
>
> Meer: 180°   Berge: 135°   egal: 45°
>
> Meer: $\frac{180°}{360°} = \frac{1}{2} = 0{,}5 = 50\,\%$
>
> Berge: $\frac{135°}{360°} = \frac{3}{8} = 0{,}375 = 37{,}5\,\%$
>
> egal: $\frac{45°}{360°} = \frac{1}{8} = 0{,}125 = 12{,}5\,\%$

Daten

Basisaufgaben

1 Ordne den Anteilen im Kreisdiagramm passende Prozentangaben zu.

60 %   10 %   50 %
25 %   30 %   25 %

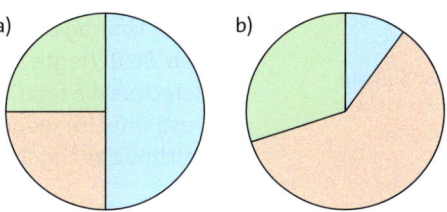

2 In den Klassen 6a, 6b und 6c wurde gefragt: „Möchtest du später ein berühmter Musiker werden?" Berechne die Anteile der Antworten in Prozent.

6a:
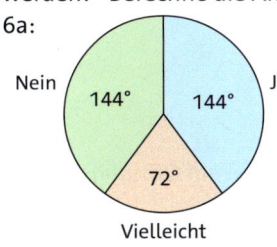

6b:
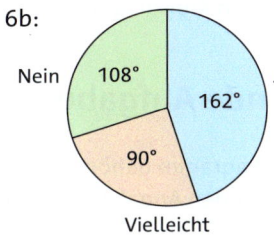

6c:
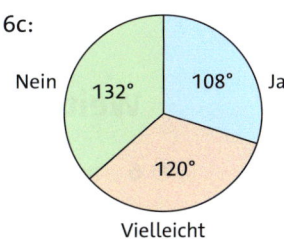

Lösungen zu 3

50 %   10 %
  40 %   30 %
25 %   60 %
20 %   5 %   35 %
10 %   15 %

3 Überlege dir eine passende Umfrage zu dem Kreisdiagramm. Gib dann die Anteile der Antworten in Prozent an. Beachte die grauen Hilfslinien.

a)
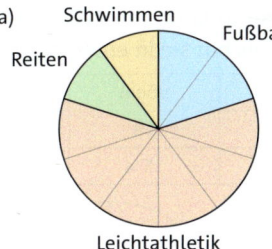

b)
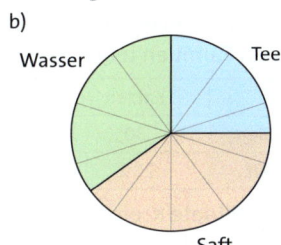

c)
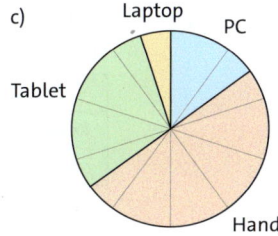

Kreisdiagramm zeichnen

Beispiel 2 Bei einer Umfrage unter 200 Personen, gaben 100 an, dass sie lieber Hunde als Katzen mögen. 80 Befragte mochten lieber Katzen als Hunde und 20 hatten keine Vorliebe. Stelle die Ergebnisse der Umfrage in einem Kreisdiagramm dar.

Lösung:
Berechne für jede Antwort zuerst die relative Häufigkeit. Bestimme dann die Größe des zugehörigen Öffnungswinkels, indem du die relative Häufigkeit mit 360° multiplizierst.

	relative Häufigkeit	Öffnungswinkel
Hund	$\frac{100}{200} = \frac{1}{2} = 50\%$	$\frac{1}{2} \cdot 360° = 180°$
Katze	$\frac{80}{200} = \frac{2}{5} = 40\%$	$\frac{2}{5} \cdot 360° = 144°$
egal	$\frac{20}{200} = \frac{1}{10} = 10\%$	$\frac{1}{10} \cdot 360° = 36°$

Zeichne mit dem Zirkel einen Kreis. Zeichne für jede Antwort vom Mittelpunkt aus Schenkel bis zur Kreislinie, die den zugehörigen Öffnungswinkel einschließen.

Färbe die Kreisausschnitte in verschiedenen Farben und beschrifte sie mit der Antwort.

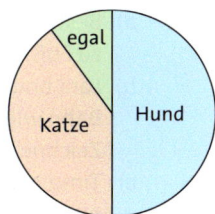

7.2 Kreisdiagramme

Basisaufgaben

Hinweis
Kontrolle: Die Summe aller Öffnungswinkel muss 360° ergeben.

4 Bei einer Umfrage unter 240 Personen haben 140 angegeben, dass sie regelmäßig Sport treiben. 80 Befragte treiben unregelmäßig Sport und 20 treiben keinen Sport.
a) Berechne die relativen Häufigkeiten.
b) Bestimme für jeden Anteil die Größe des Öffnungswinkels des Kreisausschnitts.
c) Zeichne das zugehörige Kreisdiagramm.

5 Die Tabelle zeigt die Verteilung der Zeugnisnoten der Klassen 6a, 6b und 6c im Fach Mathematik. Stelle die Notenverteilung in einem Kreisdiagramm dar.

Note	1	2	3	4	5	6
Anzahl	10	22	24	16	8	0

Weiterführende Aufgaben

Zwischentest

 Hilfe

6 Im einem Kreisdiagramm gehört zu jedem Anteil ein Öffnungswinkel und umkehrt. Ergänze die fehlenden Angaben in der Tabelle.

Öffnungswinkel		18°	36°		72°		180°	270°	
Anteil	1%			15 %		25 %			90%

7 Stolperstelle: Kim hat in einer Umfrage in ihrem Jahrgang 120 Kinder befragt, welche Haustiere in ihren Familien leben. Das Ergebnis hat sie in einer Tabelle zusammengefasst.

	Katzen	Hunde	Vögel	Kaninchen	kein Haustier
Anzahl der Familien	30	60	18	12	12
relative Häufigkeit	25%	50%	15%	10%	10%

Kim hat das abgebildete Kreisdiagramm mit dem Computer erstellt. Sie wundert sich, dass der Kreisausschnitt für Hunde nicht den halben Kreis ausfüllt.
a) Finde Kims Fehler.
b) Erkläre, warum ein Kreisdiagramm hier keine sinnvolle Darstellung ist.
c) Stelle das Ergebnis der Umfrage in einem Säulendiagramm dar.

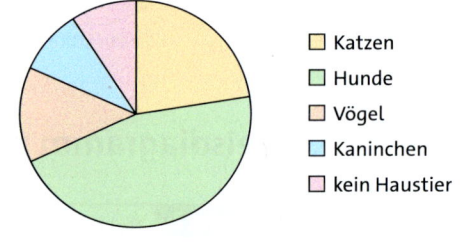

8 Nimm deinen Stundenplan zur Hand und zähle für jedes Fach die Anzahl der Schulstunden pro Woche. Erstelle dazu eine Tabelle mit den absoluten und den relativen Häufigkeiten. Stelle die Ergebnisse in einem Kreisdiagramm dar.

 Hilfe

9 Azra, Lara und Timo legen ihren Schulweg sowohl zu Fuß als auch mit Bus und Bahn zurück. Das Kreisdiagramm zeigt die Anteile für Azra. Insgesamt braucht sie 24 min.
a) Bestimme, wie lange Azra auf ihrem Schulweg jeweils zu Fuß, mit dem Bus und mit der Bahn unterwegs ist.
b) Lara braucht genauso viel Zeit mit dem Bus und der Bahn wie Azra, ihr Fußweg ist aber 4 min kürzer. Zeichne das Kreisdiagramm für Lara.
c) Timo braucht im Vergleich mit Azra für den Fußweg, mit dem Bus und der Bahn jeweils nur die halbe Zeit. Erkläre, wie das Kreisdiagramm für Timo aussieht, ohne zu rechnen.

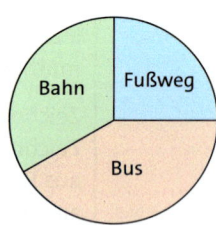

Hinweis zu 10

Relative Häufigkeiten können auch in einem Säulendiagramm dargestellt werden.

10 Das Kreis- und das Säulendiagramm zeigen die Verteilung der Stimmen bei einer Wahl.

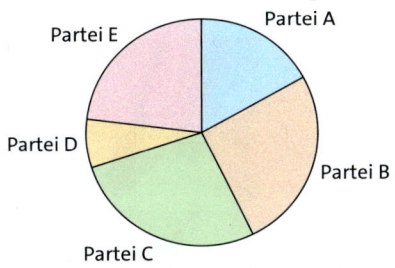
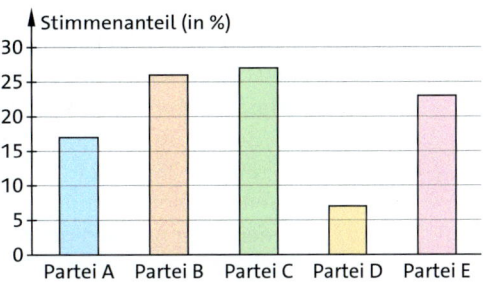

Entscheide, ob die Aussage richtig ist. Kannst du das schneller im Kreis- oder im Säulendiagramm überprüfen? Begründe.
a) Partei B erhielt die meisten Stimmen.
b) Mehr als ein Viertel der Stimmen gab es für Partei E.
c) Partei B und C haben zusammen mehr als die Hälfte der Stimmen.
d) Die wenigsten Stimmen erhielt Partei D.

Hilfe

11 Streifendiagramm (Prozentstreifen): Relative Häufigkeiten lassen sich auch als Abschnitte in einem rechteckigen Streifen veranschaulichen. Leni hat das folgende Streifendiagramm zur Verteilung der Blutgruppen 0, A, B und AB in Deutschland entdeckt.

a) Leni berechnet den prozentualen Anteil der Blutgruppe 0: $\frac{33\,mm}{80\,mm} = 41{,}25\,\%$
Erläutere Lenis Vorgehen.
b) Berechne die prozentualen Anteile der anderen Blutgruppen. Miss die benötigten Streifenbreiten.
c) Ordne den Anteilen in den Streifendiagrammen die Prozentangaben passend zu.

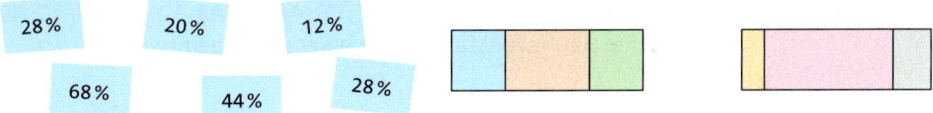

d) Erläutere Unterschiede und Gemeinsamkeiten zwischen einem Streifen- und einem Kreisdiagramm.

12 Ausblick: 140 Jungen und Mädchen der 6. Klassen wurden gefragt, wofür sie Computer am häufigsten nutzen. Zur Auswertung wurde das Säulendiagramm erstellt.

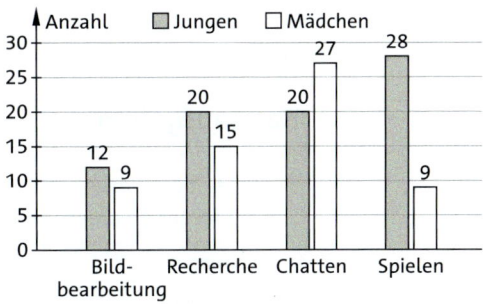

a) Gib an, wie viele Jungen und wie viele Mädchen befragt wurden.
b) Mit den Daten aus dem Säulendiagramm wurden die Kreisdiagramme ① und ② erstellt. Erkläre, was darin dargestellt ist. Finde jeweils eine passende Überschrift und Beschriftungen für die Kreisteile.
c) Ermittle die in den Kreisdiagrammen dargestellten Anteile.
d) Berechne, wie groß die Öffnungswinkel der Kreisausschnitte sind.

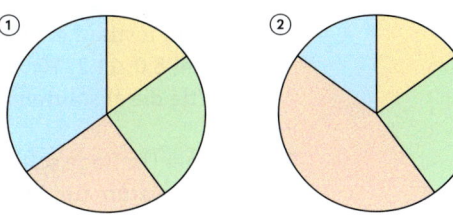

7.3 Klasseneinteilung

Bei einer Marktforschung wurden die Preise für USB-Sticks mit gleicher Speicherkapazität erfasst (in Euro, gerundet auf Ganze):
31; 34; 36; 36; 28; 35; 24; 28; 24; 24; 27; 27; 25; 20; 18; 25; 28; 23; 17; 36; 22
Hannes meint: „Es gibt sehr viele Werte, von denen jeder nur wenige Male auftritt. Ein Säulendiagramm dazu wäre sehr unübersichtlich."
Finde eine Möglichkeit, wie Hannes die Daten zusammenfassen könnte, damit er ein aussagekräftiges Säulendiagramm zeichnen kann.

Daten können mit einer **Klasseneinteilung** übersichtlich zusammengefasst werden.

> **Wissen**
>
> Wenn eine große Menge an Daten vorliegt, dann kann man benachbarte Werte zu einer **Klasse** zusammenfassen. Die einzelnen Klassen dürfen sich nicht überschneiden und müssen alle Daten abdecken.
> Die **Klassenbreite** ist die Differenz der Ober- und Untergrenze der Klasse.

Die Einteilung der Klassen hängt von der Situation ab. Häufig werden gleich breite Klassen gewählt.

> **Beispiel 1**
>
> Bei einer Geschwindigkeitskontrolle wurden folgende Werte gemessen (in km/h):
> 41; 58; 47; 34; 49; 52; 63; 49; 50; 37; 55; 46; 56; 43; 52; 39; 50; 70; 49; 53; 40; 47; 64; 52; 53
> Erstelle eine Häufigkeitstabelle mit einer Klasseneinteilung.
>
> **Lösung:**
> Bilde Klassen, die den Bereich der gemessenen Werte gleichmäßig abdecken.
> Zähle die Werte, die zu den einzelnen Klassen gehören. Nutze eine Strichliste.
>
> | Geschwindigkeit (in km/h) | 31 bis 40 | 41 bis 50 | 51 bis 60 | 61 bis 70 |
> |---|---|---|---|---|
> | Strichliste | IIII | ЖЖ | Ж III | III |
> | Häufigkeit | 4 | 10 | 8 | 3 |

Basisaufgaben

1 Eine Sportlehrerin möchte für den 50-m-Sprint Trainingsgruppen bilden. Dazu erstellt sie die folgende Klasseneinteilung.

Gruppe	A: sehr schnell	B: schnell	C: mittelmäßig	D: langsam
Laufzeit	weniger als 8,3 s	8,3 s bis 8,8 s	8,9 s bis 9,5 s	mehr als 9,5 s

In einem Testlauf erzielen die Kinder die folgenden Zeiten (in Sekunden):
9,3; 8,4; 8,0; 11,2; 10,0; 7,9; 8,8; 9,0; 7,8; 10,3; 8,7; 9,4; 9,6; 10,5; 8,7; 9,5; 9,9; 8,0
Ermittle die absoluten Häufigkeiten der Klassen. Trage die Werte in eine Tabelle ein.

2 Bei einer Umfrage soll untersucht werden, wie lange Kinder am Tag chatten.
Erkläre, warum für die Darstellung der Ergebnisse in einer Häufigkeitstabelle eine Klasseneinteilung notwendig ist. Gib einen Vorschlag für eine Einteilung in vier Klassen an.

Weiterführende Aufgaben

Zwischentest

3 Ist es sinnvoll, bei den gegebenen Daten eine Klasseneinteilung vorzunehmen? Begründe. Falls ja, erstelle eine Häufigkeitstabelle mit einer geeigneten Klasseneinteilung. Berechne auch die relative Häufigkeit jeder Klasse.
 a) Körpergröße (in m):
  1,67; 1,87; 1,89; 1,59; 1,86; 1,57; 1,71; 1,74; 1,78; 1,69; 1,81; 1,60; 1,59; 1,69; 1,57; 1,69
 b) Anzahl der Tore bei den Spielen eines Fußballturniers:
  0; 2; 3; 1; 5; 1; 4; 3; 5; 1; 0; 2; 6; 3; 3

4 Stolperstelle: Linda hat für die Erfassung von Körpergewichten diese Klasseneinteilung gewählt: *unter 30 kg; 30 kg bis 40 kg; 40 kg bis 50 kg; über 50 kg*
Erkläre, welches Problem bei dieser Klasseneinteilung auftritt.

5 Bauer Heine hat seine 24 Eier gewogen (in g):
48,1; 60,2; 74,7; 46; 70; 45,1; 55,5; 68,7; 52; 71,1; 50; 62; 47,3; 56; 70; 63,2; 62,8; 73; 43; 51,5; 72,1; 49; 52,2; 65,8
Ordne die Eier nach der Tabelle den Gewichtsklassen zu und berechne für jede Klasse die relative Häufigkeit.
Stelle die Ergebnisse in einem Kreisdiagramm dar.

Klasse	Gewicht in g
S	unter 53
M	53 bis unter 63
L	63 bis unter 73
XL	mindestens 73

6 Bei einem Quiz, bei dem es maximal 75 Punkte gibt, erreichen die Kandidaten die folgenden Punktzahlen: 73; 71; 65; 62; 60; 57; 54; 54; 50; 48; 48; 46; 43; 40; 36; 27
Zur Darstellung der Ergebnisse wählten Moritz, Erkan und Leonie Klasseneinteilungen:
Moritz: 0–25; 26–50; 51–75
Erkan: 26–35; 36–45; 46–55; 56–65; 66–75
Leonie: 26–30; 31–35; 36–40; 41–45; 46–50; 51–55; 56–60; 61–65; 66–70; 71–75
 a) Erstelle für jede Klasseneinteilung eine Häufigkeitstabelle und ein Säulendiagramm.
 b) Vergleiche die Tabellen und die Diagramme. Bei welcher Klasseneinteilung werden die Ergebnisse am besten und übersichtlichsten dargestellt? Begründe deine Meinung.

7 Führt in eurer Klasse eine Erhebung der Körpergrößen durch. Erfasst die Daten in der Form einer Urliste: „1,72 m; 1,67 m; …" Arbeitet dann in Gruppen weiter.
 a) Wählt eine passende Klasseneinteilung und erstellt eine Tabelle mit den Häufigkeiten.
 b) Zeichnet ein Säulendiagramm zur Häufigkeitstabelle aus a).
 c) Vergleicht eure Diagramme in der Klasse. Nennt Gemeinsamkeiten und Unterschiede.

8 Ausblick: An einem Ferienort wurden im August die Sonnenstunden pro Tag erfasst:
8; 8; 8; 7; 6; 4; 6; 6; 7; 8; 8; 9; 10; 11; 11; 11; 10; 9; 8; 7; 6; 5; 3; 2; 2; 1; 2; 6; 7; 8; 8
Zu den Daten entstanden zwei Diagramme.

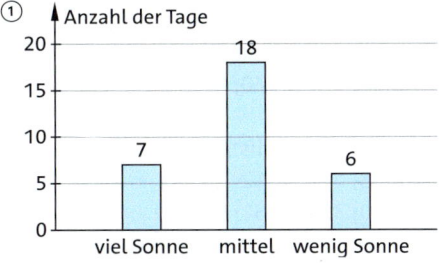
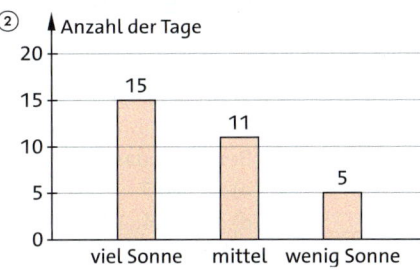

 a) Vergleiche die Diagramme. Nenne mögliche Ursachen für die Unterschiede.
 b) Ein Diagramm stammt von einem Reiseveranstalter, eines vom Wetterdienst. Ordne zu und begründe.
 c) Ermittle zu jedem Diagramm eine passende Klasseneinteilung der Sonnenstunden.

7.4 Kennwerte

Annika und Marie trainieren beim Handball 7-m-Würfe. Die Tabelle zeigt ihre Trefferzahlen in drei Runden mit je 30 Würfen.

Annika	14 Treffer	22 Treffer	18 Treffer
Marie	21 Treffer	15 Treffer	21 Treffer

a) Gib an, wer die meisten Treffer in einer Runde hatte.
b) Bestimme, welche von beiden zwischen ihrer besten und schlechtesten Runde den größten Unterschied hatte.
c) Gib an, wer im Durchschnitt mehr Treffer hatte. Begründe.

> **Wissen**
>
> Das **Maximum** ist der größte Wert einer Datenliste, das **Minimum** ihr kleinster Wert.
>
> Die **Spannweite** ist die Differenz zwischen dem Maximum und dem Minimum.
>
> Spannweite = Maximum − Minimum
>
> Das **arithmetische Mittel (Mittelwert)** wird berechnet, indem man die Summe aller Werte durch die Anzahl der Werte dividiert.
>
> arithmetisches Mittel = $\frac{\text{Summe aller Werte}}{\text{Anzahl der Werte}}$

Hinweis
Zum arithmetischen Mittel sagt man in der Alltagssprache oft **Durchschnitt**.

Erklärvideo

Kennwerte ermitteln

> **Beispiel 1** In den letzten Vokabeltests hatte Antonia 6, 9, 4, 2, 5 und 4 Fehler.
> a) Bestimme das Maximum, das Minimum und die Spannweite.
> b) Bestimme das arithmetische Mittel.
>
> **Lösung:**
> a) Das schlechteste Ergebnis waren 9 Fehler, das beste 2 Fehler.
>   Maximum: 9   Minimum: 2
>   Spannweite: 9 − 2 = 7
>
> b) Teile die Summe der Fehler durch die Anzahl der Tests.
>   Summe der Fehler: 6 + 9 + 4 + 2 + 5 + 4 = 30
>   Anzahl der Tests: 6
>   Arithmetisches Mittel: $\frac{30}{6}$ = 5

Basisaufgaben

1 Bestimme das Maximum, das Minimum und die Spannweite der Datenliste.
a) 5; 7; 7; 11; 19
b) 36; 0; 119; 70; 85; 187
c) 5,5; 9,2; 9,8; 7,3; 4,7; 8,0

2 Berechne das arithmetische Mittel der Datenliste.
a) 2; 18; 7
b) 33; 0; 127; 12
c) 4; 5; 7; 8; 9
d) 2,3; 3,4; 1,5; 3,2
e) 10; 32; 54; 81; 93
f) 1437; 1297; 1185; 2481

3 An einem Tag wurde mehrfach die Temperatur gemessen:
3 °C; 6 °C; 6 °C; 6 °C; 7 °C; 8 °C; 8 °C; 12 °C
Ordne die Angaben auf den Kärtchen den Kennwerten zu.

3 °C   9 °C   7 °C   12 °C

4 Die Tabellen zeigen die Tiefsttemperaturen an einem Ort im Zeitraum von zwei Wochen. Bestimme für jede Woche Maximum, Minimum, Spannweite und das arithmetische Mittel. Beschreibe, worin sich die Temperaturen in den beiden Wochen unterscheiden.

①	Mo.	Di.	Mi.	Do.	Fr.	Sa.	So.
	0 °C	4 °C	3 °C	4 °C	4 °C	4 °C	9 °C

②	Mo.	Di.	Mi.	Do.	Fr.	Sa.	So.
	7 °C	0 °C	1 °C	8 °C	1 °C	2 °C	9 °C

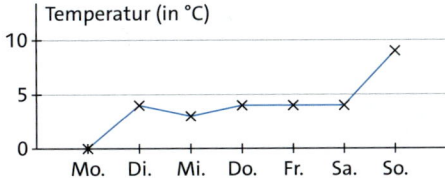
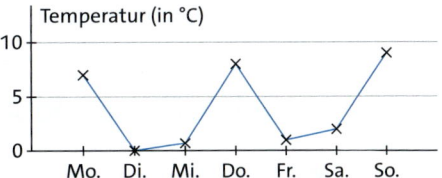

5 Mara und David haben an einem Quiz teilgenommen. In den vier Runden hatte Mara 8, 9, 4 und 11 richtige Antworten, David hatte 8, 7, 8 und 9 richtige Antworten.
a) Berechne das durchschnittliche Ergebnis von Mara und das von David.
b) Wer von beiden hat besser abgeschnitten? Begründe deine Meinung.

6 Berechne das arithmetische Mittel und die Spannweite der Daten. Beschreibe, wie sich die Kennwerte durch die Hinzunahme des Werts in Klammern ändern.
a) 7; 1; 1; 2; 4 (3)   b) 19; 2; 21 (4)   c) 13; 7; 9; 11 (65)

Das arithmetische Mittel aus Häufigkeitstabellen ermitteln

Erklärvideo

Beispiel 2

Ein Basketballteam hat Freiwürfe geübt. Die Tabelle zeigt, wie viele der Mitglieder 14, 15, 16, 17 oder 18 Treffer hatten. Berechne das arithmetische Mittel der Trefferzahlen.

Trefferzahl	14	15	16	17	18
Häufigkeit	3	4	5	2	4

Lösung:
Ermittle die Gesamtanzahl der Treffer wie folgt: Multipliziere die Trefferzahl mit ihrer Häufigkeit. Addiere die Produkte.

$3 \cdot 14 + 4 \cdot 15 + 5 \cdot 16 + 2 \cdot 17 + 4 \cdot 18 = 288$

Ermittle die Anzahl der Werte. Teile die Gesamtanzahl der Treffer durch die Anzahl der Werte.

Anzahl der Werte: $3 + 4 + 5 + 2 + 4 = 18$

Arithmetisches Mittel: $\frac{288}{18} = 16$

Basisaufgaben

7 Die Tabelle zeigt den Notenspiegel einer Klassenarbeit. Berechne den Notendurchschnitt.

Note	1	2	3	4	5	6
Anzahl	3	7	6	4	3	1

8 Der Trainer von zwei Fußballmannschaften möchte vergleichen, wie viele Tore seine Mannschaften pro Spiel schießen. Vergleiche die arithmetischen Mittel für beide Mannschaften.

Mannschaft 1:

Toranzahl pro Spiel	1	2	3
Häufigkeit	4	2	4

Mannschaft 2:

Toranzahl pro Spiel	1	2	3
Häufigkeit	3	2	5

9 Beim Schulfest wurde Dosenwerfen angeboten. Die Tabelle zeigt, wie viele Dosen die Werfer mit je drei Würfen abgeworfen haben.

Anzahl abgeworfener Dosen	0	1	2	3	4	5	6
Anzahl der Werfer	1	1	2	5	11	34	6

a) Bestimme das arithmetische Mittel der Anzahl abgeworfener Dosen.
b) Ermittle, wie viele Teilnehmer besser waren als der Durchschnitt.

Weiterführende Aufgaben

Zwischentest

10 Die Ergebnisse einer Klassenarbeit sollen verglichen werden.
a) Ermittle den Notendurchschnitt für die Klasse 6a und die Klasse 6b.
b) Nina aus der 6b behauptet, ihre Klasse habe auf den ersten Blick besser abgeschnitten. Erkläre, wie sie auf diese Behauptung kommen kann.

Klasse 6a:

Note	1	2	3	4	5	6
Anzahl	1	3	8	6	2	0

Klasse 6b:

Note	1	2	3	4	5	6
Anzahl	0	9	5	5	4	2

⚠ **11 Stolperstelle:**
a) Tim will das arithmetische Mittel der Ergebnisse beim Team-Weitsprung berechnen:
2,45 m + 3,05 m + 1,90 m + 220 cm + 2,6 m + 180 cm = 410 m   410 m : 6 = 68,33 m
Erkläre, welchen Fehler Tim gemacht hat und korrigiere seine Rechnung.
b) Bei einer Tombola gibt es unterschiedliche Geldpreise als Gewinne:
100-mal 1 €;   10-mal 4 €;   5-mal 10 €;   3-mal 25 €;   1-mal 100 €
Katharina will den durchschnittlichen Gewinn ermitteln. Sie rechnet:
1 € + 4 € + 10 € + 25 € + 100 € = 140 €   140 € : 5 = 28 €
Das Ergebnis kommt Katharina sehr hoch vor. Korrigiere ihre Rechnung.

12 Die Fahrt eines Zugs von Dortmund nach Essen dauerte bei den letzten Fahrten:
26 min; 27 min; 24 min; 51 min; 26 min
a) Berechne das arithmetische Mittel.
b) Beschreibe, was dir an den Zahlen auffällt. Woran könnte das liegen?
c) Schätze, wie lang die Fahrtdauer laut Fahrplan ist. Begründe dein Vorgehen.

13 Arbeitet in Gruppen. Schätzt die Höhe, Breite und Länge des Fundamente-Buchs (in cm) und notiert alle Schätzwerte. Bestimmt für jede Größe das Minimum, das Maximum, die Spannweite und das arithmetische Mittel. Messt die Größen anschließend mit einem Lineal und vergleicht die Messwerte mit den Schätzungen.

Hilfe

14 In einem Onlineshop wurde ein Smartphone mit 1 bis 5 Sternen bewertet. Die Tabelle zeigt die Verteilung.
a) Hanna hat den Durchschnitt berechnet und kommt auf 2 Sterne. Nimm dazu Stellung, ohne zu rechnen.
b) Schätze zuerst die durchschnittliche Bewertung. Berechne dann den genauen Wert.
c) Es kommen zwei weitere Bewertungen hinzu, ohne dass sich der Durchschnitt ändert. Gib dafür alle Möglichkeiten an.

Smartphone Mathgenius	
Bewertung	Anzahl
5 Sterne	4
4 Sterne	7
3 Sterne	5
2 Sterne	3
1 Stern	1

15 Berechne das arithmetische Mittel der Zahlenreihe. Überlege bei jeder Teilaufgabe, was sich im Vergleich zur vorherigen Teilaufgabe geändert hat und wie sich diese Änderung auf das Ergebnis auswirkt.
- a) 10; 10
- b) 8; 12
- c) 4; 16
- d) 4; 10; 16
- e) 0; 4; 10; 16
- f) 0; 2; 5; 8
- g) −5; 0; 2; 5; 8
- h) −5; 0; 2; 5; 8; 8
- i) −5; 0; 2; 3; 5; 8; 8
- j) 3; 5; 8; 8
- k) 3; 5; 16
- l) 3; 5; 7
- m) $\frac{3}{9}; \frac{5}{9}; \frac{7}{9}$
- n) $\frac{9}{3}; \frac{9}{5}; \frac{9}{7}$
- o) $-\frac{213}{35}; \frac{9}{3}; \frac{9}{5}; \frac{9}{7}$

Hilfe

16 Gegeben sind die Zahlen 23, 12, 17 und 18.
- a) Ergänze eine natürliche Zahl, sodass die Spannweite der Datenliste unverändert bleibt. Finde alle möglichen Lösungen.
- b) Kann eine Zahl ergänzt werden, sodass sich die Spannweite verringert? Begründe.
- c) Ergänze eine fünfte Zahl, sodass die Spannweite den Wert 15 (den Wert 35) hat.
- d) Ergänze eine fünfte Zahl, sodass das arithmetische Mittel der Datenliste den Wert 16 (den Wert 15; den Wert 20; den Wert 18) hat.

17 Die Säulendiagramme zeigen für zwei Wochen die Anzahl der Sonnenstunden pro Tag.
1. Woche:
2. Woche:

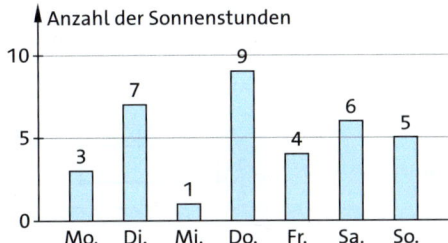
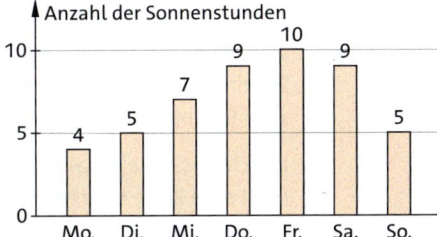

- a) Berechne für die 1. Woche das arithmetische Mittel der Sonnenstunden pro Tag.
- b) Toni behauptet: „Man kann das arithmetische Mittel im ersten Diagramm bereits gut erkennen." Erkläre, was Toni meint. Vergleiche dazu immer zwei Tage.
- c) Serge sagt: „Man sieht sofort, dass in der 2. Woche im Durchschnitt die Sonne pro Tag mehr als 5 Stunden schien." Nimm Stellung.
- d) Erkläre, wie man die durchschnittliche Anzahl der Sonnenstunden im Diagramm veranschaulichen kann.

18

Raser erfolgreich gestoppt
Die Polizei hat in einer 70er-Zone auf der B 61 zehn Autofahrer mit zu hoher Geschwindigkeit gestoppt. Sie waren im Durchschnitt 25 km/h zu schnell unterwegs. Zwei Fahrer fielen dabei besonders negativ auf. Sie wurden mit 120 km/h und mit sogar 150 km/h erwischt. Ihnen droht nun eine lange Zeit ohne Führerschein.

Der Artikel nennt nur für zwei Autofahrer die exakte Geschwindigkeit. Bei allen anderen gestoppten Fahrern kann man nur spekulieren.
- a) Zunächst wird angenommen, dass die anderen acht Autofahrer alle gleich schnell waren. Bestimme ihre Geschwindigkeit.
- b) Später kommt heraus, dass drei dieser acht Autofahrer mit 75 km/h gestoppt wurden. Berechne, wie schnell die anderen fünf Autofahrer im Durchschnitt gefahren sind.

19 Ausblick: Enis hat einen Spielwürfel zwölfmal geworfen und den Durchschnitt der Augenzahlen berechnet. Er behauptet: „Da ich bisher im Schnitt eine 3,5 erzielt habe, bekomme ich als Nächstes bestimmt eine 3 oder 4." Nimm Stellung zu seiner Aussage.

7.5 Tabellenkalkulation

Für die Abrechnung nach dem Grillfest hat Nia eine Tabelle mit einem Tabellenkalkulationsprogramm erstellt.

a) Beschreibe, welche Angaben in welchen Zellen stehen.
b) Interpretiere die Formel in Zelle F2.
c) Gib eine Formel für Zelle C8 an.

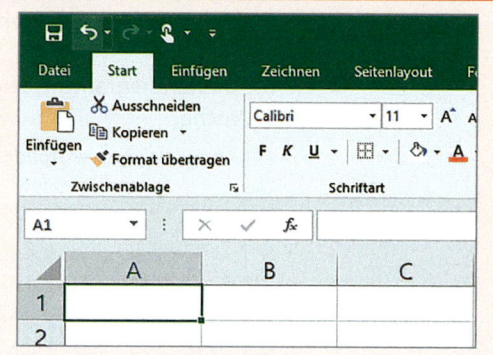

Mit einer **Tabellenkalkulation** wie zum Beispiel Excel kann man Daten schnell auswerten und darstellen. Im ersten Schritt muss man die Daten in eine Tabelle eintragen. Dann kann man für die Daten Kennwerte berechnen oder Diagramme erstellen.

Wissen

Jedes Arbeitsblatt ist in **Zeilen** 1, 2, 3 … und **Spalten** A, B, C … aufgeteilt.

Die einzelnen Felder in den Zeilen und Spalten bezeichnet man als **Zellen**. Der Zellname ergibt sich durch die Zeilen- und Spaltenbezeichnung, zum Beispiel B6.

Durch Klick in eine aktive Zelle kann man eine Zelle bearbeiten.

Daten in eine Tabelle eintragen

Beispiel 1 Für ein Sportfest liegen folgende Anmeldungen vor:
Frisbee 14, Fußball 12, Handball 19, Tischtennis 24, Bouldern 18, Slackline 11
Lege eine Tabelle in einer Tabellenkalkulation an.

Lösung:
1. Benenne die Datei und speichere sie.
2. Gib die Überschrift „Sportfest" ein.
3. Trage die Sportart und die Anzahl der Anmeldungen in die jeweiligen Zellen ein.

Hinweis

Im Register „Start" kann man Schrift und Rahmen verändern.

Formatiere Überschriften FETT. Setze um Tabellen einen Rahmen.

Basisaufgaben

1 Erstelle mit einer Tabellenkalkulation eine Tabelle für die Besucherzahlen eines Zirkus:
Dienstag 367, Donnerstag 403, Samstag 650 (ausverkauft), Sonntag 650 (ausverkauft)

Relative Häufigkeiten berechnen

> **Wissen**
>
> Am Anfang einer **Formel** steht immer ein Gleichheitszeichen „=". Dann folgt die Rechenvorschrift (ohne Leerzeichen). Die **Zeichen für Grundrechenarten** sind:
>
> Addition: +   Multiplikation: *   Subtraktion: −   Division: /

Beispiel 2   Berechne für die Anmeldungen aus Beispiel 1 die relativen Häufigkeiten.

Hinweis

„B4:B9" bedeutet „von Zelle B4 bis Zelle B9"

Lösung:

1. Bestimme die „Gesamtzahl" der Anmeldungen. Gib dazu in B10 die Formel =SUMME(B4:B9) ein und bestätige die Eingabe mit „Enter". In B10 steht dann das Ergebnis.

2. Gib in die Zelle C4 die Formel =B4/B10 ein. Man erhält das Ergebnis 0,14. Berechne mit der Formel auch in den anderen Zellen die relativen Häufigkeiten.

	A	B	C
1	Sportfest		
2			
3	Sportart	Anmeldungen	Relative Häufigkeit
4	Frisbee	14	0,14
5	Fußball	12	
6	Handball	19	=B4/B10
7	Tischtennis	24	
8	Bouldern	18	
9	Slackline	11	
10	Gesamtzahl	98	=SUMME(B4:B9)

3. Du kannst die relativen Häufigkeiten auch in Prozent ausgeben lassen. Markiere die relativen Häufigkeiten und wähle:

  Zellen formatieren

Wähle „Prozent" aus und gib die Anzahl der gewünschten Nachkommastellen an.

	A	B	C
1	Sportfest		
2			
3	Sportart	Anmeldungen	Relative Häufigkeit
4	Frisbee	14	14,3%
5	Fußball	12	12,2%
6	Handball	19	19,4%
7	Tischtennis	24	24,5%
8	Bouldern	18	18,4%
9	Slackline	11	11,2%
10	Gesamtzahl	98	

Basisaufgaben

 2   a) Erstelle die Tabelle aus Beispiel 2 in einer Tabellenkalkulation.
b) Kontrolliere die relativen Häufigkeiten, indem du die Summe der Felder C4 bis C9 berechnest. Das Ergebnis muss 1 beziehungsweise 100 % sein.
c) Ändere die Anmeldungen für Fußball auf 20. Beschreibe, was sich in der Tabelle ändert.

 3   Die Klasse 6a plant einen Ausflug.

Fahrkarten Bus	4,80 €	pro Person
Imbiss	4,90 €	pro Person
Eintritt	5,50 €	pro Person
Führung	20,00 €	einmalig

	A	B	C
1	Schüler	24	
2			
3		Kosten	Gesamtkosten
4	Bus	4,80 €	=B1*B4
5	Imbiss		
6	Eintritt		
7	Führung		

a) Ermittle mit einer Tabellenkalkulation die Gesamtkosten für 24 Personen.
b) Verändere die Personenanzahl auf 20 (auf 26; auf 23). Notiere die Gesamtkosten.
c) Berechne auch die Kosten pro Person. Finde dafür eine passende Formel.

7

Diagramme erstellen

Hinweis

Weitere wichtige Diagrammarten sind:

 Säule

 Balken

Beispiel 3 Erstelle ein Kreisdiagramm zu den Daten aus Beispiel 1.

Lösung:
1. Markiere die Zellen mit den Daten (A3 bis B9).
2. Wähle dann:

3. Um ein Diagramm zu formatieren, zu beschriften oder zu korrigieren, klicke einmal mit der Maus darauf und wähle:

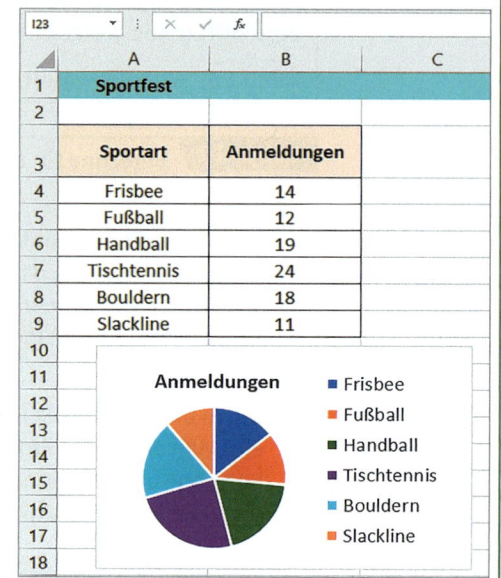

Basisaufgaben

4 Erstelle zu den Ergebnissen einer Klassenarbeit in einer Tabellenkalkulation ein Kreisdiagramm.

Note	1	2	3	4	5	6
Anzahl	5	6	5	4	3	2

Kennwerte ermitteln

Tabellenkalkulationen enthalten bereits einige Funktionen für statistische Kennwerte.

Hinweis

Du musst dir die Funktionen nicht alle merken. Unter „Formeln" – „Autosumme" kannst du alle Funktionen wählen und einfügen.

> **Wissen**
>
> **Arithmetisches Mittel:** = MITTELWERT()
> **Maximum:** = MAX()
> **Minimum:** = MIN()
>
> In der Klammer stehen jeweils die Zellen mit den Daten, die ausgewertet werden sollen.

Basisaufgaben

5 Bei einer Online-Auktion wurde an einem Sonntag ein Angebot für eine Woche eingestellt. Die Tabelle zeigt, wie oft das Angebot an welchem Tag angeklickt wurde.

Wochentag	So.	Mo.	Di.	Mi.	Do.	Fr.	Sa.	So.
Anzahl an Klicks	12	4	3	12	22	35	64	71

a) Übertrage die Daten in eine Tabellenkalkulation. Ermittle das Maximum, das Minimum und das arithmetische Mittel. Bestimme auch die Spannweite mithilfe einer Formel.

b) Welche Kennwerte sind hier aussagekräftig? Diskutiert in der Gruppe.

Weiterführende Aufgaben

6 In der Klasse 6a wurde eine Umfrage dazu durchgeführt, wie viele Freunde die Kinder im Internet und wie viele sie im Alltag haben. Die Tabelle zeigt die Ergebnisse.

Mädchen	Online	40	31	25	45	45	70	30	12	30	85	30	18	0	15
	Alltag	10	15	15	10	10	10	14	12	12	2	5	10	8	3
Jungen	Online	66	50	40	25	45	50	80	45	36	0	90	93	53	
	Alltag	6	5	5	13	13	8	7	15	6	6	6	21	7	

a) Übertrage die Daten in eine Tabellenkalkulation. Bestimme jeweils für die Mädchen und für die Jungen die Kennwerte für die Freunde im Internet und im Alltag:

 Maximum   Minimum   Spannweite   arithmetisches Mittel

b) Vergleiche die Ergebnisse der Mädchen und der Jungen anhand der Kennwerte.

7 Stolperstelle: Marius hat für sein Lauftraining ein Tabellendokument erstellt, in das er die gelaufene Strecke einträgt.
a) „Da kann aber etwas nicht stimmen", meint er. Korrigiere seinen Fehler.
b) Marius will die Gesamtkilometerzahl in Meter umrechnen und trägt dazu „C4*1000" in die Zelle D2 ein. Die Eingabe wird jedoch nicht berechnet. Beschreibe seinen Fehler.

8 Nutze eine Tabellenkalkulation. Bei einer Abstimmung über die Vorschläge A bis F haben diese die folgenden Stimmenanzahlen erhalten: A: 22; B: 9; C: 20; D: 25; E: 16; F: 10.
a) Berechne die Stimmenanteile und stelle die Ergebnisse in einem Kreisdiagramm dar.
b) Ermittle die durchschnittliche Stimmenanzahl pro Vorschlag.
c) Bestimme wie viele Stimmen ein weiterer Vorschlag G erhalten müsste, damit die durchschnittliche Stimmenanzahl den angegebenen Wert hat.
 ① 16 ② 20 ③ 15 ④ 50 ⑤ 99 ⑥ 231

9 Ausblick: Viktor möchte ermitteln, welche Zeugnisnote er im Fach Mathematik haben wird. Sein Mathelehrer berechnet die Gesamtnote, indem er jeweils die Durchschnittsnote für Klassenarbeiten, Tests und Mitarbeit bildet und diese dann anteilig zur Gesamtnote zusammenrechnet. Die auf Einer gerundete Gesamtnote ist die ganzzahlige Zeugnisnote. Die Tabelle zeigt die jeweiligen Anteile an der Gesamtnote sowie Viktors Noten.

Leistung	Anteil an der Gesamtnote	Viktors Noten im Schuljahr					
Klassenarbeiten	Die Hälfte	4	3	2	2		
Tests	Ein Viertel	2	2	3	4		
Mitarbeit	Ein Viertel	3	2	2	1	2	2

Erinnere dich
Folgt auf die Rundungsstelle eine 5, 6, 7, 8 oder 9, so wird aufgerundet. Ansonsten wird abgerundet.

a) Trage Viktors Noten in eine Tabellenkalkulation ein. Berechne jeweils seine Durchschnittsnote in den Klassenarbeiten, den Tests und der Mitarbeit.
b) Berechne Viktors Gesamtnote und gib an, welche ganzzahlige Note auf seinem Zeugnis im Fach Mathematik stehen wird.
c) Da der letzte Test sehr schlecht ausgefallen ist, beschließt sein Lehrer diesen zu wiederholen. Die bessere der beiden Noten wird als 4. Testnote gewertet.
Viktor hatte in dem Test die Note 4. Ermittle, welche Note er bei der Wiederholung erzielen muss, um eine bessere Zeugnisnote im Fach Mathematik zu haben.

7.6 Wirkung von Diagrammen

Die Anzahl der Siege einer Fußballmannschaft in den letzten Saisons wurde in zwei Säulendiagrammen dargestellt.

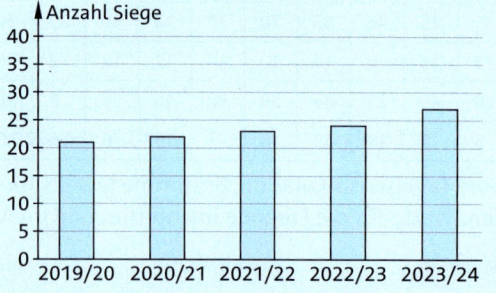
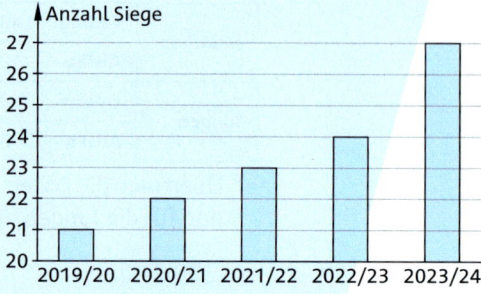

a) Beschreibe die Unterschiede und die Wirkungen der beiden Diagramme.
b) Begründe, welches Diagramm der Verein verwenden sollte, um einen neuen Sponsor zu gewinnen.

Mit Diagrammen können Daten auch verzerrt dargestellt werden, um eine gewünschte Wirkung beim Betrachter zu erreichen. Selbst eine gezielte Irreführung ist dadurch möglich. Diagramme sollten daher immer kritisch betrachtet werden.

Ein falscher Eindruck beim Betrachter kann zum Beispiel dadurch entstehen, dass
- die Achse im Säulendiagramm nicht bei 0 beginnt,
- die Achse ungleichmäßig eingeteilt ist,
- die Daten in unterschiedlich breite Klassen zusammengefasst werden,
- einzelne Daten, die nicht zum gewünschten Eindruck passen, weggelassen werden.

Beispiel 1

Das Kreisdiagramm zeigt die Ergebnisse einer Umfrage unter Abiturienten zu dem Thema: „Was hast du nach dem Abitur vor?" Die Antworten waren: noch keine Pläne, Studium, Ausbildung, Arbeit, Praktikum, Auslandsaufenthalt. Beurteile die Darstellung der Ergebnisse.

Lösung:
Die Summe der Anteile im Kreisdiagramm ergibt nicht 100 %. Die fehlenden 28 % gehören zur Antwort „Auslandsaufenthalt", die im Kreisdiagramm nicht dargestellt wurde. Dadurch vermittelt das Diagramm den Eindruck, als ob fast die Hälfte der Abiturienten noch keine Pläne haben, obwohl deren Anteil nur 35 % ausmacht.

Basisaufgaben

1. Ein Anbieter eines sozialen Netzwerks hat die Entwicklung seiner Nutzerzahlen in einem Diagramm dargestellt.
   a) Beschreibe, welchen Eindruck der Anbieter mit dem Diagramm beim Betrachter erzielen möchte.
   b) Beurteile das Diagramm.

2 Lukas muss unter der Woche um 20 Uhr im Bett sein. Er möchte seine Eltern von einer späteren Bettgehzeit überzeugen. Er hat in seinem Jahrgang eine Umfrage durchgeführt und die Ergebnisse auf zwei verschiedene Weisen dargestellt.
  a) Beurteile die Diagramme. Erkläre, worin sie sich unterscheiden.
  b) Mit welchem Diagramm könnte Lukas seine Eltern besser überzeugen? Begründe.

Weiterführende Aufgaben

Zwischentest

3 Stolperstelle: Erik und Ahmet wollen ihre Leistungen beim Judo vergleichen. Erik hat dazu ihre Wettkampfsiege der letzten Jahre in einem Diagramm dargestellt. Ahmet meint: *„Das ist unfair, ich habe doch an mehr Wettkämpfen teilgenommen als du!"* Erkläre, was er meint.

4 Die Diagramme zeigen die Verteilung der Zeugnisnoten in Mathematik im 6. Jahrgang. Henry liegt mit seiner Note 3 genau im Durchschnitt. Diskutiert in der Gruppe, wie Henrys Note im Vergleich mit den anderen im Diagramm erscheint. Erklärt, woran das liegt.

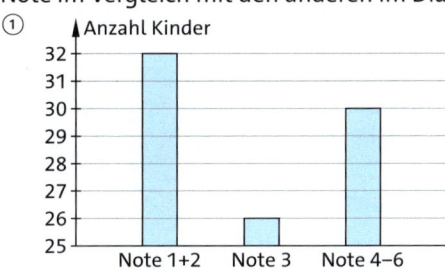 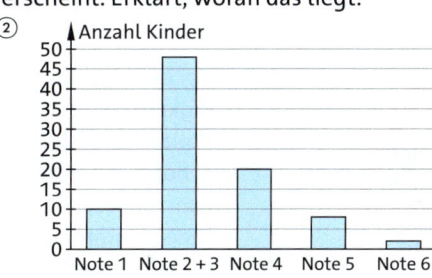

Hilfe

5 Matteo soll regelmäßig das Lesen üben. Das Diagramm zeigt seine Lesedauer in Stunden in den letzten Monaten.
  a) Beurteile das Diagramm.
  b) Zeichne ein Diagramm, das einen realistischen Eindruck vermittelt. Vergleiche die Diagramme.

Hilfe

6 An einer Schule wurde eine Abstimmung durchgeführt, welche besondere Attraktion es zum Sommerfest geben soll.

Attraktion	Eiswagen	Grillstand	Hüpfburg
Stimmen	264	224	312

Es durfte nur eine Stimme abgegeben werden. Die Tabelle zeigt die Ergebnisse.
  a) Zeichne ein Diagramm, dass den Eindruck erweckt, dass
    ① die Mehrheit keine Hüpfburg will.
    ② mehr als doppelt so viele für den Eiswagen wie für den Grillstand sind.
  b) Stellt eure Diagramme in der Klasse vor.

7 Ausblick: Ein Hersteller wirbt mit der Aussage: „Unsere neuen Bildschirme sind doppelt so groß wie die alten!"
  a) Beurteile, ob die Aussage zur Darstellung passt.
  b) Ermittle, was sich an den Bildschirmen in der Darstellung tatsächlich verdoppelt hat. Formuliere eine korrekte Aussage darüber.

7.6 Wirkung von Diagrammen

7.7 Vermischte Aufgaben

1 In zwei Umfragen wurden zufällig ausgewählte Personen nach ihrem Urlaubsziel für den Sommer befragt.

Umfrage A: 20 Teilnehmer

Umfrage B: 400 Teilnehmer

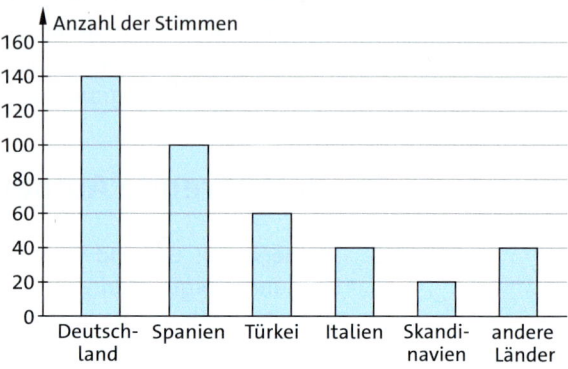

a) Stelle die absoluten und relativen Häufigkeiten für beide Umfragen in einer Tabelle dar.
b) Vergleiche die Ergebnisse und nenne Gemeinsamkeiten und Unterschiede.
c) Welche der beiden Umfragen ist aussagekräftiger? Begründe deine Antwort.
d) Findest du es besser, das Ergebnis der Umfrage in einem Kreisdiagramm oder in einem Säulendiagramm darzustellen? Begründe deine Meinung.

2 Vor einer Schule besteht eine Geschwindigkeitsbegrenzung von 30 km/h. Die Polizei kontrolliert morgens vor der Schule die Geschwindigkeit der Fahrzeuge. Die Ergebnisse sind in dem Kreisdiagramm dargestellt.
a) Bestimme die relativen Häufigkeiten in Prozent.
b) Ermittle den Anteil der Fahrzeuge, die zu schnell gefahren sind.
c) Insgesamt wurden 600 Fahrzeuge kontrolliert. Berechne die absoluten Häufigkeiten.

3 Beschreibe, wie sich die relative Häufigkeit ändert.
a) An einer Straße fuhren gestern 12 von 40 Autofahrern zu schnell und wurden angehalten. Heute sind es 6 Fahrer von 40 Fahrern.
b) Marius hatte in seinem Aquarium 50 Fische, davon 5 Welse. Er verschenkte einige seiner Jungtiere und hat nun insgesamt noch 25 Fische, hat aber alle Welse behalten.

4 In den Klassen 6a und 6b sind jeweils 30 Kinder, wovon jeweils die Hälfte 11 Jahre alt ist. Die anderen sind alle 10 oder 12 Jahre alt. Maria sagt: „Die Kinder der Klassen 6a und 6b sind im Durchschnitt gleich alt."
a) Finde ein Beispiel, sodass Marias Aussage stimmt.
b) Finde ein Beispiel, sodass Marias Aussage nicht stimmt.

5 Finde ein Beispiel mit natürlichen Zahlen und erkläre allgemein.
a) Gib das arithmetische Mittel von 3 (5; 11) aufeinanderfolgenden Zahlen an.
b) Gib das arithmetische Mittel von 2 (4; 14) aufeinanderfolgenden Zahlen an.
c) Gib das arithmetische Mittel einer geraden (ungeraden) Anzahl aufeinanderfolgender gerader Zahlen an.

6 Blütenaufgabe:
Familie Meier aus Bielefeld unternimmt in den Ferien eine sechstägige Radtour.

Tag	1. Tag	2. Tag	3. Tag	4. Tag	5. Tag
Fahrzeit (in h)	3	$4\frac{1}{4}$	$3\frac{3}{4}$	$3\frac{1}{3}$	$3\frac{2}{3}$

Sie starten in Hannoversch Münden und fahren entlang der Weser Richtung Bremen. Am ersten Tag fahren sie 45 km bis nach Bad Karlshafen, wo sie übernachten. In der zweiten Nacht übernachten sie in Bodenwerder, in der dritten in Rinteln, in der vierten in Petershagen und in der fünften Nacht in Nienburg. Der sechste Tag der Radtour steht noch bevor. Die Familie stoppt jeden Tag die Fahrzeit (ohne Pausen).

- Gib an, wie viele Kilometer die Familie schon gefahren ist.
- Gib die durchschnittliche Fahrzeit der ersten fünf Tage an.
- Wie viele Tage hättest du für die Strecke von Hann. Münden nach Bremen gebraucht? Wo würdest du Pausen einplanen? Erläutere.
- Ermittle, an welchem Tag die höchste Durchschnittsgeschwindigkeit gefahren wurde.
- Gib an, welche Strecke sie am letzten Tag noch fahren müssten, damit sie durchschnittlich 50 km pro Tag zurückgelegt haben.

Orte	km
Hann. Münden	0
Bodenfelde	34
Bad Karlshafen	45
Höxter	69
Holzminden	80
Bodenwerder	111
Hameln	136
Rinteln	165
Minden	204
Petershagen	215
Nienburg	270
Bremen	365

7
Sarah hat in ihrer Klasse eine Umfrage nach der Höhe des Taschengelds durchgeführt. Die Tabelle zeigt die Ergebnisse.

Taschengeld pro Woche (in €)	5	6	7	8	9	10	12	15
Anzahl der Kinder	5	4	6	4	5	3	1	2

a) Berechne die relativen Häufigkeiten. Stelle die Ergebnisse in einem Kreisdiagramm dar. Du kannst hierfür auch eine Tabellenkalkulation verwenden.
b) Berechne das durchschnittliche wöchentliche Taschengeld in Sarahs Klasse.
c) Sarah erhält 7 € Taschengeld pro Woche. Vergleiche dies mit dem der anderen Kinder. Gib ihr einen Tipp, wie sie ihre Eltern überzeugen könnte, mehr Geld zu bekommen.
d) Jasmin meint: „Das kann man doch so gar nicht vergleichen – es muss doch jeder etwas anderes selbst kaufen und vom Taschengeld bezahlen."
Beschreibe mit eigenen Worten, was Jasmin meint.

8
Die Tabelle zeigt die Umweltbelastung durch unterschiedliche Verkehrsmittel pro km. Man muss aber auch berücksichtigen, wie viele Personen in dem Verkehrsmittel mitfahren können.

Verkehrsmittel	Treibhausgas in g pro km	Anzahl Personen	Treibhausgas pro Person
PKW	556	4	139
Linienbus	4440	60	
S/U-Bahn	37000	500	

a) Berechne mit einer Tabellenkalkulation den Ausstoß von Treibhausgas pro Person. Überlege dazu, welche Formel in D2 steht.
b) Welches Verkehrsmittel ist am umweltfreundlichsten? Berechne dazu den Ausstoß von Treibhausgasen pro Person für unterschiedliche Personenzahlen und vergleiche.
c) Annas Mutter macht morgens auf dem Weg zur Arbeit einen Umweg und bringt sie mit dem Auto zum 4 km entfernten Bahnhof. Von dort fährt Anna 8 km mit der S-Bahn und anschließend noch 5 km mit dem Bus zur Schule. Berechne den Ausstoß von Treibhausgasen auf Annas Schulweg, wenn die S-Bahn und der Bus voll besetzt sind.

7.7 Vermischte Aufgaben 233

7 Prüfe dein neues Fundament

Lösungen
→ S. 293

1 Vervollständige die Tabelle.

a)
Gruppe	absolute Häufigkeit	relative Häufigkeit
A	5	
B	10	
C	25	
Gesamtanzahl	40	

b)
Gruppe	absolute Häufigkeit	relative Häufigkeit
A		20 %
B		30 %
C		50 %
Gesamtanzahl	60	

2 Die 16 Mädchen der Klasse 6b wurden gefragt, wie sie zur Schule kommen. Ihre Antworten: zu Fuß, zu Fuß, zu Fuß, zu Fuß, Fahrrad, Fahrrad, Fahrrad, Fahrrad, Fahrrad, Fahrrad, Fahrrad, Straßenbahn, Straßenbahn, Bus, Bus
a) Berechne die relativen Häufigkeiten der Verkehrsmittel.
b) Stelle die Ergebnisse in einem Kreisdiagramm dar.

3 Bei einer Bewertung von Ärzten im Internet empfehlen 28 von 40 Patienten Dr. Messer weiter. Bei Dr. Spritze sind es 36 von 50 Patienten. Welcher Arzt ist bei den Patienten beliebter? Vergleiche die relativen Häufigkeiten.

4 Die 24 Kinder einer Klasse haben ihren Klassensprecher gewählt. Jeder hat seine Stimme entweder Tanja, Nadiem oder Maria gegeben. Tanja bekam acht Stimmen, Nadiem zwölf und Maria die restlichen Stimmen.
Begründe, welches der Kreisdiagramme den Sachverhalt richtig darstellt.

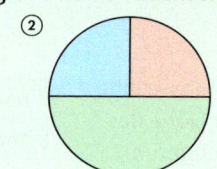
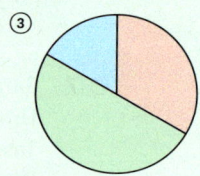

5 180 Personen wurden gefragt: „Beeinflusst Werbung Ihr Kaufverhalten?" Das Kreisdiagramm zeigt das Ergebnis der Umfrage.
a) Berechne die Anteile der Antworten in Prozent.
b) Berechne, wie viele Personen die einzelnen Antworten gegeben haben.

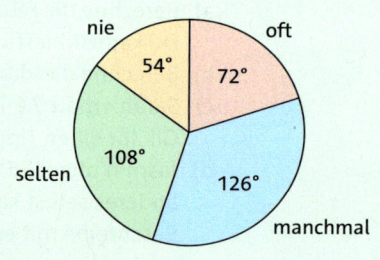

6 Bei der letzten Klassenarbeit wurden folgende Punktzahlen erreicht: 16; 14; 20; 21; 15; 16; 18; 22; 10; 24; 12; 8; 14; 6; 2; 16; 22; 13; 15; 19; 21; 24; 17; 18; 11; 5; 10; 14; 26; 23
Die Mathematiklehrerin verwendet für die Notengebung die folgende Punkteeinteilung.

Note	1	2	3	4	5	6
Punkte	26 – 24	23 – 20	19 – 16	15 – 12	11 – 6	5 – 0

a) Stelle die absoluten und relativen Häufigkeiten der Noten in einer Tabelle dar.
b) Stelle die relativen Häufigkeiten der Noten in einem Kreisdiagramm dar.

7 Nur bei einer der beiden Datenlisten ist es sinnvoll, eine Klasseneinteilung vorzunehmen. Welche Datenliste ist das? Begründe und gib dafür eine passende Klasseneinteilung an.
Anzahl der Familienmitglieder: 2; 4; 3; 2; 5; 4; 4; 3; 5; 3; 4; 6; 3; 4; 4; 4; 3; 3; 4; 3; 3
Anzahl der gelesenen Bücher: 5; 12; 17; 11; 3; 6; 9; 5; 19; 14; 2; 8; 16; 14; 7; 10

7 Daten

Lösungen
→ S. 293/294

8 In einer Umfrage wurden Passanten befragt, wie viel Miete sie pro Quadratmeter für ihre Wohnung bezahlen. Dabei gab es folgende Antworten:
8,53 €; 12,71 €; 9,67 €; 10,24 €; 8,03 €; 11,17 €; 10,94 €; 10,36 €; 9,92 €; 8,84 €; 11,45 €; 12,13 €; 9,76 €; 10,28 €; 11,05 €; 9,65 €; 10,56 €; 7,93 €; 11,19 €; 10,55 €
a) Finde eine geeignete Klasseneinteilung für die Quadratmeterpreise.
b) Ermittle die relative Häufigkeit jeder Klasse und erstelle ein Kreisdiagramm.

9 Bei einem Sportfest erreichten die Jungen der Klasse 6b beim Weitsprung die folgenden Ergebnisse.

Chun	Batuhan	Paul	Anton	Kay	Enis	Max	Nils	Timo
3,10 m	3,75 m	3,37 m	2,95 m	3,78 m	3,72 m	2,76 m	4,05 m	3,95 m

a) Bestimme das Maximum und das Minimum der Weiten.
b) Ermittle den Abstand zwischen dem kürzesten Sprung und dem weitesten Sprung. Gib den Fachbegriff dieses Kennwerts an.

10 Bestimme das Maximum, das Minimum, die Spannweite und das arithmetische Mittel der Daten.
a) 11; 19; 11; 10; 12; 9
b) 12; 11; 9; 12; 11; 10; 2; 11

11 Berechne das Durchschnittsalter der Kinder.

Alter der Kinder	10 Jahre	11 Jahre	12 Jahre	13 Jahre
Häufigkeit	1	8	9	2

12 Ariane hat auf einer Videoplattform im Internet einen eigenen Kanal. Das Diagramm zeigt die Entwicklung der Abonnentenzahlen ihres Kanals.
a) Beschreibe, welchen Eindruck Ariane mit dem Diagramm beim Betrachter erzielen möchte.
b) Beurteile das Diagramm.

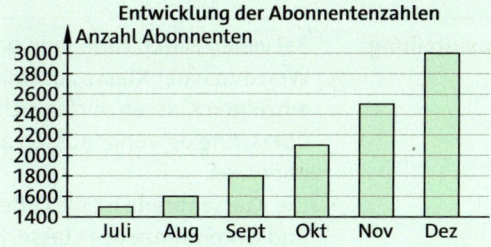

Wo stehe ich?

	Ich kann …	Aufgabe	Schlag nach
7.1	… absolute und relative Häufigkeiten angeben und berechnen. … relative Häufigkeiten vergleichen und damit Sachsituationen beurteilen.	1, 2, 3, 6, 8	S. 212 Beispiel 1 S. 213 Beispiel 2
7.2	… Daten in Kreisdiagrammen darstellen. … Anteile aus Kreisdiagrammen entnehmen.	4, 5, 6, 8	S. 216 Beispiel 1 S. 217 Beispiel 2
7.3	… große Datenmengen in geeignete Klassen zusammenfassen.	7, 8	S. 220 Beispiel 1
7.4	… zu Datenlisten die Kennwerte Maximum, Minimum, Spannweite und arithmetisches Mittel bestimmen. … das arithmetische Mittel aus Häufigkeitstabellen ermitteln.	9, 10, 11	S. 222 Beispiel 1 S. 223 Beispiel 2
7.5	… Diagramme auf mögliche Irreführungen prüfen.	12	S. 230 Beispiel 1

Prüfe dein neues Fundament

7 Zusammenfassung

Absolute und relative Häufigkeit

Eine Anzahl wird beim Umgang mit Daten auch **absolute Häufigkeit** genannt.

Die **relative Häufigkeit** gibt an, wie groß der Anteil an der Gesamtanzahl ist.

$$\text{relative Häufigkeit} = \frac{\text{absolute Häufigkeit}}{\text{Gesamtanzahl}}$$

Relative Häufigkeiten werden als Bruch, als Dezimalzahl oder in Prozent angegeben.

Die Summe der absoluten Häufigkeiten ergibt die Gesamtanzahl. Die Summe der relativen Häufigkeiten ergibt 1 (oder 100 %).

Bei der Klassensprecherwahl kandidierten Inka, Katja und Paul. 25 gültige Stimmen wurden abgegeben.

	abs. Häufigkeit	relative Häufigkeit
Inka	4	$\frac{4}{25} = 0{,}16 = 16\,\%$
Katja	11	$\frac{11}{25} = 0{,}44 = 44\,\%$
Paul	10	$\frac{10}{25} = 0{,}4 = 40\,\%$
Summe	**25**	**1 (100 %)**

Kreisdiagramm

Um relative Häufigkeiten grafisch darzustellen, eignen sich **Kreisdiagramme**. Zu jeder relativen Häufigkeit gehört ein Kreisausschnitt, der denselben Anteil am ganzen Kreis hat. Der Vollkreis mit dem Vollwinkel 360° entspricht dem Ganzen (1 oder 100 %).

Kreisdiagramm zeichnen:
Öffnungswinkel = relative Häufigkeit · 360°

Anteil aus dem Kreisdiagramm ablesen:
relative Häufigkeit = Öffnungswinkel : 360°

Instrument	Geige	Posaune	Klavier
Anzahl	6	4	10
Öffnungswinkel	$\frac{3}{10} \cdot 360°$ = 108°	$\frac{1}{5} \cdot 360°$ = 72°	$\frac{1}{2} \cdot 360°$ = 180°

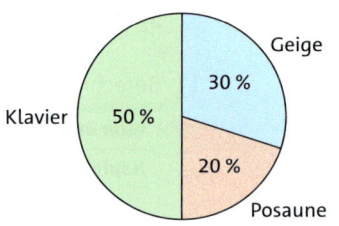

Klasseneinteilung

Bei vielen Daten kann man benachbarte Werte zu einer **Klasse** zusammenfassen. Die einzelnen Klassen dürfen sich nicht überschneiden und müssen alle Daten abdecken.
Die **Klassenbreite** ist die Differenz der Ober- und Untergrenze der Klasse. Häufig wählt man gleich breite Klassen.

Liste mit 30 Daten:
1; 1; 1; 1; 2; 2; 2; 3; 3; 3; 3; 3; 3; 3; 4; 4; 4; 5; 6; 6; 7; 7; 7; 8; 8; 9; 9; 9; 9

Klasse	1 bis 3	4 bis 6	7 bis 9
Anzahl	15	6	9
rel. H.	$\frac{1}{2} = 50\,\%$	$\frac{1}{5} = 20\,\%$	$\frac{3}{10} = 30\,\%$

Kennwerte

Kennwerte werden genutzt, um Daten auszuwerten.

Das **Maximum** ist der größte Wert einer Datenliste, das **Minimum** ihr kleinster Wert.
Spannweite = Maximum − Minimum

Das **arithmetische Mittel** (**Mittelwert**) wird berechnet, indem man die Summe aller Werte durch die Anzahl der Werte dividiert.

Das arithmetische Mittel kann auch aus einer Häufigkeitstabelle berechnet werden. Dazu multipliziert man jeden Wert mit seiner Häufigkeit, addiert diese Produkte und dividiert die Summe durch die Gesamtanzahl.

Tageshöchsttemperaturen einer Woche in °C:
15; 19; 18; 21; 22; 24; 21

Maximum: 24
Minimum: 15
Spannweite: 24 − 15 = 9

Arithmetisches Mittel:
$$\frac{15 + 19 + 18 + 21 + 22 + 24 + 21}{7} = \frac{140}{7} = 20$$

Notenspiegel:

Note	1	2	3	4	5	6
Anzahl	6	9	10	2	2	1

Notendurchschnitt:
$$\frac{6 \cdot 1 + 9 \cdot 2 + 10 \cdot 3 + 2 \cdot 4 + 2 \cdot 5 + 1 \cdot 6}{30} = \frac{13}{5} = 2{,}6$$

8 Zuordnungen und Proportionalität

Nach diesem Kapitel kannst du
→ Zuordnungen charakterisieren und anhand ihrer Eigenschaften unterscheiden,
→ Zuordnungen grafisch darstellen,
→ proportionale und antiproportionale Zuordnungen erkennen und begründen,
→ zu gegebenen Zuordnungen passende Sachsituationen beschreiben,
→ mit dem Dreisatz rechnen.

8 Dein Fundament

Lösungen → S. 294

Erklärvideo

Koordinatensystem

1. Zeichne ein Koordinatensystem. Trage die Punkte A(1|1), B(2|0), C(3|1) und D(2|2) ein. Gib die Viereckart des Vierecks ABCD an.

2. Gib die Koordinaten der Eckpunkte des Dreiecks ABC an.

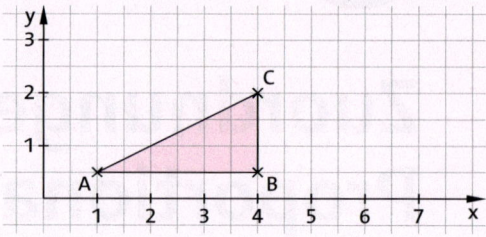

3. Untersuche, auf welchen der Geraden g, h, i oder j der Punkt liegt.
   a) P(1|1) b) P(2|0,5)
   c) P(1,5|3) d) P(3|3)
   e) P(3|2) f) P(3|1,5)
   g) P(0|0) h) P(0,5|1)

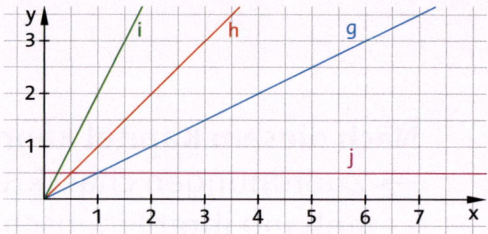

Erklärvideo

Diagramme

4. Das Diagramm zeigt die Temperaturen an einem Apriltag.
   a) Lies die höchste und die niedrigste Temperatur ab, die an diesem Tag gemessen wurde.
   b) Vervollständige die Tabelle.

Uhrzeit	6:00	10:00	14:00	18:00
Temperatur (in °C)				

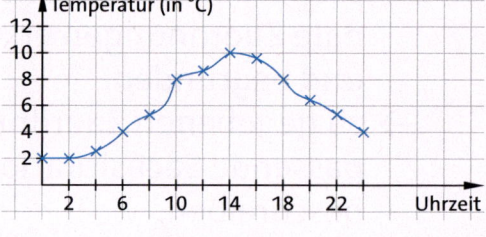

5. 36 Kinder wurden nach ihrem Lieblingsfach gefragt. Das Kreisdiagramm zeigt das Ergebnis. Stelle das Ergebnis in einem Säulendiagramm dar.

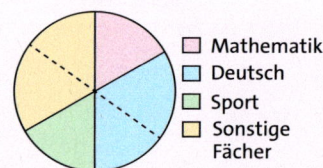

6. Stelle die Einwohnerzahlen in einem Säulendiagramm dar. Wähle die Einteilung 2 Kästchen = 1 Mio. Einwohner.

Moskau	Amsterdam	Paris	Berlin	Rom
13,1 Mio.	0,9 Mio.	2,1 Mio.	3,6 Mio.	2,8 Mio.

7. Stelle die Höhenangaben der Berge in einem Balkendiagramm dar. Runde dazu die Werte geeignet.

Montblanc	Mount Kenia	Zugspitze	Mount Everest	Kilimandscharo
4810 m	5199 m	2962 m	8848 m	5895 m

8 Zuordnungen und Proportionalität

Lösungen
→ S. 294/295

Sachaufgaben lösen

8 Löse die folgende Aufgabe.
a) Gustav kauft 7 Rosinenbrötchen. Er bezahlt 3,15 €. Berechne den Preis für ein Rosinenbrötchen.
b) 2 Stück Apfelkuchen kosten zusammen 2,50 €. Berechne den Preis für 5 Stück Apfelkuchen.
c) Ein Bleistift kostet 25 Cent. Im Vorteilspack gibt es 5 Bleistifte für insgesamt 1,20 €. Entscheide, ob es sich lohnt, das Vorteilspack zu kaufen.

9 Ein Schreibblock kostet im Schreibwarenladen 1,35 €. Im Internet kostet der gleiche Block nur 1,01 €, dafür muss man pro Bestellung 2,70 € Versandkosten bezahlen.
a) Erkläre, ob du 5 Blöcke im Laden oder im Internet kaufen würdest.
b) Berechne die Kosten für 10 Blöcke im Internet.
c) Ermittle, wie viele Blöcke man mindestens kaufen muss, damit sich der Kauf im Internet finanziell lohnt.

10 Die Seerosen in einem See vermehren sich sehr schnell. Jedes Jahr verdoppelt sich die von Seerosen bedeckte Fläche. Nach 5 Jahren ist schon der halbe See bedeckt.
Bestimme, wann der See vollständig mit Seerosen bedeckt sein wird.

Vermischtes

11 Berechne.
a) $7,2 : 12$
b) $6,4 : 0,2$
c) $14,7 : 0,7$
d) $10 : 8$
e) $15 : 3 \cdot 4$
f) $21 : 7 \cdot 1,5$
g) $18 : 0,6 \cdot 4$
h) $5,4 : 0,9 \cdot 3,6$

12 Vervollständige die Tabelle.

a)
x	das Doppelte von x
$\frac{1}{2}$	
1,5	
2	
	7

b)
y	$\frac{1}{2} \cdot y$
1	
2	
	1,5
11	

c)
z	$1,2 \cdot z$
2	
2,5	
	3,6
	6

13 Begründe, ob die Aussage immer wahr ist.
a) Je länger eine Elektropumpe betrieben wird, desto höher sind die Stromkosten.
b) Je älter ein Mensch wird, desto schwerer wird er.
c) Je mehr Köche in der Küche stehen, desto schneller ist das Gericht fertig.

14 Setze die Zahlenfolge um 3 Zahlen fort.
a) 2; 4; 6; 8; …
b) 3; 1; $\frac{1}{3}$; $\frac{1}{9}$; …
c) 256; 64; 16; 4; …
d) $\frac{1}{625}$; $\frac{1}{125}$; $\frac{1}{25}$; $\frac{1}{5}$; …

Dein Fundament

8

8.1 Zuordnungen

Bei der Caesar-Verschlüsselung wird jedem Buchstaben ein anderer Buchstabe zugeordnet. Entschlüssele die Geheimschrift. Die ersten drei Wörter sind bereits entschlüsselt.

WSD FSOVOX OVOPKXDOX UKW RKXXSLKV EOLOB NSO KVZOX. Mit vielen Elefanten ...

Zusammenhänge zwischen zwei Größen kann man durch Zuordnungen beschreiben.

> **Wissen**
> Eine **Zuordnung** weist jedem Ausgangswert einen oder mehrere Werte zu.
> Zwei Werte, die einander zugeordnet sind, nennt man **Wertepaar**.

Eine Zuordnung kann man mit einer **Wertetabelle**, mit einem **Diagramm**, mit **Worten** oder mit **Pfeilen** darstellen.

In der **Pfeildarstellung** verwendet man dabei unterschiedliche Arten von Pfeilen:
Für die allgemeine Zuordnung schreibt man *Bereich der Ausgangswerte → Bereich der zugeordneten Werte*. Für die Zuordnung der konkreten Werte schreibt man *konkreter Ausgangswert ↦ konkreter zugeordneter Wert*.

Hinweis:
Uhrzeit → Temperatur bedeutet, dass jeder Uhrzeit eine Temperatur zugeordnet wird.

Wertetabelle	Diagramm	Worte	Pfeile
Zusammenhang: Uhrzeit → Temperatur	Zusammenhang: Zensur → Anzahl	Zusammenhang: Anzahl → Preis	Zusammenhang: Buchstabe → Buchstabe
Uhrzeit / Temp. (in °C) 10:00 / 13 11:00 / 16 12:00 / 18 13:00 / 21 14:00 / 23	(Balkendiagramm Anzahl/Zensur)	1 Apfel kostet 0,50 €. 3 Äpfel kosten 1 €.	A ↦ E B ↦ F C ↦ G D ↦ H ...

> **Beispiel 1**
> Im Nahverkehr zahlt man für eine Tarifzone 2,10 € und für jede weitere Zone 1,00 €.
> Für sieben und mehr Zonen zahlt man 8,00 €.
> a) Schreibe die Zuordnung in der Form *Ausgangswerte → zugeordnete Werte*.
> b) Stelle die Zuordnung in einer Wertetabelle dar.
> c) Ermittle den Preis für 3 Zonen. Gib an, wie viele Zonen man für 6,00 € durchfahren kann.
>
> **Lösung:**
> a) Anzahl der Zonen → Fahrpreis (in €)
>
> b)
>
> | Anzahl der Zonen | 1 | 2 | 3 | 4 | 5 | 6 | 7 und mehr |
> |---|---|---|---|---|---|---|---|
> | Fahrpreis (in €) | 2,10 | 3,10 | 4,10 | 5,10 | 6,10 | 7,10 | 8,00 |
>
> c) Lies die Wertepaare aus der Wertetabelle ab:
> 3 ↦ 4,10 €   Für 3 Zonen bezahlt man 4,10 €.
> 4 ↦ 5,10 €   Für 6,00 € kann man höchstens
> 5 ↦ 6,10 € (mehr als 6,00 €)   4 Zonen durchfahren.

Basisaufgaben

1 Stelle die Zuordnung in der Form *Ausgangswerte → zugeordnete Werte* dar. Nenne drei Wertepaare der Zuordnung.

a)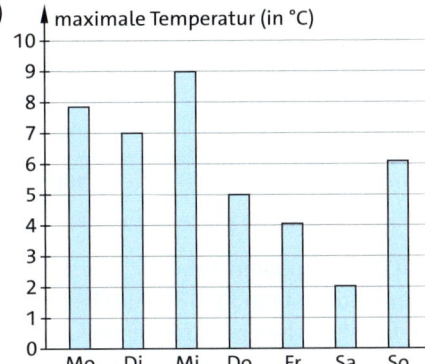

b)
Gewicht (in kg)	0,5	1	1,5	2
Preis (in €)	0,90	1,80	2,70	3,60

c)
Anzahl der Spielechips	Höhe des Stapels (in mm)
1	2
2	4
3	6
4	8
5	10

d) Eintritt ins Schwimmbad:
1 h ↦ 3 €
2 h ↦ 6 €
4 h ↦ 10 €
Tageskarte ↦ 14 €

e) Die Parkgebühren betragen 50 ct für jede angefangene halbe Stunde, maximal aber 3 € pro Tag.

2 Ein Verleih für Tretboote berechnet für jede angefangene halbe Stunde 2,00 €. Vervollständige die Tabelle.

Zeit (in min)	30	45	60	80	120
Preis (in €)					

3 Erstelle zum Diagramm eine Wertetabelle.

a) Lieblingsfarben der Kinder der 6a

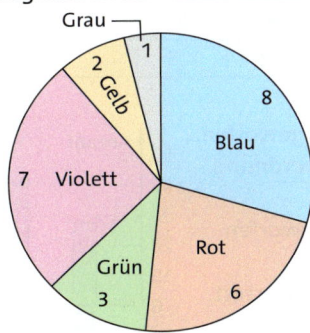

b) Lebenserwartung von Tieren (in Jahren)

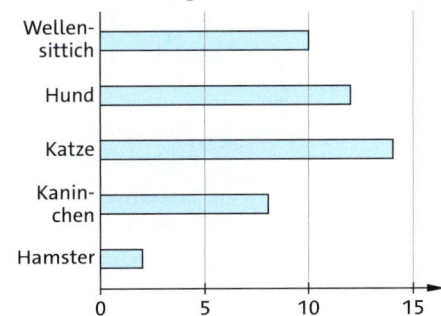

4 Eine Fahrt mit der Achterbahn kostet 3,00 €, drei Fahrten kosten zusammen nur 8,00 €. Erstelle eine Wertetabelle für die günstigsten Preise von einer Fahrt bis zu sechs Fahrten.

5 a) Erstelle eine Wertetabelle mit sechs Wertepaaren für die Zuordnung *Anzahl der Exemplare dieses Fundamente-Buchs → Höhe des Stapels (in cm)*.
b) Ermittle mithilfe der Wertetabelle, wie viele Exemplare für einen 30 cm hohen Stapel benötigt werden.
c) Schätze, wie viele Exemplare du brauchst, damit der Stapel in deinem Klassenraum vom Boden bis zur Decke reicht.

6 Euer Stundenplan enthält verschiedene Zuordnungen, zum Beispiel *Wochentag → Fächer*. Findet weitere Zuordnungen im Stundenplan und stellt sie unterschiedlich dar.

Weiterführende Aufgaben

Zwischentest

7 Erstelle für die Zuordnung *Länge der Quadratseite (in cm) → Umfang des Quadrats (in cm)* eine Wertetabelle und beschreibe die Zuordnung mit Worten.

Hilfe

8 Die Abbildung zeigt den Umtauschkurs zwischen Euro und Schweizer Franken im Jahr 2019.

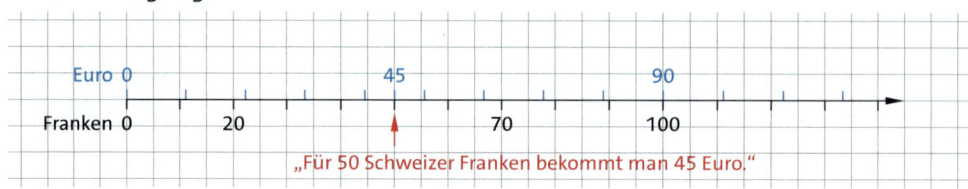

„Für 50 Schweizer Franken bekommt man 45 Euro."

a) Stelle eine Wertetabelle mit 6 Wertepaaren auf.
b) Ermittle, wie viele Schweizer Franken man für 180 Euro bekam.
c) Ermittle, wie viel Euro man für 180 Schweizer Franken bekam.

9 Stolperstelle: Martin hatte die Aufgabe, die Zuordnung *Anzahl der Geschwister → Anzahl der Kinder in der Klasse* in einer Wertetabelle und einem Diagramm darzustellen. Beurteile beide Darstellungen.

Anzahl der Kinder	8	11	8	1
Anzahl der Geschwister	0	1	2	3 und mehr

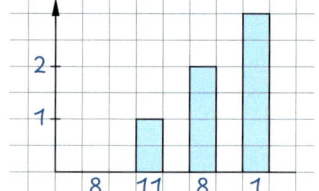

10 Ermittelt die Schuhgrößen aller Kinder in eurer Klasse. Stellt dann die Zuordnung *Schuhgröße → Anzahl der Kinder* in einer Wertetabelle und einem Säulendiagramm dar.

11 Vervollständige die Tabelle für die Zuordnung *natürliche Zahl → Teiler dieser Zahl*.

Zahl	1	2	3	4	5	6	7	8	9	10
Teiler	1			1; 2; 4						

Hilfe

12 Ein Spielwürfel wurde mehrmals geworfen.
a) Beschreibe die dargestellte Zuordnung.
b) Erstelle eine Wertetabelle.
c) Ermittle, wie oft der Würfel geworfen wurde.
d) Erkläre, welches Ergebnis du erwartest, wenn du den gleichen Versuch durchführst.

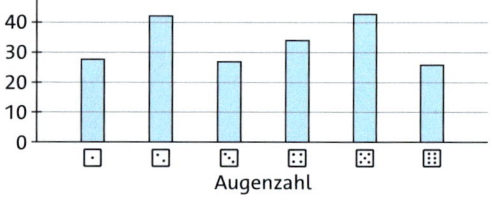

13 Die Punkte A, B, C und D werden an der Gerade g gespiegelt. Dadurch wird jedem Punkt genau ein Bildpunkt zugeordnet. Vervollständige die Tabelle.

Originalpunkt	A	B	C	D
Bildpunkt				

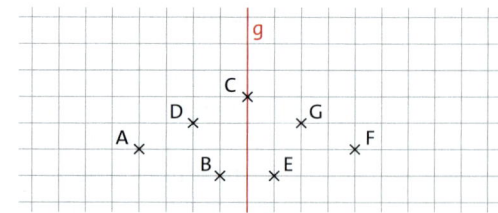

14 Ausblick: Eine Zuordnung heißt **eindeutig**, wenn jedem Ausgangswert genau ein Wert zugeordnet wird. Gib an, ob die Zuordnung eindeutig ist. Begründe deine Entscheidung.
a) Monat → Person, die Geburtstag hat
b) Person → Monat des Geburtstags
c) Postleitzahl → Straße in einem Ort
d) natürliche Zahl → Quadrat dieser Zahl

8.2 Grafische Darstellung

Beschreibe die Fahrt des Heißluftballons.
Beantworte dabei die Fragen:
Wie hoch fliegt der Ballon 3 Stunden nach dem Start?
Wann hat der Ballon seine maximale Höhe erreicht?
Wann setzt er zur Landung an?

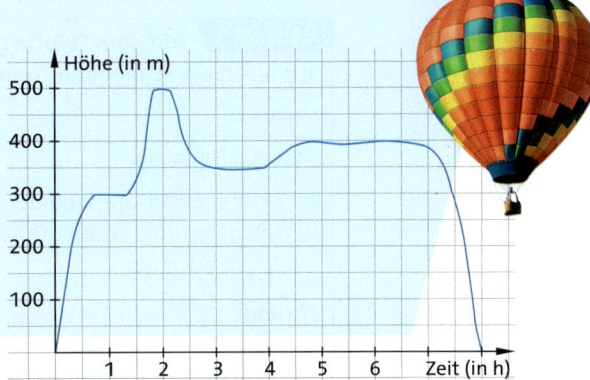

Eine Zuordnung, bei der sowohl die Ausgangswerte als auch die zugeordneten Werte Zahlen sind, lässt sich in einem Koordinatensystem darstellen.

Zu jedem **Wertepaar** gehört dabei ein **Punkt** im Koordinatensystem. Alle diese Punkte zusammen ergeben den **Graphen** der Zuordnung. Wenn jedem beliebigen Ausgangswert ein Wert zugeordnet werden kann, kann man die Punkte zu einer Linie verbinden.

Uhrzeit	Temperatur
0:00	5 °C
1:00	3 °C
2:00	−1 °C
3:00	−2 °C
4:00	0 °C
5:00	2 °C

Zum Wertepaar 1:00 ↦ 3 °C gehört der Punkt (1│3).

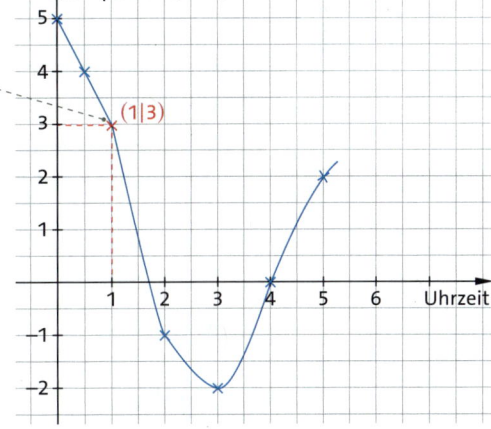

Hinweis

Verbindet man die Punkte zu einer Linie, so entsteht eine **Skizze des Graphen**, da man den genauen Verlauf der Linie nicht kennt.

Da auch zu jeder anderen beliebigen Uhrzeit eine Temperatur gemessen und zugeordnet werden kann, kann man die eingezeichneten Punkte zu einer Linie verbinden.

Es lassen sich nun weitere Wertepaare ablesen, zum Beispiel:
Um 0:30 Uhr betrugt die Temperatur etwa 4 °C.

Am Graphen lässt sich auch der Temperaturverlauf gut beschreiben:
Die Temperatur nimmt zunächst ab. Um 3:00 Uhr erreicht sie ihren Tiefstwert (Minimum). Danach steigt sie wieder an. Zwischen kurz vor 2:00 Uhr und 4:00 Uhr liegt sie unter 0 °C.

Wissen

Viele Zuordnungen lassen sich durch einen **Graphen** in einem Koordinatensystem darstellen.
Am Graphen kann man ablesen:
– positive und negative Werte
– den kleinsten und den größten Wert (Minimum und Maximum)
– Abnahme und Zunahme der Werte (fallend und steigend)

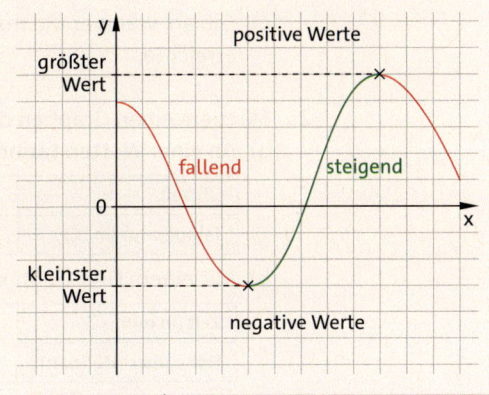

8

Erklärvideo

Beispiel 1 Auf dem Feldberg im Schwarzwald wurde während eines Schneesturms stündlich die Schneehöhe gemessen. Die Tabelle zeigt die Messergebnisse.

Uhrzeit	0:00	1:00	2:00	3:00	4:00	5:00	06:00	7:00
Schneehöhe (in cm)	3	4	6	9	12	14	13	11

a) Skizziere den Graphen der Zuordnung.
b) Gib näherungsweise die Schneehöhe um 03:30 Uhr an. Gib an, wann der Schnee etwa 12 cm hoch lag.

Lösung:

a) 1. Schritt: Beschrifte die x-Achse mit der Ausgangsgröße (Uhrzeit) und die y-Achse mit der zugeordneten Größe (Schneehöhe).

2. Schritt: Lege auf jeder Achse eine geeignete Achseneinteilung fest:
x-Achse: 2 Kästchen = 1 Stunde
y-Achse: 1 Kästchen = 1 cm Schnee

3. Schritt: Trage alle Wertepaare ein.

4. Schritt: Da der Schnee zu jedem Zeitpunkt eine bestimmte Höhe hat, ist das Verbinden der Punkte hier sinnvoll.

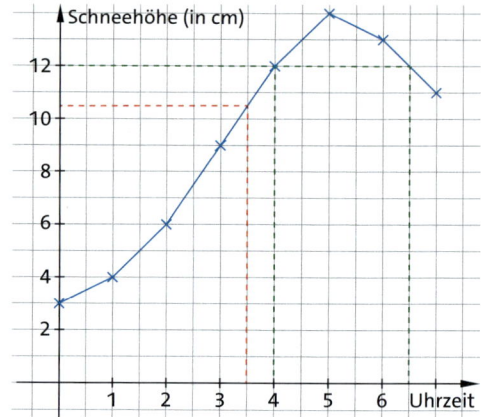

b) Lies am Graphen die Koordinaten des Punktes mit der x-Koordinate 3,5 ab.

Punkt: (3,5 | 10,5)
Um 3:30 Uhr betrug die Schneehöhe etwa 10,5 cm.

Lies am Graphen die Koordinaten der Punkte mit der y-Koordinate 12 ab.

Punkte: (4 | 12); (6,5 | 12)
Um 4:00 Uhr sowie um etwa 6:30 Uhr lag der Schnee 12 cm hoch.

Basisaufgaben

1 Der Graph zeigt den Höhenverlauf von Daniels Radtour. Daniel ist auf einer Höhe von 240 m über NN gestartet.
a) Gib an, auf welcher Höhe er 40 Minuten nach dem Start war.
b) Gib an, wann er sich erstmals unter 100 Metern befand.
c) Gib an, wann er die maximale Höhe erreichte.

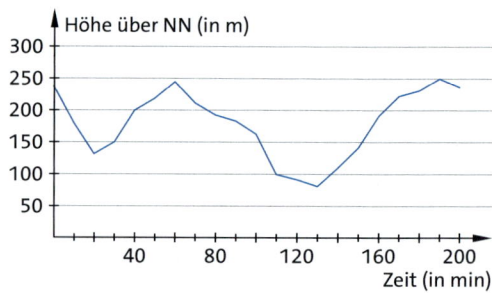

2 Skizziere einen Graphen der Zuordnung.
a) An einer Wetterstation wurde alle zwei Stunden die Temperatur gemessen.

Uhrzeit	0:00	2:00	4:00	6:00	8:00	10:00	12:00
Temperatur (in °C)	1	0	2	4	8	11	14

b) Mit einem GPS-Gerät wurde bei einer Fahrradtour die Höhe über NN aufgezeichnet.

Zeit (in min)	0	1	2	3	4	5	6	7	8
Höhe über NN (in m)	0	10	25	60	50	55	30	40	15

3 In Passau fließen die Flüsse Donau und Inn zusammen. Dort stieg der Hochwasserpegel am 4. Juni 2013 auf eine neue Rekordhöhe von 12,6 Metern. Eine Messstation hat die Pegelstände zehn Stunden lang (ab 0 Uhr) aufgezeichnet.
  a) Gib an, wie hoch der Pegelstand zu Beginn der Messung war.
  b) Gib an, wann die kritische Hochwassermarke von 12 m erreicht wurde. Schätze auch, wann wieder Entwarnung gegeben werden konnte. Notiere die zugehörigen Wertepaare.
  c) Gib an, wann der höchste Pegelstand der Messung erreicht wurde.

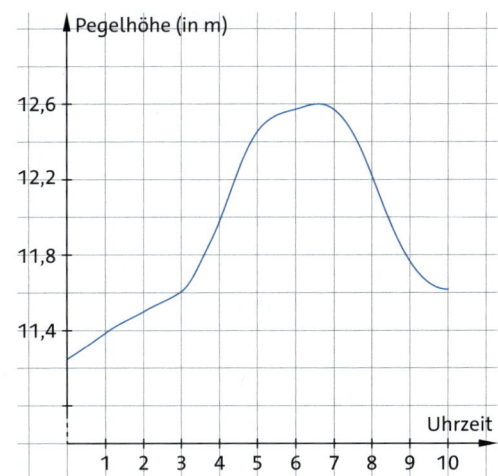

4 Julia, Lea und Darius haben jeweils Graphen zur Wertetabelle gezeichnet.

Anzahl der Äpfel	1	2	4	6	10
Preis (in €)	0,25	0,50	1,00	1,50	2,50

Julia: 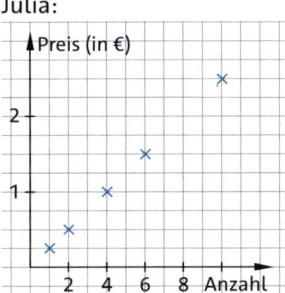 Lea: 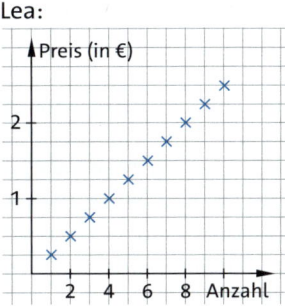 Darius: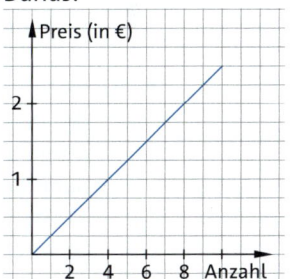

  a) Beschreibe die Unterschiede zwischen den Graphen.
  b) Gib an, welche Graphen passend sind und welche nicht. Begründe deine Antwort.

5 Durch die Wertetabelle ist eine Zuordnung gegeben. Entscheide jeweils, ob das Wertepaar (3,5 | ■) existiert oder nicht. Sollte es existieren, gib den Wert für ■ an.
  a)

Anzahl (Stifte)	1	3	5	7
Preis (in €)	1,50	4,50	7,50	10,50

  b)

Spargel (in kg)	0,5	1,0	1,5	5
Preis (in €)	4,00	8,00	12,00	40,00

6 Begründe, ob das Verbinden der Punkte des Graphen sinnvoll ist.
  a) Jahr → Anzahl der Geburten
  b) Geschwindigkeit → Bremsweg

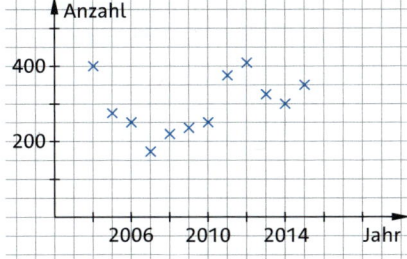 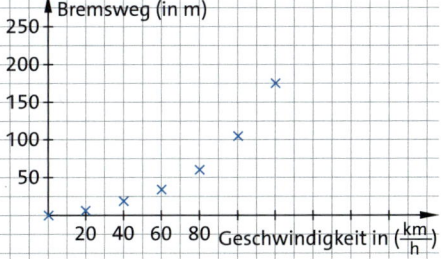

7 Skizziere den Graphen der Zuordnung, die jeder natürlichen Zahl kleiner 10 ihren doppelten Wert zuordnet.

Weiterführende Aufgaben

Zwischentest

8 Ibrahim interessiert sich für Meteorologie. Letztes Jahr hat er für die Zuordnung
Monat → Durchschnittstemperatur (in °C) diese Werte ermittelt:
(1|1,0); (2|0,9); (3|4,9); (4|11,6); (5|13,9); (6|16,5); (7|16,1); (8|17,7); (9|15,2);
(10|9,4); (11|4,5); (12|3,9)
a) Übertrage die Werte in eine Tabelle.
b) Stelle die Werte grafisch dar.
c) Begründe, ob du die Punkte des Graphen verbinden darfst.
d) Recherchiere die monatlichen Durchschnittstemperaturen für das letzte Jahr in deinem Wohnort. Stelle sie grafisch dar.

9 Stolperstelle: Die 6a hat den Verkehr vor der Schule beobachtet und jede volle Stunde notiert, wie viele Autos innerhalb der letzten 60 min vorbeigefahren sind. Tim meint, dass um 9:30 Uhr 100 Autos vorbeigefahren sind.
a) Begründe, dass Tim nicht recht hat.
b) Stelle die Daten so dar, dass solche Missverständnisse nicht auftreten können.

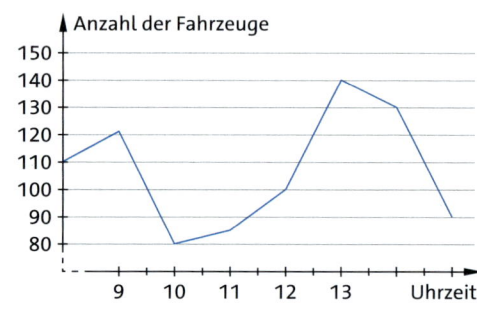

Hilfe

10 Im Schulgarten steht eine Regentonne. Mit einem Zollstock misst Sina täglich die Höhe des Wasserstands:
Montag 35 cm; Dienstag 39 cm; Mittwoch 42 cm; Donnerstag 42 cm; Samstag 44 cm; Sonntag 44 cm; Montag 45 cm; Dienstag 48 cm
a) Stelle Sinas Messwerte grafisch dar.
b) Am Freitag hat Sina vergessen, den Wert zu notieren. Schätze, wie hoch er gewesen sein könnte.
c) Begründe, an welchen Tagen es nicht geregnet (besonders stark geregnet) hat.

11 Betrachte die folgenden Zuordnungen:
Seitenlänge eines Quadrats → Umfang des Quadrats
Seitenlänge eines Quadrats → Flächeninhalt des Quadrats
a) Erstelle jeweils eine Wertetabelle für Seitenlängen von 1 cm bis 5 cm.
b) Zeichne die zugehörigen Graphen. Begründe, warum du für jeden Graphen ein eigenes Koordinatensystem zeichnen musst.

Hilfe

12 Tobias erzählt: „Ich bin mit meinem Hund zügig bis zum Park gegangen. Dort hat mein Hund zuerst an einer Birke geschnüffelt und ist dann weitergerannt zu einem Busch. Da hat er auf der Suche nach einem Kaninchen recht lange in der Erde gegraben. Schließlich sind wir langsamer als auf dem Hinweg zurück nach Hause gegangen."

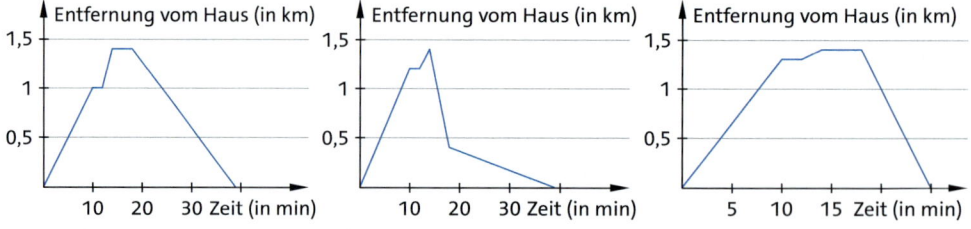

a) Begründe, welcher Graph zu Tobias' Beschreibung passt.
b) Beschreibe deinen heutigen Schulweg und erstelle einen Graphen dazu.

13 Erkläre, warum du keinen Graphen für die Zuordnung *Anzahl der Kinder → Augenfarbe* zeichnen kannst.

14 Selim und Luca treten im 100-m-Lauf gegeneinander an. Der Graph stellt die Zuordnung *Zeit (in s) → Strecke (in m)* dar.
 a) Gib an, wer von beiden nach einer Strecke von 50 Metern vorne lag.
 b) Gib an, wer den Lauf gewonnen hat.
 c) Beschreibe den Lauf als Sportreporter.

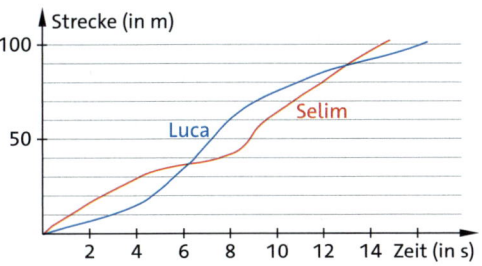

15 Judith fährt mit dem Fahrrad zu ihrer Oma. Der Graph zeigt, wie schnell Judith gefahren ist.
 a) Beschreibe ihre Fahrt und erkläre, warum sie manchmal langsam und manchmal schnell fährt.
 b) Erfinde selbst eine Geschichte für eine Fahrt mit dem Fahrrad oder einem anderen Verkehrsmittel. Zeichne einen passenden Graphen.
 c) Arbeitet zu zweit. Tauscht eure Geschichten aus und zeichnet einen passenden Graphen zur Geschichte. Vergleicht für jede Geschichte den neuen Graphen mit dem aus b).

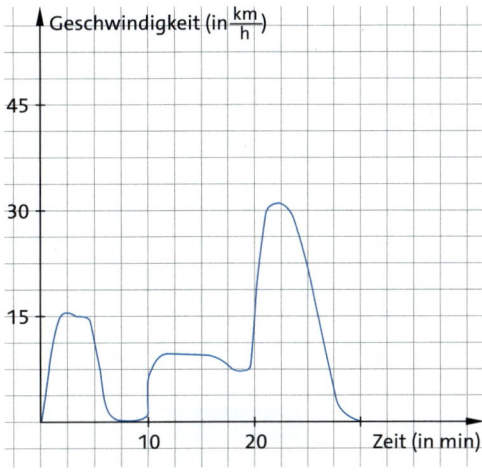

16 Ein Aquarium wird mit Wasser gefüllt. Ordne dem Becken den passenden Graphen zu.

a) 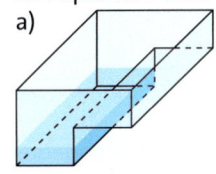 b) 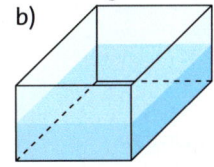 c) 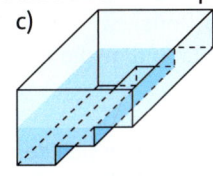 d)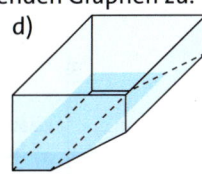

① 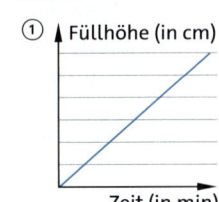 ② 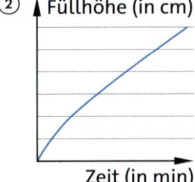 ③ 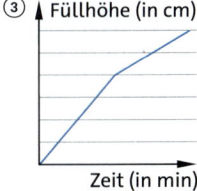 ④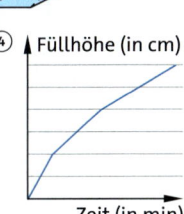

Hinweis
Der Begriff *Erlös* bezeichnet die Einnahmen der Firma aus dem Verkauf von Produkten.

17 Ausblick: Die Graphen zeigen die Kosten und den Erlös einer Firma in Abhängigkeit von der produzierten Stückzahl. Wenn der Erlös größer ist als die Kosten, macht die Firma Gewinn. Ermittle, wie viele Stücke die Firma mindestens produzieren muss, um Gewinn zu machen. Betrachte dafür die Zuordnungen *Stückzahl → Kosten (in €)* und *Stückzahl → Erlös (in €)*.

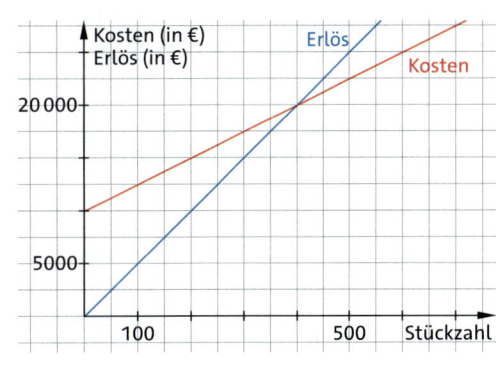

8.3 Proportionale Zuordnungen

Im Supermarkt gibt es einen festen Grundpreis für 100 g Käse. Auf ihm basierend wird der Preis für Käsestücke mit einem anderen Gewicht berechnet. Beschreibe, wie sich der Preis ändert, wenn es schwerer (leichter) als 100 g ist. Berechne dazu Beispiele.

Manche Zuordnungen haben besondere Eigenschaften. Ein Beispiel dafür sind „**Je mehr, desto mehr**"-Zuordnungen: Wenn der Ausgangswert steigt, dann steigt auch der zugeordnete Wert. Steigt der zugeordnete Wert in demselben Verhältnis wie der Ausgangswert, so nennt man eine solche Zuordnungen **proportional**.

> **Wissen**
>
> Für **proportionale Zuordnungen** gilt:
> — Verdoppelt (verdreifacht, vervierfacht …) man einen Ausgangswert, so verdoppelt (verdreifacht, vervierfacht …) sich auch der zugeordnete Wert.
> — Halbiert (drittelt, viertelt …) man einen Ausgangswert, so halbiert (drittelt, viertelt …) sich auch der zugeordnete Wert.
>
> In einem Koordinatensystem liegen alle Punkte einer proportionalen Zuordnung auf einer **Gerade durch den Ursprung**.

Erklärvideo

Beispiel 1 In einem Kiosk kann man sich eine Tüte Süßigkeiten selbst zusammenstellen. 100 g Süßigkeiten kosten 1,80 €, es gibt keinen Mengenrabatt.
a) Begründe, dass die Zuordnung *Gewicht → Preis* proportional ist.
b) Vervollständige die Tabelle.

Gewicht (in g)	Preis (in €)
100	1,80
200	
50	
300	

Lösung:
a) Beschreibe, wie sich der zugeordnete Wert verändert, wenn sich der Ausgangswert verdoppelt.

Da es keinen Mengenrabatt gibt, steigt der Preis in demselben Verhältnis wie das Gewicht. Verdoppelt sich das Gewicht, so verdoppelt sich auch der Preis.

b) Bei doppeltem Gewicht verdoppelt sich der Preis.
Bei halbem Gewicht halbiert sich der Preis.
Bei dreifachem Gewicht verdreifacht sich der Preis.

Gewicht (in g)	Preis (in €)
100	1,80
200	3,60
50	0,90
300	5,40

Basisaufgaben

1 Begründe, ob die Zuordnung proportional ist.
 a) Anzahl von Kuchenstücken → Preis (in €)
 b) Anzahl gebackener Muffins → Temperatur im Ofen (in °C)
 c) Anzahl der Teilnehmer an einer Quizshow → ausgeschüttete Gewinne (in €)
 d) Zahl x → ein Drittel von x

2 Gib Bedingungen an, unter denen die Zuordnung *Zeit (in s) → Akkuverbrauch des Smartphones* proportional ist.

3 Vervollständige die Tabelle für die proportionale Zuordnung.
  a) Anzahl Hände → Anzahl Finger

Anzahl Hände	1	3	5	10	25	40
Anzahl Finger			25			

  b) Anzahl Kartons → Anzahl Packungen

Anzahl Kartons	1	4	8	10	24	30
Anzahl Packungen			48			

4 Vervollständige die Tabelle. Die Zuordnung ist proportional.

a)

Anzahl Bücher	3	6	9	12	18
Gewicht (in g)		3,6			

b)

Anzahl Kiwis	2	4	6	8	12
Preis (in €)		1,60			

c)

Zeit (in h)		1	3		5
Weg (in km)	30		180	240	

d)

Menge (in ℓ)	1		5	10	20
Preis (in €)		2,95	5,90		

5 Zehn Blätter A4-Papier wiegen zusammen 50 g.
  a) Begründe, dass die Zuordnung *Anzahl Blätter → Gewicht (in g)* proportional ist.
  b) Vervollständige die Tabelle.

Anzahl Blätter	1		5	10	20	250	
Gewicht (in g)		10					2500

  c) Begründe, welcher der Graphen zur Zuordnung *Anzahl Blätter → Gewicht (in g)* gehört.

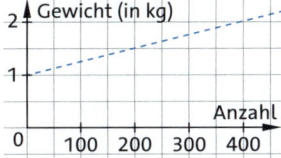 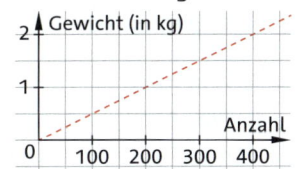 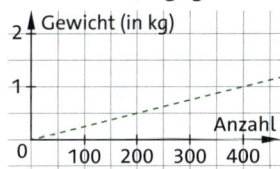

6 200 mℓ Apfelsaft enthalten 22 g Kohlenhydrate, 7 mg Vitamin C und 385 kJ Energie.
  a) Vervollständige die Tabelle.

Apfelsaft (in mℓ)	100	200	300	400	
Kohlenhydrate (in g)					66
Vitamin C (in mg)					
Energie (in kJ)					

  b) Zeichne den Graphen der Zuordnung *Apfelsaft (in mℓ) → Vitamin C (in mg)*.

7 Untersuche, ob es sich um den Graphen einer proportionalen Zuordnung handelt. Gib jeweils drei Wertepaare der Zuordnung an.

a) 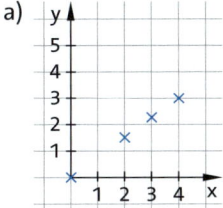   b)    c) 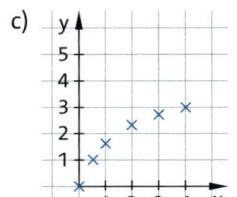   d)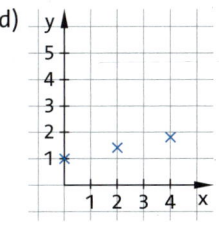

Weiterführende Aufgaben

Zwischentest

8 In einem Bananen-Kokos-Shake sollen für zwei Portionen eine Banane mit 120 mℓ Ananassaft, 180 mℓ Milch und 2 Esslöffeln Kokosraspeln püriert werden.
a) Schreibe einen Einkaufszettel für 30 Portionen.
b) Ermittle, wie viele Portionen man mit 1,5 ℓ Milch höchstens herstellen kann.
c) Bestimme, wie viele Bananen man braucht, wenn aus 1,8 ℓ Ananassaft möglichst viele Portionen hergestellt werden sollen.
d) Nenne drei proportionale Zuordnungen zum Sachverhalt. Erstelle jeweils eine Tabelle und zeichne dazu einen Graphen.

9 Die Darstellung zeigt die Preise für die gleiche Sorte Salami in verschiedenen Geschäften.
a) Zeichne für die Zuordnung *Gewicht (in g) → Preis (in €)* jeweils einen Graphen von 0 g bis 600 g.
b) Lies jeweils die Preise für 100 g Salami ab.
c) Überprüfe deine Lösungen aus b) rechnerisch mit den gegebenen Werten.
d) Formuliere zu jedem Graphen eine passende Vorschrift, mit der man die Preise für beliebige Gewichte berechnen kann.

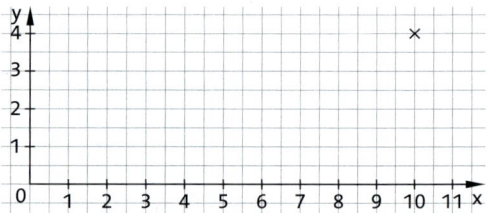

10 Gegeben ist ein Punkt eines Graphen einer proportionalen Zuordnung.
a) Übertrage die Zeichnung. Ergänze drei weitere Punkte des Graphen und erstelle eine Wertetabelle.
b) Nenne eine mögliche Sachsituation, die zu dem Graphen passt.

Hilfe

11 Frau Müller tauscht Geld. Für 20 Euro erhält sie 150 dänische Kronen (DKK).
a) Ermittle den Wechselkurs für die Zuordnung *Euro → Kronen*.
b) Berechne, wie viele Kronen man für 10 Euro (80 Euro; 90 Euro) bekommt.
c) Erkläre, wie man beim Wechsel von Euro in Kronen den Betrag in Kronen berechnet.
d) Erkläre, wie man beim Wechsel von Kronen in Euro den Betrag in Euro berechnet.

⚠ 12 Stolperstelle: Carla sollte Beispiele für proportionale Zuordnungen finden. Beurteile ihre Lösung.
Situation:
Guthabenkarte mit 20 € für ein Handy, eine Gesprächsminute kostet 9 Cent.
Proportionale Zuordnungen:
Anzahl Gesprächsminuten → Guthaben
Anzahl Gesprächsminuten → Kosten

13 Prüfe, ob die Zuordnung proportional ist. Falls ja, berechne die fehlenden Werte.

a)
Anzahl der Übernachtungen	1	2	6	8	10
Preis (in €)		216,00	453,60		

b)
Anzahl der Papierpakete	1	5	13	15	17
Preis (in €)		19,95	51,87		

Hilfe

14 „Je mehr, desto mehr"-Zuordnungen: Bei einer „Je mehr, desto mehr"-Zuordnung wächst mit der einen Größe auch die andere Größe.
Beispiel: Fahrzeit → Kilometerzahl
„Je mehr Zeit vergangen ist, desto mehr Kilometer hat man geschafft."
a) Gib an, welche Zuordnungen „Je mehr, desto mehr"-Zuordnungen sind. Skizziere für alle „Je mehr, desto mehr"-Zuordnungen einen möglichen Graphen.
b) Gib an, welche Zuordnungen proportionale Zuordnungen sind.

① Anzahl der Briefmarken → Preis

② Alter eines Baumes → Baumgröße

③ Seitenlänge eines Quadrats → Flächeninhalt des Quadrats

④ Wohnfläche → Mietpreis

⑤ Anzahl der T-Shirts → Gesamtpreis (ab 3 Stück 10 % Rabatt)

⑥ Menge der Nudeln → Kochzeit

⑦ Kilometer → Taxi-Kosten (Grundgebühr plus Kilometerpreis)

15 a) Begründe die Aussage:
Jede proportionale Zuordnung ist eine „Je mehr, desto mehr"-Zuordnung.
b) Finde eine „Je mehr, desto mehr"-Zuordnung, die aber nicht proportional ist.
c) Erkläre anhand eines Beispiels, dass eine „Je mehr, desto mehr"-Zuordnung dasselbe ist wie eine „Je weniger, desto weniger"-Zuordnung.

 16 Diskutiert in der Klasse, welche Sätze zu einer proportionalen Zuordnung passen.

① Alle Werte werden gleichmäßig größer.

② Wenn die eine Größe kleiner wird, dann wird auch die andere Größe kleiner.

③ In einer Tabelle multipliziert man von links nach rechts immer mit derselben Zahl.

④ Pro „Portion" kostet es immer das Gleiche.

Hilfe

17 In der Tabelle sind Weltrekordzeiten für verschiedene Laufstrecken der Männer enthalten.

Strecke	100 m	200 m	400 m	800 m	1500 m	5000 m	10 000 m
Zeit	9,58 s	19,19 s	43,18 s	1:41 min	3:26 min	12:37 min	26:18 min

a) Schreibe alle Zeitangaben in Sekunden.
b) Zeige anhand der Werte, dass die Zuordnung *Laufstrecke (in m) → Zeit (in s)* nicht proportional ist. Begründe, warum das so ist.
c) Nimm an, dass die Zuordnung *Laufstrecke (in m) → Zeit (in s)* proportional ist. Ermittle dann mithilfe des Weltrekords für 100 m, welche Rekordzeit zu 400 m (zu 800 m; zu 1500 m) gehören würde. Gib jeweils auch den Unterschied zur tatsächlichen Weltrekordzeit an.

18 Ausblick: Ein Stapel aus 100 Ein-Euro-Münzen ist 23,3 cm hoch.
a) Ermittle, wie viele solcher Münzen ein Stapel haben müsste, der so groß ist wie du.
b) Berechne, wie viele Münzen ein Stapel haben müsste, der so hoch ist wie der Berliner Fernsehturm (368 m).

8.3 Proportionale Zuordnungen 251

8.4 Dreisatz für proportionale Zuordnungen

Nils hat drei Meerschweinchen, die jeden Tag 270 g Futter benötigen. Ermittle, wie viel Futter ein Meerschweinchen pro Tag braucht. Bestimme die tägliche Futtermenge für vier Meerschweinchen.

Kennt man von einer proportionalen Zuordnung ein Wertepaar (außer (0|0)), so kann man mit dem **Dreisatz** daraus alle anderen Wertepaare berechnen.

Wissen

Die Werte proportionaler Zuordnungen kann man in 3 Schritten berechnen (**Dreisatz**):
① Aufschreiben des Ausgangswerts und des zugeordneten Werts
② Schluss auf „die **Eins**" oder einen günstigen **Hilfswert** durch Division (Multiplikation)
③ Schluss auf den gesuchten Wert durch Multiplikation (Division)

Erklärvideo

Beispiel 1 Die Zuordnung *Menge → Preis* ist proportional.
a) 8 kg Kirschen kosten 48 €. Berechne den Preis für 3 kg Kirschen.
b) 500 g Erdbeeren kosten 2,90 €. Berechne den Preis für 750 g Erdbeeren.

Lösung:
a) Rechne in drei Schritten in einer Tabelle.
  ① Bekannt: 8 kg ↦ 48 €
  ② Schluss auf „die Eins":
     Dividiere die Werte in beiden Spalten **durch 8**.
  ③ Schluss auf den gesuchten Wert:
     Multipliziere für den Preis von 3 kg **mit 3**.

Hinweis

Bei jedem Schritt muss in beiden Spalten dieselbe Rechenoperation angewendet werden.

Menge (in kg)	Preis (in €)
8	48
1	6
3	18

(:8, ·3) (:8, ·3)

3 kg Kirschen kosten 18 €.

b) Rechne in drei Schritten in einer Tabelle.
  ① Bekannt: 500 g ↦ 2,90 €
  ② Schluss auf den Hilfswert 250 g:
     Dividiere die Werte in beiden Spalten **durch 2**.
  ③ Schluss auf den gesuchten Wert:
     Multipliziere für den Preis von 750 g **mit 3**.

Menge (in g)	Preis (in €)
500	2,90
250	1,45
750	4,35

(:2, ·3) (:2, ·3)

750 g Erdbeeren kosten 4,35 €.

Basisaufgaben

1 Die Zuordnung ist proportional. Vervollständige die Rechnung.

a)
Anzahl der Karten	Preis (in €)
3	4,20
1	☐
5	☐

b)
Gewicht (in g)	Preis (in €)
500	7,00
100	☐
800	☐

c)
Anzahl der Münzen	Höhe des Münzstapels (in cm)
8	1,36
☐	☐
75	☐

(:8)

2 Die Zuordnung *Zeit → Anzahl gedruckter Seiten* ist proportional. Für 250 Seiten benötigt der Drucker 5 Minuten. Berechne, wie viele Seiten er in 12 Minuten druckt.

3 Begründe, dass die Zuordnung proportional ist. Löse die Aufgabe dann mit dem Dreisatz.

a) Vier Kugeln Eis kosten 7,20 €. Berechne, wie teuer drei Kugeln (fünf Kugeln) Eis sind.

b) Für eine Familie kosten drei Tage auf einem Campingplatz 114 €. Berechne, wie viel eine Woche Aufenthalt kostet.

c) Ein Flugzeug legt in drei Stunden 2640 km zurück. Berechne, wie weit es in 2,5 Stunden fliegt.

d) Ein Lüfter dreht sich mit 2400 Umdrehungen pro Minute. Berechne, wie oft sich der Lüfter in 10 Sekunden dreht.

e) Für sechs identische Fertighäuser bezahlt ein Investor 3,3 Mio. €. Berechne, wie viel er für neun Häuser bezahlen müsste.

4 Aus 250 kg Äpfeln erzeugt eine Apfelmosterei etwa 125 Liter Apfelsaft.
a) Berechne, wie viele Liter Apfelsaft aus 20 kg Äpfeln gewonnen werden können.
b) Berechne, wie viele Kilogramm Äpfel man für 20 Liter Apfelsaft benötigt.

Weiterführende Aufgaben

Zwischentest

5 Berechne die fehlenden Werte der proportionalen Zuordnung. Suche dazu günstige Hilfswerte. Erkläre deine Lösung.

a)
Wert 1	Wert 2
20	60
■	■
70	■

b)
Wert 1	Wert 2
850	595
■	■
400	■

c)
Wert 1	Wert 2
0,3	60
■	■
0,8	■

6 Ein Liter Limonade enthält 110 g Zucker. Joshio, Marek und Erla berechnen, wie viel Zucker eine Sechserpackung mit 250-ml-Flaschen enthält. Setze alle Rechenwege fort und vergleiche sie.

Rechenweg von Joshio:

Limonade (in ml)	Zucker (in mg)
1000	110
: 1000 ↓	↓ : 1000
...	...

Rechenweg von Marek:

Limonade (in ml)	Zucker (in mg)
1000	110
: 4 ↓	↓ : 4
...	...

Rechenweg von Erla:

Limonade (in ml)	Zucker (in mg)
1000	110
: 2 ↓	↓ : 2
...	...

7 Zweisatz: Löse die Aufgabe ohne Schluss auf die Eins.
Beispiel: 5 Tintenpatronen kosten 1,05 €.
  Weil 5 · 2 = 10 ist, kosten 10 Patronen 1,05 € · 2 = 2,10 €.
a) 2 Brote kosten 5,50 €. Berechne den Preis für 4 Brote.
b) 5 m Stoff kosten 46 €. Berechne, wie viel Stoff man für 23 € bekommt.
c) 6 Tennisbälle wiegen 348 g. Berechne, wie viel 3 Tennisbälle wiegen.

8 Dilara möchte zu ihrem Geburtstag 30 Muffins backen. Berechne die Menge der Zutaten, die sie benötigt.

> **Zutaten für 12 Muffins**
> 100 g Butter oder Margarine, 110 g Zucker,
> ½ Päckchen Vanillezucker, 3 Eier, 250 g Mehl,
> 1 Päckchen Backpulver, 4 EL Milch

⚠ **9 Stolperstelle:**
a) Lea kauft 8 Batterien für 4,68 €. Zwei davon gibt sie ihrem Bruder. Lea berechnet, wie viel er ihr dafür bezahlen muss:
„Ich wende den Dreisatz an: 8 : 4,68 = 1,71 und 1,71 · 2 = 3,42, also muss er 3,42 € zahlen."
Nimm Stellung.
b) Thomas meint: „Zu dritt brauchen wir für unseren Schulweg 30 Minuten. Also brauchen wir zu zweit nur 20 Minuten." Nimm Stellung.

10 Ein Rezept sieht für 6 Portionen 100 g Mehl vor.
a) Erkläre, wie die Mehlmenge für 15 Portionen berechnet wurde.

Julia:

Personen	Mehl (in g)
6	100
1	16,6̄
15	250

Jamie:

Personen	Mehl (in g)
6	100
1	$\frac{100}{6}$
15	$\frac{100}{6} \cdot 15 = \frac{100}{2} \cdot 5 = 250$

Isabelle:

Personen	Mehl (in g)
6	100
3	50
15	250

Alexander:

Personen	Mehl (in g)
6	100
15	$100 \cdot \frac{15}{6} = 100 \cdot \frac{5}{2} = 250$

b) Gib an, welchen Rechenweg du am einfachsten findest. Berechne auf diesem Rechenweg die Mehlmenge für 21 Portionen.

11 Ermittle, welches Angebot pro Stück günstiger ist.

a)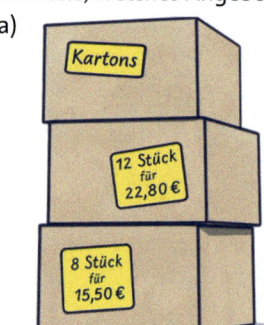

b)

c)

Hilfe

12 Ein 2 m langer Pfahl wirft einen 5 m langen Schatten. Zur gleichen Zeit wirft ein Baum einen 28 m langen Schatten. Ermittle die Höhe des Baums.

8 Zuordnungen und Proportionalität

Info

Im Supermarkt steht der Grundpreis meist mit auf dem Preisschild, zum Beispiel 1,59 € / 100 g.

13 Berechne den Grundpreis des Lebensmittels. Entscheide, welche Einheit für die Angabe des Grundpreises sinnvoll ist.

pro ℓ	pro 100 g	pro kg	pro Stück

a) 300 g Käse .... 4,47 €   b) 0,75 ℓ Olivenöl .... 4,29 €
c) 250 g Butter .... 0,85 €   d) 330 ml Limonade .... 0,99 €
e) 1,5 kg Kartoffeln .... 3,49 €   f) 3 Gurken .... 1,95 €

14 Untersuche, ob man die Aufgabe mit dem Dreisatz lösen kann. Gib Gründe an, warum man mit dem Dreisatz rechnen kann oder warum nicht.
  a) Frau Meier fährt mit dem Auto in 3 Stunden 195 km. Nach einer Pause fährt sie noch einmal 2 Stunden. Berechne die Strecke, die sie insgesamt zurückgelegt hat.
  b) Ein Fußballer hat in 8 Spielen 5 Tore geschossen. Berechne, wie viele Tore er in den restlichen 26 Spielen der Saison schießen wird.
  c) Eine Tiefkühlpizza muss 20 Minuten im Ofen gebacken werden. Gib an, wie lange das Backen von drei Tiefkühlpizzen dauert.

Hilfe

15 Ein Auto verbraucht auf 100 km zwischen 5 und 8,1 Liter Benzin. Wie viel Benzin sollte man mindestens im Tank haben, wenn man mit dem Auto 580 km ohne Pause fahren möchte? Begründe deine Empfehlung.

16 Der Schall benötigt für eine Strecke von 1000 m ungefähr 3 Sekunden. Den Blitz sieht man dagegen sofort.
Berechne, wie weit die Stelle eines Blitzeinschlags von dir entfernt ist, wenn du den Donner 5 Sekunden nach dem Aufleuchten des Blitzes hörst.

Hilfe

17 Doppelter Dreisatz:
  a) Zehn Arbeiter benötigen fünf Tage, um 225 m² Pflaster zu verlegen. Berechne, wie viel Pflaster sechs Arbeiter in acht Tagen bei gleichen Arbeitsbedingungen verlegen. Löse die Aufgabe schrittweise:
    ① Ermittle, wie viele Quadratmeter Pflaster zehn Arbeiter in acht Tagen verlegen.
    ② Ermittle, wie viele Quadratmeter Pflaster sechs Arbeiter in acht Tagen verlegen.
  b) Erkläre, warum man diese Lösungsstrategie „doppelten Dreisatz" nennen kann.
  c) Fünf Erntehelfer stechen in acht Stunden zusammen 200 kg Spargel. Berechne mit dem doppelten Dreisatz, wie lange drei Erntehelfer brauchen, um 75 kg Spargel zu stechen. Ermittle auch, wie viele Erntehelfer man braucht, um in 12 Stunden 540 kg Spargel zu stechen.

18 Ausblick: Bei einem Online-Versandhandel kostet eine Packung Gummibänder 1,99 €. Dazu kommen für jede Bestellung 1,30 € Versandkosten.
  a) Stelle eine Rechenvorschrift auf, mit der man den Preis für beliebig viele Packungen ohne Versandkosten berechnen kann.
  b) Stelle eine Rechenvorschrift auf, mit der man den Preis für beliebig viele Packungen mit Versandkosten berechnen kann.
  c) Stelle die Zuordnungen *Anzahl Packungen → Kosten* mit und ohne Versandkosten im gleichen Koordinatensystem grafisch dar. Beschreibe, was dir auffällt.

8.4 Dreisatz für proportionale Zuordnungen

8.5 Antiproportionale Zuordnungen

Vier Freunde teilen sich eine Tüte Gummibärchen. Jeder erhält 15 Stück.
Beschreibe, wie sich die Größe der Portion pro Person ändert, wenn es mehr (weniger) Freunde werden. Berechne dazu Beispiele.

Es gibt Zuordnungen, die sich genau umgekehrt zu proportionalen Zuordnungen verhalten. Bei diesen gilt: Verdoppelt sich der Ausgangswert, so halbiert sich der zugeordnete Wert. Zuordnungen mit dieser Eigenschaft heißen **antiproportionale** Zuordnungen.

Hinweis

Eine Hyperbel hat die folgende Gestalt:

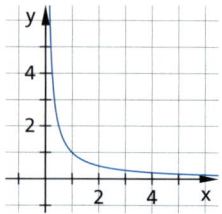

Erklärvideo

Wissen

Für **antiproportionale Zuordnungen** gilt:
- Verdoppelt (verdreifacht, vervierfacht ...) man den Ausgangswert, so halbiert (drittelt, viertelt ...) sich der zugeordnete Wert.
- Halbiert (drittelt, viertelt ...) man den Ausgangswert, so verdoppelt (verdreifacht, vervierfacht ...) sich der zugeordnete Wert.

In einem Koordinatensystem liegen alle Punkte einer antiproportionalen Zuordnung auf einer fallenden, gekrümmten Kurve, die keine der Koordinatenachsen schneidet. Diese Kurve nennt man **Hyperbel**.

Beispiel 1

Zehn Personen machen eine Gruppenfahrt. Für die Busfahrt ist, unabhängig von der Personenanzahl, ein Festpreis von 300 € zu zahlen.
a) Begründe, dass die Zuordnung *Anzahl Personen → Preis pro Person* antiproportional ist.
b) Vervollständige die Tabelle.

Anzahl Personen	Preis pro Person (in €)
10	30
20	
5	
30	

Lösung:
a) Beschreibe, wie sich der zugeordnete Wert verändert, wenn sich der Ausgangswert verdoppelt.

Da es sich um einen Festpreis handelt, wird er unter allen Personen aufgeteilt. Verdoppelt sich die Personenanzahl, so sinkt der Preis pro Person auf die Hälfte.

b) Bei doppelter Personenanzahl halbiert sich der Preis.
Bei halber Personenanzahl verdoppelt sich der Preis.
Bei dreifacher Personenanzahl drittelt sich der Preis.

Anzahl Personen	Preis pro Person (in €)
10	30
20	15
5	60
30	10

Basisaufgaben

1 Begründe, ob die Zuordnung antiproportional ist.
a) beim Spielen mit 120 Murmeln: Anzahl der Spieler → Anzahl der Murmeln pro Spieler
b) beim Rechnen mit Brüchen: Zahl x → die Hälfte von x
c) Jahreskarte für den Zoo: Anzahl der Besuche → Kosten pro Besuch
d) beim Smartphone: Anzahl der Fotos → freier Speicherplatz

2 Alma hat eine große Tüte mit Schokolinsen. Sie möchte alle Schokolinsen auf mehrere Schalen für ihre Freunde verteilen. Gib an, unter welcher Bedingung die Zuordnung *Anzahl der Schalen → Schokolinsen pro Schale* antiproportional ist.

3 Vervollständige die Tabelle für die antiproportionale Zuordnung.

a)
Anzahl der Portionen	Größe der Portionen (in g)
1	
2	250
4	
5	
8	
10	

b)
Verbrauch für 100 km (in ℓ)	Fahrstrecke (in km)
3	
4,5	
6	900
7,5	
9	
12	

4 Vervollständige die Tabelle. Die Zuordnung ist antiproportional.

a)
Umzugshelfer	1	2	3	4	6
Dauer des Umzugs (in h)		12			

b)
Urlaubstage	3	4	8	9	12
Budget pro Tag (in €)		84			

c)
Geschwindigkeit (in km/h)	4	10	20	30	40
Zeitbedarf für 40 km (in h)			2		

d)
Fläche einer Fliese in cm²	25	40	100	200	400
Anzahl der Fliesen je m²					25

5 Ein Rechteck hat einen Flächeninhalt von 24 cm² und die Seitenlängen a und b.
a) Ergänze die Tabelle.

Seitenlänge a (in cm)	1		2	6	9,6	10	
Seitenlänge b (in cm)		16					1,5

b) Begründe, dass die Zuordnung *Seitenlänge a → Seitenlänge b* antiproportional ist.
c) Trage die Wertepaare in ein Koordinatensystem ein und verbinde sie zu einer Hyperbel.

6 Vier Wasserleitungen füllen ein Schwimmbecken in 8 Stunden vollständig mit Wasser auf.
a) Vervollständige die Tabelle.

Anzahl Leitungen	2	3	4	6	8	16	24
Dauer (in h)			8				

b) Begründe, dass die Zuordnung *Anzahl der Leitungen → Dauer* antiproportional ist.
c) Trage die Wertepaare in ein Koordinatensystem ein. Begründe, ob ein Verbinden der Punkte sinnvoll ist.

7 Untersuche, ob es sich um den Graphen einer antiproportionalen Zuordnung handeln kann.

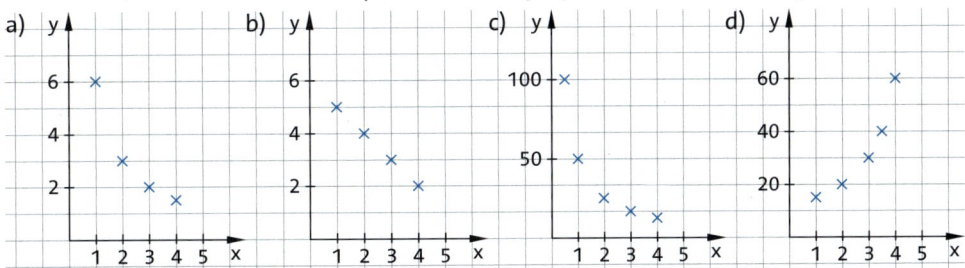

Weiterführende Aufgaben

Hilfe

Zwischentest

8 Eine Tippgemeinschaft aus zwei Personen gewinnt 2400 €.
  a) Berechne, wie viel Euro jede Person bei gleichem Einsatz bekommt.
  b) Berechne, wie viel Euro es bei 3 (4; 15) Personen wären.
  c) Entscheide, ob die Zuordnung *Anzahl der Personen → Gewinn pro Person (in €)* eine antiproportionale Zuordnung ist. Begründe deine Aussage.

9 Hyperbel: Zeichne den Graphen der antiproportionalen Zuordnung. Verbinde die Punkte.

x	1	2	3	4	5	6	10	12
y	60	30	20	15	12	10	6	5

10 Stolperstelle: Greta hat die Temperaturen am Abend gemessen und notiert.
18 Uhr: 8 °C   19 Uhr: 4 °C   20 Uhr: 2 °C
Sie stellt fest: „Die Zuordnung *Vergangene Stunden seit 18 Uhr → Temperatur* ist antiproportional, da sich die Temperatur jede Stunde halbiert." Erkläre ihren Fehler.

11 „Je mehr, desto weniger"-Zuordnungen: Bei „Je mehr, desto weniger"-Zuordnungen nimmt der zugeordnete Wert ab, wenn sich der Ausgangswert erhöht.
  a) Gib zwei Beispiele für „Je mehr, desto weniger"-Zuordnungen an.
  b) Begründe, dass jede antiproportionale Zuordnung eine „Je mehr, desto weniger"-Zuordnung ist.
  c) Begründe, dass nicht jede „Je mehr, desto weniger"-Zuordnung eine antiproportionale Zuordnung ist.

Hilfe

12 Die Zuordnung *Durchschnittsgeschwindigkeit → Fahrzeit* ist antiproportional.
  a) Vervollständige die Tabelle und skizziere den Graphen der Zuordnung.

Durchschnittsgeschwindigkeit (in km/h)	120	80	60	40	30
Fahrzeit (in h)		3			

  b) Berechne die Länge der Fahrstrecke.
  c) Ein Autofahrer erhöht seine Durchschnittsgeschwindigkeit auf der Strecke von 120 km/h auf 150 km/h. Ermittle, wie viel Zeit er dadurch spart.

Erinnere dich

$1\,m^3 = 1000\,\ell$

13 Das zweitgrößte Schwimmbecken der Welt in Chile fasst 250 000 m³ Wasser. Zur Reinigung des Beckens wird das Wasser zweimal im Jahr komplett abgepumpt.
  a) Eine Pumpe pumpt pro Stunde 125 000 ℓ Wasser ab. Ermittle, wie lange es beim Einsatz einer Pumpe (5, 10, 25 oder 50 Pumpen) dauert, bis das Becken vollständig geleert ist. Lege hierzu eine Tabelle an.
  b) Berechne den Anteil des Beckens, den eine Pumpe in zwei Tagen bei durchgehendem Pumpenbetrieb leeren kann. Ermittle dann, wie viele Pumpen gleichzeitig arbeiten müssen, um das Becken innerhalb von zwei Tagen zu leeren.

14 Ausblick: Sarina untersucht die Zuordnung *Seitenlänge a → Flächeninhalt A eines Quadrats*.
  a) Vervollständige die Wertetabelle.

a (in cm)	0	1	2	3	4	5	6	7
A (in cm²)								

  b) Begründe, dass diese Zuordnung weder proportional noch antiproportional ist.
  c) Zeichne den Graphen der Zuordnung und beschreibe den Verlauf.

8.6 Dreisatz für antiproportionale Zuordnungen

Drei Roboter benötigen sechs Stunden, um die Arbeiten für einen Auftrag auszuführen.
a) Ermittle, wie lange ein Roboter braucht, um den Auftrag alleine auszuführen.
b) Berechne, wie lange fünf Roboter für den Auftrag brauchen würden.

> **Wissen**
>
> Die Werte antiproportionaler Zuordnungen kann man in 3 Schritten berechnen (**Dreisatz**):
> ① Aufschreiben des Ausgangswerts und des zugeordneten Werts
> ② Schluss auf „die **Eins**" oder einen günstigen **Hilfswert** durch Division (Multiplikation) des Ausgangswerts und Multiplikation (Division) des zugeordneten Werts
> ③ Schluss auf den gesuchten Wert durch Multiplikation (Division) des Ausgangswerts und Division (Multiplikation) des zugeordneten Werts

Erklärvideo

> **Beispiel 1** Die Zuordnung *Anzahl Tiere → Zeit, die das Futter reicht* ist antiproportional.
> a) 100 kg Futter reichen für 4 Ferkel 5 Wochen. Berechne, wie lange es für 5 Ferkel reicht.
> b) 1,5 kg Futter reichen für 20 Mäuse 15 Tage. Berechne, wie lange es für 30 Mäuse reicht.
>
> **Lösung:**
> a) Rechne in drei Schritten in einer Tabelle.
>   ① Bekannt: 4 Ferkel ↦ 5 Wochen
>   ② Schluss auf die „Eins":
>   Dividiere die Anzahl der Ferkel durch 4,
>   multipliziere die Anzahl der Wochen mit 4.
>   ③ Schluss auf den gesuchten Wert:
>   Dividiere für 5 Ferkel die Anzahl der Wochen durch 5.
>
> b) Rechne in drei Schritten in einer Tabelle.
>   ① Bekannt: 20 Mäuse ↦ 15 Tage
>   ② Schluss auf 10 Mäuse:
>   Dividiere die Anzahl der Mäuse durch 2,
>   multipliziere die Anzahl der Tage mit 2.
>   ③ Schluss auf den gesuchten Wert:
>   Dividiere für 30 Mäuse die Anzahl der Tage durch 3.

Hinweis

Bei jedem Schritt muss in der rechten Spalte die jeweils umgekehrte Rechenoperation wie in der linken Spalte angewendet werden.

Anzahl Ferkel	Zeit (in Wochen)
4	5
1	20
5	4

(:4, ·5 links; ·4, :5 rechts)

Für 5 Ferkel reicht das Futter 4 Wochen.

Anzahl Mäuse	Zeit (in Tagen)
20	15
10	30
30	10

(:2, ·3 links; ·2, :3 rechts)

Für 30 Mäuse reicht das Futter 10 Tage.

Basisaufgaben

1 Die Zuordnung ist antiproportional. Vervollständige die Tabelle.

a)
Anzahl der Portionen	Gewicht pro Portion (in g)
20	1000
□	1
□	12

b)
Anzahl der Arbeiter	benötigte Zeit (in h)
6	120
□	□
□	8

c)
Geschwindigkeit (in km/h)	Dauer der Radtour (in h)
18	4
□	□ (·3)
12	□

2. Die Zuordnung *Anzahl der Umzugshelfer → Dauer des Umzugs* ist antiproportional. Mit 2 Helfern würde der Umzug 12 Stunden dauern. Berechne, wie lange er mit 3 Helfern dauert.

3. Drei Personen teilen sich ein Taxi. Am Ende muss jeder 10,20 € bezahlen. Berechne, wie viel jeder bezahlen müsste, wenn sich vier Personen das Taxi teilen.

4. Begründe, unter welchen Bedingungen die Zuordnung antiproportional ist. Löse die Aufgabe dann mit dem Dreisatz.

   a) Von vier Freunden bekommt jeder drei Waffeln.
   Berechne, wie viele Waffeln jeder von sechs Freunden bekommt.

   b) Eine Dose Futter reicht bei sechs Diskusfischen 80 Tage.
   Berechne, wie lange das Futter bei acht Diskusfischen reicht.

   c) Bei durchschnittlich 10 km/h dauert eine Radtour 6 h. Berechne, wie lange sie bei durchschnittlich 12 km/h dauert.

   d) Acht Leitungen füllen ein Becken in 300 min. Berechne, wie viele Leitungen das Becken in 4 h füllen.

   e) Mit 16 MBit/s dauert der Download des Films anderthalb Stunden. Berechne, wie lange der Download des Films mit 100 MBit/s dauert.

5. Sören fährt für 8 Tage in den Urlaub. Von seinem Geld kann er jeden Tag 12,50 € ausgeben.
   a) Berechne, wie viel Geld Sören mit in den Urlaub nimmt.
   b) Berechne, welchen Betrag Sören täglich ausgeben dürfte, wenn er 5 Tage (10 Tage) in den Urlaub fahren würde.

Weiterführende Aufgaben

Zwischentest

6. Für 10 Hamster reicht das Futter 60 Tage. Es soll berechnet werden, wie lange das Futter für 15 Hamster reicht.
   Setze beide Rechenwege fort und vergleiche sie. Begründe, wie du rechnen würdest.

   Rechenweg von Erik:

Anzahl der Hamster	Futter reicht für ... Tage.
: 10 ↙ 10	60 ↘ · 10
...	...

   Rechenweg von Janna:

Anzahl der Hamster	Futter reicht für ... Tage.
: 2 ↙ 10	60 ↘ · 2
...	...

7. **Zweisatz:**
   a) Erkläre die Rechnung: Zehn 1,5-ℓ-Flaschen Wasser sollen in 0,5-ℓ-Flaschen umgefüllt werden. Es gilt 1,5 : 0,5 = 3, also müssen 3 · 10 = 30 von den kleineren Flaschen befüllt werden.
   b) Löse die Aufgabe ohne Schluss auf die Eins: Zwei Personen brauchen für das Falten von 1000 Servietten etwa 9 Stunden. Bestimme, wie viel Zeit 12 Personen für diese Arbeit benötigen.

Hilfe

8 Herr Bussmann besitzt 5 Pferde. Eine Haferlieferung reicht normalerweise für 6 Tage.
  a) Für einige Zeit stehen 2 Tiere weniger im Stall. Berechne, wie lange eine Haferlieferung nun reicht.
  b) Ermittle, wie viele Pferde im Stall stehen dürften, damit eine Haferlieferung für 15 Tage reicht.
  c) Gib an, wie lange eine dreimal so große Haferlieferung für 5 Pferde reicht.

⚠ **9 Stolperstelle:** Nimm Stellung zu Alphonsos Überlegungen.
  a) Zwei Pumpen tanken ein Frachtschiff in 3 Stunden voll. Berechne, wie lange drei Pumpen brauchen würden.
  Alphonsos Lösung: „Zuerst dividiere ich durch 2: Eine Pumpe braucht 1,5 Stunden. Dann multipliziere ich mit 3: Drei Pumpen brauchen 4,5 Stunden."
  b) Drei Handwerker bauen eine Schrankwand in 10 Stunden auf. Alphonso überlegt:
  „60 Handwerker hätten nach dem Dreisatz also nur eine halbe Stunde gebraucht."

10 Eine Fluggesellschaft hat sieben voll besetzte Sonderflüge mit der Boeing 737-700 geplant, die bis zu 144 Personen transportieren kann. Kurzfristig muss die Fluggesellschaft jedoch umplanen und stattdessen den Airbus A320-200 mit 174 Plätzen einsetzen.
Berechne, wie viele Flüge mit dem Airbus nun nötig sind.

11 Die 26 Kinder der Klasse 6b waren für drei Tage auf Klassenfahrt in einer Jugendherberge. Die Gesamtrechnung für Übernachtung und Verpflegung betrug 1417 €.
  a) Kurz darauf fährt die Klasse 6a mit 32 Kindern für drei Tage in die gleiche Jugendherberge. Sie bekommt den gleichen Preis pro Person. Ermittle den Betrag der Gesamtrechnung für die 6a.
  b) An einem Tag besucht die Klasse 6b einen Freizeitpark. Für den Bus musste jedes Kind 5,50 € bezahlen. Die 6a bucht einen Bus zum gleichen Festpreis. Berechne, wie viel jedes Kind aus der 6a für den Bus bezahlen muss.

Hilfe

12 Zwei Arbeiter reinigen eine Fassade. Sie brauchen dafür drei Arbeitstage. Jeder Arbeitstag hat acht Stunden.
  a) Der Chef der Reinigungsfirma möchte, dass die Arbeit in zwei Tagen erledigt wird. Berechne, wie viele zusätzliche Arbeiter er hinzunehmen muss.
  b) Ermittle, wie viele Arbeiter die Reinigung in zwei Stunden schaffen.
  c) Beurteile, unter welchen Bedingungen die Ergebnisse aus a) und b) sinnvoll sind.

13 Sechs Maschinen benötigen für eine Arbeit 30 Stunden. Nach 20 Stunden fällt eine Maschine aus. Bestimme, wie lange die Arbeit nun dauert.

14 Ausblick: Ein Elektronikhändler bietet eine Spielekonsole im Paket mit unterschiedlich vielen Controllern an. Das Paket mit zwei Controllern wiegt 3,6 kg, das Paket mit vier Controllern hat ein Gewicht von 4,2 kg. Berechne das Gewicht der Konsole ohne Controller.

8.7 Vermischte Aufgaben

1 Prüfe, welches Angebot pro Kilogramm am günstigsten ist. Begründe dein Vorgehen.

2 a) Vervollständige die Tabelle für einen Maßstab von 1 : 70 000.

Bildstrecke	Originalstrecke
1 cm	
4 cm	
9 cm	
	7 km
15 cm	

b) Stelle die Zuordnung *Bildstrecke → Originalstrecke* grafisch dar.
c) Untersuche die Zuordnung aus b) auf Proportionalität.

3 Vervollständige die Tabelle so, dass sie eine proportionale (antiproportionale) Zuordnung darstellt. Zeichne den Graphen der Zuordnung.

Wert 1	2		8	10	
Wert 2		1	2		5

4 Der Punkt P(2|1) liegt auf der Gerade, die der Graph einer proportionalen Zuordnung ist. Gib die fehlende Koordinate des Punktes auf derselben Gerade an.
   a) Q(1|■)   b) R(■|1,5)   c) S(1,5|■)   d) T(■|2)

5 Der Punkt P(1|12) liegt auf der Hyperbel, die der Graph einer antiproportionalen Zuordnung ist. Gib die fehlende Koordinate des Punktes auf derselben Hyperbel an.
   a) Q(12|■)   b) R(■|2)   c) S(1,5|■)   d) T(■|3)

6 Eine Familie mit zwei Kindern benötigt für eine Fahrt von Hannover nach Braunschweig eine Stunde und zehn Minuten. Gib die Fahrzeit für eine Familie mit vier Kindern an.

7 a) Nicks Vater macht 3500 Schritte, um vom Bahnhof nach Hause zu gehen. Seine Schrittlänge beträgt 75 cm. Berechne die Länge des Wegs.
b) Nicks Schrittlänge beträgt 50 cm. Berechne, wie viele Schritte Nick für die gleiche Strecke braucht.

8 Der Graph zeigt den Trinkwasserverbrauch in Konstanz während des Finales der Fußball-WM 2014.
   a) Beantworte die Fragen:
      Wann begann das Spiel?
      Wann begann die Halbzeitpause?
      Gab es eine Verlängerung?
      Begründe deine Antworten.
   b) Finde weitere Informationen, die du aus dem Graphen ablesen kannst.

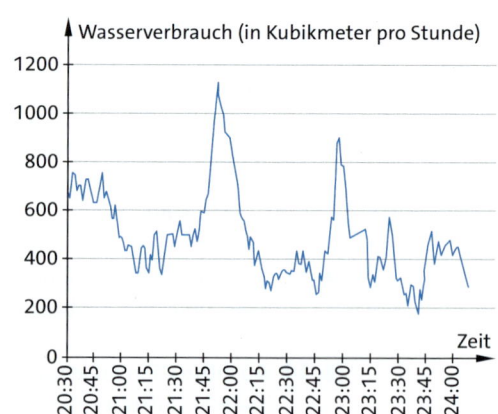

9 Ein Copyshop druckt Plakate mit zwei Plottern. Für 200 Plakate benötigen die beiden Plotter 4 Stunden. Der Copyshop schafft einen weiteren Plotter an.
a) Berechne, wie lange die drei Plotter für 200 Plakate brauchen.
b) Ermittle, wie viele Plotter der Copyshop benötigt, um 200 Plakate in nur einer Stunde zu drucken.

10 Die Klasse 6a fährt auf Klassenfahrt. Die Anreise mit dem Zug, die Übernachtung und die Verpflegung in der Jugendherberge kosten für 27 Personen insgesamt 4050 €. Bis eine Woche vor der Anreise ist eine Stornierung möglich.
a) Gib an, um welche Art von Zuordnung es sich bei *Personenzahl → Preis* handelt.
b) Berechne, wie viel Euro jede Person zahlt.
c) Drei Tage vor der Abreise werden zwei Kinder krank und können nicht mitfahren. Berechne, wie viel jedes teilnehmende Kind mehr bezahlen muss, falls sich die Klasse darauf verständigt, die Kosten der erkrankten Kinder zu übernehmen.
d) Die Klasse 6b unternimmt die gleiche Fahrt mit 29 Personen. Berechne den Gesamtpreis für diese Klasse.

11 Sophia hat 150 mℓ Wasser mit einem Messbecher abgemessen und in einen Topf umgefüllt. Sie möchte aber 550 mℓ Wasser kochen.
a) Gib die Füllhöhe im Topf für 550 mℓ an.
b) Ermittle, wie viel Liter Wasser höchstens in den 15 cm hohen Topf passen.

12 Markus möchte das Sportabzeichen ablegen. Im Bereich „Ausdauer" muss er üben. Er startet seinen 1000-m-Lauf und will ihn in 6:00 min schaffen. Nach einer Stadionrunde, also nach 400 m, ruft ihm sein Freund Max zu: „Genau 2 Minuten und 18 Sekunden." Was denkst du, wird Markus die 1000 m in der vorgegebenen Zeit schaffen? Begründe deine Antwort.

13 Blütenaufgabe: Untersuche, ob Proportionalität oder Antiproportionalität vorliegt. Löse mithilfe einer Rechnung die Aufgabe oder begründe, warum keine Rechnung möglich ist.

Am Kiosk kosten 150 g Weingummi 2 €. Ermittle den Preis für 500 g Weingummi.

Jan und Ali tragen Zeitungen aus. Dafür benötigen sie 3,5 Stunden. Drei Freunde bieten ihre Hilfe an. Ermittle, wie lange sie nun brauchen.

Fünf Pumpen benötigen neun Stunden, um ein Schwimmbecken auszupumpen. Ermittle, wie lange drei Pumpen das Becken auspumpen.

Herr Mähler hat für 25 Gehwegplatten 50 € bezahlt. Ermittle den Preis für 125 Platten.

Lisa schreibt ihrer Brieffreundin einen zweiseitigen Brief. Sie zahlt 0,80 € Porto mit der Deutschen Post. Ermittle das Porto für einen fünfseitigen Brief.

8 Prüfe dein neues Fundament

Lösungen → S. 295

1 In Florida werden Informationen über heranwachsende Alligatoren gesammelt. Stelle die Zuordnung *Körpergröße → Gewicht* für die fünfzehn in der Tabelle erfassten Alligatoren in einem Koordinatensystem dar.

Größe (in cm)	239	185	190	183	208	183	193	193	198	188	218	218	229	218	188
Gewicht (in kg)	59	39	50	39	36	32	55	61	48	36	39	41	48	38	31

2 Die Parkhausgebühr P beträgt für die ersten zwei Stunden 1,50 €. Jede weitere angefangene Stunde kostet 1,00 €. Begründe, welcher Graph die Parkgebühr richtig darstellt.

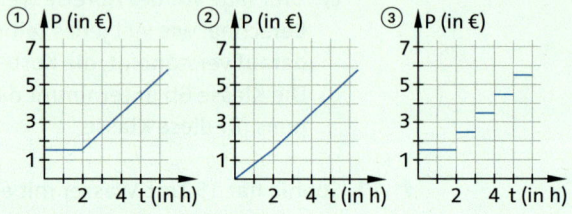

3 In einer Bäckerei wird ein einfaches Brötchen für 28 ct verkauft. Vervollständige die Tabelle. Zeichne den Graphen der Zuordnung *Anzahl der Brötchen → Preis (in ct)*. Begründe, ob es sinnvoll ist, die Punkte zu verbinden.

Anzahl der Brötchen	1	2	3	4	5	6	7
Preis (in ct)	28						

4 Der Trinkwasservorrat einer Segelyacht reicht für 8 Personen 12 Tage. Nimm an, dass die Zuordnung *Anzahl der Personen → Tage* antiproportional ist. Vervollständige die Tabelle.

Anzahl der Personen	1	2	4	8
Tage				12

5 Untersuche, ob die Zuordnung *Wert 1 → Wert 2* proportional oder antiproportional ist.

a)

Wert 1	3	6	12	24	48	96	192
Wert 2	1600	800	400	200	100	50	25

b)

Wert 1	30	40	50	70	100	120	150
Wert 2	21	28	35	49	70	84	105

c)

Wert 1	1000	600	400	300	150	120	100
Wert 2	20	16,8	10,2	8,4	4,2	3,36	2,8

6 Gib die Zuordnung an, die durch den Sachverhalt dargestellt wird. Begründe, ob es sich um eine proportionale oder antiproportionale Zuordnung handelt. Löse dann die Aufgabe.
a) Ein Mähdrescher mäht eine Fläche von 3 ha in 2,5 h. Berechne, wie lange ein Mähdrescher dieses Typs für eine Fläche von 2 ha benötigt.
b) 5 Lkws gleichen Typs müssen sechsmal fahren, um Bauschutt von einer Baustelle abzutransportieren. Berechne, wie oft 3 Lkws dieses Typs dafür fahren müssten.
c) Bei einem tropfenden Wasserhahn gibt es in 10 Stunden einen Wasserverlust von 9 ℓ. Berechne den Wasserverlust in 7 Stunden.

Lösungen
→ S. 295

7 Der Graph stellt das Höhenprofil eines Wanderwegs dar. Der Graph gehört zur Zuordnung *Entfernung vom Startpunkt (in km) → Höhe über NN (in m)*.

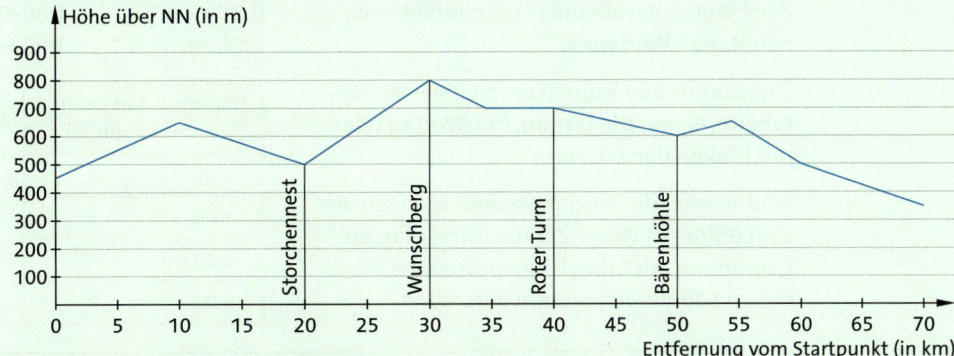

a) Gib an, auf welcher Höhe der Wanderweg beginnt und endet.
b) Gib an, nach welcher Entfernung man den höchsten Punkt des Wanderwegs erreicht.
c) Gib an, nach welcher Entfernung man zum ersten Mal über 600 m über NN gelangt.
d) Gib den Höhenunterschied zwischen dem Wunschberg und der Bärenhöhle an.
e) Gib an, wo sich die steilsten An- und Abstiege des Wegs befinden.
f) Gib an, über wie viele Kilometer es keine Höhenänderung gibt.

8 Löse die Aufgabe. Notiere deinen Lösungsweg ausführlich.
a) 50 cm³ Stahl wiegen 390 g. Berechne das Gewicht von 30 cm³ Stahl.
b) Die alte Treppe in einem Haus hatte 18 Stufen. Jede Stufe war 20 cm hoch. Bei der neuen Treppe soll die Stufenhöhe 5 cm niedriger sein. Berechne die Anzahl der Stufen der neuen Treppe.
c) Ein Musikduo spielt ein Musikstück in $4\frac{1}{2}$ Minuten. Acht Musiker spielen das gleiche Musikstück. Ermittle, wie viele Minuten das Stück jetzt dauert.

9 Mustafa hat für 16 Sammelbilder 3,20 € bezahlt. In jeder Packung sind 4 Sammelbilder. Berechne den Preis für 12 Sammelbilder.

Wo stehe ich?

	Ich kann ...	Aufgabe	Schlag nach
8.1	... Zuordnungen mit Tabellen, Diagrammen, Worten und Pfeilen darstellen.	1	S. 240 Beispiel 1
8.2	... zu gegebenen Wertepaaren einer Zuordnung den Graphen zeichnen. ... aus dem Graphen einer Zuordnung einzelne Werte ablesen. ... einer Zuordnung den richtigen Graphen zuordnen.	1, 2, 3, 7	S. 244 Beispiel 1
8.3	... proportionale Zuordnungen erkennen und anhand ihrer Eigenschaften charakterisieren.	5, 6	S. 248 Beispiel 1
8.4	... mit dem Dreisatz Wertepaare einer proportionalen Zuordnung berechnen.	3, 6, 8, 9	S. 252 Beispiel 1
8.5	... antiproportionale Zuordnungen erkennen und anhand ihrer Eigenschaften charakterisieren.	5, 6	S. 256 Beispiel 1
8.6	... mit dem Dreisatz Wertepaare einer antiproportionalen Zuordnung berechnen.	4, 6, 8	S. 259 Beispiel 1

8 Zusammenfassung

Zuordnungen

Eine **Zuordnung** weist jedem Ausgangswert einen oder mehrere Werte zu.
Zwei Werte, die einander zugeordnet sind, nennt man **Wertepaar**.

Eine Zuordnung kann man mit einer **Wertetabelle**, einem **Diagramm**, mit **Worten** oder mit **Pfeilen** darstellen.

Sind sowohl die Ausgangswerte als auch die zugeordneten Werte Zahlen, kann man die Zuordnung auch durch einen **Graphen** in einem Koordinatensystem darstellen.

Zuordnung: Uhrzeit → Temperatur
Wertepaare:
0:00 ↦ 4 °C   1:00 ↦ 2 °C
2:00 ↦ –1 °C   3:00 ↦ 0 °C

Uhrzeit	Temperatur (in °C)
0:00	4
1:00	2
2:00	–1
3:00	0

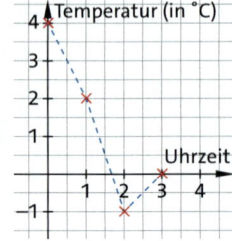

Proportionale Zuordnungen

Für **proportionale** Zuordnungen gilt:
Wenn sich der Ausgangswert verdoppelt (halbiert), dann verdoppelt (halbiert) sich auch der zugeordnete Wert.

Proportionale Zuordnungen sind „**Je mehr, desto mehr**"-Zuordnungen.

In einem Koordinatensystem liegen alle Punkte einer proportionalen Zuordnung auf einer **Gerade durch den Ursprung**.

Dreisatz:
Schluss auf „die Eins" oder einen günstigen Hilfswert und dann auf den gesuchten Wert.
Beim Multiplizieren (Dividieren) eines Werts ist die **gleiche Rechenoperation** auch beim anderen Wert auszuführen.

Anzahl der Brötchen	1	2	3
Preis (in ct)	25	50	75

3 Brötchen kosten 0,75 €.
Wie viel kosten 5 Brötchen?

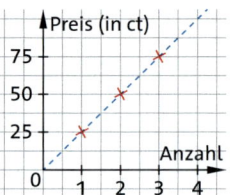

5 Brötchen kosten 1,25 €.

Antiproportionale Zuordnungen

Für **antiproportionale** Zuordnungen gilt:
Wenn sich der Ausgangswert verdoppelt (halbiert), dann halbiert (verdoppelt) sich der zugeordnete Wert.

Antiproportionale Zuordnungen sind „**Je mehr, desto weniger**"-Zuordnungen.

Im Koordinatensystem liegen alle Punkte einer antiproportionalen Zuordnung auf einer **Hyperbel**.

Dreisatz:
Schluss auf „die Eins" oder einen günstigen Hilfswert und dann auf den gesuchten Wert.
Beim Multiplizieren (Dividieren) eines Werts ist die **umgekehrte Rechenoperation** beim anderen Wert auszuführen.

Anzahl der Pumpen	2	3	5
Arbeitszeit (in h)	3	2	1,2

3 Pumpen benötigen 2 h für die Arbeit.
Wie lange benötigen 4 Pumpen?

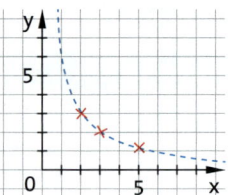

4 Pumpen benötigen 1,5 h.

9
Komplexe Aufgaben

Die folgenden Aufgaben verbinden Kapitel dieses Buches und methodische Kompetenzen.

Spiele mit Brüchen

 1 Es ist nicht immer einfach, die richtige Wahl zu treffen. Bei dem Würfelspiel „Bruch-Stechen" kann man durch eine kluge Wahl die eigenen Gewinnchancen vergrößern. Ihr braucht einen Würfel und etwas zum Schreiben.
   a) Es wird mit einem Würfel nacheinander zweimal gewürfelt. Nach dem ersten Wurf notiert der Spieler die Augenzahl entweder als Nenner oder als Zähler eines Bruchs. Die Augenzahl des zweiten Wurfs ist der fehlende Zähler oder Nenner. Der Spieler mit der größten Bruchzahl gewinnt.
   b) Das „Bruch-Stechen" wird erweitert: Die Spieler notieren sich eine Summe von zwei Brüchen: $\frac{\blacksquare}{*} + \frac{\blacktriangle}{*}$. Es wird nacheinander dreimal gewürfelt. Nach jedem Wurf notiert ein Spieler die Augenzahl entweder als Nenner beider Brüche oder als einen der beiden Zähler. Der Spieler mit dem größten Bruch gewinnt.
   c) Überlegt euch ein eigenes Würfelspiel. Notiert die Spielregeln und spielt es.

Mit Auto und Fahrrad

2 Die Nachbarn Martin und Andreas besuchen ihren Freund Michael, der genau 13,15 km von ihnen entfernt wohnt. Martin ist mit dem Auto gekommen und Andreas mit dem Fahrrad. Beide rufen auf ihren Rad- oder Bordcomputern die Durchschnittsgeschwindigkeiten ab. Martin ist im Durchschnitt 52,6 km pro Stunde gefahren und Andreas 26,3 km pro Stunde.
   a) Berechne, wie viele Minuten Andreas länger als Martin unterwegs war, wenn beide den gleichen Weg genommen haben.
   b) Martins Auto verbraucht 5,8 ℓ Superbenzin auf 100 km. Informiere dich über die aktuellen Benzinpreise und berechne dann die ungefähren Benzinkosten.

Erdbeerernte

3 Marten, Cem und Denise pflücken Erdbeeren, die sie in mehreren Obstkörben sammeln.
   a) Eine Erdbeere hat ein Volumen von rund 30 cm³. Schätze ab, wie viele Erdbeeren ungefähr in einen Korb passen.
   b) Marten benötigt 24 Minuten, um einen Korb zu füllen, Cem schafft das in nur 20 Minuten. Denise braucht dagegen 30 Minuten für einen Korb. Berechne, wie schnell die drei zusammen einen Korb füllen könnten.
   c) Am Ende des Tages wiegen die befüllten Körbe 2,45 kg, 2,6 kg, 2,57 kg, 2,46 kg, 2,42 kg, 2,61 kg und 2,53 kg. Berechne das durchschnittliche Gewicht der Körbe.
   d) Im Durchschnitt isst jeder Deutsche pro Jahr etwa 3,5 kg Erdbeeren. Schätze, wie viele Erdbeeren das ungefähr sind. Verwende dazu deine Ergebnisse aus a) und c).

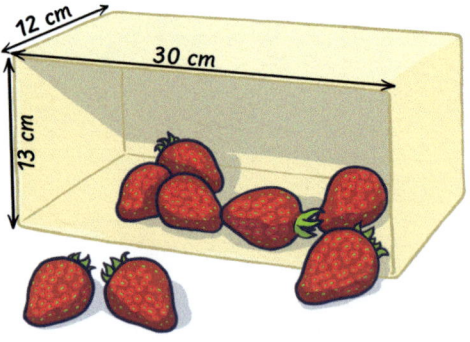

Hinweis zu 3b
Überlege zuerst, welchen Anteil am Korb jeder pro Minute füllt.

Komplexe Aufgaben

Viereckparkett

4 Conrad stellt fest: „Bei unserem Parkett ist der ganze Boden mit Rechtecken ausgelegt. Genauso könnte man das mit Drachenvierecken der gleichen Größe machen."

a) Übertrage das rechts abgebildete Parkettmuster.
Erweitere es rundherum jeweils um ein Drachenviereck.

b) Alina möchte ein Parkettmuster mit anderen Figuren malen. Sie überlegt, ob es auch mit Parallelogrammen funktioniert.
Erstelle ein Parkettmuster aus mindestens acht Parallelogrammen.

c) Sebastian sagt: „Das geht doch mit allen Vierecken", und beginnt zu zeichnen.
Vervollständige Sebastians Skizze zu einem Parkettmuster mit mindestens acht Vierecken.

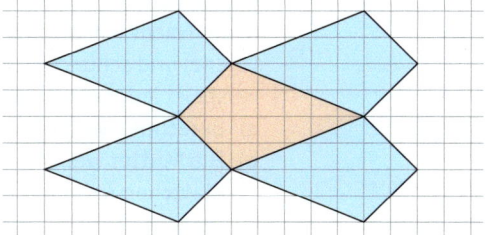

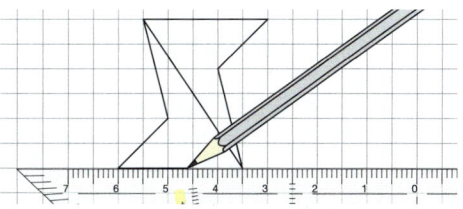

d) Untersuche, ob das Parkettieren (so nennt man es, wenn man deckungsgleiche Figuren beliebig oft aneinander legen kann) tatsächlich mit allen Vierecken möglich ist. Begründe deine Einschätzung.
Erstelle gegebenenfalls ein Gegenbeispiel, das zeigt, dass eine Parkettierung nicht immer funktioniert.

Kreisbilder

5 Aus Kreisen kann man vielfältige Kunstwerke gestalten.

a) Zeichne einen Kreis mit dem Radius 4 cm.
b) Zeichne mithilfe des Geodreiecks in gleichmäßigem Abstand insgesamt 24 Punkte auf den Rand des Kreises.
c) Zeichne um jeden dieser Punkte einen Kreis mit dem Radius 4 cm.
d) Färbe das Bild so, dass das Muster des linken Bildes entsteht.
e) Erstelle das rechte Kreisbild.

Geldkoffer

6 Ein 50-Euro-Schein ist 14 cm breit, 7,7 cm hoch und 0,1 mm dick. Ein Aktenkoffer ist 46 cm breit, 33,5 cm hoch und 13 cm tief.
Prüfe, ob 1 Million Euro in 50-Euro-Scheinen in dem Koffer transportiert werden kann.

Mandelplätzchen verschwunden!

7 Linus, Julius und Lorenz liegen schon im Bett, während ihre Mutter noch köstliche Mandelplätzchen backt. Als sie damit fertig ist, stellt sie die Plätzchen auf den Küchentisch und geht ebenfalls zu Bett.
In der Nacht werden die drei Jungen der Reihe nach wach (erst Linus, dann Julius, dann Lorenz) und schleichen sich jeweils von den anderen unbemerkt in die Küche. Dort verspeist jeder ein Drittel der Plätzchen, die er auf dem Tisch vorfindet.
a) Berechne, welchen Anteil der Mandelplätzchen jeder der drei Jungen gegessen hat.
b) Die Mutter weiß noch, dass sie 27 Plätzchen gebacken hatte. Entscheide, wie viele Plätzchen jeder der Brüder noch bekommen sollte, damit die Aufteilung am Ende gerecht ist.

Bildformate

8 Ein Bildformat gibt das Verhältnis zwischen der Breite und der Höhe eines Bildes an.

a) Zeichne ein 4,5 cm hohes Rechteck im Format 4:3 und ein weiteres im Format 16:9.
b) Wenn man einen Film im Format 4:3 auf einem Bildschirm mit Format 16:9 abspielt, kann nicht der gesamte Bildschirm genutzt werden. Der nicht genutzte Teil des Bildschirms bleibt schwarz.
Untersuche anhand einer geeigneten Skizze, wie ein Film im Format 4:3 auf einem Bildschirm mit Format 16:9 aussieht.
Bestimme, welcher Anteil des 16:9-Bildschirms dabei schwarz bleibt.
c) Es tritt auch die umgekehrte Situation auf: Ein 16:9-Film soll auf einem 4:3-Fernsehgerät abgespielt werden. Untersuche, wie der Fernsehbildschirm für den Zuschauer aussieht.
Ermittle, welcher Anteil des Bildschirms schwarz bleibt.
d) Erkläre, warum immer ein schwarzer Bereich auf dem Bildschirm bleibt, wenn Bildformat und Bildschirmformat nicht gleich sind.
e) Begründe, auf welchem Bildschirm man einen Film mit der Angabe 1,33:1 (1,78:1) eher abspielen sollte.
f) Bestimme den Anteil des Bildes, den man nicht sehen kann, wenn man auf einem 16:9-Bildschirm einen Film im 4:3 Format so abspielt, dass keine schwarzen Balken zu sehen sind.
g) Es gibt bei einigen 16:9-Bildschirmen ebenfalls die Möglichkeit, einen 4:3-Film in voller Größe ohne schwarze Balken abzuspielen. Erkläre mithilfe der Abbildungen, was hierbei passiert.

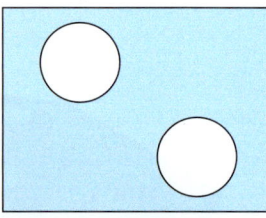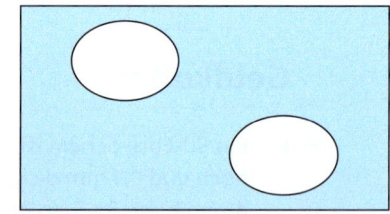

h) Bildschirmgrößen werden meist mithilfe der Bildschirmdiagonalen angegeben. Untersuche, wie der Bildschirm eines Mobiltelefons aussieht, dessen Bildschirmdiagonale 9 cm beträgt, wenn das Format 4:3 (16:9) ist.
Vergleiche die Größen der Bildschirmflächen. Gehe davon aus, dass die Breite beim 4:3-Bildschirm 7,2 cm und beim 16:9-Bildschirm 7,8 cm beträgt.

Komplexe Aufgaben

Der Mensch

Hinweis
1 kg Wasser entspricht 1 ℓ Wasser.

9 Der Mensch besteht zu einem großen Anteil aus Wasser. Der Wasseranteil am Körpergewicht eines Mannes beträgt durchschnittlich $\frac{3}{5}$, bei einer Frau $\frac{1}{2}$.
a) Berechne, aus wie viel Litern Wasser der Körper eines Mannes besteht, der 80 kg wiegt.
b) Frau Peters Wasseranteil im Körper beträgt 33 ℓ. Ermittle das Gewicht von Frau Peter.

Klassenfahrt

10 Die Klasse 6a fährt ins 350 km entfernte Landschulheim. Sie brauchen für den Weg insgesamt $4\frac{1}{2}$ Stunden, dabei machen sie an einer Raststätte eine $\frac{3}{4}$ Stunde Pause.
a) Der Bus darf höchstens 90 km/h schnell fahren. Untersuche, ob der Bus zu schnell gefahren ist.
b) Berechne, wie lange die Fahrt zum Landschulheim – ohne Pause – dauern würde, wenn der Bus im Durchschnitt nur 80 km/h fahren würde.
c) In der Klasse 6a sind 29 Kinder. Sie werden auf der Reise von zwei Lehrerinnen und einem Referendar begleitet. Im Bus sind nur $\frac{4}{5}$ der Plätze belegt. Ermittle, wie viele Plätze frei bleiben.
d) Die Klassenfahrt kostet für jedes Kind 240 €. Die Unterkunft, Verpflegung und Fahrt machen $\frac{9}{10}$ des Preises aus, der Besuch im Kletterpark $\frac{1}{15}$ des Preises. Für die Klassendisco am letzten Abend wurden 5 € pro Person eingesammelt.
Bestimme, ob am Ende noch Geld übrigbleibt.

Schätzen der Dauer einer Minute

11 Führt folgendes Experiment durch: Vier Kinder erfassen die Daten. Alle anderen Kinder stehen auf. Auf ein Signal hin beginnt jedes Kind mit geschlossenen Augen zu schätzen wie lange es dauert, bis eine Minute vorbei ist. Dann setzt es sich möglichst leise.
Die Schätzzeiten werden von den vier „Datenerfassern" notiert.
a) Schätzt vor dem Experiment, nach welcher Zeit sich wohl das erste und nach welcher Zeit das letzte Kind hinsetzen wird.
Um wie viele Sekunden werden die gemessenen Zeiten im Durchschnitt von der Dauer einer Minute abweichen? Notiert eure Vermutung.
b) Wertet die gemessenen Zeiten aus. Bestimmt das Maximum, das Minimum, die Spannweite und das arithmetische Mittel der Werte.
c) Wählt für die gemessenen Zeiten eine sinnvolle Klasseneinteilung und erstellt eine Tabelle mit den Häufigkeiten sowie ein Säulendiagramm.
d) Berechnet für jede gemessene Zeit die Abweichung von 60 Sekunden. Berechnet dann das arithmetische Mittel der Abweichungen. Vergleicht mit eurer Vermutung in a).
e) Führt das Experiment sowohl am Anfang als auch am Ende der Unterrichtsstunde durch und vergleicht die dabei ermittelten Kennwerte miteinander. In welchem Fall waren die Schätzungen besser? Woran könnte das liegen?

Seltsames und Unerwartetes

Die folgenden Aufgaben fordern zum Knobeln auf. Arbeitet überwiegend selbstständig.
Formuliert Fragen, wenn ihr Schwierigkeiten habt, und tauscht euch dazu aus.
Vergleicht eure Lösungswege und Ergebnisse.

12 Der Bruch $\frac{24}{36}$ hat „tolle" Eigenschaften.
① Wenn man die Reihenfolge der Ziffern in Zähler und Nenner vertauscht, ändert er seinen Wert nicht.
② Wenn man jeweils entweder die erste oder die zweite Ziffer im Zähler und im Nenner streicht, bleibt ebenfalls der gleiche Wert erhalten.
Findet möglichst viele weitere solche „Wunderbrüche".

13 Jalil hat neun Pralinen, die äußerlich nicht zu unterscheiden sind. Acht der Pralinen sind mit Schokocreme gefüllt, eine mit Marmelade. Die Marmeladenpraline ist etwa ein Gramm schwerer als die anderen Pralinen.
Erkläre, wie Jalil durch zweimaliges Wiegen mit einer Balkenwaage feststellen kann, welche Praline die Marmelade enthält.

14 Im „Mathematikland" hat ein Hotel unendlich viele Zimmer. Alle Zimmer sind nummeriert mit 1, 2, 3, 4, 5 usw. Da es keine größte natürliche Zahl gibt, endet die Nummerierung nie.
Ein Mathematiker möchte ein Zimmer haben. Ihm wird gesagt: „Wir sind leider belegt." Der Gast wundert sich: „Sie haben unendlich viele Zimmer. Da lässt sich gewiss ein freies Zimmer für mich finden. Ich weiß auch, wie ..."
Mache einen Vorschlag, auf welche Weise man in dem voll belegten Hotel mit unendlich vielen Zimmern ein freies Zimmer finden könnte.

15 Jan, Jana und Joko haben (für die anderen nicht sichtbar) jeder einen Ball im Schulranzen. Es ist je ein Ball rot, grün und blau. Von den folgenden drei Aussagen ist eine wahr, die beiden anderen sind falsch:
① Jan hat nicht den grünen Ball.
② Jana hat nicht den blauen Ball.
③ Joko hat den grünen Ball.
Finde heraus, wer welchen Ball dabei hat.

16 Astrid und Sven haben einen 8-Liter-Behälter mit frischem Apfelsaft. Die zwei wollen den Saft gerecht verteilen, besitzen aber nur einen leeren 5-Liter-Behälter und einen leeren 3-Liter-Behälter. Erläutere, wie sie dennoch eine gerechte Verteilung vornehmen können.

17 Diese alte Aufgabe scheint auf den ersten Blick sinnlos zu sein, denn es geht um den Verkauf eines halben Eies. Dennoch ist sie durchaus lösbar.
Eine Bäuerin kommt auf den Markt, um Eier zu verkaufen. Der erste Käufer nimmt die Hälfte aller Eier und noch ein halbes Ei. Die zweite Käuferin kauft die Hälfte der restlichen Eier und noch ein halbes Ei. Der dritte Käufer kauft die letzten 5 Eier. Berechne, wie viele Eier die Bäuerin auf den Markt gebracht hat.

10 Methoden

Kopiere die Seiten in diesem Abschnitt und schneide die Methodenkarten aus. Dann kannst du die Karten länger verwenden und mit eigenen Notizen ergänzen.

Methodenkarte 6 A — Exaktes Zeichnen

Eine Zeichnung oder Konstruktion sollte immer so exakt wie möglich angefertigt werden. Dabei ist es wichtig, genau zu messen. Doch auch bei der Benutzung der Werkzeuge gibt es wichtige Techniken.

① Die verwendeten Bleistifte sollten spitz sein, damit man mit ihnen eine dünne Linie ziehen kann.

② Um einen genauen Strich zu erhalten, wird der Bleistift in die Kerbe zwischen Lineal oder Geodreieck und Zeichenblatt gedrückt.

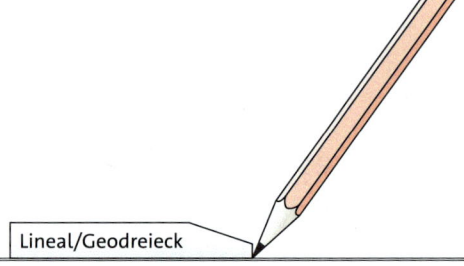

③ Es ist wichtig, dass bei einem Zirkel die Spannung zwischen den beiden Schenkeln groß genug ist. Häufig gibt es Schrauben, mit denen man die Spannung einstellen kann. Du kannst den Zirkel mit Sandpapier spitz schmirgeln.

④ Auch die Mine des Zirkels sollte möglichst spitz sein. Wenn man beim Zeichnen nicht zu fest aufdrückt, bleibt die Spitze lange erhalten.

Methodenkarte 6 B — Geometrische Objekte bezeichnen

Es ist üblich, für verschiedene geometrische Objekte verschiedene Buchstaben zu verwenden.

Punkte werden mit Großbuchstaben bezeichnet: A, B, C, ...

Geraden, Strahlen und Strecken werden mit Kleinbuchstaben bezeichnet: a, b, c, ...

Vielecke werden meist durch Angabe der Eckpunkte (entgegen dem Uhrzeigersinn, also mathematisch positiv) bezeichnet: Dreieck ABC, Sechseck FGHIKL, ...

Für Winkel verwendet man meist kleine griechische Buchstaben:

α Alpha	β Beta	γ Gamma	δ Delta	ε Epsilon	ζ Zeta	η Eta	θ Theta
ι Iota	κ Kappa	λ Lambda	μ My	ν Ny	ξ Xi	ο Omikron	π Pi
ρ Rho	σ Sigma	τ Tau	υ Ypsilon	φ Phi	χ Chi	ψ Psi	ω Omega

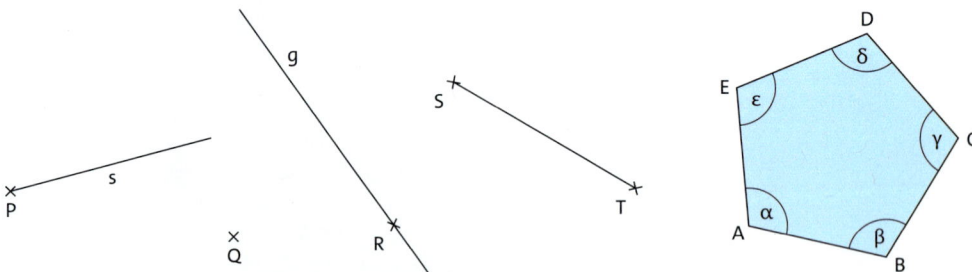

Methodenkarte 6 C — Umgang mit dem Geodreieck

Dein Geodreieck ist ein wichtiges Werkzeug, das du immer wieder benötigen wirst. Deswegen ist es wichtig, dass du dich gut mit dem Geodreieck auskennst.

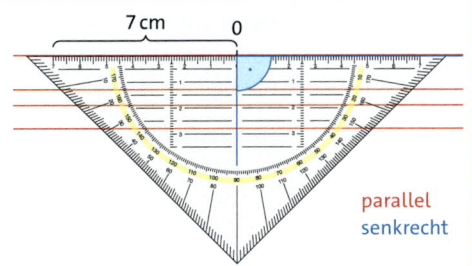

Hilfslinien für Parallelen:
Mit diesen Hilfslinien kannst du prüfen, ob zwei Strecken zueinander parallel sind. Du kannst sie aber auch einsetzen, um Parallelen zu zeichnen.

Hilfslinie für Senkrechte:
Diese Linie steht senkrecht auf der langen Seite des Dreiecks. Mit ihrer Hilfe kannst du prüfen, ob zwei Linien einen rechten Winkel einschließen.
Wenn du die Hilfslinie auf eine Gerade legst, dann kannst du entlang der langen Seite des Geodreiecks eine Strecke zeichnen, die zur Gerade senkrecht steht.

Längenmessung:
Achte darauf, das Geodreieck mit der 0 beginnend anzulegen. So kannst du Strecken bis 7 cm gut messen.

Winkelmessung:
Lege das Geodreieck wie abgebildet auf einen Schenkel und miss den Winkel. Beachte folgende Punkte, um typische Fehler zu vermeiden:

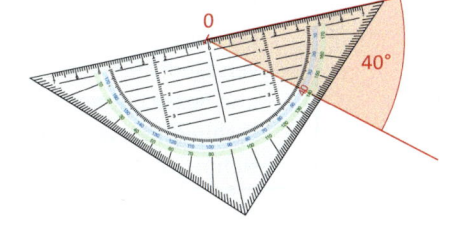

① Lege das Geodreieck mit der 0 am Schenkel an.
② Lies an der richtigen Skala ab. Schätze vorher ab, ob der Winkel kleiner oder größer als 90° ist, um Fehler beim Ablesen zu vermeiden.

Methodenkarte 6 D — Aufgaben zum entdeckenden Üben bearbeiten

Eine Aufgabe zum entdeckenden Üben hat immer eine besondere Struktur. Sie besteht aus mehreren Teilaufgaben, die in sich zusammenhängen. Daher müssen die Teilaufgaben auch in der vorgegebenen Reihenfolge gelöst werden.

Die Aufgabe dient dazu, dass du beim systematischen Üben von Rechenwegen und Methoden eigenständig mathematische Zusammenhänge entdeckst. Um das zu erreichen, ist es wichtig, dass du dich beim Lösen der Aufgabe an diesen Fahrplan hältst:

① Löse die erste Teilaufgabe.
② Bevor du die nächste Teilaufgabe löst, vergleiche sie mit der vorherigen Teilaufgabe. Was hat sich im Vergleich zur vorherigen Teilaufgabe geändert? Was ist gleich geblieben?
③ Stelle eine Vermutung auf, wie sich die Änderung auf das Ergebnis auswirken wird.
④ Überprüfe deine Vermutung, indem du die Teilaufgabe löst.
⑤ Wiederhole das Vorgehen bei jeder neuen Teilaufgabe.
⑥ Überlege, welche Zusammenhänge dir beim Lösen der Teilaufgaben aufgefallen sind. Formuliere deine Entdeckungen in eigenen Worten und tausche dich dazu mit deiner Klasse aus.

Methodenkarte 6 E — Lösungen formal richtig aufschreiben

Der Lösungsweg einer Aufgabe ist genauso wichtig wie das Ergebnis selbst. Dabei muss auf vieles geachtet werden, damit die Lösung nicht nur inhaltlich, sondern auch formal richtig ist:

① **Nachvollziehbarkeit**
Achte darauf, strukturiert vorzugehen. Ergänze, wenn nötig, stichwortartige Erläuterungen. Vermeide wahllos aneinandergereihte oder untereinander geschriebene Rechnungen, ohne klar zu machen, was mit diesen Rechnungen bezweckt wird. Arbeite sauber und ordentlich. Vergiss nicht, Rechtschreibfehler und Grammatikfehler zu korrigieren. Vermeide unsaubere und ungenaue Zeichnungen.

② **Vollständigkeit**
Alle wesentlichen Schritte und Gedankengänge, die zur Lösung geführt haben, müssen Teil des Lösungswegs sein. Bei Sachaufgaben ist häufig ein vollständiger Antwortsatz nötig.
Vorsicht bei Kettenrechnungen!
Beispiel: $15 + 12 - 3 - 2$
Falsch: $15 + 12 = 27 - 3 = 24 - 2 = 22$ (falsch, da $15 + 12$ nicht 22 ergibt)
Richtig: $15 + 12 - 3 - 2 = 27 - 3 - 2 = 24 - 2 = 22$

③ **Mathematische Sprache verwenden**
Die Darstellung des Lösungswegs wird durch korrekte Bezeichnungen und Begriffe verständlicher. Dazu gehören Einheiten (z. B. cm, ℓ, m³, ha), logische Zeichen (z. B. =, <, +) und Bezeichnungen durch Buchstaben (z. B. α = ..., A = ..., x = ...). Nutze auch passende Fachbegriffe, wenn es die Aufgabe erfordert (z. B. Flächeninhalt, parallel, gemeinsamer Nenner, stumpfer Winkel).

Methodenkarte 6 F — Lernpläne

Lernpläne sind ein Hilfsmittel zur Freiarbeit. Jeder Lernplan beginnt mit einer Übersicht „Materialien zum Erarbeiten". Dort steht, wo du Beispiele zu den Themen des Lernplans findest. Zu vielen Themen gibt es auch Erklärvideos, die im Lernplan verlinkt sind.

Thema	Link	✓
Längen in der Wirklichkeit berechnen	☐ S. 36 Beispiel 1: Mit dem Maßstab Längen in der Wirklichkeit berechnen	
	▶ Erklärvideo: Mit dem Maßstab Längen in der Wirklichkeit berechnen	

Danach sind Aufgaben vorgegeben, die du in einem bestimmten Zeitraum (zum Beispiel einer Woche) bearbeiten sollst. Dabei lernst du unter anderem, deine Zeit gut einzuteilen und selbst einzuschätzen, ob du ein Thema verstanden hast oder noch weiter üben musst. Bearbeite zuerst alle Aufgaben aus dem Block „Basis", um die Grundlagen des Themas zu üben. Löse dann zu jedem Thema eine Aufgabe aus dem Bereich „Plus". Überprüfe deine Ergebnisse. Wenn du mit einem Thema noch Schwierigkeiten hast, bearbeite weitere Aufgaben dazu.

Thema	Link	☺	😐	☹
Mit Maßstäben rechnen	☐ S. 38 Nr. 9			
	☐ S. 39 Nr. 11			
Maßstab bestimmen	☐ S. 39 Nr. 13 a) – c)			

Wenn du alles verstanden hast, gibt es in den Aufgaben „für Experten" etwas zum Knobeln.

Methodenkarte 6 G — Selbsteinschätzungsbögen

Ein Selbsteinschätzungsbogen kann dir helfen, dir einen Überblick über die Inhalte eines Themas zu verschaffen, zum Beispiel vor einer Klassenarbeit. Das Ziel ist es herauszufinden, an welchen Stellen du noch unsicher bist und was du schon sicher beherrschst.

① Sieh dir alle Inhalte eines Themas der Reihe nach an (zum Beispiel in der Tabelle „Wo stehe ich?" am Ende jedes Kapitels) oder erstelle selbst eine Liste mit allen wichtigen Inhalten.

② Entscheide bei jedem Unterpunkt, ob du den gefragten Inhalt beherrschst. Antworte ehrlich! Wenn du dir unsicher bist, bearbeite eine passende Aufgabe (zum Beispiel aus der dritten Spalte von „Wo stehe ich?"), um deine Fähigkeiten zu überprüfen.

③ Wenn du noch Schwierigkeiten hast, dann sieh dir die in der Tabelle genannten Beispiele an. Sie helfen dir, dich mit den Inhalten wieder vertraut zu machen.

④ Löse passende Aufgaben. Du kannst Aufgaben aus dem Buch bearbeiten oder deine Lehrkraft nach weiteren Aufgaben fragen und sie um Hilfe bitten, wenn du noch Schwierigkeiten hast.

Achtung! Auch Inhalte, bei denen du dich sicher fühlst, müssen regelmäßig aufgefrischt werden. Sie können für spätere Themen wichtig sein.

Wo stehe ich?

	Ich kann ...	Aufgabe	Schlag nach
6.1	... Dreiecksarten unterscheiden. ... Höhen im Dreieck einzeichnen.	1, 3	S. 178 Beispiel 1 S. 179 Beispiel 2 S. 180 Beispiel 3
6.2	... den Flächeninhalt eines Dreiecks berechnen. ... die Länge der Grundseite oder die Höhe eines Dreiecks bei gegebenem Flächeninhalt berechnen.	1, 2, 3, 6, 7, 8	S. 182 Beispiel 1 S. 184 Beispiel 2

Methodenkarte 6 H — Arbeiten mit dem Internet

Das Internet kann dir helfen, schnell Antworten auf deine Fragen zu finden. Es liefert eine Vielzahl von Erklärungen, Aufgaben, Videos, interaktiven Übungen und vieles mehr. Um konkret auf deine Fragen Antworten zu finden, helfen dir Suchmaschinen.

Wenn du in einer Suchmaschine nach einem bestimmten Begriff suchst, bekommst du oft sehr viele Ergebnisse, von denen die meisten nicht nützlich sind. Sie sind zu komplex oder nicht das, wonach du eigentlich gesucht hast. Deshalb ist es hilfreich, die Suche möglichst genau einzugrenzen.

Beispiel: Statt nach „Maßstab" zu suchen, könntest du eine der folgende Suchanfragen stellen: „Maßstab Erklärung für Schüler", „Maßstab Aufgaben Mathematik", „Maßstab Übungen mit Lösungen".

Es gibt Internetseiten, die speziell für Schulkinder gemacht sind. Dort findest du oft gut verständliche Antworten auf deine Fragen. Häufig werden dir jedoch bei den Ergebnissen auf deine Suchanfrage private Seiten oder Foren vorgeschlagen. Hier musst du wachsam sein. Nicht immer kann garantiert werden, dass die Antworten, die dort gegeben werden, auch richtig sind. Es gibt häufig keine Kontrolle. Versuche dich deshalb nur auf Seiten zu bewegen, die du kennst. Du kannst auch deine Lehrkraft nach Internetseiten fragen, die gute Erklärungen und Aufgaben für Schulkinder anbieten. Wenn du Internetseiten gefunden hast, die für dich hilfreich sind, speichere sie dir unter den „Favoriten" ab oder setze dir ein „Lesezeichen", damit du sie immer wieder findest.

Methodenkarte 6 I — Tabellenkalkulation für Diagramme nutzen

① Öffne eine Tabellenkalkulation und erstelle ein neues Dokument.

② Trage die gegebenen Daten ein.

③ Markiere die Zellen mit den Daten.

④ Überlege dir eine geeignete Darstellung. Wichtige Diagrammarten sind zum Beispiel:
– das Kreisdiagramm
– das Säulendiagramm

⑤ Füge das Diagramm über den Menüpunkt „Einfügen" ein. Anschließend kannst du die Farben und das Aussehen bearbeiten.

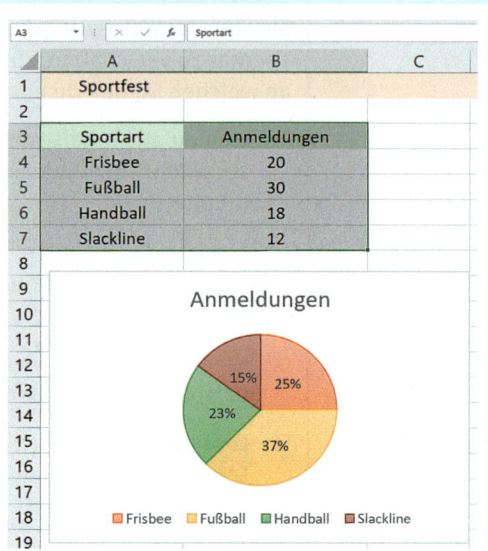

Methodenkarte 6 J — Formeln in Tabellenkalkulationen

① Öffne eine Tabellenkalkulation und erstelle ein neues Dokument.

② Trage die Ausgangswerte der Berechnung ein.

③ Trage in einer freien Zelle die Formel ein. Eine Formel beginnt immer mit einem Gleichheitszeichen „=". Dann folgt die Rechenvorschrift (ohne Leerzeichen). Ein Verweis auf eine Zelle besteht aus dem Spaltenbuchstaben und der Zeilennummer, z. B. „B4".

Rechenoperation	Formel
Addition der Zellen A1 und B1	=A1+B1
Addition der Zelle A1 und der Zahl 7	=A1+7
Subtraktion der Zellen A1 und B1	=A1-B1
Multiplikation der Zellen A1 und B1	=A1*B1
Division der Zellen A1 und B1	=A1/B1
Addition der Zellen A1 bis A20	=SUMME(A1:A20)
Zufallszahl zwischen 1 und 10 erzeugen	=ZUFALLSBEREICH(1;10)

11 Anhang

Lösungen zu
→ Dein Fundament
→ Prüfe dein neues Fundament
Stichwortverzeichnis
Bildnachweis

Lösungen

Lösungen zu Kapitel 1: Ganze Zahlen

Dein Fundament (S. 8/9)

S. 8, 1.
a) A: 2; B: 4; C: 8; D: 14; E: 17
   F: 100; G: 450; H: 600; I: 1050
   J: 500; K: 1750; L: 2250; M: 3000; N: 4500
b)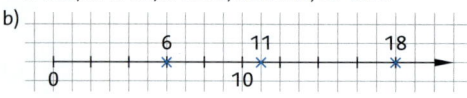

S. 8, 2.
a) 181 > 179
b) 1239 < 1329
c) 1000 = 10^3
d) 523 458 < 523 485

S. 8, 3.
310 000 > 8468 > 8462 > 8050 > achttausendundfünf > 597 > 75 > 13 > 11 > 7 > 5

S. 8, 4.
Größtmögliche Zahl: 85 321;
kleinstmögliche Zahl: 12 358

S. 8, 5.
a) 996 > 986
b) 401 < 409
c) nicht möglich
d) 913 < 923 oder 903 < 923

S. 8, 6.
a) Die Zahlen beschreiben feste Temperaturen.
b) 10 °C beschreibt eine feste Temperatur. 5 °C beschreibt eine Änderung der Temperatur.

S. 8, 7.
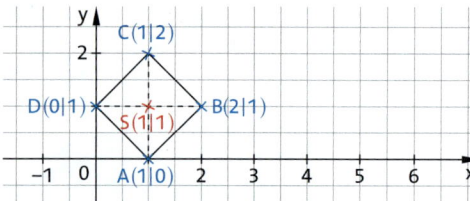

S. 8, 8.
a)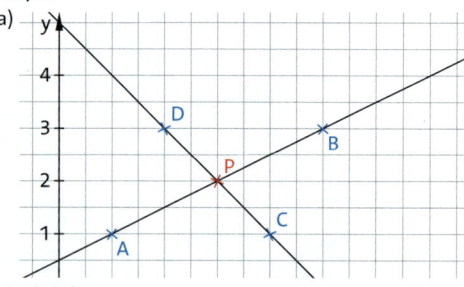
b) P(3|2)

S. 8, 9.
a) Gerade, die parallel zur y-Achse ist und durch den Punkt auf der x-Achse mit dem x-Wert 3 geht.
b) Gerade, die parallel zur x-Achse ist und durch den Punkt auf der y-Achse mit dem y-Wert 2 geht.

S. 9, 10.
a) 65 b) 17 c) 350 d) 199
e) 59 f) 79 g) 300 h) 3920

S. 9, 11.
a) 9 + 27 = 36   b) 21 + 31 = 52
c) 45 − 6 = 39   d) 79 + 18 = 97
e) 34 − 33 = 1   f) 129 − 29 = 100
g) 170 − 159 = 11 h) 0 + 12 = 12

S. 9, 12.
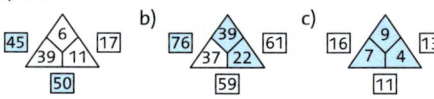

S. 9, 13.
a) 63   b) 96   c) 143 d) 95
e) 7   f) 10   g) 33   h) 25

S. 9, 14.
a) 300 · 20 = 6000   b) 100 · 30 = 3000
   295 · 21 = 6195   109 · 32 = 3488
c) 6000 : 10 = 600   d) 4000 : 25 = 160
   5832 : 9 = 648   3650 : 25 = 146

S. 9, 15.
a) Überschlag: 500 · 4 = 2000
   Das Ergebnis muss falsch sein.
b) Überschlag: 2100 : 30 = 70
   Das Ergebnis kann stimmen.
c) Überschlag: 300 · 7 = 2100
   Das Ergebnis muss falsch sein.
d) Überschlag: 2100 : 70 = 30
   Das Ergebnis muss falsch sein.

S. 9, 16.
a) 6300 b) 154 c) 2300 d) 0
e) 1120 f) 60   g) 88   h) 60

S. 9, 17.

				147				
			7	·	21			
		49	−	42	:	2		
	35	+	14	·	3	−	1	
7	·	5	+	9	:	3	−	2

S. 9, 18.
a) 320 b) 644 c) 7 d) 245

S. 9, 19.
a) 90 : 5 − 16 = 2
b) (64 + 36) · (70 − 17) = 5300

Prüfe dein neues Fundament (S. 38/39)

S. 38, 1.
a) A: −9; B: 0; C: −5; D: −24
b) A: 50; B: −100; C: −250; D: −400; E: −450

S. 38, 2.
a)
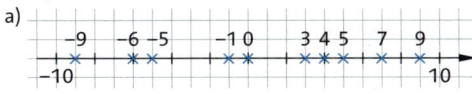
b)
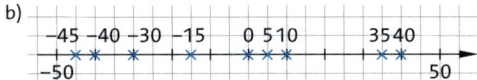

S. 38, 3.
a)

Zahl	−2	6	−5	−3	33
Betrag	2	6	5	3	33
Gegenzahl	2	−6	5	3	−33

Zahl	10	−6	13	0	333
Betrag	10	6	13	0	333
Gegenzahl	−10	6	−13	0	−333

b) −6 < −5 < −3 < −2 < 0 < 6 < 10 < 13 < 33 < 333

S. 38, 4.
a) A(4|−2); B(2|3), C(−3|1); D(5|2); E(−2|−3); F(−1|−1); G(2|−1); H(−1|2)
Quadrant I: B und D   Quadrant II: C und H
Quadrant III: E und F   Quadrant IV: A und G
b) C ist der Punkt mit der kleinsten x-Koordinate (x-Wert −3) und D ist der Punkt mit der größten x-Koordinate (x-Wert 5)
c) E ist der Punkt mit der kleinsten y-Koordinate (y-Wert −3) und B ist der Punkt mit der größten y-Koordinate (y-Wert 3)

S. 38, 5.
a)
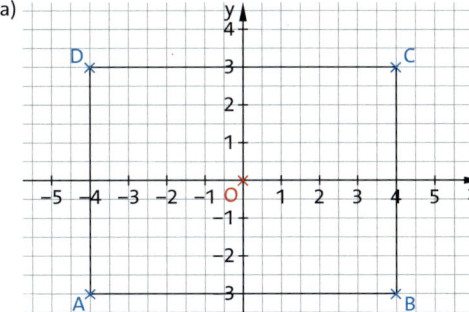
b) Punkt A liegt im dritten Quadranten.
Punkt B liegt im vierten Quadranten.
Punkt C liegt im ersten Quadranten.
Punkt D liegt im zweiten Quadranten.
c) Mittelpunkt von $\overline{AB}$: Punkt mit Koordinaten (0|−3)
Mittelpunkt von $\overline{BC}$: Punkt mit Koordinaten (4|0)
Mittelpunkt von $\overline{CD}$: Punkt mit Koordinaten (0|3)
Mittelpunkt von $\overline{AD}$: Punkt mit Koordinaten (−4|0)
Schnittpunkt der Diagonalen: O(0|0)

S. 38, 6.
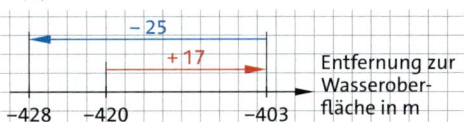
Am Ende befindet sich das U-Boot 428 Meter unter der Wasseroberfläche.

S. 38, 7.
Augustus: 76 Jahre   Strabon: 85 Jahre
Aristoteles: 62 Jahre   Varus: 54 Jahre
Ovid: 59 Jahre   Sophokles: 92 Jahre
Tiberius: 78 Jahre   Germanicus: 33 Jahre

S. 39, 8.
a) −7   b) 0   c) −20   d) −27
e) −1000   f) −23   g) 1   h) −1
i) −2   j) −72   k) −6   l) nicht möglich

S. 39, 9.
a) 45 − (45 − 78) = 45 − 45 + 78 = 78
b) 20 − (−20 + 56) = 20 + 20 − 56 = −16
c) −20 − (−34 − 17) = −20 + 34 + 17 = 31
d) 47 − (32 + 45) = 47 − 32 − 45 = −30
e) 61 + (−32 + 75) = 61 − 32 + 75 = 104
f) −5 + (−41 − 13) = −5 − 41 − 13 = −59
g) −61 − (62 + 13) = −61 − 62 − 13 = −136
h) 34 − (−14 + 13) = 34 + 14 − 13 = 35

S. 39, 10.
a) (−24) · (28 + 2) = −720
b) 22 · (−74 − 47) = −2662
c) 23 · (−47 + 47) = 0
d) −56 − 56 = −112
e) −2 + 2 + 7 + 2 = 9
f) −8 + 8 = 0
g) 25 · (22 − 1) = 25 · 21 = 525
h) (−4) · (4 + 2 + 7) = (−4) · 13 = −52
i) 7 · (−284 − 7) = 7 · (−291) = −2037
j) −15 − (−15) = 0
k) (−27 − 10) · 2 = −74
l) $(−10)^2 : (−25) = 100 : (−25) = −4$

S. 39, 11.
a) Temperaturunterschiede (morgens zu abends):
Mo: +2 °C   Di: +7 °C   Mi: +3 °C   Do: +6 °C
Fr: −1 °C   Sa: −4 °C   So: −3 °C
b) Am Dienstag veränderte sich die Temperatur am meisten und am Freitag am wenigsten.

S. 39, 12.
767 > 676 > 77 > −66 > −67 > −76 > −677 > −766

S. 39, 13.
a) −35 · (−10) = 350   b) −6 · 100 = −600
c) 5 · (−110) = −550   d) −3 · 7 = −21
e) −12 : (−1) = 12   f) −272 000 : 1000 = −272
g) −560 : 7 = −80   h) 0 : (−2) = 0

Lösungen

Lösungen zu Kapitel 2: Brüche und Dezimalzahlen

Dein Fundament (S. 42/43)

S. 42, 1.
a) 8   b) 420   c) 28   d) 65
e) 6800   f) 4   g) 9   h) 38

S. 42, 2.
a) 5   b) 9   c) 4   d) 4
e) 60   f) 13   g) 32   h) 57

S. 42, 3.
a) richtig   b) 56 : 8 = 7
c) 0 · 7 = 0   d) 808 + 8 = 816
e) 7000 − 70 = 6930   f) 100 : 1 = 100
g) richtig   h) richtig

S. 42, 4.
a) 25 · 4 = 100   b) 5 · 20 = 100
c) 2 · 50 = 100   d) 8 · 125 = 1000
e) 6 · 12 = 72   f) 15 · 9 = 135
g) 24 · 6 = 144   h) 16 · 12 = 192

S. 42, 5.
24 = 1 · 24 = 2 · 12 = 3 · 8 = 4 · 6

S. 42, 6.
a) 39 : 8 = 4 Rest 7   b) 17 : 3 = 5 Rest 2
c) 54 : 6 = 9 ohne Rest   d) 53 : 7 = 7 Rest 4
e) 39 : 17 = 2 Rest 5   f) 123 : 10 = 12 Rest 3
g) 490 : 7 = 70 ohne Rest   h) 455 : 9 = 50 Rest 5

S. 42, 7.
a) 36 : 6 = 6   b) 88 : 11 = 8
c) 42 : 3 = 14   d) 70 : 14 = 5
e) z. B. 16 : 4 = 4   f) z. B. 21 : 3 = 7
g) z. B. 18 : 6 = 3   h) z. B. 48 : 4 = 12

S. 42, 8.
a) 4; 8; 12   b) 225; 275; 350

S. 42, 9.
a)
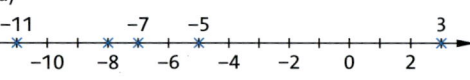
b)
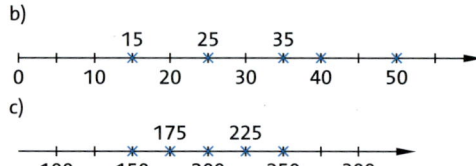
c)

d)
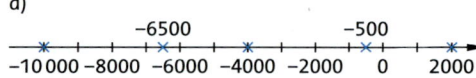

S. 42, 10.

	a)	b)	c)
Abstand zweier Teilstriche	100 mℓ	2 °C	10 $\frac{km}{h}$
angezeigter Wert	800 mℓ	22 °C	70 $\frac{km}{h}$

S. 43, 11.
Lea bekommt, genau wie Tobias, 4,50 €.

S. 43, 12.
a) 18 Stücke
b) 9 Stücke
c) 6 Stücke
d) Katja bekommt insgesamt 3 Stücke, also jetzt noch ein Stück.
e) 9 Kinder

S. 43, 13.
a) 1000 m = 1 km   b) 100 cm = 1 m
c) 500 m   d) 45 min
e) 60 min = 1 h   f) 1,25 € = 125 ct

S. 43, 14.
a) 15 Minuten sind eine Viertelstunde.
b) 90 Minuten sind eineinhalb Stunden.
c) 2 halbe Liter sind ein Liter.
d) 3 halbe Meter sind eineinhalb Meter.

S. 43, 15.
a) 1; 2; 3; 4; 6; 12   b) 1; 2; 3; 6; 9; 18
c) 1; 7   d) 1; 2; 3; 5; 6; 10; 15; 30
e) 1; 2; 3; 4; 6; 8; 12; 24   f) 1; 2; 4; 8
g) 1; 2; 4; 8; 16; 32   h) 1; 3; 5; 15; 25; 75

S. 43, 16.
a) 1; 3   b) 1; 2
c) 1; 2; 4   d) 1; 2; 3; 4; 6; 12
e) 1; 2; 3; 4; 6; 12   f) 1; 17
g) 1   h) 1

S. 43, 17.
a) 9   b) 75   c) 70   d) 100
e) 8   f) 24   g) 500   h) 40

S. 43, 18.

	auf Zehner	auf Hunderter	auf Tausender
a)	6710	6700	7000
b)	4450	4400	4000
c)	6850	6900	7000
d)	5990	6000	6000
e)	11 950	12 000	12 000
f)	12 360	12 400	12 000

Prüfe dein neues Fundament (S. 86/87)

S. 86, 1.
a) $\frac{1}{3}$ b) $\frac{5}{6}$ c) $\frac{4}{7}$ d) $\frac{3}{8}$

S. 86, 2.
a)
b)
c)

S. 86, 3.
a) $\frac{13}{2}$ b) $\frac{6}{5}$ c) $\frac{8}{3}$
d) $\frac{73}{10}$ e) $\frac{35}{17}$ f) $\frac{58}{11}$

S. 86, 4.
a) $1\frac{1}{3}$ b) $1\frac{1}{5}$ c) $9\frac{1}{2}$
d) $4\frac{1}{4}$ e) $2\frac{9}{10}$ f) $6\frac{2}{7}$

S. 86, 5.
a) $\frac{6}{10}; \frac{15}{25}; \frac{24}{40}$ b) $\frac{3}{4}; \frac{9}{12}; \frac{12}{16}; \frac{18}{24}$

S. 86, 6.
a) $\frac{2}{7}$ b) $\frac{1}{2}$ c) $\frac{5}{4}$
d) $\frac{5}{3}$ e) $\frac{9}{80}$ f) $\frac{3}{4}$

S. 86, 7.
a) $\frac{6}{16} > \frac{5}{16}$ b) $\frac{3}{4} < \frac{4}{5}$
c) $\frac{7}{12} < \frac{11}{16}$ d) $3\frac{7}{10} > 3\frac{1}{2}$

S. 86, 8.
a) Jedes Kind bekommt $2\frac{1}{4}$ Pfannkuchen.
b) Jedes Kind erhält $5\frac{1}{2}$ Donuts.
c) Für jeden gibt es $\frac{1}{3}$ Pizza.

S. 86, 9.
a) 21 € b) 140 g
c) 50 s d) 6 mm

S. 86, 10.
a) 100 g b) 500 mg
c) 4 cm d) 375 mℓ
e) 5500 m f) 165 min

S. 86, 11.
Peters Anteil beträgt $\frac{1}{10}$, Maries $\frac{1}{5}$. Maries Anteil ist also höher, sie trifft öfter.
Peters Trefferquote ist 1:9, Maries 1:4.

S. 86, 12.
a) $\frac{9}{10}$ b) $\frac{6}{100} = \frac{3}{50}$
c) $1\frac{1}{10}$ d) $20\frac{5}{10} = 20\frac{1}{2}$
e) $5\frac{23}{100}$ f) $\frac{175}{1000} = \frac{7}{40}$

S. 86, 13.
a) 0,39 b) 0,002
c) 61,3 d) 4,25
e) 2,08 f) 0,6

S. 86, 14.
a) 2,4 b) 1,13 c) 1,32 d) 1,380

S. 87, 15.
a) 2,7 > 2,3 b) 1,77 > 0,79
c) 0,081 < 0,18 d) 0,15 < $\frac{1}{5}$ = 0,2

S. 87, 16.
a) 0,875 b) $0,\overline{1}$
c) 1,7 d) $0,\overline{63}$
e) $0,0\overline{6}$ f) $13,\overline{3}$

S. 87, 17.
a) 76 % b) 30 %
c) 0,1 % d) 19 %
e) 55 % f) 20 %

S. 87, 18.
a) 12 € b) 90 g c) 3 mm

S. 87, 19.
a) In die 6a gehen 15 Mädchen.
   In die 6b gehen 11 Mädchen.
b) In der 6a sind 40 % der Kinder Jungen.
   In der 6b sind 56 % der Kinder Jungen.

S. 87, 20.
Alle gegebenen Zahlen gehören zu ℚ. Die Zahlen 3, 56 und 1 gehören auch noch zu ℕ und ℤ.
$\frac{1}{4}$, $-\frac{1}{4}$ und −0,25 haben den gleichen Betrag 0,25.
$-\frac{3}{5}$ und 0,6 haben den gleichen Betrag 0,6.
0,4 und $-\frac{2}{5}$ haben den gleichen Betrag 0,4.
$-2,9 < -\frac{3}{5} < -\frac{2}{5} < -\frac{3}{8} < -\frac{1}{4} = -0,25 < \frac{1}{4} < 0,4 < 0,6 < 1 < 2\frac{2}{3} < 3 < 56$

S. 87, 21.
(Zahlenstrahl mit markierten Werten: −0,75; −0,5; $-\frac{1}{4}$; 0,3; $\frac{2}{5}$; $\frac{1}{2}$; 0,6; $\frac{9}{10}$; 1,2)

Lösungen zu Kapitel 3:
Brüche und Dezimalzahlen addieren und subtrahieren

Dein Fundament (S. 90/91)

S. 90, 1.
a) 41 b) 19 c) 109 d) 71 e) 8
f) −3 g) −77 h) 45 i) −101 j) 52

S. 90, 2.
a) 14 + 9 = 23 b) 12 + 17 = 29
c) 37 − 11 = 26 d) 52 − 39 = 13
e) 74 + (−14) = 60 f) 139 − (−1) = 140
g) 51 − 26 = 25 h) 0 + (−5) = −5

S. 90, 3.
a) 8 − 9 + 3 = 2 b) 5 + 2 + 3 = 10
c) 5 − (3 − 2 + 1) = 5 − 3 + 2 − 1 = 3
d) −3 − 5 + 13 − 6 + 20 − 3 = 16

Lösungen

S. 90, 4.
a) $14 + 29 + 16 = 14 + 16 + 29 = 30 + 29 = 59$
b) $123 + 78 + 27 - 28 = 123 + 27 + 78 - 28$
   $= 150 + 50 = 200$
c) $-47 + 184 + 17 = -47 + 17 + 184 = -30 + 184 = 154$

S. 90, 5.
a) Überschlag: $30\,000 + 60\,000 = 90\,000$
   Ergebnis: $89\,561$
b) Überschlag: $5500 + 35\,000 = 40\,500$
   Ergebnis: $40\,328$
c) Überschlag: $31\,000 - 18\,000 = 13\,000$
   Ergebnis: $12\,519$
d) Überschlag: $800\,000 - 300\,000 = 500\,000$
   Ergebnis: $501\,329$

S. 90, 6.
a) 63   b) 48   c) 45
d) 72   e) 42   f) 27
g) 32   h) 54   i) 64
j) 36   k) 81   l) 0

S. 90, 7.
a) $9 \cdot 9 = 81$ b) $7 \cdot 8 = 56$ c) $11 \cdot 3 = 33$
d) $4 \cdot 3 = 12$ e) $8 \cdot 9 = 72$ f) $6 \cdot 9 = 54$
g) $7 \cdot 7 = 49$ h) $6 \cdot 7 = 42$ i) $6 \cdot 8 = 48$
j) $8 \cdot 8 = 64$

S. 90, 8.
$36 = 1 \cdot 36 = 2 \cdot 18 = 3 \cdot 12 = 4 \cdot 9 = 6 \cdot 6$

S. 90, 9.
a) $5 \cdot 17 \cdot 2 = 5 \cdot 2 \cdot 17 = 10 \cdot 17 = 170$
b) $20 \cdot 39 \cdot 5 = 20 \cdot 5 \cdot 39 = 100 \cdot 39 = 3900$
c) $2 \cdot 39 \cdot 50 = 2 \cdot 50 \cdot 39 = 100 \cdot 39 = 3900$
d) $5 \cdot 17 \cdot 20 = 5 \cdot 20 \cdot 17 = 100 \cdot 17 = 1700$
e) $4 \cdot 9 \cdot 5 = 4 \cdot 5 \cdot 9 = 20 \cdot 9 = 180$
f) $25 \cdot 19 \cdot 4 = 25 \cdot 4 \cdot 19 = 100 \cdot 19 = 1900$
g) $5 \cdot 15 \cdot 40 = 5 \cdot 40 \cdot 15 = 200 \cdot 15 = 3000$
h) $4 \cdot 45 \cdot 50 = 4 \cdot 50 \cdot 45 = 200 \cdot 45 = 9000$
i) $2 \cdot 19 \cdot 50 = 2 \cdot 50 \cdot 19 = 100 \cdot 19 = 1900$
j) $5 \cdot 4 \cdot 37 \cdot 25 \cdot 2 = 5 \cdot 2 \cdot 4 \cdot 25 \cdot 37 = 10 \cdot 100 \cdot 37$
   $= 1000 \cdot 37 = 37\,000$

S. 90, 10.
a) 0; 2; 4; 6; 8   b) 0; 3; 6; 9
c) 0; 5   d) 0; 6
e) 3   f) 0; 6; 9

S. 90, 11.
a) 1; 2; 4   b) 1; 2; 7; 14
c) 1, 3   d) 1
e) 1   f) 1; 2
g) 1; 3; 9; 27   h) 1; 5; 25
i) 1; 5   j) 1; 2; 3; 4; 6; 12

S. 90, 12.
a) 24   b) 16   c) 120   d) 78   e) 12
f) 45   g) 96   h) 144   i) 20   j) 42

S. 91, 13.
a) $\frac{1}{4} = 0{,}25 = 25\,\%$ b) $\frac{7}{10} = 0{,}7 = 70\,\%$
c) $\frac{6}{8} = 0{,}75 = 75\,\%$ d) $\frac{2}{5} = 0{,}4 = 40\,\%$

S. 91, 14.
Hund: $\frac{6}{24} = \frac{1}{4}$ Katze: $\frac{4}{24} = \frac{1}{6}$
Meerschweinchen: $\frac{3}{24} = \frac{1}{8}$ Hamster: $\frac{2}{24} = \frac{1}{12}$

S. 91, 15.
a) 0,75   b) 0,4   c) 0,7
d) 0,625   e) 0,2   f) 1,11
g) $\frac{12}{100} = \frac{3}{25}$ h) $\frac{35}{100} = \frac{7}{20}$ i) $\frac{8}{10} = \frac{4}{5}$
j) $\frac{24}{100} = \frac{6}{25}$ k) $\frac{875}{1000} = \frac{7}{8}$ l) $\frac{13}{10}$

S. 91, 16.
a) $\frac{6}{12} = \frac{1}{2}$ b) $\frac{12}{30} = \frac{2}{5}$ c) $\frac{72}{108} = \frac{2}{3}$
d) $\frac{88}{144} = \frac{11}{18}$ e) $\frac{18}{42} = \frac{3}{7}$ f) $\frac{15}{12} = \frac{5}{4}$

S. 91, 17.
a) $\frac{2 \cdot 2}{3 \cdot 2} = \frac{4}{6}, \frac{2 \cdot 3}{3 \cdot 3} = \frac{6}{9}, \frac{2 \cdot 7}{3 \cdot 7} = \frac{14}{21}$
b) $\frac{5 \cdot 2}{7 \cdot 2} = \frac{10}{14}, \frac{5 \cdot 3}{7 \cdot 3} = \frac{15}{21}, \frac{5 \cdot 7}{7 \cdot 7} = \frac{35}{49}$
c) $\frac{3 \cdot 2}{8 \cdot 2} = \frac{6}{16}, \frac{3 \cdot 3}{8 \cdot 3} = \frac{9}{24}, \frac{3 \cdot 7}{8 \cdot 7} = \frac{21}{56}$
d) $\frac{7 \cdot 2}{4 \cdot 2} = \frac{14}{8}, \frac{7 \cdot 3}{4 \cdot 3} = \frac{21}{12}, \frac{7 \cdot 7}{4 \cdot 7} = \frac{49}{28}$
e) $\frac{1 \cdot 2}{5 \cdot 2} = \frac{2}{10}, \frac{1 \cdot 3}{5 \cdot 3} = \frac{3}{15}, \frac{1 \cdot 7}{5 \cdot 7} = \frac{7}{35}$
f) $\frac{0 \cdot 2}{3 \cdot 2} = \frac{0}{6}, \frac{0 \cdot 3}{3 \cdot 3} = \frac{0}{9}, \frac{0 \cdot 7}{3 \cdot 7} = \frac{0}{21}$

S. 91, 18.
a) $\frac{1 \cdot 10}{6 \cdot 10} = \frac{10}{60}$ b) $\frac{5 \cdot 5}{12 \cdot 5} = \frac{25}{60}$
c) $\frac{3 \cdot 30}{2 \cdot 30} = \frac{90}{60}$ d) $\frac{3 \cdot 15}{4 \cdot 15} = \frac{45}{60}$
e) $\frac{7 \cdot 2}{30 \cdot 2} = \frac{14}{60}$ f) $\frac{1 \cdot 20}{3 \cdot 20} = \frac{20}{60}$

S. 91, 19.
a) $\frac{1 \cdot 4}{3 \cdot 4} = \frac{4}{12}, \frac{1 \cdot 3}{4 \cdot 3} = \frac{3}{12}$ b) $\frac{3 \cdot 6}{5 \cdot 6} = \frac{18}{30}, \frac{4 \cdot 5}{6 \cdot 5} = \frac{20}{30}$
c) $\frac{3 \cdot 1}{6 \cdot 1} = \frac{3}{6}, \frac{8 \cdot 2}{12 \cdot 2} = \frac{4}{6}$ d) $\frac{3 \cdot 1}{5 \cdot 1} = \frac{3}{5}, \frac{2 \cdot 2}{10 \cdot 2} = \frac{1}{5}$
e) $\frac{2 \cdot 5}{3 \cdot 5} = \frac{10}{15}, \frac{4 \cdot 3}{5 \cdot 3} = \frac{12}{15}$ f) $\frac{3 \cdot 4}{7 \cdot 4} = \frac{12}{28}, \frac{1 \cdot 7}{4 \cdot 7} = \frac{7}{28}$

S. 91, 20.
a) $\frac{2}{3} = \frac{8}{12}$ b) $\frac{4}{7} = \frac{20}{35}$ c) $\frac{2}{5} = \frac{4}{10}$
d) $\frac{3}{4} = \frac{21}{28}$ e) $\frac{3}{5} = \frac{9}{15}$ f) $\frac{9}{12} = \frac{3}{4}$

S. 91, 21.
a) $4449 \approx 4450$ b) $5{,}92 \approx 5{,}9$
   $6713 \approx 6710$ $0{,}4894 \approx 0{,}5$
   $12\,359 \approx 12\,360$ $314{,}381 \approx 314{,}4$
   $193{,}12 \approx 190$ $12{,}57 \approx 12{,}6$
c) $4{,}458 \approx 4{,}46$ d) $1{,}6 \approx 2$
   $27{,}098 \approx 27{,}10$ $13{,}198 \approx 13$
   $335{,}0261 \approx 335{,}03$ $37{,}5444 \approx 38$
   $0{,}7439625 \approx 0{,}74$ $802{,}3022 \approx 802$

S. 91, 22.

	HT	ZT	T	H	Z	E	z	h	t
a)	3	7	8	0	0	9			
b)				5	1	8			
c)				2	1	3,	2	3	5
d)					2	3	4,	4	5
e)						0,	9	7	
f)		3	4	5	7	9,	8	9	

Prüfe dein neues Fundament (S. 106/107)

S. 106, 1.
a) $\frac{1}{6} + \frac{4}{6} = \frac{5}{6}$ b) $\frac{4}{5} - \frac{1}{5} = \frac{3}{5}$

S. 106, 2.
a) $\frac{8}{9} - \frac{4}{9} = \frac{4}{9}$ b) $\frac{4}{7} + \frac{5}{7} = \frac{9}{7}$ c) $\frac{1}{10} + \frac{3}{5} = \frac{1}{10} + \frac{6}{10} = \frac{7}{10}$
d) $\frac{2}{3} + \frac{3}{4} = \frac{8}{12} + \frac{9}{12} = \frac{17}{12}$ e) $\frac{3}{16} - \frac{11}{12} = \frac{9}{48} - \frac{44}{48} = -\frac{35}{48}$

S. 106, 3.
a) $\frac{9}{10} + \frac{6}{10} = \frac{15}{10} = \frac{3}{2}$ b) $\frac{6}{12} - \frac{2}{5} = \frac{5}{10} - \frac{4}{10} = \frac{1}{10}$
c) $\frac{3}{9} + \frac{2}{12} = \frac{2}{6} + \frac{1}{6} = \frac{3}{6} = \frac{1}{2}$ d) $\frac{5}{6} - \frac{14}{36} = \frac{30}{36} - \frac{14}{36} = \frac{16}{36} = \frac{4}{9}$
e) $-\frac{19}{20} + \frac{10}{25} = -\frac{95}{100} + \frac{40}{100} = -\frac{55}{100} = -\frac{11}{20}$

S. 106, 4.
a) 9 b) $1\frac{17}{28}$ c) $5\frac{1}{2}$ d) $5\frac{1}{2}$ e) $-1\frac{2}{9}$

S. 106, 5.
a) $\frac{2}{3} + \frac{2}{3} + \frac{2}{3} = 2$ b) $\frac{5}{4} - \frac{7}{8} = \frac{3}{8}$ c) $\frac{1}{2} - \frac{2}{5} = \frac{1}{10}$

S. 106, 6.
a) Überschlag: 1,1 + 0,8 = 1,9
   Ergebnis: 1,93
b) Überschlag: 7 − 5,5 = 1,5
   Ergebnis: 1,55
c) Überschlag: 35 − 16 = 19
   Ergebnis: 18,617
d) Überschlag: −2 − 3 = −5
   Ergebnis: −5,1482

S. 106, 7.
a) $\frac{14}{21} = \frac{2}{3}$ b) $\frac{77}{30} = 2\frac{17}{30}$ c) 1,8 d) −1,987
e) $\frac{5}{18}$ f) −0,95 g) $\frac{52}{105}$ h) 8

S. 106, 8.
a)

$\frac{5}{9}$	$\frac{4}{9}$	1
$\frac{10}{9}$	$\frac{2}{3}$	$\frac{2}{9}$
$\frac{1}{3}$	$\frac{8}{9}$	$\frac{7}{9}$

b)

0,85	1,2	0,95
1,1	1	0,9
1,05	0,8	1,15

S. 106, 9.
a) 0,6 − 0,26 = 0,34 b) −1,28 − 0,94 = −2,22
c) $-\frac{6}{7} + \frac{3}{4} = -\frac{3}{28}$ d) $\frac{1}{6} - \frac{2}{5} = -\frac{7}{30}$
e) 0,25 − 0,55 = −0,3 f) $2\frac{1}{4} - 3 = -\frac{3}{4}$

S. 106, 10.
a) (−4,3) + (−2,4) = −6,7 b) (−5,1) − (−8,3) = 3,2
c) $\left(-\frac{3}{4}\right) + \left(+\frac{7}{8}\right) = \frac{1}{8}$ d) $\left(-\frac{3}{5}\right) + \left(+\frac{3}{4}\right) = \frac{3}{20}$
e) $\left(+2\frac{2}{3}\right) - \left(-\frac{11}{6}\right) = 4\frac{1}{2}$
f) (−1,75) − (−0,3) + (−0,2) = −2,25

S. 106, 11.
① $\frac{2}{5} + \left(-\frac{1}{5}\right) = \frac{1}{5}$ ② $\frac{1}{4} - \frac{1}{2} = -\frac{1}{4}$
③ −0,6 − 0,65 = −1,25 ④ −0,1 − 0,15 = −0,25
⑤ −0,2 + 1,1 = 0,9 ⑥ $-\frac{3}{2} + \frac{1}{4} = -\frac{5}{4} = -1\frac{1}{4}$
⑦ 7,1 − 6,2 = 0,9 ⑧ $-\frac{3}{10} + \frac{3}{6} = \frac{6}{30} = \frac{1}{5}$

Gleiche Ergebnisse haben die Aufgaben ① und ⑧;
② und ④; ③ und ⑥; ⑤ und ⑦.

S. 107, 12.
$2\frac{1}{4} + \frac{3}{4} + \frac{1}{2} = 3\frac{1}{2}$
Ursprünglich standen $3\frac{1}{2}$ Himbeertorten zum Verkauf.

S. 107, 13.
$\frac{3}{4} + 1\frac{1}{2} + \frac{3}{4} + \frac{1}{4} + \frac{3}{4} + \frac{3}{4} + 1\frac{1}{4} = \frac{24}{4} = 6$
Franz war insgesamt 6 Stunden unterwegs.

S. 107, 14.
Ausgaben:
Überschlag: 5 € + 25 € + 9 € + 1,50 € = 40,50 €
Genaues Ergebnis: 40,52 €
Amira hat genau 40,52 € ausgegeben, kann also noch
100 € − 40,52 € = 59,48 € sparen.

S. 107, 15.
2,3 + 1,4 + 1,7 + 1,5 = 6,9
Arthur hat 6,9 km zurückgelegt.

S. 107, 16.
Simon: 38,24 + 40,54 + 44,21 + 35,69 = 158,68
Leif: 37,79 + 43,26 + 43,47 + 33,95 = 158,47
Simon brauchte 158,68 s, Leif brauchte 158,47 s, also
war Leif insgesamt etwas schneller.

Lösungen zu Kapitel 4: Winkel

Dein Fundament (S. 110/111)

S. 110, 1.
a) Die beiden Geraden g und h sind zueinander parallel.
b) Die beiden Geraden g und h sind zueinander senkrecht.
c) Die Strahlen a und b haben beide den Anfangspunkt S.
d) Die Strecke $\overline{AB}$ verbindet die Punkte A und B geradlinig.

S. 110, 2.
Senkrecht aufeinander stehen die Geraden b und h sowie c und g.

S. 110, 3.
a), b) Zeichenübung

S. 110, 4.
a) 2 cm   b) 1,2 cm   c) 3,5 cm   d) 5,5 cm

S. 110, 5.

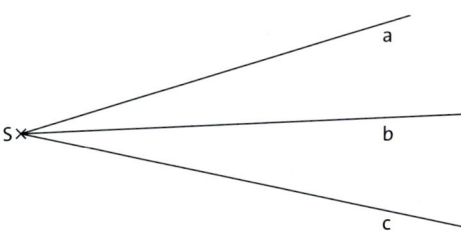

S. 110, 6.
a) richtig
b) falsch, eine Strecke hat einen Anfangs- und einen Endpunkt
c) richtig
d) richtig
e) falsch, es kann auch genau zwei Schnittpunkte geben (wenn genau zwei Geraden parallel zueinander sind und die dritte Gerade diese beiden Geraden schneidet)
f) falsch, denn eine Gerade hat weder Anfangs- noch Endpunkt
g) falsch, denn der Abstand eines Punktes zu einer Gerade ist die Länge der kürzesten (also der senkrechten) Verbindung zwischen dem Punkt und der Gerade

S. 111, 7.
a) 4   b) 1   c) 1   d) 0   e) 1

S. 111, 8.
Beispiel:

S. 111, 9.

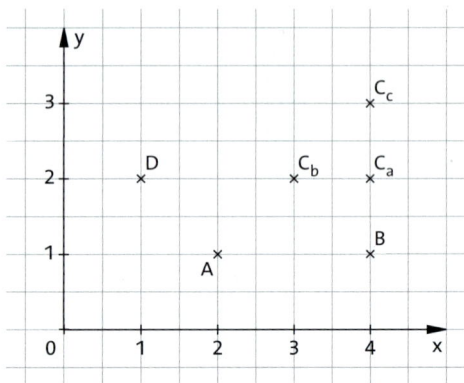

Mögliche Lösungen:
a) $C_a(4|2)$ b) $C_b(3|2)$ c) $C_c(4|3)$

S. 111, 10.
a) 270   b) 360   c) 360   d) 290
e) 90   f) 45   g) 45   h) 36

S. 111, 11.
a) 180 : 2 = 90   b) 270 − 90 = 180
c) 360 : 45 = 8   d) 180 + 90 = 270

S. 111, 12.
a) 45; 90; 135; 180; 225; 270; 315
   Es wird immer 45 addiert.
b) 360; 345; 330; 315; 300; 285; 270; 255
   Es wird immer 15 subtrahiert.
c) 270; 240; 210; 180; 150; 120; 90
   Es wird immer 30 subtrahiert.
d) 100; 200; 190; 290; 280; 380; 370; 470; 460; 560
   Es wird abwechselnd 100 addiert und 10 subtrahiert.

S. 111, 13.
a) 35; 89   b) 99; 101   c) 200; 233; 271

S. 111, 14.
a) Nach 30 Minuten hat der große Zeiger der Uhr eine halbe Drehung gemacht.
b) Nach 45 Minuten hat der große Zeiger der Uhr eine dreiviertel Drehung gemacht.
c) Nach 90 Minuten hat der große Zeiger der Uhr eineinhalb Drehungen gemacht.
d) Nach 120 Minuten hat der große Zeiger der Uhr zwei Drehungen gemacht.

Prüfe dein neues Fundament (S. 132/133)

S. 132, 1.
a) Zeichnung verkleinert:

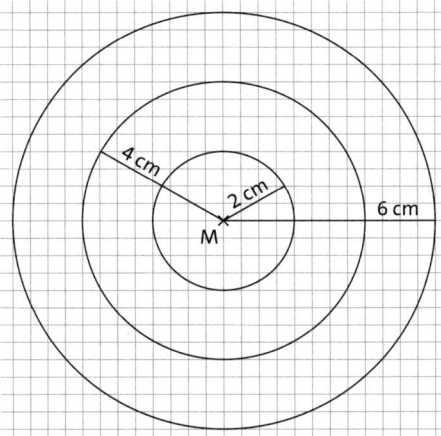

b) Der Kreis mit dem Durchmesser 8 cm stimmt mit dem Kreis mit dem Radius 4 cm bei a) überein.

S. 132, 2.
Zeichnung verkleinert:

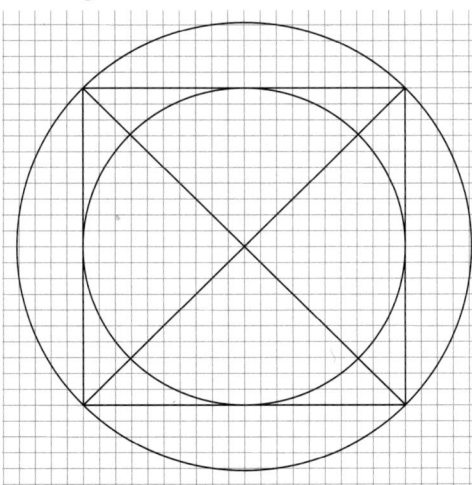

äußerer Kreis: r ≈ 7 cm; d ≈ 14 cm
innerer Kreis: r = 5 cm; d = 10 cm

S. 132, 3.
α = ∡ab = ∡ASB; β = ∡ca = ∡CSA
γ = ∡gh = ∡PQR; δ = ∡hg = ∡RQP

S. 132, 4.
a) α: stumpfer Winkel; β: gestreckter Winkel;
γ: rechter Winkel; δ: spitzer Winkel
b) α = 132°; β = 180°; γ = 90°; δ = 60°

S. 132, 5.
α = 165°; β = 15°; γ = 190°; δ = 80°

S. 132, 6.
a) spitzer Winkel   b) spitzer Winkel

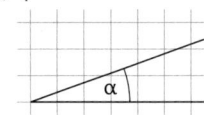   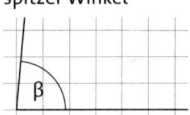

c) rechter Winkel   d) stumpfer Winkel

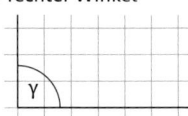   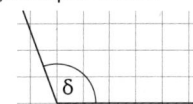

e) überstumpfer Winkel

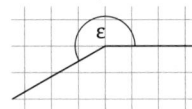

S. 132, 7.

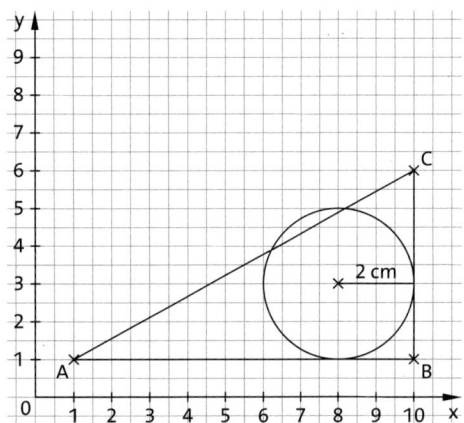

a) ∡CBA = 90°; ∡ACB ≈ 61°; ∡BAC ≈ 29°
b) ∡ABC = 360° − 90° = 270°;
∡BCA ≈ 360° − 61° ≈ 299°;
∡CAB ≈ 360° − 29° ≈ 331°
c) Ein Kreis mit dem Radius 2 cm passt nicht in das Dreieck.

S. 133, 8.
a) rechte Winkel: α = δ = 90°
spitzer Winkel: γ = 70°
stumpfer Winkel: β = 110°
b) rechter Winkel: α = 90°
spitze Winkel: β = 50°, γ = 40°
c) spitze Winkel: β = 27°, γ = 18°
stumpfer Winkel: α = 135°
d) spitze Winkel: α = 80°, γ = 60°
stumpfer Winkel: β = 120°, δ = 100°

S. 133, 9.
a) α = 360° : 3 = 120°   b) α = 360° : 4 = 90°
c) α = 360° : 6 = 60°   d) α = 360° : 8 = 45°

S. 133, 10.
a) 14:00 Uhr: spitzer Winkel 60°
   8:00 Uhr: stumpfer Winkel 120°
   9:00 Uhr: rechter Winkel 90°
   6:00 Uhr: gestreckter Winkel 180°
b) Mögliche Lösungen:
   1:00 Uhr: spitzer Winkel 30°
   13:00 Uhr: spitzer Winkel 30°
   3:00 Uhr: rechter Winkel 90°
   15:00 Uhr: rechter Winkel 90°
   5:00 Uhr: stumpfer Winkel 150°
   16:00 Uhr: stumpfer Winkel 120°
   7:00 Uhr: überstumpfer Winkel 210°
   20:00 Uhr: überstumpfer Winkel 240°

S. 133, 11.
a) Ja, man kann in jedem Punkt des Geländes Signale von mindestens einer Antenne empfangen.

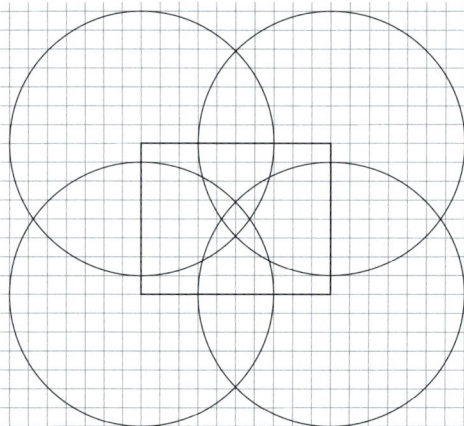

b) Das Gebiet, auf dem die Signale einer Antenne empfangen werden, kann man mit einem Kreis mit dem Radius 35 km beschreiben. Das Gelände passt in so einen Kreis komplett hinein. Nora hat recht.

Lösungen zu Kapitel 5: Brüche und Dezimalzahlen multiplizieren und dividieren

Dein Fundament (S. 136/137)

S. 136, 1.
a) 63   b) 36   c) 56   d) 60
e) 146   f) 255   g) 6   h) 8
i) 9   j) 6   k) 3   l) 15
m) −848   n) −13   o) −4   p) 1046
q) 7   r) 2070

S. 136, 2.
a) $299 \cdot 8 = 300 \cdot 8 - 1 \cdot 8 = 2400 - 8 = 2392$
b) $72 \cdot 5 = 70 \cdot 5 + 2 \cdot 5 = 350 + 10 = 360$
c) $-49 \cdot 20 = -(50 \cdot 20 - 1 \cdot 20) = -(1000 - 20) = -980$
   oder
   $-49 \cdot 20 = -50 \cdot 20 + 1 \cdot 20 = -1000 + 20 = -980$
d) $-84 : (-4) = 84 : 4 = 80 : 4 + 4 : 4 = 20 + 1 = 21$
e) $105 : 7 = 70 : 7 + 35 : 7 = 10 + 5 = 15$
f) $1260 : 20 = 126 : 2 = 63$

S. 136, 3.
a) $8 \cdot 10 = 80$ b) $123 \cdot 10 = 1230$
   $8 \cdot 100 = 800$ $123 \cdot 100 = 12\,300$
   $8 \cdot 1000 = 8000$ $123 \cdot 1000 = 123\,000$
c) $33 \cdot 20 = 660$ d) $45 \cdot 60 = 2700$
   $33 \cdot 200 = 6600$ $45 \cdot 600 = 27\,000$
   $33 \cdot 2000 = 66\,000$ $45 \cdot 6000 = 270\,000$
Wenn man bei einem Faktor am Ende eine Null ergänzt, erhält auch der Wert des Produkts am Ende eine Null mehr.

S. 136, 4.
a) $270 : 30 = 9$ b) $4000 : 400 = 10$
   $27 : 3 = 9$ $40 : 4 = 10$
c) $24\,000 : 300 = 80$ d) $20\,000 : 5000 = 4$
   $240 : 3 = 80$ $20 : 5 = 4$
Wenn man am Ende von Dividend und Divisor gleich viele Nullen streicht, ändert sich der Wert des Quotienten nicht.

S. 136, 5.
a) 60 m   b) 45 min
c) 80 g   d) 6000 g = 6 kg

S. 136, 6.
a) $200\,g \cdot 10 = 2\,kg$ b) $\frac{1}{2}\,h \cdot 4 = 2\,h$
c) $12 \cdot 25\,cm = 3\,m$ d) $12\,min \cdot 10 = 2\,h$

S. 136, 7.
a) Überschlag $175 \cdot 20 = 3500$; richtiges Ergebnis 3150.
b) Überschlag $12\,000 : 30 = 400$; richtiges Ergebnis 415.
c) Überschlag $1750 : 70 = 25$; das Ergebnis 24 ist richtig.
d) Überschlag $-80 \cdot 200 = -16\,000$; Richtiges Ergebnis $-15\,010$.

S. 136, 8.
a) Überschlag $5000 \cdot 3 = 15\,000$; Ergebnis 16 296.
b) Überschlag $500 \cdot 9 = 4500$; Ergebnis 4113.
c) Überschlag $400 \cdot 16 = 6400$; Ergebnis 6912.
d) Überschlag $600 \cdot 12 = 7200$; Ergebnis 7176.
e) Überschlag $600 : 5 = 120$; Ergebnis 123.
f) Überschlag $5600 : 4 = 1400$; Ergebnis 1367.
g) Überschlag $1100 : 10 = 110$; Ergebnis 123.
h) Überschlag $1800 : 6 = 300$; Ergebnis 321.

S. 136, 9.
a) $1160 \cdot 7 = 8120 \neq 8820$; richtig ist $8820 : 7 = 1260$.
b) $46 \cdot 7 = 322 \neq 315$; richtig ist $315 : 7 = 45$.
c) $289 \cdot 5 = 1445 \neq 1455$; richtig ist $1455 : 5 = 291$.
d) $163 \cdot 9 = 1467$; das Ergebnis 163 ist richtig.

S. 136, 10.
a) 750 m   b) 300 g   c) 125 mℓ   d) 150 min

S. 136, 11.
a) 3 Kinder   b) 80 Personen   c) 3600 m
d) 24 000 Fans   e) 300 g   f) 1500 Kühe

S. 137, 12.
a) 13 · 5 · 2 = 5 · 2 · 13 = 10 · 13 = 130
b) 25 · 21 · 4 = 25 · 4 · 21 = 100 · 21 = 2100
c) 5 · 17 · 20 = 5 · 20 · 17 = 100 · 17 = 1700
d) 5 · 35 · 4 · 5 = 5 · 4 · 5 · 35 = 100 · 35 = 3500

S. 137, 13.
a) 14 · 3 + 7 · 14 = 14 · (3 + 7) = 14 · 10 = 140
b) 17 · 2 + 17 · 8 = 17 · (2 + 8) = 17 · 10 = 170
c) 2 · 9 + 3 · 9 = (2 + 3) · 9 = 5 · 9 = 45
d) 45 · 19 + 55 · 19 = (45 + 55) · 19 = 100 · 19 = 1900
e) 4 · (25 + 7) = 4 · 25 + 4 · 7 = 100 + 28 = 128
f) 48 · (23 + 77) = 48 · 100 = 4800
g) 12 · (2 + 10) = 12 · 2 + 12 · 10 = 24 + 120 = 144
h) (17 + 20 + 13) · 11 = 50 · 11 = 550

S. 137, 14.
a) 250 − 8 · 12 = 250 − 96 = 154
b) (27 − 12) · (42 − 39) = 15 · 3 = 45

S. 137, 15.
a) 125 − 30 · 4 = 5

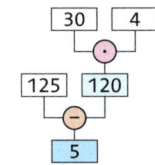

b) (22 + 28) · (7 + 13) = 1000

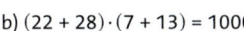
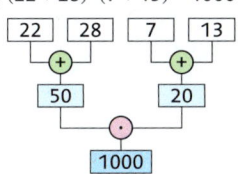

c) 2 · (200 − 125) = 150

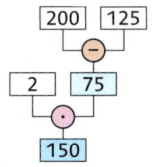

d) 40 · 4 − 8 · (23 − 15) = 96

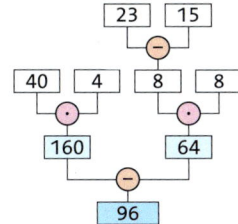

S. 137, 16.
a) $\frac{2}{3}$ b) $\frac{2}{3}$ c) $\frac{7}{10}$
d) $\frac{1}{2}$ e) $\frac{3}{5}$ f) $\frac{2}{3}$

S. 137, 17.
a) $\frac{3}{2} = 1\frac{1}{2}$ b) $\frac{10}{3} = 3\frac{1}{3}$ c) 0,9 d) 1,6

S. 137, 18.
a) 4-mal b) 6-mal c) 3-mal d) 4-mal

S. 137, 19.
a) 0,75 b) 4,7 c) 0,17
d) 0,05 e) 0,2 f) $0,\overline{6}$

S. 137, 20.

	auf Hundertstel	auf Zehntel
a)	2,876 ≈ 2,88	2,876 ≈ 2,9
b)	0,7845 ≈ 0,78	0,7845 ≈ 0,8
c)	13,74499 ≈ 13,74	13,74499 ≈ 13,7
d)	8,953 ≈ 8,95	8,953 ≈ 9,0
e)	7,117 ≈ 7,12	7,117 ≈ 7,1
f)	4,0001 ≈ 4,00	4,0001 ≈ 4,0

Prüfe dein neues Fundament (S. 172/173)

S. 172, 1.
a) $\frac{9}{4} = 2\frac{1}{4}$ b) $\frac{5}{2} = 2\frac{1}{2}$ c) $\frac{3}{2} = 1\frac{1}{2}$
d) $\frac{4}{3} = 1\frac{1}{3}$ e) $-\frac{5}{36}$

S. 172, 2.
a) $\frac{1}{40}$ b) $\frac{5}{24}$ c) $-\frac{6}{35}$ d) $\frac{6}{5}$ e) $-\frac{63}{100}$

S. 172, 3.
a) $\frac{3}{4}$ b) 2 c) $\frac{4}{11}$ d) $-\frac{21}{2}$ e) $\frac{4}{15}$
f) $\frac{1}{4}$ g) $\frac{1}{10}$ h) $\frac{1}{18}$ i) −42 j) $\frac{16}{15}$

S. 172, 4.
a) $\frac{1}{5}$ b) $\frac{4}{21}$ c) $\frac{1}{20}$ kg = 50 g d) $\frac{1}{4}$ mm
e) $\frac{3}{5}$ ℓ = 600 mℓ

S. 172, 5.
a) $\frac{1}{6}$ der Klasse spielt im Verein.
b) Das sind 4 Kinder.

S. 172, 6.
a) $\frac{25}{3} = 8\frac{1}{3}$ b) $\frac{77}{8} = 9\frac{5}{8}$ c) $\frac{11}{20}$
d) $-\frac{45}{2} = -22\frac{1}{2}$ e) −3

S. 172, 7.
$20 : \frac{1}{2} = 20 \cdot 2 = 40$
Die Tabletten reichen 40 Tage.

S. 172, 8.
Nina $\frac{5}{2}$ h = $2\frac{1}{2}$ h; Kathrin $\frac{9}{4}$ h = $2\frac{1}{4}$ h; Lennox $\frac{7}{4}$ h = $1\frac{3}{4}$ h.
Nina verbringt die meiste Zeit mit Lesen.

S. 172, 9.
a) 7,261 km b) 21,23 cm c) 17,5 cm d) 23 920 g

S. 172, 10.
a) 0,033 · 100 = 3,3   0,033 : 100 = 0,00033
b) 1,562 · 100 = 156,2   1,562 : 100 = 0,01562
c) 0,862 · 100 = 86,2   0,862 : 100 = 0,00862
d) 13,9 · 100 = 1390   13,9 : 100 = 0,139
e) −440,8 · 100 = −44 080   −440,8 : 100 = −4,408

S. 172, 11.
a) 1,6   b) 6,9   c) 0,63   d) −5   e) 0,04
f) 0,3   g) 0,4   h) 3   i) 0,02   j) −100

S. 172, 12.
a) Überschlag 2,5 · 2 = 5; Ergebnis 4,42.
b) Überschlag 3,5 · 2 = 7; Ergebnis 7,245.
c) Überschlag 6 · 0,2 = 1,2; Ergebnis 1,054.
d) Überschlag −10 · (−5) = 50; Ergebnis 48,64.
e) Überschlag 15 · 10 = 150; Ergebnis 159,2265.
f) Überschlag 24 : 4 = 6; Ergebnis 5,8.
g) Überschlag 45 : 5 = 9; Ergebnis 9,19.
h) Überschlag 13 : 1 = 13; Ergebnis 12.
i) Überschlag −40 : 0,8 = −50; Ergebnis −53,75.
j) Überschlag 24 : (−1,2) = −20; Ergebnis −22,6.

S. 172, 13.
a) 0,9 · 0,9 < 0,9   b) 0,7 · 1,3 > 0,7
   0,81 < 0,9   0,91 > 0,7
c) 0,7 · 1,3 < 1,3   d) 0,9 · 1,1 < 1
   0,91 < 1,3   0,99 < 1
e) 0 · 1,7 = 0   f) 0,5 · 1,5 = 0,75

S. 173, 14.
a) 0,35 · 1000 = 350   b) 0,006 · 100 = 0,6
c) 5 · 0,1 = 0,5   d) −0,3 · 7 = −2,1
e) 1,2 : 10 = 0,12   f) 27 200 : 1000 = 27,2
g) −8 : 0,1 = −80   h) 0,6 : 2 = 0,3

S. 173, 15.
200 · 1,12 = 224
2023 entsprachen 200 € etwa 224 US-Dollar.

S. 173, 16.
Geschwindigkeit = Strecke : Zeit
42,2 : 2,5 = 422 : 25 = 16,88 ≈ 17
Ein guter Marathonläufer hat eine durchschnittliche Geschwindigkeit von etwa 17 km/h.

S. 173, 17.
a) $9 : \left(\frac{3}{5} + \frac{3}{10}\right) = 9 : \frac{9}{10} = 10$
b) $(0,1 + 0,05) \cdot (2 - (-1,6)) = 0,15 \cdot 3,6 = 0,54$
c) $\frac{1}{3} + 4 \cdot \frac{1}{12} = \frac{1}{3} + \frac{1}{3} = \frac{2}{3}$
d) $\left(\frac{7}{12} - \frac{1}{8}\right) : \left(6 + 1\frac{1}{3}\right) \cdot 8 = \frac{11}{24} : \frac{22}{3} \cdot 8 = \frac{11}{24} \cdot \frac{3}{22} \cdot 8$
   $= \frac{1}{16} \cdot 8 = \frac{8}{16} = \frac{1}{2}$

S. 173, 18.
a) $\frac{7}{2} = 3\frac{1}{2}$ b) 3   c) 4   d) 1,38
e) 2,95   f) $\frac{67}{6} = 11\frac{1}{6}$ g) $\frac{1}{2}$ h) $\frac{4}{5} = 0,8$

S. 173, 19.
a) 7,8   b) 79,3   c) 0,198   d) −238,7

S. 173, 20.
a) $\frac{5}{12}$ b) 12,7   c) $\frac{3}{13}$ d) 33
e) 53   f) 26,4   g) $-\frac{9}{10}$ h) −125

Lösungen zu Kapitel 6: Berechnungen an Figuren

Dein Fundament (S. 176/ 177)

S. 176, 1.
① Rechteck (also auch Parallelogramm und Trapez), da es vier rechte Winkel hat.
② Drachenviereck, da es zwei Paar gleichlange benachbarte Seiten besitzt.
③ Quadrat (also auch Rechteck, Parallelogramm, Trapez, Raute und Drachenviereck), da es vier rechte Winkel hat und alle Seiten gleich lang sind.
④ Parallelogramm (also auch Trapez), da gegenüberliegende Seiten parallel zueinander sind.
⑤ Raute (also auch Parallelogramm, Drachenviereck und Trapez), da alle Seiten gleich lang sind, es aber keinen rechten Winkel gibt.
⑥ Trapez, da zwei Seiten parallel zueinander und unterschiedlich lang sind.
⑦ Kein besonderes Viereck, da keine Seiten parallel oder gleich lang sind.

S. 176, 2.
Individuelle Lösungen, zum Beispiel:

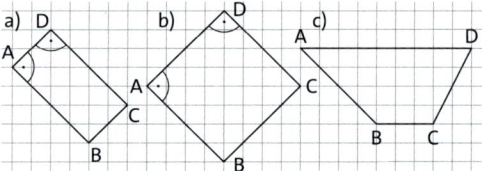

S. 176, 3.
Individuelle Lösungen, zum Beispiel:

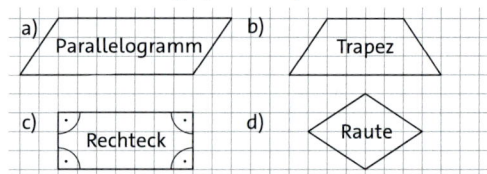

S. 176, 4.
a; ha; km²; m²

S. 176, 5.
a) 500 mm²   b) 32 000 cm²
c) 10 000 m²   d) 230 m²

S. 176, 6.
a) ⑤   b) ①   c) ④   d) ②   e) ③

S. 176, 7.
a) 400-mal   b) 4-mal   c) 20-mal   d) 10-mal

S. 176, 8.

mm²	1 000 000 000	50 000 000	1 015 000
cm²	10 000 000	500 000	10 150
dm²	100 000	5000	101,5
m²	1000	50	1,015
a	10	0,5	0,01015
ha	0,1	0,005	≈ 0,0001

mm²	120 000	15 000 000	1 040 000 000
cm²	1200	150 000	10 400 000
dm²	12	1500	104 000
m²	0,12	15	1040
a	0,0012	0,15	10,4
ha	0,000012	0,0015	0,104

S. 177, 9.
a) 15 cm² b) 25 cm² c) 16 cm² d) 21 cm²

S. 177, 10.
a) a = 6 cm b) b = 2,4 mm
c) a = 3 dm = 30 cm d) b = 200 m

S. 177, 11.
a) u = 11 cm; A = 7,5 cm² b) u = 4,4 cm; A = 1,21 cm²

S. 177, 12.
a) u = 11 cm; A = 6 cm²

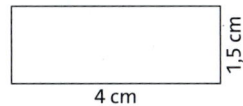

b) u = 10 cm; A = 6,25 cm²

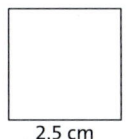

S. 177, 13.
u = 2 · 4 m + 2 · (48 : 4) m = 32 m

S. 177, 14.

	a)	b)	c)	d)
r	1,0 cm	0,5 cm	1,2 cm	1,5 cm
d	2,0 cm	1,0 cm	2,4 cm	3 cm

S. 177, 15.
d = 2r

S. 177, 16.
a), b)

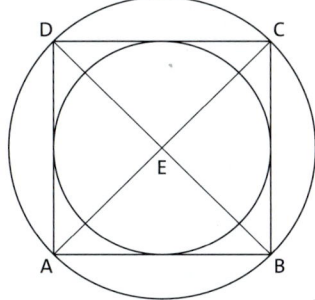

c) Die Mittelpunkte der Kreise stimmen überein.
   Radien: 2 cm < 2,83 cm

S. 177, 17.
a) Beispiellösung:

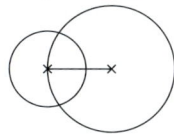

Der Mittelpunkt des kleinen Kreises liegt auf dem großen Kreis.

b) Beispiellösungen:

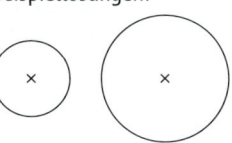 oder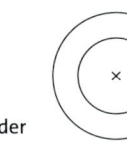

Die Mittelpunkte der Kreise sind mehr als 8,5 cm oder weniger als 2,5 cm voneinander entfernt.

Prüfe dein neues Fundament (S. 206/207)

S. 206, 1.
a) gleichschenkliges, spitzwinkliges Dreieck
   g = 4 cm; h = 3 cm; A = 6 cm²
b) rechtwinkliges Dreieck
   g = 2,5 cm; h = 3 cm; A = 3,75 cm²
c) spitzwinkliges Dreieck
   g = 3,5 cm; h = 2,5 cm; A = 4,375 cm²

S. 206, 2.

	a)	b)	c)	d)
Grundseite g	3 cm	4 m	8 cm	160 mm
Höhe h	6 cm	2,5 m	3 cm	30 mm
Flächeninhalt A	9 cm²	5 m²	12 cm²	24 cm²

S. 206, 3.
a), c)

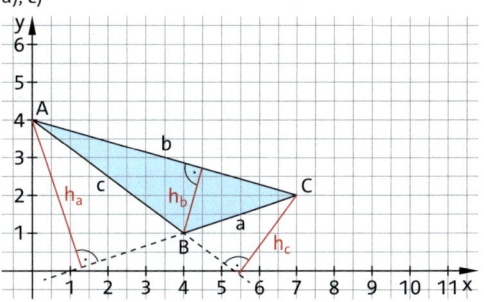

b) Es ist ein stumpfwinkliges Dreieck.
c) A ≈ 6,4 cm²

S. 206, 4.
a) g = 3,5 cm; h = 2 cm; A = 7 cm²
b) a = 3,6 cm; c = 2,4 cm; h = 2 cm; A = 6 cm²

S. 206, 5.

	a)	b)	c)	d)
Grundseite g	5 cm	4 m	25 cm	90 mm
Höhe h	3 cm	2,4 m	25 cm	80 mm
Flächeninhalt A	15 cm²	9,6 m²	625 cm²	72 cm²

S. 206, 6.
Flächeninhalt des Dreiecks: 12 cm²
a) b = 3 cm   b) h = 3 cm   c) h = 4 cm   d) h = 4 cm

S. 206, 7.
a) u = 18 cm; A = 12 cm²
b) u = 11 cm; A = 6 cm²
c) A = 16 cm²; u kann nicht berechnet werden

S. 206, 8.
Die kurzen Seiten im rechtwinkligen Dreieck stehen senkrecht aufeinander. Die Seite b kann deshalb als Höhe auf die Seite a aufgefasst werden. Setzt man a und b in die Formel $A = \frac{1}{2} \cdot$ Grundseite $\cdot$ Höhe ein, erhält man somit die Formel $A = \frac{a \cdot b}{2}$.

S. 207, 9.
Fläche der Rückwand: 120 m²
Zu streichende Fläche: 240 m²
240 : 35 ≈ 6,86
Die Malerfirma muss 7 Eimer Farbe kaufen.

S. 207, 10.
a) u ≈ 2 · 3,14 · 4 cm = 25,12 cm
   A ≈ 3,14 · (4 cm)² = 50,24 cm²
b) u ≈ 3,14 · 2 km = 6,28 km
   A ≈ 3,14 · (1 km)² = 3,14 km²
c) u ≈ 2 · 3,14 · 25 dm = 157 dm
   A ≈ 3,14 · (25 dm)² = 1962,5 dm²
d) u ≈ 2 · 3,14 · 100 mm = 628 mm
   A ≈ 3,14 · (50 mm)² = 7850 mm²
e) u ≈ 3,14 · 12 m = 37,68 m
   A ≈ 3,14 · (6 m)² = 113,04 m²

S. 207, 11.
a) d = 12,56 m : 3,14 = 4 m; r ≈ 2 m
b) d = 9,42 cm : 3,14 = 3 cm; r ≈ 1,5 cm
c) d = 1570 mm : 3,14 = 50 mm; r ≈ 25 mm
d) d = 47,1 dm : 3,14 = 15 dm; r ≈ 7,5 dm
e) d = 235,5 m : 3,14 = 75 m; r ≈ 37,5 m

S. 207, 12.
a) Radius der Bäume: r ≈ 84,4 cm (Eichenstamm);
   r ≈ 97,1 cm (Fichtenstamm)
b) Eiche: ca. 281 Jahre; Fichte: ca. 194 Jahre.
   Die Eiche des Försters ist älter als die Fichte.

S. 207, 13.
$A = \frac{\pi}{2} \cdot (3\,cm)^2 - \frac{\pi}{2} \cdot (2\,cm)^2 + \frac{\pi}{2} \cdot (2\,cm)^2 - \frac{\pi}{2} \cdot (1\,cm)^2$
   ≈ 12,6 cm²
u = π · 3 cm + π · 1 cm + 1 cm + π · 2 cm + π · 2 cm + 1 cm ≈ 27,1 cm

Lösungen zu Kapitel 7: Daten

Dein Fundament (S. 210/211)

S. 210, 1.
a) 11 Kinder   b) 12 Kinder   c) 24 Kinder

S. 210, 2.

Augenfarbe	Strichliste	Häufigkeit
braun	||||	4
grün	||	2
blau	||	2
grau	|	1

S. 210, 3.
a)

Name	Strichliste	Häufigkeit
Katja	⊞	5
Nehir	⊞ ||||	9
Aaron	⊞ ||	7
Gustav	||||	4

b) Nehir
c) Ja, wenn Aaron alle 3 Stimmen erhalten hätte.
d) 28 Kinder

S. 210, 4.
Rhein 1200 km; Elbe 1100 km; Mosel 500 km

S. 210, 5.

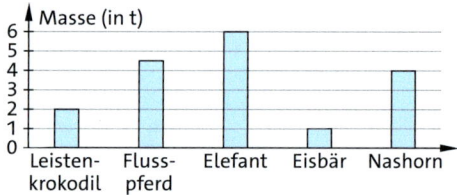

S. 211, 6.
a) 30 Kinder   b) 85 Kinder   c) 236 Antworten

S. 211, 7.

(gekürzter) Bruch	$\frac{1}{2}$	$\frac{3}{4}$	$\frac{1}{5}$	$\frac{1}{4}$
Bruch mit Nenner 100	$\frac{50}{100}$	$\frac{75}{100}$	$\frac{20}{100}$	$\frac{25}{100}$
Dezimalzahl	0,5	0,75	0,2	0,25
Prozentangabe	50 %	75 %	20 %	25 %

(gekürzter) Bruch	$\frac{4}{5}$	$\frac{1}{20}$	$\frac{9}{5}$
Bruch mit Nenner 100	$\frac{80}{100}$	$\frac{5}{100}$	$\frac{180}{100}$
Dezimalzahl	0,8	0,05	1,8
Prozentangabe	80 %	5 %	180 %

S. 211, 8.
a) $\frac{1}{4}$; 25 %   b) $\frac{1}{2}$; 50 %   c) $\frac{1}{8}$; 12,5 %

S. 211, 9.
a) $\frac{3}{4} = 0{,}75 = 75\,\%$ b) $\frac{2}{5} = 0{,}4 = 40\,\%$
c) $\frac{2}{6} = \frac{1}{3} = 0{,}\overline{3} \approx 33{,}3\,\%$ d) $\frac{2}{3} = 0{,}\overline{6} \approx 66{,}7\,\%$
e) $\frac{5}{8} = 0{,}625 = 62{,}5\,\%$ f) $\frac{7}{10} = 0{,}7 = 70\,\%$

S. 211, 10.
a) $13 : 5 = 2{,}6$ b) $18 : 3 = 6$ c) $50 : 4 = 12{,}5$

S. 211, 11.
a) 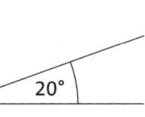 b)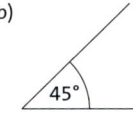
c) 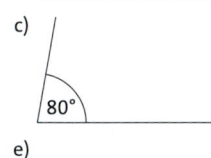 d)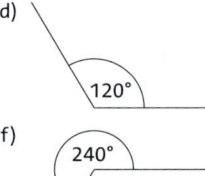
e) f)

S. 211, 12.
a) $\frac{1}{3}$; $\alpha = 120°$ b) $\frac{2}{5}$; $\alpha = 144°$
c) $\frac{1}{8}$; $\alpha = 45°$ d) $\frac{5}{6}$; $\alpha = 300°$

Prüfe dein neues Fundament (S. 234/235)

S. 234, 1.
a)

Gruppe	absolute Häufigkeit	relative Häufigkeit
A	5	12,5 %
B	10	25 %
C	25	62,5 %
Gesamtanzahl	40	100 %

b)

Gruppe	absolute Häufigkeit	relative Häufigkeit
A	12	20 %
B	18	30 %
C	30	50 %
Gesamtanzahl	60	100 %

S. 234, 2.
a)

Verkehrsmittel	absolute Häufigkeit	relative Häufigkeit
zu Fuß	4	25 %
Fahrrad	8	50 %
Straßenbahn	2	12,5 %
Bus	2	12,5 %
Gesamtanzahl	16	100 %

b)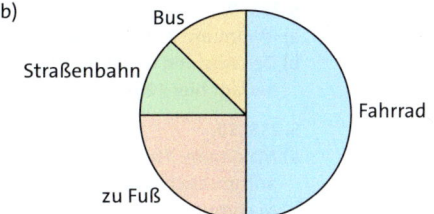

S. 234, 3.
Dr. Messer wird von 70 % seiner Patienten weiterempfohlen, Dr. Spritze von 72 %. Dr. Spritze ist also etwas beliebter.

S. 234, 4.
Diagramm ③ stellt das Ergebnis richtig dar: Nadiem hat die Hälfte der Stimmen erhalten (grüner Sektor), Tanja ein Drittel (rot) und Maria ein Sechstel (blau).

S. 234, 5.
a) nie: 15 %; selten: 30 %; manchmal: 35 %; oft: 20 %
b) nie: 27 Personen; selten: 54 Personen; manchmal: 63 Personen; oft: 36 Personen

S. 234, 6.
a)

Note	1	2	3	4	5	6
Anzahl	3	6	7	7	5	2
relative Häufigkeit	$\frac{3}{30} = \frac{1}{10}$	$\frac{6}{30} = \frac{1}{5}$	$\frac{7}{30}$	$\frac{7}{30}$	$\frac{5}{30} = \frac{1}{6}$	$\frac{2}{30} = \frac{1}{15}$

b)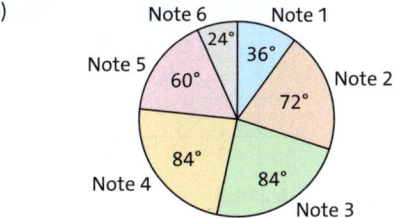

S. 234, 7.
a) Die Anzahl der Familienmitglieder beträgt 2, 3, 4, 5 oder 6. Bei so wenigen und eng beieinanderliegenden Werten ist eine Klasseneinteilung nicht sinnvoll.
b) Eine sinnvolle Klasseneinteilung ist zum Beispiel: 0 bis 5; 6 bis 10; 11 bis 15; 16 bis 20

S. 235, 8.
a) Mögliche Klasseneinteilung für die Miete x pro m² in €: $7 \leq x \leq 8$; $8 < x \leq 9$; $9 < x \leq 10$; $10 < x \leq 11$; $11 < x \leq 12$; $12 < x \leq 13$. Es können aber auch Klassen der Breite 2 € oder 0,50 € gebildet werden.
b)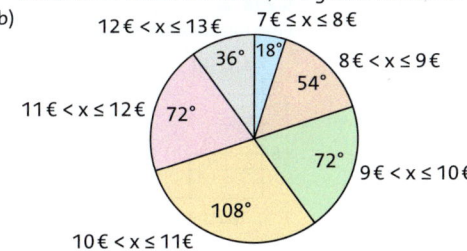

S. 235, 9.
a) Minimum: 2,76 m (Max); Maximum: 4,05 m (Nils)
b) Den Abstand nennt man Spannweite der Daten, sie beträgt hier 129 cm = 1,29 m.

S. 235, 10.
a) Maximum: 19; Minimum: 9; Spannweite: 10; arithmetisches Mittel: 12
b) Maximum: 12; Minimum: 2; Spannweite: 10; arithmetisches Mittel: 9,75

S. 235, 11.
11,6 Jahre

S. 235, 12.
a) Ariane möchte den Eindruck erwecken, dass die Abonnentenzahl stark zugenommen hat.
b) Die y-Achse des Säulendiagramms beginnt nicht bei 0, sondern bei 1400. Dadurch entsteht der Eindruck, dass die Abonnentenzahl innerhalb eines halben Jahres um das 16-Fache gestiegen ist. In Wirklichkeit hat sich die Abonnentenzahl von 1500 auf 3000 verdoppelt.

Lösungen zu Kapitel 8: Zuordnungen und Proportionalität

Dein Fundament (S. 238/239)

S. 238, 1.
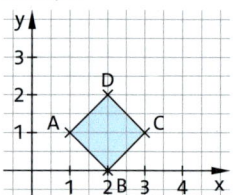
Das Viereck ABCD ist ein Quadrat.

S. 238, 2.
A(1|0,5), B(4|0,5), C(4|2)

S. 238, 3.
a) h b) j c) i d) h
e) keiner f) g g) g, h, i h) i

S. 238, 4.
a) höchste Temperatur 10 °C (um 14 Uhr)
niedrigste Temperatur 2 °C (um 0 Uhr und um 2 Uhr)
b)
Uhrzeit	6:00	10:00	14:00	18:00
Temperatur (in °C)	4	8	10	8

S. 238, 5.
Ein Kreisausschnitt entspricht $\frac{1}{6}$.

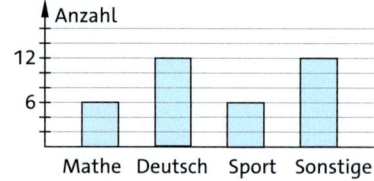

S. 238, 6.

S. 238, 7.
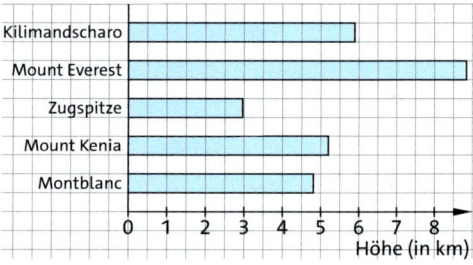

S. 239, 8.
a) Ein Rosinenbrötchen kostet 0,45 €.
b) Fünf Stück Apfelkuchen kosten 6,25 €.
c) Einzeln gekauft kosten fünf Bleistifte 1,25 €. Das Vorteilspack lohnt sich, wenn man fünf Bleistifte braucht.

S. 239, 9.
a) Im Laden bezahlt man 6,75 €. Im Internet bezahlt man 7,75 €. Im Laden kauft man günstiger ein.
b) 10 Blöcke kosten im Internet (einschließlich Versandkosten): 12,80 € (10 · 1,01 + 2,70 = 12,80)
c) 7 Blöcke kosten im Laden 9,45 € und im Internet 9,77 €. 8 Blöcke kosten im Laden 10,80 € und im Internet 10,78 €. Ab 8 Blöcken lohnt sich also der Kauf im Internet.

S. 239, 10.
Es dauert noch ein Jahr, da sich die mit Seerosen bedeckte Fläche jedes Jahr verdoppelt.

S. 239, 11.
a) 0,6 b) 32 c) 21 d) 1,25
e) 20 f) 4,5 g) 120 h) 21,6

S. 239, 12.
a)
x	2·x
$\frac{1}{2}$	1
1,5	3
2	4
3,5	7

b)
y	$\frac{1}{2}$·y
1	0,5
2	1
3	1,5
11	5,5

c)
z	1,2·z
2	2,4
2,5	3
3	3,6
5	6

S. 239, 13.
a) Wahr, denn solange die Pumpe betrieben wird, verbraucht sie Strom, und dieser muss bezahlt werden.
b) Falsch, da ein Mensch im Alter auch abnehmen oder sein Gewicht halten kann.
c) Falsch, da sich die Kochzeit eines Gerichts durch mehr Köche nicht verkürzt.

S. 239, 14.
a) 10; 12; 14
b) $\frac{1}{27}$; $\frac{1}{81}$; $\frac{1}{243}$
c) 1; $\frac{1}{4}$; $\frac{1}{16}$
d) 1; 5; 25

Prüfe dein neues Fundament (S. 264/265)

S. 264, 1.

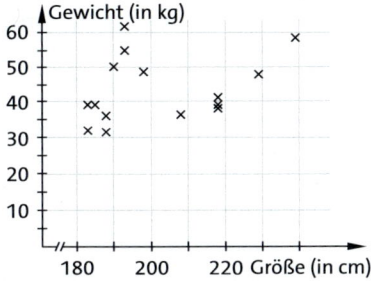

S. 264, 2.
Das Diagramm ③ stellt den Sachverhalt richtig dar. In den ersten beiden Stunden sind 1,50 € zu zahlen und dann kommt mit jeder weiteren angebrochenen Stunde 1 € dazu, also für die angefangene 3. Stunde 2,50 €, die angefangene 4. Stunde 3,50 € und so weiter. Der Preis steigt „stufenweise".

S. 264, 3.

Anzahl	Preis
1	28 ct
2	56 ct
3	84 ct
4	112 ct
5	140 ct
6	168 ct
7	196 ct

Es ist nicht sinnvoll, die Punkte zu verbinden, da die Anzahl der Brötchen nur ganzzahlig sein kann.

S. 264, 4.

Personenanzahl	1	2	4	8
Anzahl der Tage	96	48	24	12

S. 264, 5.
a) antiproportionale Zuordnung
b) proportionale Zuordnung
c) Die Zuordnung ist weder proportional noch antiproportional.

S. 264, 6.
a) Zuordnung: Flächeninhalt (in ha) → Zeit (in h)
Die Zuordnung ist proportional. Mit dem Dreisatz erhält man:
2,5 h : 3 = $\frac{5}{2}$ h : 3 = $\frac{5}{6}$ h (benötigt der Mähdrescher für 1 ha)
$\frac{5}{6}$ h · 2 = $\frac{5}{3}$ h = 1$\frac{2}{3}$ h = 1 h 40 min
Für 2 ha benötigt der Mähdrescher 1 h 40 min.
b) Zuordnung: Anzahl Lkws → Anzahl Fahrten
Die Zuordnung ist antiproportional.
6 · 5 = 30 (Also müsste 1 Lkw 30-mal fahren.)
30 : 3 = 10
3 Lkws müssten zehnmal fahren.
c) Zuordnung: Zeit (in h) → Wasserverlust (in ℓ)
Die Zuordnung ist proportional.
9 ℓ : 10 = 0,9 ℓ (Wasserverlust in 1 h)
0,9 ℓ · 7 = 6,3 ℓ
In 7 Stunden ergibt sich ein Wasserverlust von 6,3 ℓ.

S. 265, 7.
a) Der Wanderweg beginnt auf einer Höhe von 450 m und endet auf 350 m.
b) Den höchsten Punkt erreicht man nach 30 km.
c) Nach etwa 7,5 km gelangt man erstmalig über 600 m über NN.
d) Der Höhenunterschied beträgt 200 m.
e) Stärkster Anstieg zwischen 20 km und 30 km. Stärkster Abstieg zwischen 55 km und 60 km.
f) Es gibt 5 km lang keine Höhenänderung (zwischen Kilometer 35 und 40).

S. 265, 8.
a) 50 cm³: 390 g; 1 cm³: 7,8 g; 30 cm³: 234 g
b) 20 cm: 18 Stufen; 1 cm: 360 Stufen; 15 cm: 24 Stufen
c) Es besteht keine Proportionalität. Das Stück dauert (unabhängig von der Anzahl der Musiker) 4,5 min.

S. 265, 9.
16 Sammelbilder: 3,20 €
4 Sammelbilder: 0,80 €
12 Sammelbilder: 2,40 €

Stichwortverzeichnis

A
abbrechende Dezimalzahl 74
Abrunden 76, 88
absolute Häufigkeit 212, 236
Addieren
– ganzer Zahlen 19, 40
– gleichnamiger Brüche 92, 108
– negativer Zahlen 21
– ungleichnamiger Brüche 95, 108
– von Dezimalzahlen 100, 108
– von rationalen Zahlen 103, 108
Anteile
– bestimmen 59
– einer Menge 47
– von einem Ganzen 44, 88
– von Größen 58, 88
antiproportional 256, 266
arithmetisches Mittel 222, 236
Assoziativgesetz 163
Aufrunden 76, 88

B
Betrag 14, 40
Bruchstrich 44
Brüche 44, 88
– addieren 92, 95, 108
– als Anteile vom Ganzen 44
– als Maßzahlen 60
– als Quotienten 54
– als Verhältnisse 62
– am Zahlenstrahl 64, 65
– durch natürliche Zahlen dividieren 144, 174
– dividieren 146, 174
– echte 54, 88
– erweitern 48, 88
– gleichnamig machen 51
– gleichnamige 51, 88
– in Dezimalzahlen umwandeln 73, 88
– kürzen 48, 88
– mit gleichem Nenner 51
– mit gleichem Zähler vergleichen 53
– mit natürlichen Zahlen multiplizieren 138, 174
– multiplizieren 140, 174
– subtrahieren 92, 95, 108
– unechte 54, 88
– ungleichnamige 88
– vergleichen 51, 88

D
Dezimalbrüche 66
Dezimalstellen 66
Dezimalzahlen 66, 88
– abbrechende 74
– addieren 100, 108
– am Zahlenstrahl 71
– dividieren 157, 174
– durch natürliche Zahlen dividieren 156, 174
– durch Zehnerpotenzen dividieren 151, 174
– mit Zehnerpotenzen multiplizieren 150, 174
– multiplizieren 153, 174
– periodische 74
– runden 76, 88
– subtrahieren 100, 108
– und unechte Brüche 68
– vergleichen 70, 88
Differenzen als Summe darstellen 23
Distributivgesetz 32, 165
– für die Division 166
Dividieren
– ganzer Zahlen 27, 40
– von Brüchen durch natürliche Zahlen 144, 174
– von Dezimalzahlen durch natürliche Zahlen 156, 174
– von Dezimalzahlen durch Zehnerpotenzen 151, 174
– zweier Brüche 146, 174
– zweier Dezimalzahlen 157, 174
– zweier rationaler Zahlen 160
Doppelbruch 149
Drehpunkt 128
Drehrichtung 115, 129
drehsymmetrisch 128
drehsymmetrische Buchstaben 129
Drehwinkel 128
Dreieck
– Flächeninhalt 182, 208
– Höhen 179
Dreiecksarten 178, 208
Dreisatz
– doppelter 255
– für antiproportionale Zuordnungen 259, 266
– für proportionale Zuordnungen 252, 266
Durchmesser 112, 134
Durchschnitt 222

E
echte Brüche 54
eindeutig 242
Ellipse 203
Erweitern 48, 88

F

Flächeninhalt
– aus dem Umfang bestimmen 197
– eines Dreiecks 182, 208
– eines Kreises 196, 208
– eines Parallelogramms 186, 208
– eines Trapezes 190, 208

G

ganze Zahlen 10, 40
– addieren 19, 40
– dividieren 27, 40
– multiplizieren 25, 26, 40
– subtrahieren 19, 40
Gegenzahl 14, 40
gemeinsamer Nenner 92, 95, 108
gemischte Zahlen 54, 88
– vergleichen 57
geometrische Reihe 97
gestreckter Winkel 116, 134
gleicher Nenner 51
gleichnamige Brüche 51, 88
– addieren und subtrahieren 92, 108
gleichschenkliges Dreieck 178, 208
gleichseitiges Dreieck 178, 208
Grad (°) 118, 134
Graph 243, 266
größter gemeinsamer Teiler (ggT) 98
Grundseite 179

H

Halbachsen 203
Häufigkeit
– absolute 212, 236
– relative 212, 236
Hauptnenner 99
Höhe eines Trapezes berechnen 192
Höhen
– im Dreieck 179
– im Parallelogramm und Trapez 181
Hyperbel 256, 258, 266

I

Innenwinkel 124, 178

J

„Je mehr, desto mehr"-Zuordnung 248, 251, 266
„Je mehr, desto weniger"-Zuordnung 258, 266

K

Kehrwert 146, 174
Klasse 220, 236

Klassenbreite 220, 236
Klasseneinteilung 220, 236
kleinstes gemeinsames Vielfaches (kgV) 98
Kommutativgesetz 30, 163
Kreis 112, 134
– Flächeninhalt 196, 208
– Umfang 193, 208
Kreisdiagramm 216, 236
Kreiszahl π 193, 199, 208
Kürzen 48, 88

L

Längenverhältnisse 63

M

Massenverhältnisse 63
Maßstab 63
Maximum 222, 236
Minimum 222, 236
Minusklammer 33, 40
Mittelpunkt 112, 134
Mittelwert 222, 236
Modell 202
Multiplizieren
– einer positiven und einer negativen Zahl 25
– ganzer Zahlen 40
– von Brüchen mit natürlichen Zahlen 138, 174
– von Dezimalzahlen mit Zehnerpotenzen 150, 174
– zweier Brüche 140, 174
– zweier Dezimalzahlen 153, 174
– zweier negativer Zahlen 26
– zweier rationaler Zahlen 160

N

Näherungswert 202
Nebenwinkel 122
negative ganze Zahlen 10
Neigung 115
Nenner 44, 88
– gemeinsamer 92, 95, 108
– gleicher 51

O

Öffnungswinkel 198, 216

P

Parallelogramm
– Flächeninhalt 186, 208
– Höhen 181
Periode 74
– Länge 75

Stichwortverzeichnis

periodische Dezimalzahl 74
Pfeildarstellung 240
pi (π) 193, 199, 208
Plusklammer 33
Potenzen mit ganzzahligen Basen 28
proportional 248, 266
Prozente 78, 88
Prozentstreifen 219

Q
Quadranten 12, 40

R
Radius 112, 134
rationale Zahlen 81, 88
− addieren 103, 108
− dividieren 160
− multiplizieren 160
− subtrahieren 103, 108
Rechenspiele 29
Rechnen
− mit der Null 23
− mit Noten 105
− mit periodischen Dezimalzahlen 102
rechter Winkel 116, 134
rechtwinkliges Dreieck 178, 208
regelmäßiges Vieleck 201
relative Häufigkeit 212, 236
Runden 76, 88

S
Scheitelpunkt 115, 134
Scheitelwinkel 122
Schenkel
− eines Dreiecks 178, 208
− eines Winkels 115, 134
Sehne 113
Spannweite 222, 236
spitzer Winkel 116, 134
spitzwinkliges Dreieck 178, 208
Stammbrüche 97
Streifendiagramm 219
stumpfer Winkel 116, 134
stumpfwinkliges Dreieck 178, 208
Subtrahieren
− ganzer Zahlen 19, 40
− gleichnamiger Brüche 92, 108
− negativer Zahlen 21
− ungleichnamiger Brüche 95, 108
− von Dezimalzahlen 100, 108
− von rationalen Zahlen 103, 108

T
Tabellenkalkulation 226
teilerfremd 98
Trapez
− Flächeninhalt 190, 208
− Höhen 181

U
überstumpfer Winkel 116, 134
− zeichnen 124
Umfang eines Kreises 193, 208
unechte Brüche 54
ungleichnamige Brüche 88
− addieren und subtrahieren 95, 108

V
Verhältnis 62
Vollwinkel 118, 134
vom Anteil zum Ganzen 61
Vorrangregeln 30, 40, 162
Vorzeichen 10, 27

W
Wertepaar 240, 243, 266
Wertetabelle 240, 266
Winkel 115, 134
− bezeichnen 115, 134
− messen 118, 120, 134
− zeichnen 123, 134
Winkelarten 116, 121, 134
Winkelgröße 118, 134
Winkelweite 118

X
x-Achse 12, 40

Y
y-Achse 12, 40

Z
Zahlengerade 10, 40
Zähler 44, 88
Zehnerbrüche 67, 88
Zuordnung 240, 266
− antiproportionale 256, 266
− eindeutige 242
− proportionale 248, 266
Zustand 16
Zustandsänderung 16
Zweisatz 253, 260

Bildquellenverzeichnis

Technische Zeichnungen:
Cornelsen/Christian Böhning

Illustrationen:
Cornelsen/Stefan Bachmann

Screenshots:
Cornelsen/Felix Arndt/© Microsoft® Office. Nutzung mit Genehmigung von Microsoft: 226, 227, 228, 233
Cornelsen/Inhouse/© Microsoft® Office. Nutzung mit Genehmigung von Microsoft: 229, 278

Abbildungen:
Cover Cornelsen/Syberg GbR/mauritius images/alamy stock photo/blickwinkel/Hans Blossey/shutterstock/Parshina Marina; **2 o.** www.coulorbox.de/Colourbox. com; **2 u.** stock.adobe.com/Hafiez Razali/MohdHafiez; **3 o.** stock.adobe.com/okkijan2010; **3 Mi.** stock.adobe.com/vichie81; **3 u.** stock.adobe.com/Foto 2013 von www.ChristianSchwier.de/Christian Schwier; **4 o.** Shutterstock.com/Zagory; **4 Mi.** stock.adobe.com/contrastwerkstatt; **4 u.** Shutterstock.com/Elena Elisseeva; **5 o.** Shutterstock.com/Sergey Ryzhov; **5 Mi.** stock.adobe.com/mauricioavramow; **5 u.** stock.adobe.com/cheekylorns; **6** www.coulorbox.de/Colourbox. com; **14** www.coulorbox.de/Colourbox. com; **16 l.** Interfoto/Gabriel Hakel; **16 Mi. l.** stock.adobe.com/mirpic; **16 Mi. r.** stock.adobe.com/Dan Race ; **16 r.** stock.adobe.com/Adam Gregor; **17** Shutterstock.com/Mikhail Markovskiy; **22** Shutterstock.com/powell'sPoint; **24** Imago Stock & People GmbH/UPI Photo; **25** Shutterstock.com/Naples photo; **41** stock.adobe.com/Hafiez Razali/MohdHafiez; **57** Shutterstock.com/wondermallow; **72 l.** Shutterstock.com/Shanvood; **72 Mi.** Shutterstock.com/RealVector; **72 r.** Shutterstock.com/petroleum man; **80** Shutterstock.com/BIGANDT.COM; **89** stock.adobe.com/okkijan2010; **100** www.colourbox.de/Kudrin Ruslan; **104 o.** stock.adobe.com/Fotosasch; **104 u.** Shutterstock.com/Venn-Photo; **105** Shutterstock.com/Arthur Palmer; **109** stock.adobe.com/vichie81; **113** stock.adobe.com/Taffi; **125** stock.adobe.com/photophonie; **135** stock.adobe.com/Foto 2013 von www.ChristianSchwier.de/Christian Schwier; **138** stock.adobe.com/Fotosasch; **143** Shutterstock.com/Gladskikh Tatiana; **146** Shutterstock.com/Max Topchii; **148** Shutterstock.com/ESB Professional; **149** Shutterstock.com/WDG Photo; **150** mauritius images/imageBroker/Karl F. Schöfmann; **155** Shutterstock.com/Neumann; **159 o.** OKAPIA KG/imagebroker/Christian Handl; **159 u.** Shutterstock.com/PRILL; **164** stock.adobe.com/Jag_cz; **171** stock.adobe.com/Fotosasch; **172** Shutterstock.com/Africa Studio; **175** Shutterstock.com/Zagory; **178** stock.adobe.com/bCracker; **183** Shutterstock.com/Photographee.eu; **187** Shutterstock.com/foto-select; **194** Shutterstock.com/coonlight/Deutsche Bundesbank/Luc Luycx aus Belgien; **197** Shutterstock.com/1000 Words; **199 o.** stock.adobe.com/claudiozacc; **199 u.** Shutterstock.com/Oksana Mizina; **200** stock.adobe.com/imagoDens; **209** stock.adobe.com/contrastwerkstatt; **212** Shutterstock.com/2Design; **220** Shutterstock.com/Kotomiti Okuma; **237** Shutterstock.com/Elena Elisseeva; **239** Shutterstock.com/cristalvi; **243** Shutterstock.com/topseller; **251** stock.adobe.com/Zerbor; **253 l.** Shutterstock.com/IM_photo; **253 o.** Shutterstock.com/CoolR; **253 r.** Shutterstock.com/gorillaimages; **253 u.** Shutterstock.com/Ewelina Wachala; **254** Shutterstock.com/Davydenko Yuliia; **255 o.** Shutterstock.com/prudkov; **255 u.** Cornelsen/Inhouse; **258** Shutterstock.com/Roman Rybkin; **259** Shutterstock.com/kung_tom; **260 l.** Shutterstock.com/Jacek Chabraszewski; **260 o.** Shutterstock.com/Voyagerix; **260 r.** Shutterstock.com/Voyagerix; **260 u.** Shutterstock.com/PitukTV; **261** Shutterstock.com/RomanSo; **262** stock.adobe.com/Uwe Landgraf; **264** stock.adobe.com/infografx; **267** Shutterstock.com/Sergey Ryzhov; **268** stock.adobe.com/www.fotoliza.com.ua/Elizaveta; **273** stock.adobe.com/mauricioavramow; **279** stock.adobe.com/cheekylorns

Die Spielidee zu Aufgabe 1 auf S. 29 entstammt dem preisgekrönten Kartenspiel „The Mind" – Die Verwendung findet mit freundlicher Genehmigung der Nürnberger Spielkarten Verlag GmbH statt.

Autoren: Kathrin Andreae, Björn Beling, Prof. Dr. Ralf Benölken, Anne-Kristina Durstewitz, Daniela Eberhard, Dr. Wolfram Eid, Sabine Fischer, Dr. Lothar Flade, Daniel Geukes, Walter Klages, Brigitta Krumm, Jörg Kurze, Dr. Hubert Langlotz, Micha Liebendörfer, Arne Mentzendorff, Martina Müller-Wiens, Thorsten Niemann, Dr. Andreas Pallack, Mathias Prigge, Prof. Dr. Manfred Pruzina, Melanie Quante, Dr. Ulrich Rasbach, Nadeshda Rempel, Anna-Kristin Rose, Malte Stemmann, Christian Theuner, Alexander Uhlisch, Jonas Vogl, Andreas von Scholz, Dr. Christian Wahle, Anja Widmaier, Florian Winterstein

Herausgeber: Dr. Andreas Pallack
Redaktion: Martha Hubski, Elena Urich
Rechteprüfung: Kai Mehnert
Illustration: Stefan Bachmann
Grafik: Christian Böhning
Gesamtgestaltung: Golnar Mehboubi Nejati, Berlin
Umschlaggestaltung: Studio SYBERG, Berlin
Layoutkonzept: klein & halm GbR
Technische Umsetzung: Compuscript Ireland and Chennai

Begleitmaterialien zum Lehrwerk

für Schülerinnen und Schüler
Arbeitsheft mit Medien Klasse 6   978-3-06-040708-8

für Lehrerinnen und Lehrer
Unterrichtsmanager Plus   1100033410
Lösungsheft Klasse 6   978-3-06-040709-5

www.cornelsen.de

Die Webseiten Dritter, deren Internetadressen in diesem Lehrwerk angegeben sind, wurden vor Drucklegung sorgfältig geprüft. Der Verlag übernimmt keine Gewähr für die Aktualität und den Inhalt dieser Seiten oder solcher, die mit ihnen verlinkt sind.

1. Auflage, 1. Druck 2025

Alle Drucke dieser Auflage sind inhaltlich unverändert und können im Unterricht nebeneinander verwendet werden.

© 2025 Cornelsen Verlag GmbH, Mecklenburgische Str. 53, 14197 Berlin, E-Mail: service@cornelsen.de

Das Werk und seine Teile sind urheberrechtlich geschützt. Jede Nutzung in anderen als den gesetzlich zugelassenen Fällen bedarf der vorherigen schriftlichen Einwilligung des Verlages. Hinweis zu §§ 60a, 60b UrhG: Weder das Werk noch seine Teile dürfen ohne eine solche Einwilligung an Schulen oder in Unterrichts- und Lehrmedien (§ 60b Abs. 3 UrhG) vervielfältigt, insbesondere kopiert oder eingescannt, verbreitet oder in ein Netzwerk eingestellt oder sonst öffentlich zugänglich gemacht oder wiedergegeben werden. Dies gilt auch für Intranets von Schulen und anderen Bildungseinrichtungen. Der Anbieter behält sich eine Nutzung der Inhalte für Text und Data Mining im Sinne § 44b UrhG ausdrücklich vor.

Allgemeiner Hinweis zu den in diesem Lehrwerk abgebildeten Personen:
Soweit in diesem Buch Personen fotografisch abgebildet sind und ihnen von der Redaktion fiktive Namen, Berufe, Dialoge und Ähnliches zugeordnet oder diese Personen in bestimmte Kontexte gesetzt werden, dienen diese Zuordnungen und Darstellungen ausschließlich der Veranschaulichung und dem besseren Verständnis des Buchinhalts.

Druck und Bindung: Mohn Media Mohndruck, Gütersloh

ISBN 978-3-06-040707-1 **(Schulbuch)**
ISBN 1100033405 **(E-Book)**

PEFC-zertifiziert
Dieses Produkt stammt aus nachhaltig bewirtschafteten Wäldern und kontrollierten Quellen
PEFC/04-31-1033
www.pefc.de